本书出版受以下项目资助：
中国地质大学（武汉）研究生课程建设项目与精品教材项目
教育部“地下工程新工科人才培养实践创新平台建设探索与实践”项目

城市地下空间工程施工技术

主　编　蒋　楠
副主编　焦玉勇　陈保国　罗学东
　　　　张　鹏　闫雪峰　谭　飞

WUHAN UNIVERSITY PRESS
武汉大学出版社

图书在版编目(CIP)数据

城市地下空间工程施工技术/蒋楠主编.—武汉:武汉大学出版社,2022.7
ISBN 978-7-307-23006-4

Ⅰ.城… Ⅱ.蒋… Ⅲ.地下工程—工程施工 Ⅳ.TU94

中国版本图书馆CIP数据核字(2022)第053120号

责任编辑:王 荣 责任校对:汪欣怡 版式设计:韩闻锦

出版发行:**武汉大学出版社** (430072 武昌 珞珈山)
(电子邮箱:cbs22@whu.edu.cn 网址:www.wdp.com.cn)
印刷:武汉图物印刷有限公司
开本:787×1092 1/16 印张:18.25 字数:419千字 插页:1
版次:2022年7月第1版 2022年7月第1次印刷
ISBN 978-7-307-23006-4 定价:49.00元

前　　言

随着社会生产力的发展，生产、生活需求与自然资源逐渐枯竭之间的矛盾越来越突出，这引起人们的普遍关注。地球上每增加一个人，就多占用一定的生存空间，包括：生态空间，即生产粮食等生活必需品；生活空间，供人居住及从事各种活动。这两类空间都是以土地为依托。随着人口的不断膨胀，人类现有的生活空间十分有限。因此，迫切需要开拓新的生存空间。

国际上提出一种普遍接受的观点：认为19世纪是“桥”的世纪，20世纪是“高层建筑”的世纪，21世纪将是人类开发和利用“地下空间”的世纪。21世纪，人类面临人口、粮食、资源和环境的四大挑战。可持续发展作为我国基本国策，摆在每个学科和产业面前，以此为导向是各学科的重要发展方向。随着城市化进程的发展，大片的土地上建有钢筋混凝土建筑和交通道路等设施，人们的居住、交通、环境共同争夺有限地面空间资源的矛盾日益突出。我们把地面沃土多留给农业和环境，多开发地下岩土空间，作为道路交通、工厂和仓库，从而使地下空间成为人类可以充分、合理利用的空间资源，这是21世纪现代化城市建设的必由之路。

由此可见，在未来相当长的时间内城市地下空间开发利用有着非常广阔的前景。国际上已把21世纪作为人类开发利用地下空间的世纪，世界各国也都将此作为发展方向。2001年11月20日，我国首次在国家层面提出了编制城市地下空间规划的要求，并明确指出城市地下空间规划是城市规划的重要组成部分。目前我国大规模的城市地下空间工程开发与建设正在如火如荼地进行，比如湖北省武汉市自2004年7月28日开通首条轨道交通1号线以来，截至2021年12月，武汉地铁运营线路共11条，包括1号线、2号线、3号线、4号线、5号线、6号线、7号线、8号线、11号线、16号线、阳逻线，总运营里程435km，车站总数282座。

在如此大规模的城市地下空间工程开发与建设过程中，复杂城区工程地质及施工环境下的城市地下空间工程(地铁隧道、基坑工程、管道工程等)施工技术也得到了快速创新和发展，工程实践中出现了许多新理念、新技术及新方法。为适应我国城市发展新趋势下的地下建筑工程专业、城市地下空间工程专业等专业本科教学及研究生教学，并结合学科研究领域专业背景要求，我们特此编著了本教材。

本教材首先介绍城市地下空间工程建设的意义及其开发利用发展现状，总结分析了城市地下空间工程的分类及发展趋势；在此基础上，针对城区隧道微振控制爆破施工技术、城市地铁盾构法隧道施工技术、城市超深基坑地下工程施工技术、城市顶管法施工技术、城市管道铺设水平定向钻施工技术五个主要技术内容，分别展开阐述；通过全面介绍上述主要城市地下空间工程的施工技术原理、技术发展应用现状、技术特点、技术关键控制要点，并结合典型工程应用案例予以具体说明。总体来看，本书系统、完整地阐述了地下空间工程施工技术的主要内容。

本书由多位编者合作撰写完成，限于编者学术水平，书中难免存在错误之处，恳请读者批评指正。

编者

2022 年 3 月

目　录

第1章 绪　论

1.1 城市地下空间工程建设的意义

地下空间是指在地表以下天然形成或被人为挖掘出来的土体或岩体空间。城市地下空间是服务于城市规划开发利用的地下空间，城市地下空间已经成为大型城市发展的战略性空间，也是一种新型的土地资源。

国内外的城市发展实践表明，在城市经济高速增长的同时，大型城市的主要矛盾仍然集中在城市人口过度集聚、土地资源紧缺、城市交通拥堵、空间环境恶化等严峻问题，城市人居环境受到极大的威胁。21世纪将是城市“三维空间”建设、发展的重要时期，地下空间可以为城市的可持续发展提供25%~40%的额外空间，而且不会占用宝贵的地面空间资源。开发利用地下空间，是引导人车立体分流、减少环境污染、改进城市生态的有效途径。近百年来，在国际城市复兴和新城建设过程中，开发利用地下空间，通过空间形态竖向优化克服“城市病”，已成为城市发展的重要布局原则和成功模式。

地上空间和地下空间既是一个整体，又是相互影响、相互制约的两个个体。地下空间的规划需要考虑城市的不同发展时期和阶段，将城市所能提供的地面和地下空间资源量与城市发展对空间的总需求量相对照，进而确定地下空间的需求规模。地下空间资源具有不可再生性，地下工程建设也具有不可逆性和难以改造的特点，因而比地面工程更需要有预见性的整体规划，并按规划做好控制、预留，有序地进行建设。相较于地面规划与建设，地下空间需求规模预测对城市地下资源开发、基础设施建设、城市社会经济发展以及城市的可持续发展都具有重要影响。也就是说，地下空间需求规划既要做到合理地开发地下空间资源而不浪费或过度开发资源，又能够符合城市经济发展目标和经济现状，还要考虑未来的可持续发展。

目前，我国城市地下空间开发利用的意义主要表现在以下几个方面。

1.1.1 节约城市土地资源

改革开放以来，经过40多年的经济发展和城市建设，我国许多城市正面临城镇化高速发展所带来的严峻问题，城市交通拥堵、环境污染加剧、城市空间资源紧张、生活居住环境恶化等一系列的矛盾与现代城市建设显得格格不入。城市快速发展中的新要求，急需进行城市重点地区地下空间资源的综合开发利用。

随着城镇化率的提高，大量人口从农村移居城市，导致城市所需的土地越来越多。

同时，我国人口众多，截至2021年5月，我国大陆人口已经超过14亿①。为确保国家粮食安全，国家严格保持耕地面积。因此，城市建设用地的供需矛盾显得尖锐，传统“摊饼式”的城市横向发展空间受到了极大的限制。这就决定了城市空间的拓展需要向地下延伸，开发利用城市地下空间已经成为城市发展的趋势。

1.1.2　改善城市交通体系

进入21世纪后，我国面临大规模开发利用地下空间资源、加速推进城市现代化进程的历史机遇。由于我国城镇化进程加快，城市人、车数量激增，而基础设施建设相对滞后，在许多城市交通拥堵问题非常突出。

城市交通是城市功能中最活跃的因素，是城市和谐发展的最关键问题。由于我国城市化进程加快，城市人、车数量激增，而基础设施相对滞后，交通堵塞问题在许多城市非常突出。例如，北京市自20世纪90年代中叶以来，机动车拥有量年均增长率超过10%，截至2019年年底，北京机动车保有量达636余万辆。百度地图发布《2021年度中国城市交通报告》中，选取中国100个主要城市，通过大数据客观反映城市交通拥堵、自动驾驶、停车、新能源出行、公交、交通政策和智能交通市场发展共7个方面的现状，为公众出行及政府决策提供参考。该报告公布了“2021年度全国百城交通拥堵排名TOP10”(表1.1)，北京、重庆、长春位列榜单前三；紧随其后依次是贵阳、上海、广州、武汉、哈尔滨、昆明、西安。

表1.1　**2021年中国主要城市拥堵榜单**

拥堵排名	环比2020年度排名升降	城市	高峰拥堵延时指数①	高峰平均车速/km·h^{-1}
1	↑2	北京	2.048	25.84
2	↓1	重庆	2.006	25.27
3	↑7	长春	1.956	25.99
4	↓2	贵阳	1.935	26.42
5	—	上海	1.877	25.90
6	—	广州	1.766	30.94
7	↑10	武汉	1.772	27.64
8	↑17	哈尔滨	1.741	27.26
9	↓2	昆明	1.741	30.25
10	↓6	西安	1.736	29.29

注：①拥堵延时指数即交通拥堵通过的旅行时间/自由流通过的旅行时间。

① 数据来源：2021年5月第七次全国人口普查结果，我国总人口为141178万人。

发达国家的经验表明，只有发展高效率的地下交通，形成四通八达的地下交通网，才能有效解决城市拥堵问题。例如，加拿大蒙特利尔地下交通网由东西两条地铁轴线、南北两条地铁轴线及环形地铁线和伸向城区中心地下的两条郊区火车道组成。城区中心的60多个高层商业、办公及居住建筑综合大厦通过150个地下出入口及相应的地下通道与这个地下交通网络的站台相连接。中心区以外的人员上班、进行公务以及商业活动，通过郊区火车或自备汽车到达中心区边缘的地铁车站，自备汽车可以停放在附近的地下停车场，然后乘地铁到达目的地车站，有效减少了城市中心区的机动车数量，改善了交通环境。

1.1.3 保护城市生态环境

我国城市的不均衡发展导致城市大气污染严重，绿地面积大量减少，水资源缺乏，噪声污染严重超标。这些恶劣的生存环境会对人们的身心健康造成严重伤害。而开发利用城市地下空间，将部分城市功能转入地下，可以有效减少大气、噪声、水等污染，同时节约大量用地。这既可以减轻地面拥挤的程度，又为城市绿化提供大量用地，而绿化面积增加又有利于空气质量的改善，以及城市地下水资源的补充。

1.1.4 提高城市防灾能力

城市作为一定区域的经济中心和人口聚集区，一旦遭到自然灾害或人为毁坏，往往造成巨大损失。地下空间上覆的岩土介质具有天然的防护能力，一旦发生战争，城市地下防护空间成为保障的主体空间。此外，地下空间在一些自然灾害防护方面(如地震、暴风等)比地面空间具有优势；也可以利用地下空间调蓄雨水等，防止城市内涝灾害的发生。因此，城市在面临战争及多种自然和人为灾害时，地下空间可以为城市的综合防灾提供安全空间。

1.2 城市地下空间开发利用的发展概况

1.2.1 地下空间开发利用的发展历史

人类对地下空间的利用，经历了一个从自发到自觉的漫长过程。推动这一过程的，一是人类自身的发展，如人口的繁衍和智力的提高；二是社会生产力的发展和科学技术的进步。

根据考古发现和史籍记载，在远古时期，人类就开始使用天然洞穴作为居住场所。例如，在我国周口店龙骨山上，发现两种被称为“新洞人”和“山顶洞人”古人类的生活遗址，都是在天然洞中，距今10000多年。在新石器时代，天然洞穴已经不能满足需要，大量人工洞穴出现。据史籍记载和各方面的考证资料，人工洞穴最早始于旧石器时代晚期至新石器时代早期，距今7000~8000年。

窑洞是中国西北黄土高原上居民的古老居住形式。在我国河南、山西、陕西、甘肃等省的黄土地区，由于其特殊的地形、地质条件，窑洞长期作为居住场所(图1.1)。随着社会发展，窑洞不但继续发挥着居住作用，而且在旅游、文化、娱乐、商贸等方面依然显示出它独有的作用。

图 1.1 陕西窑洞

人类到地面上居住以后，除个别地区仍沿袭了穴居的传统外，开始开发地下空间用于满足居住以外的多种需求，如采矿、储存物资、水的输送、墓葬等。

公元前3000年以后，进入铜器和铁器时代，劳动工具的进步和生产关系的改变，使得奴隶社会的生产力有很大的发展，导致了在其鼎盛时期形成空前的古埃及、古希腊、古罗马以及古代中国的高度文明。这时地下空间的利用也摆脱了单纯的居住需要，而进入更广泛的领域，同时大量的奴隶劳动力使建造大型工程成为可能。这种发展势头一直持续到封建社会初期，在这几千年中遗留至今的或有历史可考的大型地下工程有很多。例如，公元前2770年前后建造的埃及金字塔，实际上是用巨大石块堆积成的墓葬用地下空间；公元前22世纪，巴比伦地区的幼发拉底河隧道；公元前5世纪，波斯的地下水路；公元前312年至公元前226年期间修建的罗马地下输水道；公元前370年左右，东罗马帝国的地下储水池等。

在中国封建社会这一漫长的历史时期中，地下空间的开发多用于建造陵墓和满足宗教建筑的一些特殊要求。近年也陆续发现用于屯兵和储粮的地下空间。

地下陵墓在我国考古发现中是数量最多、规模最大的地下空间利用方式。在迄今为止的考古发现中，数量多、规模大的是战国、秦汉时期直到明清各朝代的帝王陵墓和墓葬群。佛教在东汉时期从印度传入中国，在4世纪中叶至10世纪中叶发展最盛，兴建了大量佛教建筑，地下空间的利用为展示和保存这些宗教艺术珍品提供了有利条件。在陡峭岩壁上凿出石窟寺，如山西大同的云冈石窟、河南洛阳的龙门石窟、甘肃敦煌的莫高窟、甘肃麦积山石窟、河北邯郸的响堂山石窟等。

利用地下空间作为仓库，在我国由来已久。早在五六千年前仰韶文化时期，人们就在地下挖窖储粮。到了隋朝时期，政府建造了不少大型的地下粮食仓窖，著名的有河南洛阳的回洛仓(图1.2)、兴洛仓、含嘉仓，以及河南浚县的黎阳仓等。经考古发现，回洛仓东西长1140m，南北宽355m，面积相当于50个国际标准足球场，整个仓城内有700座左右的东西成行、南北成列的仓窖。

图1.2　洛阳隋朝回洛仓的一处仓窖遗址

从5世纪到15世纪，欧洲进入封建社会的最黑暗时期，即所谓的中世纪。这个时期是欧洲文明的低潮期，地下空间的开发利用发展缓慢，但由于对铜、铁等金属的需求，地下采矿得到快速发展，很多采空区也随之被用来修建地下设施。例如，12世纪法国巴黎在挖掘城市建设所需的石材时形成了一些采空区，当地居民即开始利用这些矿穴空间作为墓穴、教堂、水库、酒窖、下水道等。

15世纪欧洲文艺复兴以后，人类在自然科学方面有了很大的发展，促进了社会生产力的提高，地下空间的开发利用进入了新的发展时期。17世纪，炸药的大量应用加速了地下工程的发展。例如，1613年建成的伦敦地下水道，1681年修建的地中海比斯开湾的连接隧道(长170m)。

19世纪以后，因地下掘进技术的革新，地下空间的利用已经成为社会基础设施建设的重要组成部分。随着蒸汽机的改进，以英国为首的欧洲铁路建设蓬勃发展，刺激了大量隧道的建设需求。1830年，英国利物浦建成最早的铁路隧道；1843年，伦敦建造了越河隧道；1863年，英国建成第一条地铁；1865年，伦敦又修建了一条邮政专用的轻型地铁；1871年，穿过阿尔卑斯山，连接法国和意大利的长12.8km的公路隧道开通。

迅速城市化导致城市人口大量增加，城市原有基础设施无法适应城市化水平的快速提高，为了解决城市居住及卫生条件恶化的问题，欧洲各国建设了大量地下排水系统。例如，伦敦在1859—1865年建设的污水排泄系统的长度达720km，一直沿用至今(图1.3)。此外，综合管廊工程(法国1833年、英国1861年、德国1890年)也开始兴建。

图1.3 建于19世纪的伦敦下水道

20世纪，一些大城市陆续兴建地下铁道，城市地下空间开始为改善城市交通服务。交通的发展促进了商业的繁荣，日本从1930年开始建设地下商业街(图1.4)。第二次世界大战以后，随着经济和技术的高速发展，城市地下空间利用得到空前发展，在城市重建、缓解城市矛盾和城市现代化过程中起到了重要作用。各种民生工程如地铁、道路、发电、能源、防灾、环保、各种仓储、运动、娱乐设施，以及军事基地、避难用防空洞等地下设施陆续兴建。在一些欧美发达国家，地下空间的开发总量都达数千万立方米至数亿立方米。

图1.4 日本名古屋地下街商城

进入21世纪，城市地下空间在保护生态环境、扩大城市容量和缓解各种城市矛盾方面所发挥的作用越发凸显，世界范围内城市地下空间的学术研究和交流也日趋活跃。

1.2.2　国外城市地下空间开发利用的现状

国外城市地下空间的开发利用，一般以1863年英国伦敦建成第一条地下铁道为起点，至今已经发展了150余年。从大型建筑物向地下的自然延伸，发展到复杂的地下综合体(地下街)，再到地下城(与地下快速轨道交通系统相结合的地下街系统)，城市地下空间在旧城的改造再开发中发挥了重要作用。同时地下市政设施也从地下供水、排水管网，发展到地下大型供水系统，地下大型能源供应系统，地下大型排水及污水处理系统，地下生活垃圾的清除、处理和回收系统，以及地下综合管线廊道等。

随着旧城改造及历史文化建筑的扩建，在北美、西欧及日本出现了相当数量的大型地下公共建筑，有公共图书馆、大学图书馆、会议中心、展览中心以及体育馆、音乐厅、大型实验室等地下文化体育教育设施。地下建筑的内部空间环境质量、防灾措施以及运营管理都达到了较高的水平。地下空间的利用规划从专项规划入手，逐步形成系统的规划，其中以地铁规划和市政基础设施规划最为突出。

一些地下空间利用较早和较为充分的国家，如欧美国家和日本、新加坡等，正从城市中某个区域的综合规划走向整个城市和某些系统的综合规划。各个国家的地下空间开发利用在其发展过程中形成了各自独特的特点。

1. 欧洲

在欧洲，瑞典是地下空间开发利用的典范。除了住宅的地下室及城市设施外，瑞典还利用坚固的岩石洞穴建设城市构筑物，包括地下商城、地下街道、地铁隧道、综合管廊、停车场、空调设施及地下的污水处理场、地下工厂、地下核电站、石油储罐、垃圾输送系统、食品仓库及地下避难所等；还修建了一些跨度较大的地下音乐厅、体育馆、游泳池、冰球馆等，对开展群众性文娱、体育活动十分方便；同时还准备了在战时可改作公共的人员掩蔽所。目前，瑞典的大型地下排水系统、大型地下污水处理厂、地下垃圾回收系统等在数量和利用率方面均处于国际领先地位。瑞典在城市规划方面提出了“双层城市”的地下空间规划理论。具体做法是在开发地下空间时注重地下空间规划，采用一次性投资并把人防建设与开发地下空间、发展第三产业和扩大再就业渠道结合起来，积极设法利用已建的人防工程为平时的经济建设服务。地下开发空间利用与人防工程建设相结合，实现平战结合是其突出特点。

荷兰在地下物流系统方面比较发达，并注重地下空间信息化的发展，有完整、详细的城市地下空间发展战略。1998年，荷兰在住房、空间规划和环境部的国家自然规划服务处的倡议下，地下建设中心和代尔夫特理工大学实施了“荷兰利用地下空间的战略研究”，其中涉及开发利用管理机制、运营模式、规划设计施工，以及工程灾害防治等方面的内容。

芬兰重视开发地下空间，基本上实施了市政建设地下化，地下文化、体育、娱乐设施的建设项目多、规模大。赫尔辛基市拥有大型地下供水系统，隧道长120km，过滤等处理设施全在地下，市区购物中心的地下游泳馆面积达10210m^2。

法国也是城市地下空间开发比较早的国家。在巴黎新城建设及中心区更新开发过程中都建设了不同规模的地下综合体。例如，巴黎的列·阿莱地区是旧城再开发充分利用地下空间的典范，将一个交通拥挤的食品交易和批发中心改造成了一个多功能的以绿地为主的公共活动广场，同时将商业、文娱、交通、体育等多种功能安排在广场的地下空间中，形成一个大型地下综合体。该综合体共4层，总面积超过$2.0\times10^5m^2$。此外，法国的地下空间开发注重地下步行道系统和地下轨道交通系统、地下高速道路系统，以及地下综合体和地下交通换乘枢纽的结合，各种不同地下设施分置于不同层次，既综合利用，又减少互相干扰。法国有很多城市是历史名城，需要解决地下空间开发和历史文化遗产保护之间的矛盾。巴黎的地下空间利用为保护历史文化景观作出了突出的贡献。例如，巴黎市中心的卢浮宫扩建中，在保留原有的古典建筑风貌的前提下，设计者贝聿铭利用宫殿建筑周围的拿破仑广场下的地下空间容纳了全部扩建内容，为了解决采光和出入口布置，在广场正中间和两侧设置了三个大小不等的锥形玻璃天窗，成功地对古典建筑进行了现代化改造。

2. 北美洲

美国虽然国土辽阔，但城市化高度集中，政府重视立体化利用城市空间，对城市综合治理，大量开发地下空间。

美国重视发展地下交通体系。美国地铁规模处于世界前列，其中纽约地铁规模最大，纵横交错、四通八达，最大埋深约40m，位于地下4个不同深度平面内，有30条线路形成了完善的地铁网络。美国还广泛建设地下公路交通。在纽约、芝加哥、波士顿等城市，都建设有地下公路隧道。波士顿中央大道改造工程是城市道路进入地下的经典案例，拆除地上拥挤的高架桥，代之以绿地和可适度开发的城市用地，在现有的中央大道下面修建地下快速路，工程完成后，为城市重新注入了活力。此外，发达的地下步行系统很好地解决了人、车分流的问题，并将包括高层建筑地下室在内的各种地下设施连成一片，形成大面积的地下综合体。例如，典型的洛克菲勒中心地下步行道系统，在10个街区范围内，将主要的大型公共建筑通过地下通道连接起来；休斯敦市地下步行道系统也有相当规模，全长4.5km，连接了350座大型建筑物。美国地下建筑单体设计在学校、图书馆、办公楼、实验中心、工业建筑中也有显著成效，一方面较好地利用地下特性满足了功能要求，同时又合理解决了新老建筑结合的问题，并为地面创造了开敞空间。此外，美国大多数的公用管道在地下延伸，还构筑有大量的城市输水和排水隧洞。在地下防护工程、地下空间平战结合开发等许多方面，美国也走在世界前列。

加拿大的主要城市蒙特利尔、多伦多是成功、大规模地开发利用地下空间的2个城市。地下空间能够有效抵御恶劣天气，方便居民使用公共交通，对城市中心商业和旅游活动具有吸引力。蒙特利尔地下城的全面发展是几轮城市空间结构变化的产物，始于20世纪60年代，经过70年代的扩张、80年代的巩固和90年代的大型项目建设，形成了目前拥有面积达$3.6\times10^6m^2$、2条地铁线、10个车站的地下空间。蒙特利尔地下城是目前世界范围内开发体量最大的城市地下空间。地下城大约有$12km^2$的建设区域，地处两个重要的地理景观中间，北抵皇家山脉，南达圣劳伦斯河；除了发达的商业外，也是城市居民重要的社会文化活动场所；总长度为32km的地下步行系统，将地下高速公路、中央火车站、大型停车场、室内公共广场、大型商业中心及办公楼等连接成地下网络系统，形成当之无愧的“地下城市”。多伦多地下步行道系统在20世纪70年代已有4个街区宽，9个街区长，在地下连接了20座停车库、很多旅馆、电影院、购物中心和1000家左右各类商店，此外，还连接着市政厅、联邦火车站、证券交易所、5个地铁车站和30座高层建筑的地下室。这个系统中布置了几处花园和喷泉，共有100多个地面出入口。

3. 日本

日本现在的地下空间是立体发展的，其地下商业街十分发达。在26个城市中建造的地下街就有146处；此外，日本的地下共同沟兴建总长度逾500km，位居世界前列。日本充分利用地下空间，解决一系列的城市问题，得益于日本政府高度重视地下空间开发，实施从专项规划入手，逐步形成系统的规划。日本的建设部门为了抑制地下空间开发中的无秩序性，推行有计划、有次序的开发，指导制定了《地下空间指南》。该指南针对县政府所在地及人口在30万以上的城市，又外加地下基础设施规划和地下空间规划，使得日本这样面积狭小的国家获得了很大的发展空间。日本目前针对地下空间资源开发管理的法规有很多，涉及地下空间权益的有《大深度法》，涉及地下空间建设的有《都市计通法》《建筑基准法》《驻车场法》《道路法》《消防法》《下水道法》等。其《大深度法》中规定：私有土地地面下50m以外和公共土地的地下空间使用权归国家所有，政府在利用上述空间时无需向土地所有者进行补偿。日本地下空间开发的模式主要有：政府主导型，如地铁和大型地下共同沟、公共交通换乘站都由政府修建；股份合作型，如在公共地带下面修建地下项目，政府可用土地权入股，企业出资，合作开发；企业独资型，一般是修建地下商业街、停车场采用这种形式较多。

4. 新加坡

新加坡地少人多，人口近570万(截至2020年)，国土面积却只有697km^2，土地资源严重不足。为此，新加坡政府对其城市地下空间的开发给予了高度重视。新加坡城市地下空间开发突破了传统城市地下空间仅作为地面建筑配套的服务功能，而是从有效提升城市空间容量的角度出发，对区域地下空间进行整体考虑，系统组织，有机联系。新加坡城市地下空间开发布局与城市规划紧密结合，高密度、高强度、多功能复合地开发城市核心区域。新加坡地下空间的发展经历了不同的阶段。第一阶段着重军事设施、基础设施的地下化发展。第二阶段是以交通系统地下化为中心，在交通节点上进行地下综合体的建设，将休闲购物、体育设施、停车空间等转移到地下空间。第三阶段也就是现阶段，除了继续发展第二阶段的成果外，地下空间用途将会在下面几方面展开：发电厂、焚化厂、水供应回收厂、垃圾埋置场、蓄水池、货仓、港口和机场后勤设施、数据中心等。近几年，新加坡为了应对可能遭遇的石油危机，正在兴建巨型地下石油储存库。为了创造空间容纳新增人口，新加坡考虑在地下打造更为广阔的地下公共空间，例如，计划在西部的肯特岗科学园区地底打造相当于30层楼的科学城，将购物中心、运输枢纽、人行道、自行车道移往地下。

总结国外城市对地下空间的开发与利用，发现这些城市的地下空间开发利用经历从雏形到发展，再到相对成熟的过程，主要体现在以下几个方面。

(1)在空间形态方面，经历了从点到线、再到面的过程。利用建筑物地下基础部分自然延伸，发展到复杂的相互连接贯通的地下综合体、地下街再到地下城，并以地下快速轨道交通系统为骨架，最终形成网络化发展。在国际上，从20世纪50年代后期起，人们逐渐认识到城市地下空间在扩大城市空间容量和提高城市环境质量上的优势和潜力，形成了地面空间、上部空间、地下空间协调发展的城市空间构成的新理念，即城市空间的三维式拓展，在扩大空间容量的同时改善城市环境。

(2)在城市功能方面，地下空间的作用也在不断丰富。从原来单纯而分散的地下市政设施发展到现今的地下综合管线廊道、地下大型能源供应系统、地下大型雨水收集和污水处理系统以及地下垃圾真空回收处理系统。城市市政设施表现出地下化、系统化、集约化的趋势。

(3)在人文历史建筑物保护方面，国外在对城市历史街区及老城区的改造中，积极运用地下空间去解决城市因历史及建设等因素而引起的矛盾，协调城市禁止建设及限制建设的关系，保护城市文脉的传承及风格的延续。

(4)在开发策略方面，逐步建立并完善地下空间规划体系，并协调与城市其他规划的关系，解决地下空间规划的各种问题。

1.2.3 我国城市地下空间开发利用的现状

1. 我国城市地下空间开发利用的发展历程

我国现代城市地下空间开发利用是于20世纪60年代末特殊的国内外形势下起步的，主要是以人民防空工程建设为主体，这种状况一直持续到80年代中期。随后经过30多年的城市化进程，我国地下空间的开发利用也在快速发展。纵观我国城市地下空间开发利用过程，可以分为以下四个阶段。

1)初步利用阶段(1985年以前)

20世纪50—60年代，中国面临着严重的外部威胁，战备成为当时地下空间利用的主要目标，从而在国内掀起“深挖洞、广积粮、备战备荒为人民”的群众防御运动。当时建设了大量的以防空、备战为目的的地下设施。1978年第三次全国人防工作会议召开，提出了“平战结合”的人防工程建设方针。对既有人防工程进行改造，在和平时期可以有效利用；新建工程必须按“平战结合”的要求进行规划、设计与建设。这一时期人防工程的“平战结合”就成为我国城市地下空间资源开发利用的工作主体。

2)适度发展阶段(1986—1997年)

20世纪80年代中期以后，随着城市化进程的加速，城市用地矛盾日益尖锐，一些大城市开始对一些用地矛盾集中的地区实行综合开发和改造，其中包括地下空间的开发与利用。

1986年之后，我国城市轨道交通建设工作逐步开展，其中以北京复八线(1992年)、上海地铁1号线(1990年)、广州地铁1号线(1993年)的建设为标志，真正开始了以缓解城市交通为目的的城市轨道交通建设历程。伴随着地铁建设，地下空间利用越来越受到重视，并且出现了地下商业、地下停车、综合管廊等多种开发形式。在这一进程中，我国城市地下空间利用不论在数量上还是在质量上，都有了相当规模的发展和提高。

3) 有序建设阶段(1998—2011 年)

20 世纪 90 年代开始，我国城市地下空间利用在国际、国内城市建设与发展的形势下，开始向可持续发展战略转变，地下空间利用已经成为城市建设和改造的有机组成部分。1998 年以后，城市地下空间的开发利用逐步转入地铁建设的时代。城市交通隧道与地下停车场的建设也得到快速发展，如上海黄浦江过江隧道、杭州市钱塘江越江通道等。结合地下交通设施的建设，一些其他类型的地下设施也得到发展，例如：结合地铁建设商业、娱乐、地铁换乘等多功能的地下综合体，结合地下过街通道发展商业设施。此外，地下管廊的建设也越来越多。

4) 综合开发阶段(2012 年至今)

近年来，中国城市地下空间的开发数量快速增长，水平不断提高，体系越来越完善，已经成为世界城市地下空间开发利用的大国，地下空间规模和开发量与世界地下空间发达国家的差距逐步缩小。随着经济实力的增长，我国城市开始进入规模化开发利用地下空间的新阶段。

2011 年以来，国务院颁布了推进地下空间建设的一系列政策，包括《城市地下空间开发利用管理规定》(2011 年修正本)、《国务院关于加强城市基础设施建设的意见》(2013 年)、《国务院办公厅关于加强城市地下管线建设管理的指导意见》(2014 年)、《国务院办公厅关于推进城市地下综合管沟建设的指导意见》(2015 年)等。各地方政府也陆续发布了关于地下空间的规划、开发等方面的信息。地下空间已被各地纳入城市整体规划，综合开发的城市越来越多。

2014 年全国加强城市基础设施建设全面开展，伴随着城市中心区的开发、旧城改造以及地铁、地下道路、地下商业街、地下综合体、管廊等大型基础设施的建设，地下空间开发进入一个加速期，地下空间开发建设成为城市建设的重要领域。

2. 我国城市地下空间开发利用的主要进展

当前，随着地下空间开发热潮的兴起和迅速发展，我国已经成为城市地下空间开发利用大国，在开发规模和建设速度上居世界前列。

1) 城市地下交通设施

目前，我国地铁建设运营里程已经遥遥领先世界各国(表 1.2)。截至 2021 年 12 月，我国内地已有 51 个城市开通运营地铁，其中北京和上海的地铁运营总里程均超过 600km，广州、成都、武汉、南京、深圳、重庆和杭州的地铁运营总里程均超过 300km，我国地铁运营总里程位居世界前列(表 1.3)。

表 1.2 **各国地铁运营总里程排名(截至 2021 年)**

排名	国家	总长度/km	首条地铁启用年度
1	中国	8708	1969 年
2	德国	3615	1902 年
3	俄罗斯	1840	1935 年

续表

排名	国家	总长度/km	首条地铁启用年度
4	美国	1689	1870 年
5	法国	1301	1900 年
6	乌克兰	1214	1960 年
7	日本	1036	1919 年
8	波兰	1022	1995 年
9	韩国	991	1974 年
10	西班牙	772	1919 年

表 1.3　**城市地铁长度排名(截至 2021 年)**

排名	国家或地区	地铁运营城市	长度/km
1	中国	上海	772
2	中国	北京	705
3	中国	广州	531
4	中国	成都	519
5	俄罗斯	莫斯科	462
6	英国	伦敦	436
7	美国	纽约	425
8	中国	深圳	411
9	中国	武汉	435
10	中国	南京	378

此外，我国很多城市地下快速路和跨江、河、湖、海隧道的建设也举世瞩目。例如，上海、南京、武汉等城市的江底隧道，青岛胶州湾(图 1.5)、厦门翔安的海底隧道，南京玄武湖、武汉东湖等的湖底隧道。这些地下道路的建设消除了城市交通的空间屏障，并保护了地面环境。

除地下停车全面普及外，地下步行及过街系统、地下交通枢纽建设也受到关注。例如，深圳福田火车站 2015 年年底通车运营，作为目前世界上最大的地下火车站，解决了高速铁路穿城线路和设站问题，化解了铁路对城市交通阻断和环境影响大的传统疾瘤(图 1.6)。交通地下化有效拓展了城市交通资源，同时节约了地面用地，改善了地面景观环境。

图 1.5 青岛胶州湾海底隧道内景

图 1.6 深圳福田地下高铁车站分层效果图

2)城市地下公共服务设施

一些城市结合地铁建设和旧城改造、新区开发进行地下空间开发，建设了大量集交通、商业、文化、娱乐、市政于一体的地下综合体，单体规模在数十万平方米至数百万平方米之间。例如，北京中关村西区、上海世博轴、广州珠江新城、杭州钱江新城、深圳福田中心区、武汉王家墩中央商务区等。大型地下综合体有效提高了城市中心的土地利用和市政运行效率，改善了步行条件，提高了环境的人性化水平，同时也扩大了绿地面积，塑造了城市新形象。

此外，在国内也大量兴建地下文化、娱乐、体育等公共服务设施，如地下展览馆、地下博物馆、地下水族馆、地下篮球馆等。图 1.7 所示为深圳城市规划展览馆。

图 1.7　深圳城市规划展览馆

3)城市地下市政设施

近年来，国内许多城市都在积极创造条件、规划建设综合管廊，特别是在规划和建设中的新区，几乎全部规划建设了综合管廊。上海、广州、济南、沈阳、佳木斯、南京、厦门、大同、无锡等城市都已建成一定规模的地下综合管廊，技术已较为成熟、规模正逐渐扩大。2016 年，作为国家重点推进的民生工程，综合管廊在我国各城市大面积展开。截至 2016 年年底，我国 147 个城市、28 个县已累计开工建设城市综合管廊 2005km。通过建设地下管廊实现城市基础设施现代化，地下空间的合理开发利用已成为共识。此外，大量市政场站也逐步实现地下化，如地下变电站、地下垃圾转运站、地下污水泵站、地下燃气调压站等设施。图 1.8 所示为福建首座花园式纯地下垃圾转运站。

图 1.8　福建首座花园式纯地下垃圾转运站

4)城市地下空间规划和管理

我国在地下空间开发利用方面的法律法规不断完善。自1997年建设部颁布了《城市地下空间开发利用管理规定》以来，我国开始了地下空间法治建设体系的探索。全国各地方城市也先后制定了本地城市地下空间规划与建设的法律法规。2013年以来，城市地下空间法治体系建设进入全面发展阶段。图1.9所示为全国各省市颁布的涉及城市地下空间开发利用的法律法规、政府规章、规范性政策性文件情况。2016年住房和城乡建设部发布了《城市地下空间开发利用"十三五"规划》，以促进城市地下空间科学合理开发利用为总体目标，明确了"十三五"时期的主要任务和保障规划实施的措施，到2020年，初步建立较为完善的城市地下空间规划建设管理体系。

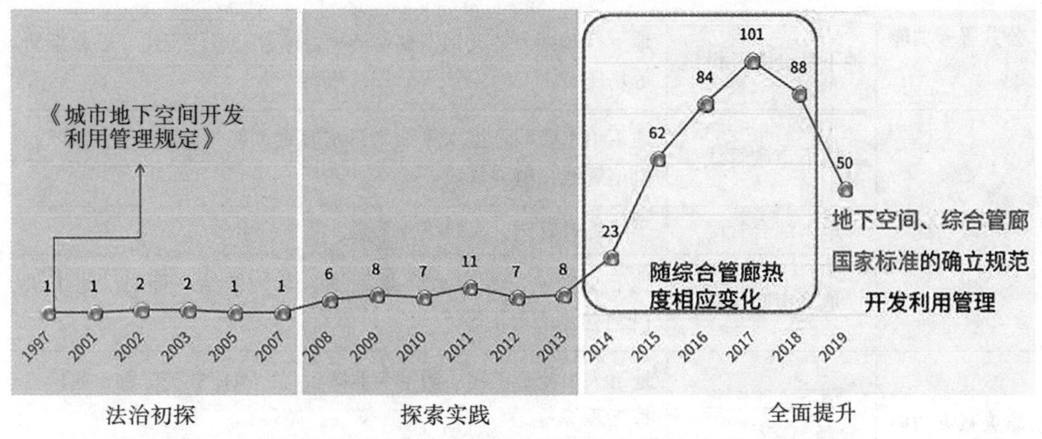

图1.9 我国城市地下空间法治建设发展阶段及历年相关政策法规统计

城市地下空间的各级规划也逐渐被城市管理者重视。北京、上海、广州、深圳等近百个城市已编制完成地下空间总体规划或概念规划，提出了地下空间开发的指导思想、重点地区和开发规模、布局、功能、时序要求。此外，结合旧城改造和新城建设，相关城市编制了重点区域的详细性规划，明确了开发功能、强度、规模、布局以及开发策略和投资模式，如北京中关村西区、朝阳CBD、通州新城、上海世博园、杭州钱江新城核心区、广州珠江新城核心区等。

1.3 城市地下空间工程分类及发展趋势

1.3.1 城市地下空间工程分类

城市地下空间的开发利用为人类开拓了新的生存空间，并满足某些地面上无法实现的对空间的需求。地下空间作为城市空间的一部分，可以容纳和吸收相当一部分城市功能和城市活动，如交通、商业、文化娱乐、生产、储存、防灾等。

目前，国内外城市地下空间开发的主要功能类型见表1.4。

表1.4 城市地下空间开发利用主要功能类型

<table>
<tr><th>城市功能</th><th>设施系统分类</th><th>主 要 内 容</th></tr>
<tr><td rowspan="5">交通功能</td><td>地下轨道交通</td><td>城市轨道交通的线路、车站及相关配套设施</td></tr>
<tr><td>地下道路交通</td><td>地下车行通道及配套设施</td></tr>
<tr><td>地下步行交通</td><td>地下人行通道</td></tr>
<tr><td>地下停车设施</td><td>独立的地下公共停车库、各类用地配建的地下停车库</td></tr>
<tr><td>地下公交场站</td><td>地下综合交通枢纽、地下公交枢纽、地下公交场站、地下出租车停靠场站等</td></tr>
<tr><td rowspan="2">公共服务功能</td><td>地下商业服务设施</td><td>地下商业、娱乐、商务等场所</td></tr>
<tr><td>地下社会服务设施</td><td>地下行政办公、文化、教育科研、体育、医疗卫生、宗教场所等场所</td></tr>
<tr><td rowspan="3">市政功能</td><td>地下市政管线</td><td>地下给水管线、排水管线、污水管线、燃气管线、热力管线、电信管线、电力管线等</td></tr>
<tr><td>地下综合管廊</td><td>干线综合管廊、支线综合管廊、缆线综合管廊等</td></tr>
<tr><td>地下市政场站</td><td>地下变电站、给排水收集处理、燃气供给、环卫、地下供(换)热制冷等设施</td></tr>
<tr><td rowspan="2">防灾减灾功能</td><td>地下人防工程</td><td>地下人员掩蔽工程、防空专业队工程、医疗救护工程、通信指挥工程等</td></tr>
<tr><td>地下安全设施</td><td>地下消防、防洪(涝)、防震等设施</td></tr>
<tr><td rowspan="2">仓储物流功能</td><td>地下仓储设施</td><td>地下普通仓库、食品储库、粮食及食油储库、危险品储库、储能库(石油、燃气)、地下核废料库等设施</td></tr>
<tr><td>地下物流设施</td><td>地下运输管道、物流运输隧道等设施</td></tr>
<tr><td>工业生产功能</td><td>地下厂房</td><td>地下工业产品车间、食品生产车间等</td></tr>
<tr><td>居住功能</td><td>地下居住设施</td><td>地下旅馆、住宅的地下室等</td></tr>
</table>

1.3.2 城市地下空间工程发展趋势

城市地下空间的开发利用是由于城市问题的不断出现，人们为解决这些问题而寻求的出路之一，因此，城市地下空间功能的演化与城市发展过程密切相关。在工业社会以前，由于城市规模比较小，城市地下空间开发利用很少，而且功能比较单一。进入工业化社会之后，城市规模越来越大，城市的各种矛盾越来越突出，城市地下空间受到重视，地下空间的功能也从单一功能向多种功能转化。随着城市发展和人们对生态环境要求的提高，世界上许多国家出现了集交通、市政、商业等于一体的综合地下空间开发。

1. 综合化与多样化

地下空间开发的方式正朝着功能综合化和多样化的方向发展。综合化的表现首先是地下综合体的出现。欧洲、北美和日本等的一些大城市，在新城区的建设和旧城区的再开发过程中，都建设了不同规模的地下综合体，成为具有大城市现代化象征的建筑类型之一；综合化表现在地下步行道系统和地下快速轨道系统、地下高速道路系统的结合，以及地下交通、地下公共服务、地下综合防灾等多功能系统的结合或相互联系；综合化表现在地上、地下空间功能上相互结合，有机协调发展。

在大规模开发现有的地下交通、地下商业之外，地下物流系统、地下能源储藏系统、地下综合防灾系统等多样化开发利用也是未来发展趋势。

2. 深层化与分层化

随着深层开挖技术和装备的逐步完善，同时地下空间利用较先进的城市基本完成地下浅层部分开发，为了综合利用地下空间资源，地下空间开发逐步向深层发展。深层地下空间资源的开发利用已成为未来城市现代化建设的主要课题。

在地下空间深层化的同时，各空间层面分化趋势越来越强。这种分层面的地下空间，以人及为其服务的功能区为中心，人、车分流，市政管线、污水和垃圾的处理分置于不同的层次，各种地下交通也分层设置，以减少相互干扰，保证了地下空间利用的充分性和完整性。

3. 网络化和系统化

地下空间利用由原来独立的点、线、面，依托地下交通网路、地下物流网路系统，形成相互连接的地下网络空间系统，各功能子系统相互联系，地面、地上系统协调运作，构成系统化的城市空间系统。

4. 人性化和生态化

地下建筑所有界面都包围在岩石或土壤中，直接与介质接触，这使得其内部空气质量、视觉和听觉质量以及对人的生理或心理影响等方面都有一定的特殊性。在地下空间设计中通过各种技术及艺术手段处理，提升地下空间环境，注重生态景观设计，来淡化地下空间与地面空间或地下空间之间的联系和界限，为人们提供一个更为舒适、便捷的室内环境，形成具有活力的人性化地下空间。

同时，地下空间开发将对原有场地或地层产生不可消除的环境影响，需要高度重视生态环境保护，注重可持续发展，最大限度地利用自然资源和防止环境污染。

5. 先进化和经济化

随着科技进步，大量先进技术将应用于地下空间的规划设计、施工建造和运营管理等各个方面。现代快速发展的信息化、数字化技术，为地下空间的开发利用提供了更加有效、科学的途径，如BIM(Building Information Modeling)、GIS等信息技术。此外，先进的施工技术和工艺也发展迅速，如盾构、地下连续墙、沉井等多种施工方法的运用。地下空间开发朝着降低成本、提高质量、施工速度快、使用寿命长的方向发展，适应于城市地下空间未来的综合化、深层化、系统化等趋势。

1.4 城市地下空间工程施工技术概述

城市地下空间工程施工技术主要包括城区隧道微振控制爆破施工技术、城市地铁盾构法隧道施工技术、城市超深基坑地下工程施工技术、城市顶管法施工技术、城市管道铺设水平定向钻施工技术等。

1.4.1 城区隧道微振控制爆破施工技术

岩石隧道开挖方法有传统的钻爆法，钻爆法又称矿山法，是以钻孔和爆破破碎岩石为主要工序的隧道断面开挖施工方法。钻爆法对地质条件适应性强，开挖成本低，特别适用于坚硬岩石隧道、破碎岩体隧道及大量中短隧道施工，是隧道开挖最常用的施工方法。在今后相当长的一段时间里，钻爆法仍将是岩石隧道掘进的主要手段。

随着隧道爆破大量地应用于人口密度集中的城市地区，隧道掘进爆破引起的振动危害问题越来越受到人们的重视，尤其是当隧道穿越地表和地下建(构)筑物时，对爆破振动的控制问题更为突出。因此，城区隧道的控制爆破技术，必须同时考虑爆破技术本身、地下爆破振动规律、各种保护目标的振动破坏与振动控制标准等诸方面的问题。

1.4.2 城市地铁盾构法隧道施工技术

盾构机是一种使用盾构法的隧道掘进机。盾构施工法是掘进机在掘进的同时构建(铺设)隧道之“盾”(指支撑性管片)，这区别于敞开式施工法。国际上，广义盾构机也可以用于岩石地层，只是区别于敞开式(非盾构法)的隧道掘进机。而在我国，习惯上将用于软土地层的隧道掘进机称为(狭义)盾构机，将用于岩石地层的称为(狭义)TBM。

盾构机的基本工作原理就是一个圆柱体的钢组件沿隧洞轴线边向前推进，边对土壤进行挖掘。该圆柱体组件的壳体即护盾，它对挖掘出的还未衬砌的隧洞段起着临时支撑的作用，承受周围土层的压力，有时还承受地下水压以及将地下水挡在外面。挖掘、排土、衬砌等作业在护盾的掩护下进行。

用盾构法的机械进行隧洞施工具有自动化程度高、节省人力、施工速度快、一次成洞、不受气候影响、开挖时可控制地面沉降、减少对地面建筑物的影响和在水下开挖时不影响地面交通等特点，在隧洞洞线较长、埋深较大的情况下，用盾构机施工更为经济合理。

1.4.3 城市超深基坑地下工程施工技术

基坑按开挖深度可分为浅基坑和深基坑。住房和城乡建设部在《危险性较大的分部分项工程安全管理办法》(2009 年)中规定：通常将深度大于 5m 基坑或者地下室超过两层称为深基坑；还有一种情况是虽然基坑未超过 5m，但是地质条件和周边环境很复杂的工程，也列入深基坑。

随着我国城市化、城镇化进程逐步加快，城市和城镇建设快速发展，各类建筑(构)物，特别是高层建筑的地下部分所占空间越来越大，埋置深度越来越深，随之而来的基坑开挖面积已达数万平方米，深度 20m 左右的已属常见，更有深度已超过 50m 的超深基坑。

基坑向着大深度、大面积方向发展，周边环境更加复杂，深基坑开挖与支护的难度越来越大。因此，从工期和造价的角度看，逆作法将是今后发展的主要方向。同时，在有支护的深基坑工程中，基坑开挖以人工挖土为主，效率不高，今后必须大力研究开发小型、灵活、专用的地下挖土机械，以提高工效，加快施工进度，减少时间效应的影响。

1.4.4　城市顶管法施工技术

顶管法施工技术是继盾构施工之后而发展起来的一种地下管道施工方法，最早于 1896 年美国北太平洋铁路铺设工程中应用，已有百年历史，20 世纪 60 年代以来在世界各国推广应用。近 20 年，日本研究开发土压平衡、水压平衡顶管机等先进顶管机头和工法。

顶管施工不需要开挖面层，能够穿越公路、铁道、河川、地面建筑物、地下构筑物以及各种地下管线等。顶管在施工时，通过传力顶铁和导向轨道，用支撑于基坑后座上的液压千斤顶将管压入土层中，克服管道与周围土壤的摩擦力，将管道按设计的坡度顶入土中，并将土方运走。一节管子完成顶入土层之后，再下第二节管子继续顶进。其原理是借助于主顶油缸及管道间、中继间等推力，把工具管或掘进机从工作坑内穿过土层一直推进到接收坑内吊起。管道紧随工具管或掘进机后，埋设在两坑之间。

顶管施工就是非开挖施工方法，是一种不开挖或者少开挖的管道埋设施工技术。非开挖工程技术彻底解决了管道埋设施工中对城市建筑物的破坏和道路交通的堵塞等难题，在稳定土层和环境保护方面凸显其优势。这对交通繁忙、人口密集、地面建筑物众多、地下管线复杂的城市是非常重要的，它将为城市创造一个洁净、舒适和美好的环境。

该技术在我国沿海经济发达地区广泛用于城市地下给排水管道、天然气石油管道、通信电缆等各种管道的非开挖铺设。采用该技术施工，能节约一大笔征地拆迁费用、减少对环境污染和道路的堵塞，具有显著的经济效益和社会效益。

1.4.5　城市管道铺设水平定向钻施工技术

随着现代文明意识和环境意识的逐渐增强，交通、环境保护问题已经越来越多地受到人们的关注，非开挖施工的水平定向钻技术逐渐应用较多。水平定向钻施工过程是通过计算机控制进行导向和探测，先钻出一个与设计曲线相同的导向孔，然后再将导向孔扩大，把预制好的管线回拖到扩大的导向孔中，从而完成管线穿越施工。采用水平定向钻技术进行管道穿越施工，是油气长输管线施工中穿越大、中型河流，中、小型水库，高速公路，铁路，以及管线光缆敷设的最佳方案；是不破坏地貌状态和保护环境的最理想施工方法。水平定向钻进技术具有施工速度快、施工精度低、成本低等优点，广泛应用于供水、煤气、电力、通信、天然气、石油等管线铺设施工工程中。水平定向钻进设备，在十几年间也获得了飞速发展，成为发达国家中新兴的产业。

近年来，随着国家对能源政策的调整、石油、天然气项目的投入，加大了石油、天然气长输管线项目的开工建设。为了保护环境，节约成本，减少对已建公共设施、构筑物的破坏，水平定向钻施工技术以其明显的经济效益、环境效益和安全效益，被广泛地应用于石油天然气长输管线工程施工中。近年来，水平定向钻穿越技术在世界各国、各个行业得到广泛的应用，尤其在管道穿越大型河流、高速公路、铁路等工程项目上更加显出独特的优势。

第2章　城区隧道微振控制爆破施工技术

2.1　概　　述

隧道通常是指修建在地层中的地下通道等建筑物。它被广泛地应用于公路、铁路、矿山、水利、市政和国防等方面，也可扩大到地下空间利用的各个方面，即也可以把各种用途的地下通道和硐室都称为隧道。1970年，国际经济合作与发展组织(Organization for Economic Cooperation and Development，OECD)在隧道会议中定义：隧道为以某种用途在地面下用任何方法按规定形状和尺寸修筑的断面积大于2m^{2}的条形建筑物。

隧道建筑在21世纪以前，大多是交通运输隧道、水工隧道。由于隧道的修建使用，克服了平面、高程、江河等障碍，改善了运输条件，缩短了里程，节省了运费，提高了运输能力，使线路更加平缓顺直，从而能更好地满足高速行车的要求，大大提高经济效益。随着大量铁路和公路等建设需要，单座隧道的长度越来越长，已成为当前发展的趋势。目前世界各国已建成的特长隧道有50多条，如日本青函海底隧道(53.85km)，英、法海底隧道(50.5km)等。我国有长梁山双线隧道(12.782km)、秦岭两座单线隧道(18.46km)、兰武铁路乌鞘岭单线铁路隧道(左、右线隧道各长20.05km)。还有，近20年来，大家热议的跨渤海海峡通道工程，从旅顺老铁山到山东蓬莱，如果采用南桥北隧的方式进行建设，其中隧道全长48~60km。

随着我国城市化进程的进一步加快，人口快速增长及土地资源日趋稀缺，土地开发利用的重点已由地面向地下空间发展，需要大量建设地下交通、停车场、体育文化场所和地下商业场所等。总之，随着人们生活、生产需要，今后将修建越来越多的多用途、多功能的隧道。

目前的隧道爆破，尤其城市隧道的爆破具有以下特点。

(1)隧道断面尺寸大，其高度和跨度一般超过6.0m，双线铁路和高速公路隧道跨度以大断面和超大断面为主，爆破中更加重视围岩保护。

(2)地质条件复杂，尤其隧道(埋深小于2.0倍隧道跨度)的岩石风化破碎，受地表水、裂隙水影响较大，岩石节理、裂隙、软弱夹层、滴漏水直接影响钻孔和爆破效果。

(3)隧道施工中重、大型施工设备相对较多，隧道内施工场地相对狭小，作业受到较多的限制。

(4)城市隧道服务年限长，造价昂贵。为了在运营中减少维修，避免中断交通，施工中必须保证良好的质量。

(5)城市隧道爆破钻孔质量和精度要求高，孔位、方向和深度要准确，超、欠挖在允许范围之内，确保隧道方向的准确性。因此，隧道爆破除了要求循环进尺、炮孔利用率、炸药消耗等指标外，对岩石破碎块度、爆堆形状、抛掷距离、隧道围岩稳定性影响、周边成形和爆破振动控制等均有更高的要求。

2.2　城区隧道爆破施工方案

隧道施工宜符合安全环保、工艺先进、质量优良、进度均衡、节能降耗的要求，隧道施工应本着“安全、有序、优质、高效”的指导思想，按照“保护围岩、内实外美、重视环境、动态施工”的原则组织施工。矿山法因最早应用于矿石开采而得名，在这种方法中，由于多数情况下都需要采用钻眼爆破进行开挖，故又称为钻爆法。城市地下工程的特点主要是覆土浅，地质条件差；多数为砂土、黏性土、粉细砂等，承载力小，变形快，特别是初期增长快；施工注意不到位，地面易产生坍塌或过大的下沉，而且在隧道附近往往有重要的地面建筑物或地下煤气管线、给水管线，因此采用钻爆法可能对其造成不利影响。

隧道施工方法实际上是指开挖成型方法。建立在新奥法施工原则基础上的矿山法仍然是我国目前应用最广、最成熟的隧道修建方法。其总的趋势是大断面分部开挖，辅以简单易行而安全可靠的强有力的支护结构。常用的方法为全断面法、台阶法、分部开挖法、特大断面的施工法，其中分部开挖法有中隔墙法(CD 法)、交叉中隔墙法(CRD 法)、单侧壁导坑法、双侧壁导坑法等，特大断面的施工法有洞桩法、侧洞法、中洞法、柱洞法、拱盖法等。这些方法重要指标对照如表 2.1 所示。

表 2.1　**施工工法对照图**

施工方法	示意图	重要指标比较					
		适用条件	沉降	工期	防水	初期支护拆除量	造价
全断面法	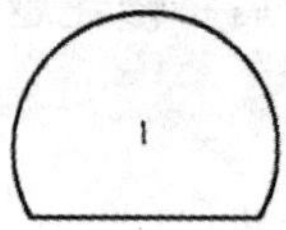 1	地层好，跨度≤8m	一般	最短	好	无	低
台阶法	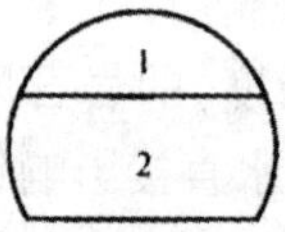 1 2	地层较差，跨度≤12m	一般	短	好	无	低
上半断面临时闭合法	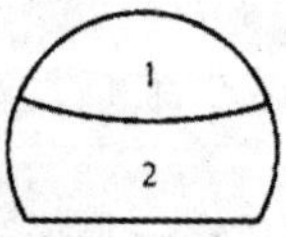 1 2	地层差，跨度≤12m	一般	短	好	小	低

续表

施工方法	示意图	重要指标比较					
		适用条件	沉降	工期	防水	初期支护拆除量	造价
正台阶环向开挖法	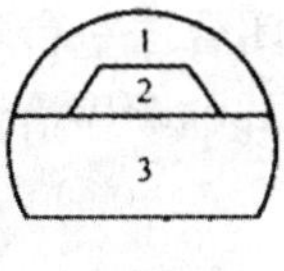	地层差，跨度≤12m	一般	短	好	无	低
单侧壁导坑法	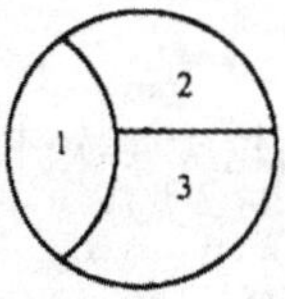	地层差，跨度≤14m	较大	较短	好	小	低
中隔墙法（CD 法）	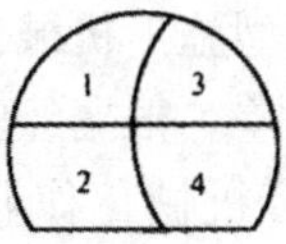	地层差，跨度≤18m	较大	较短	好	小	较高
交叉中隔墙法（CRD 法）		地层差，跨度≤20m	较小	长	好	大	高
中洞法	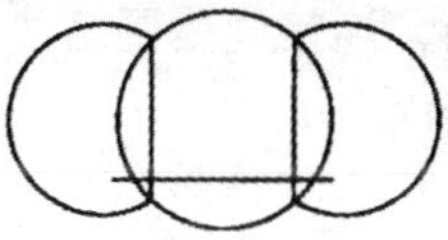	小跨度，连续使用可扩成大跨度	小	长	效果差	大	较高
侧洞法	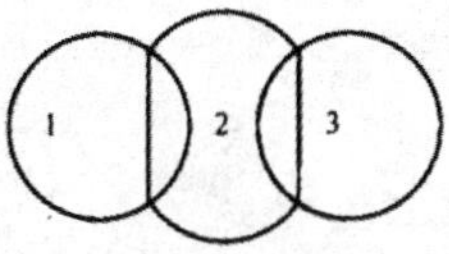	小跨度，连续使用可扩成大跨度	大	长	效果差	大	高
柱洞法	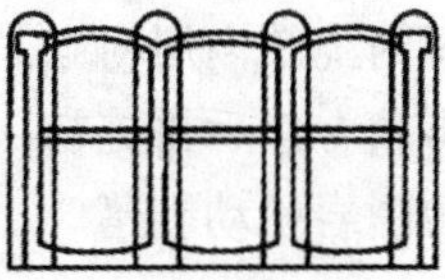	多层多跨	大	长	效果差	大	高
双侧壁导坑法（眼镜法）	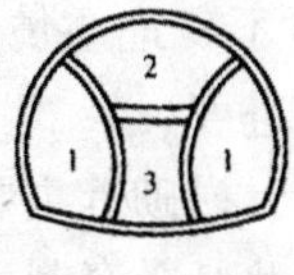	小跨度，连续使用可扩成大跨度	大	长	效果差	大	高

大量的施工实例资料的统计结果表明，CRD法优于CD法(CRD法比CD法减少地面沉降近50%)，而CD法又优于眼镜法。但是CRD工法施工工序复杂，隔墙拆除困难，成本较高，进度较慢，一般在第四纪地层中修建大断面地下结构物(如停车场)且地面沉降要求严格时才使用。每步的台阶长度都有限制，一般为5~7m。

在市区软弱、松散的地层中，仅从控制地层位移的角度考虑，前述隧道暗挖施工方法择优的顺序为CRD法→CD法→眼镜法→上半断面临时闭合法→台阶法。而从进度和经济角度考虑，由于各工法的工序和临时支护不同，其选择的顺序恰恰相反。

下面是几种代表性的施工工法详细介绍。

2.2.1　全断面法

全断面法全称为“一次性开挖法”，即按隧道设计断面轮廓一次开挖成型的方法。

1. 使用范围、条件及优缺点

全断面法主要适用于非浅埋的覆盖条件简单、岩质较均匀的Ⅰ~Ⅲ级岩层中。但浅埋段、偏压段和洞口段不宜采用此方法。该法必须具备大型施工机械，且隧道长度或施工区段长度不宜太短，否则采用大型机械化施工的经济性差。根据经验，这个长度不小于1km。全断面法具有较大的作业空间，有利于大型配套机械化作业，钻爆施工效率高，可采用深眼爆破，提高施工掘进速度，且工序少、便于施工组织和管理，较分部开挖法减少了对围岩的振动次数。但由于全断面法开挖面积较大，围岩相对稳定性降低，且每循环工作量相对较大，深孔爆破用药量大，引起的振动大，因此要求精心爆破设计和严格控制爆破作业。在城市隧道施工中，一般很少采用该方法。

2. 全断面法施工工序

(1)施工准备完成后，用钻孔台车钻眼，然后装药，连接起爆网络；

(2)退出钻孔台车，引爆炸药，开挖出整个隧道断面；

(3)进行通风、洒水、排烟、降尘；

(4)排除危石，安设拱部锚杆和喷第一层混凝土；

(5)用装碴机将石碴装入矿车或运输机，运出洞外；

(6)安设边墙锚杆和喷混凝土；

(7)必要时可喷拱部第二层混凝土和隧道底部混凝土；

(8)开始下一轮循环。

在初次支护变形稳定后，或按施工组织中规定时间内浇筑内层衬砌。根据围岩稳定程度及施工设计亦可以不设锚杆或设短锚杆。也可先出碴，然后再施初次支护，但一般仍先进行拱部初次支护，以防止局部应力集中而造成的围岩松动剥落。

3. 全断面法施工注意事项

加强对开挖面前方的工程地质和水文地质的调查。对不良地质情况，要及时预测、分析研究，随时准备好应急措施，以确保施工安全和工程进度。

各工序机械设备要配套。如钻孔、装碴、运输、支护、衬砌等主要机械和相应的辅助设备、性能和生产能力要相互配合，环环紧扣，不致彼此互受牵制而影响掘进，以充分发挥机械设备的使用效率和各工序之间的协调作用。

加强各种辅助施工方法的设计和施工检查，尤其是较软弱破碎围岩地段，应及时对初支后围岩进行量测与监控，辅助作业的管理要求保持技术上的良好状态。重视和加强对施工操作人员的技术培训，使其能熟练掌握各种机械和推广新技术，提高工作效率，改进施工管理，加快施工速度。选择支护类型时，应优先考虑锚杆和喷射混凝土、挂网、拱架等支护形式。

2.2.2 台阶法

台阶法是适用性最广的施工方法，多适用于双线隧道Ⅲ、Ⅳ级围岩，单线隧道Ⅴ级围岩亦可采用，但支护条件应予以加强。它将断面分成上半断面和下半断面两部分开挖。根据台阶的长短，台阶法又包括长台阶法、短台阶法和超短台阶法三种。在城市隧道施工中经常使用该工法。

通过调整台阶长度，它几乎可以用于所有的地层，台阶法的优点表现在对地质变化的适应性较强，工序转换容易，并能较早地使初期支护闭合，有利于控制沉降。至于施工中究竟应采用何种台阶法，要根据以下两个条件来决定：①初次支护形成闭合断面的时间要求，围岩越差，闭合时间越短；②上断面施工所用的开挖、支护、出碴等机械设备满足施工场地大小的要求。在软弱围岩中应以前一条件为主，兼顾后者，确保施工安全；在围岩条件较好时，主要考虑如何更好地发挥机械效率，保证施工的经济性，故只要考虑后一条件。

1. 长台阶法

长台阶法施工中，上、下开挖断面相距较远，一般上台阶超前50m以上或大于5倍洞径。施工时，上、下部可配备同类机械进行平行作业。当机械不足时，也可用一套机械设备交替作业，即在上半断面开挖一个进尺，然后再在下断面开挖一个进尺。当隧道长度较短时，亦可先将上半断面全部挖通后，再进行下半断面施工，习惯上又称为“半断面法”。

上半断面开挖：用钻孔台车钻眼、装药爆破，地层较软时亦可用挖掘机开挖；安设锚杆和钢筋网，必要时加设钢支撑、喷射混凝土；推铲机将石碴推运到台阶下，再装入装碴机运至洞外；根据支护结构形成闭合断面的时间要求，必要时在开挖上半断面后，施做临时底拱，使得上半断面处于临时闭合状态，然后在开挖下半断面时再将临时底拱挖掉。

下半断面开挖：用钻孔台车钻眼、装药爆破。装碴直接运至洞外。安设边墙锚杆(必要时)和喷混凝土。用反铲挖掘机开挖水沟，喷底部混凝土。

优缺点及适用条件：有足够的工作空间和相当的施工速度，上部开挖支护后，下部作业就较为安全，但上、下部作业有一定的干扰。相对于全断面法来说，长台阶法一次开挖的断面和高度都比较小，只需配中型钻孔台车即可施工，而且对维持开挖面稳定也十分有利。所以，它的适用范围较全断面法广泛，凡是在全断面法中开挖面不能自稳，但围岩坚硬、不要用底拱封闭断面的情况，可采用长台阶法。

2. 短台阶法

短台阶法分成上下两个断面开挖，两个断面相距较近，一般上台阶长度小于5倍洞径，但大于 1~1.5 倍洞径，或 5~50m，上、下断面基本上可以采用平行作业。短台阶缩短支护结构闭合的时间，改善初期支护的受力条件，当遇到软弱围岩时需慎重考虑，必要时应采用辅助施工措施稳定开挖工作面，以保证施工安全。短台阶法的作业顺序和长台阶法相同。

优缺点及适用条件：短台阶法可缩短支护结构闭合的时间，改善初次支护的受力条件，有利于控制收敛速度，适用范围很广，在Ⅰ~Ⅴ级围岩中都能实施，尤其适用于Ⅳ、Ⅴ级围岩，也是新奥法施工中经常运用的方法。缺点是上台阶出碴时，对下半断面施工的干扰较大，不能全部平行作业。为解决这种干扰，可采用皮带机运输上台阶的石碴；或设置由上半断面过渡到下半断面的坡道，将上台阶的石碴直接装车运出。过渡坡道的位置可设在中间，也可交替地设在两侧。

3. 超短台阶法

该方法适用于软弱地层，一般在膨胀性围岩及土质地层中采用。为了尽快形成初期闭合支护以稳定围岩，上、下台阶之间的距离进一步缩短，上台阶仅超前 3~5m。由于上台阶的工作场地小，只能将石碴堆到下台阶再运出，对下台阶会形成严重的干扰，故只能采用交替作业，因而施工进度会受到很大的影响。

超短台阶法作业顺序：

(1)用一台停在台阶下的长臂挖掘机或单臂挖掘机开挖上半断面至一个进尺；

(2)安设拱部锚杆、钢筋网或钢支撑，喷拱部混凝土；

(3)用同一台机械开挖下半断面至一个进尺，安设边墙锚杆、钢筋网或接长钢支撑，必要时加喷拱部混凝土；

(4)开挖水沟，安设底部钢支撑，喷底部仰拱混凝土，灌筑内层衬砌。

优缺点及适用条件：由于超短台阶法初次支护全断面闭合时间更短，更有利于控制围岩变形，尤其是上部开挖支护后，下部作业较为安全。在城市隧道施工中，能更有效地控制地表沉陷。所以，超短台阶适用于膨胀性围岩和土质围岩，要求及早闭合断面的场合；当然，也适用于机械化程度不高的各级围岩地段。缺点是上、下断面相距较近，机械设备集中，作业时相互干扰较大，生产效率低。

2.2.3　分部开挖法

分部开挖法是将隧道断面分部开挖、逐步成形，且一般将某部超前开挖，故也称为导坑超前开挖法。分部开挖法可分三种变化方案：环形开挖预留核心土法、单侧壁导坑法和双侧壁导坑法。分部开挖法常用于人防段、风井、横通道施工。

1. 环形开挖预留核心土法

环形开挖预留核心土法，适用于一般土质或易坍塌的软弱围岩地段。核心土可以临时支撑开挖断面，增强开挖工作面的稳定，核心土及下部开挖在拱部初期支护下进行，施工安全性较好。一般环形开挖进尺为 0.5~1.0m，不宜过大，上下台阶可用单臂掘进机开挖，开挖和支护顺序如图 2.1 所示。

开挖面分部形式：一般将断面分成环形拱部、上部核心土、下部台阶三部分。施工作业顺序：

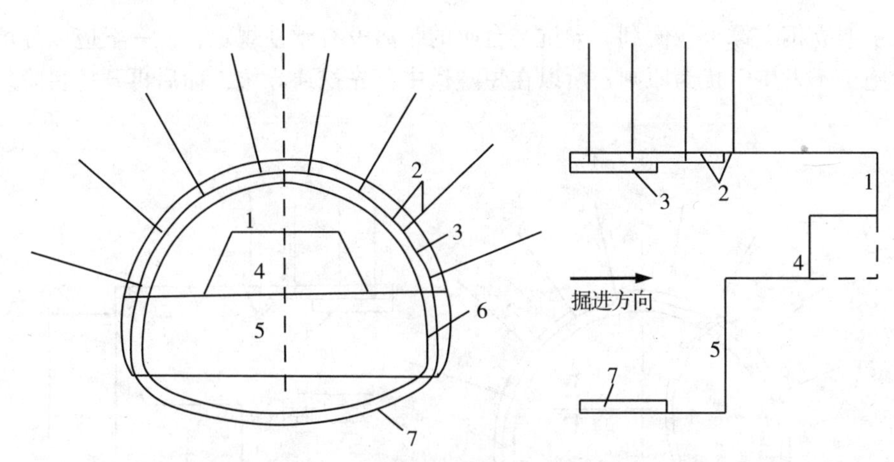

1. 上弧形导坑开挖；2. 拱部喷锚支护；3. 拱部衬砌；4. 中核开挖；
5. 下部开挖；6. 边墙部喷锚支护及衬砌；7. 灌筑仰拱

图 2.1 环形开挖预留核心土法

(1)用人工或单臂掘进机开挖环形拱部。根据断面大小，环形拱拱部又可分成几块交替开挖；

(2)安设拱部锚杆、钢筋网或钢支撑、喷混凝土；

(3)在拱部初次支护保护下，用挖掘机或单臂掘进机开挖核心土和下台阶，随时接长钢支撑和喷混凝土、封底；

(4)根据初次支护变形情况或施工安排建造内层衬砌。

由于拱形开挖高度较小，或地层松软，锚杆不易成形，施工中不设或少设锚杆。环形开挖进尺为 0.5~1.0m，不宜过长。上部核心土和下台阶的距离，一般单线隧道为 2 倍洞径。

优缺点及适用条件：因为上部留有核心土支撑断面，而且能及时、迅速地建造拱部初次支护，因此开挖工作面稳定性好。它与台阶法一样，核心土与下部开挖都是在拱部初次支护下进行的，施工安全性好。这种方法适用于一般土质或易坍塌的软弱围岩。与超短台阶法相比，台阶长度可以加长，减少上、下台阶施工干扰；施工机械化程度较高，施工速度可加快。虽然核心土临时增强了开挖面的稳定，但是开挖要经多次扰动、断面分块多、支护结构形成全断面封闭的时间长，这些有可能使围岩变形增大。

2. 单侧壁导坑法

单侧壁导坑法适用于围岩稳定性较差(如软弱松散围岩)，隧道跨度较大，地表沉陷难于控制的地段。该法确定侧壁导坑的尺寸很重要，如侧壁导坑尺寸过小，则其分割后跨度增加，开挖稳定性的作用不明显，且施工机具开展工作不便；如尺寸过大，则导坑本身的稳定性降低而需要增强临时支护，由于大部分临时支护都是要拆掉的，尺寸过大会导致工程成本增加。其开挖和支护顺序如图 2.2 所示。

该方法将断面分成三块：侧壁导坑、上台阶、下台阶。侧壁导坑尺寸应本着合理利用整个隧道的稳定性并考虑机械设备和施工便利条件而定。一般侧壁导坑宽度不宜超过 0.5 倍洞径，高度起拱线为宜，这样，导坑可分二次开挖和支护，不需要架设工作平台，人工架立钢支撑也较便利。导坑与台阶的距离没有硬性规定，但一般应以导坑施工和台阶施工不发生干扰为原则，所以在短隧道中可先挖通导坑，而后再开挖台阶。

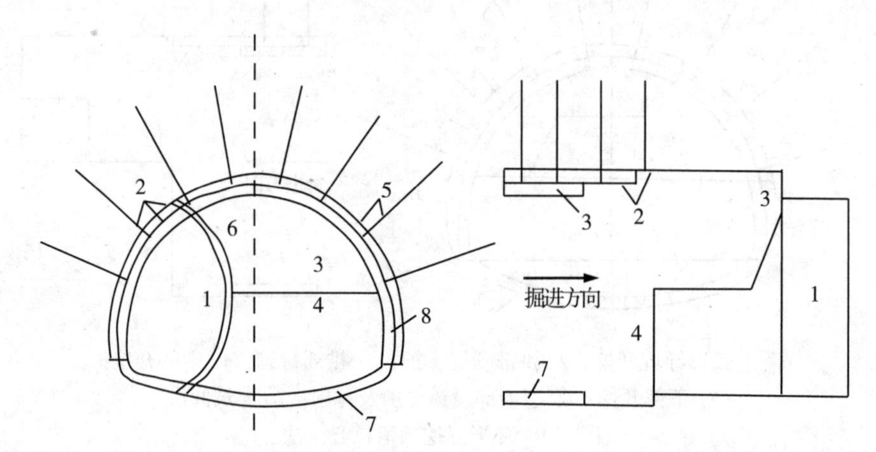

1. 侧壁导坑开挖；2. 侧壁导坑锚喷支护及设置中壁墙临时支撑；3. 后行部分上台阶开挖；
4. 后行部分下台阶开挖；5. 后行部分锚喷支护；6. 拆除中壁墙；7. 灌筑仰拱；8. 灌筑洞周衬砌

图 2. 2　单侧壁导坑法

施工作业顺序：

(1)开挖侧壁导坑，并进行初次支护(锚杆加钢筋网，或锚杆加钢支撑，或钢支撑，喷射混凝土)，应尽快使导坑的初次支护闭合；

(2)开挖上台阶，进行拱部初次支护，使其一侧支撑在导坑的初次支护上，另一侧支撑在下台阶上；

(3)开挖下台阶，进行另一侧边墙的初次支护，并尽快建造底部初次支护，使全断面闭合；

(4)灌筑内层衬砌。

优缺点及适用条件：单侧壁导坑法是将断面横向分成 3 块或 4 块，每步开挖宽度较小，而且封闭型的导坑的初次支护承载能力大，所以单侧壁导坑法适用于断面跨度大，地表沉陷难于控制的软弱松散围岩中。侧壁导坑法的优点是通过形成闭合支护的侧导坑将隧道断面的跨度一分为二，有效地避免了大跨度开挖造成的不利影响，明显地提高了围岩的稳定性。缺点是因为要施做侧壁导坑的内侧支护，随后又要拆除，增加了工程造价。

3. 双侧壁导坑法

双侧壁导坑法又称眼镜法，是先开挖隧道两侧导坑，及时施做导坑四周初期支护，必要时施做边墙衬砌，然后根据地质条件、断面大小对剩余部分采用二台阶或三台阶开挖的方法。其实质是将大跨度的隧道分成两个小跨度的隧道进行开挖，其开挖和支护顺序如图 2. 3 所示。

开挖面分部形式：将断面分成 4 块，左、右侧壁导坑、中部核心上、下台阶。导坑尺寸宽度不宜超过断面最大跨度的 1/3。左、右侧导坑应错开开挖，以避免在同一断面上同时开挖而不利于围岩稳定，错开的距离应根据开挖一侧导坑所引起的围岩应力分布的影响不致波及另一侧已成导坑的侧壁确定。

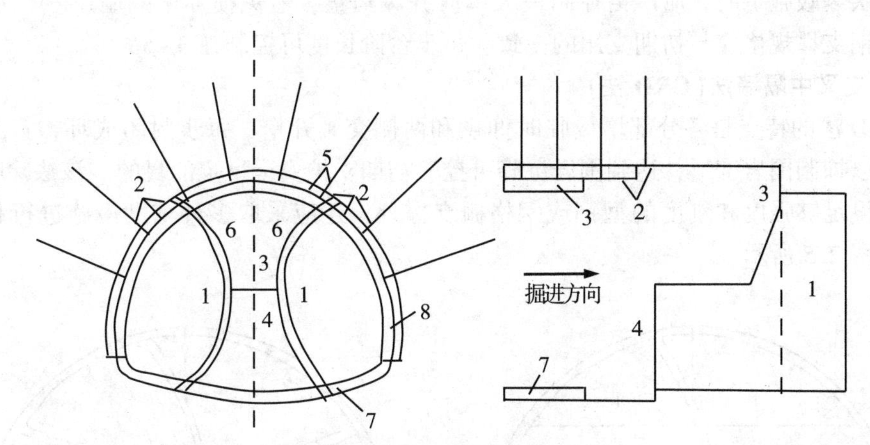

1. 侧壁导坑开挖；2. 侧壁导坑锚喷支护及设置中壁墙临时支撑；3. 后行部分上台阶开挖；4. 后行部分下台阶开挖；5. 后行部分锚喷支护；6. 拆除中壁墙；7. 灌筑仰拱；8. 灌筑洞周衬砌

图 2.3　双侧壁导坑法

施工作业顺序：

(1)开挖一侧导坑，并及时地将其初次支护闭合；

(2)相隔适当距离后开挖另一侧导坑，并建造初次支护；

(3)开挖上部核心土，建造拱部初次支护，拱脚支承在两侧壁导坑的初次支护上；

(4)开挖下台阶，建造底部的初次支护，使初次支护全断面闭合；

(5)拆除导坑临空部分的初次支护；

(6)建造内层衬砌。

优缺点及适用条件：开挖断面分块多，扰动大，初次支护全断面闭合的时间长，施工进度较慢，成本较高，但施工安全，每个分块都是在开挖后立即各自闭合的，所以在施工中间几乎不发生变形。尤其在控制地表下沉方面，双侧壁导坑法优于其他施工方法。双侧壁导坑法所引起的地陷仅为短台阶法的1/2。此外，由于两侧导坑先行，能提前排放隧道拱部和中部土体中部分地下水，为后续施工创造条件。因此城市软弱围岩、大跨的隧道，和山岭岩层软弱破碎、地下水发育的大跨的隧道施工可优先选用双侧壁导坑法。在Ⅴ~Ⅵ级围岩的浅埋段、偏压段及洞口段，也可采用此法施工。

4. 中隔墙法(CD法)

中隔墙法是将隧道断面左右一分为二，施工时应沿一侧自上而下分为二或三部分进行，每挖一部分均应及时施做锚喷支护、安设刚架、施做中隔墙，底部应设临时仰拱，中隔墙依次分步连接而成，当先开挖一侧超前一定距离后，再开挖中隔墙的另一侧。该法变大跨为小跨，使断面受力更合理，可减少沉降，保证隧道开挖安全。

该法适用于较差围岩，如采用人工或人工配合机械开挖的Ⅳ~Ⅴ级围岩的双线隧道和浅埋、偏压及洞口段。施工过程中，为保证初次支护稳定，除喷锚支护外，需增设钢支撑，并采用超前大管棚、超前锚杆、超前注浆小导管、超前预注浆等的一种或多种进行超前加固，如图 2.4 所示。但是断面较小，只能采用小型机械或人工开挖及运输作业，多次爆破施工时，应严格控制最大单段齐爆药量，避免损坏中隔墙(壁)。临时中隔墙型钢支撑规格应与初期支用的一致，每步台阶长度可控制在 3~5m。

5. 交叉中隔墙法(CRD 法)

CRD 法的特点是各分部增设临时仰拱和两侧交叉开挖，每步封闭成环，且封闭时间短，以抑制围岩变形，达到围岩沉降可控、初期支护安全稳定的目的。该法除喷锚支护及增设足够强度和刚度的型钢或钢格栅支撑外，还应采取多种辅助措施进行超前加固，如图 2.5 所示。

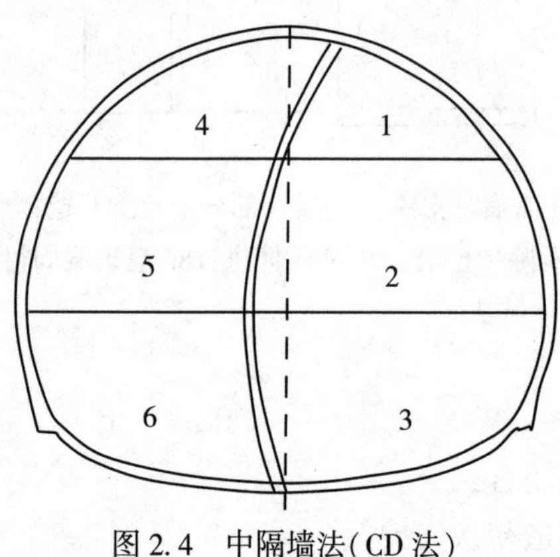

图 2.4　中隔墙法(CD 法)

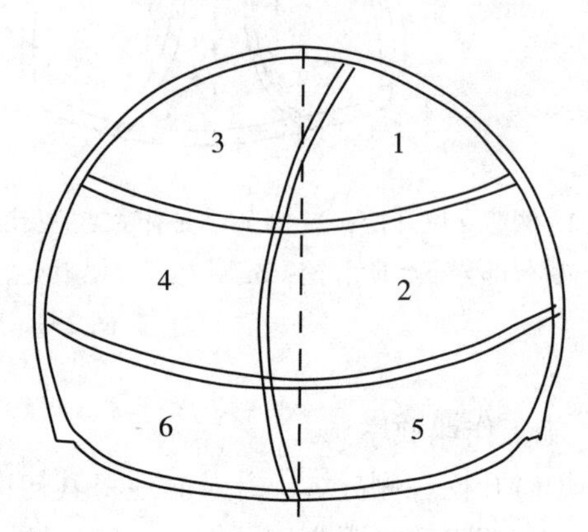

图 2.5　交叉中隔墙法(CRD 法)

采用交叉中隔墙法施工，除应满足中隔墙法的施工要求外，还应满足以下要求：

(1)设置临时仰拱，步步成环；

(2)自上而下，交叉进行；

(3)中隔墙及交叉临时支护，在灌筑二次衬砌时，应逐段拆除。采用中隔墙法(CD 法)仍然无法保持围岩稳定和隧道施工安全时，可采用交叉中隔墙法(CRD 法)开挖。

交叉中隔墙法(CRD 法)适用于断层破碎带、碎石土、卵石土、圆砾土、湿陷性黄土、全风化地层的Ⅴ~Ⅵ级围岩及较差围岩中的浅埋段、偏压段等，在地下隧道人防段施工采用得较多。该方法施工工艺复杂，造价高；在分布开挖时，由于交叉隔壁多，在爆破施工时需多加保护。为避免爆破施工对其扰动，常常先开挖的部分断面大，预留或向邻近部位超挖一定距离，为后续的爆破预留岩石膨胀空间。例如，中等风化板岩地质，常常预留出 30~50cm。

2.2.4　大断面法

除上述隧道工程施工方案以外，城区隧道工程若遇到浅埋、大断面或隧道连接车站施工时，现场常用的大断面施工方法有洞桩法、拱盖法、中洞法。这三种工法都有大量的成功实施案例，但也都有一定的缺陷和不足。

洞桩法是利用小导洞施做桩、梁、拱，形成传力结构，在暗挖拱盖下进行内坑开挖。中洞法是中洞先行，先建立起梁柱支撑体系，然后施做侧洞。中洞法和洞桩法的不足之处：

(1)导洞多、工序多、爆破次数多、扰动地层次数多；

(2)支护复杂、初次支护拆除多、废弃工程量大；

(3)导洞与导洞间的连接点多，支护体系比较薄弱；

(4)进度慢、成本大、浪费多；

(5)洞桩法对围护桩的垂直度难以保证。

两种方法的优点是掘进过程比较安全。

拱盖法的优点：

(1)导洞少、工序少、爆破次数少、扰动次数少；

(2)支护简单、初次支护拆除少、废弃工程量小；

(3)导洞与导洞间的连接点少，支护体系有保证；

(4)拱盖形成后即可大面积作业，效率高，工期缩短；

(5)对于围岩为中风化板岩，不用打桩；

(6)边墙施工用预应力锚索，无临时支撑，保证施工安全。

拱盖法的缺点是围岩强度要求高，在冠梁下侧墙部位弱爆破难以控制。

1. 洞桩法(PBA)

洞桩法(PBA)的原理就是将传统的地面框架结构施工方法(即在地面先做基坑围护桩，然后从上向下进行基坑土方开挖，必要时加撑防止基坑变形，开挖到底后从下向上施工框架结构)和暗挖法进行有机结合，即在地面上不具备施工基坑围护结构条件时，改在地下提前暗挖好的导洞内施做围护边桩、桩顶纵梁、顶拱等，共同构成桩、梁、拱[PBA，即为桩(Pile)、梁(Beam)、拱(Arc)三个英文单词的首字母简称]支撑框架体系，承受施工过程的外部荷载，然后在顶拱和边桩的保护下，逐层向下开挖土体，施工内部结构，最终形成由外层边桩及顶拱初期支护和内层二次衬砌组合而成的永久承载体系。实际上，洞桩法就是将盖挖法施工的挖孔桩梁柱等转入地下进行，因此也可称之为地下式盖挖法。该工法施工工序较多，且由于地下工作环境很差，施工质量较难保证，洞内挖孔环境复杂，不宜过多提倡。洞桩法施工工序如下。

(1)采用台阶法施工主体6个小导洞及小导管，施工中在导洞底板预留开孔加强构造。另外，导洞施工应注意群洞效应，掌子面间距之间不小于10m。下部小导洞施工中应在导洞顶部预留开孔加强构造。

(2)在侧边下导洞洞内施做桩底纵梁，人工挖孔施做结构维护边桩及桩顶纵梁。注意：底部挖孔桩必须间隔施工，防止导洞底板结构遭到连续破坏而失稳；施做中下导洞内底纵梁，人工挖孔，安装钢管柱，施做柱顶纵梁上防水层、顶纵梁。各工序采用流水作业，相隔两跨。钢管柱安装完成后，采用砂性土将孔内钢管四周填实，浇筑顶纵梁时，在顶部防水板内预留注浆管。

(3)施做边跨导洞内初期支护及背后回填。边跨初期支护预留注浆管。

(4)施做小导洞间拱部小导管，土体开挖，施工小导洞间初期支护。

(5)土体开挖，施做顶部二衬，二衬拱脚在中板未封闭前设置拉杆，防止偏压。

(6)土体开挖到结构中板底部，施做中板及中纵梁。

(7)开挖到基坑底部，及时用型钢封底，并浇筑底部混凝土。

(8)破除中下导洞剩余初衬，铺设底板防水，施做结构底板。

(9)待底板达到设计强度后施做下部侧墙，完成主体结构施工。

(10)楼梯、结构风道及站台等附属结构施工。

2. 拱盖法

1)双拱盖法工序

(1)开挖导洞并施工初期支护(横通道进导洞马头门采用超前锚杆)。开挖导洞时，先开挖下导洞、后开挖上导洞，先开挖边导洞、后开挖中间导洞(两侧导洞顶部标高依据设计标高不变，两导洞前后错开 6~8m)。

(2)导洞贯通后，施工上下导洞间钢管混凝土柱、挖孔护筒。

(3)施工两侧导洞内冠梁、初期支护及时回填混凝土，施工底板梁防水层及底板梁后，施工钢管混凝土柱(柱挖孔护筒与钢管混凝土柱间空隙用砂填实)，然后施工顶拱梁防水层及顶纵梁。

(4)开挖 5、6 号小导洞并施工初期支护(5、6 号小导洞前后错开 6~8m)。

(5)小导洞 5、6 号贯通后，向主体两端后退，沿主体纵向分段(每段不大于一个柱跨)凿除导洞部分初期支护结构，施工顶拱防水层及结构二衬。

(6)顶拱二衬混凝土强度达到设计强度后，分台阶开挖下部岩石到中板以下 1.5m，及时施工 C25 喷射混凝土(在侧墙 2m 范围内采用松动爆破或非钻爆法开挖，保证冠梁下岩石完整性)。

(7)分段拆除锚索，施工中板、中梁和侧墙防水层及侧墙混凝土。

(8)中板混凝土强度达到设计强度后，分台阶开挖下部岩石到底板，及时施工 C25 喷射混凝土(在侧墙 2m 范围内采取松动爆破或非钻爆法开挖，保证冠梁下岩石完整性；施工时采取有效的开挖方法，保证中板的安全)。

(9)分段拆除锚索，施工底板防水层及底板，然后施工侧墙防水层及侧墙。

(10)施工主体内部结构构件，完成主体结构施工。

2)单拱盖法工序

(1)施做导洞拱部超前小导管并预注液浆，开挖柱体 1、2 号导洞并施工初期支护，两导洞前后错开不小于 5m。在主体导洞外侧打设砂浆锚杆及锁脚锚管，加固大拱脚处围岩。两导洞贯通后，施做冠梁。

(2)开挖主体 3、4 号导洞并施做拱部第一层初期支护，两部分掌子面错开不小于 30m，采用素混凝土回填主体 1、2 号导洞空余部位。

(3)施做拱部第二层初期支护，每施工两相内层初期支护，拆除主体 1、2 号导洞部分初期支护结构及中隔壁。

(4)主体两层初期支护完成后，沿纵向分为若干个施工段(不大于两个柱跨)，在每个施工段分层开挖岩体，同时侧墙打入砂浆锚杆及第一道预应力锚索，并施工侧墙初期支护结构。在侧墙 2m 范围内采用松动爆破或非钻爆法开挖，保证冠梁下岩石完整。开挖到洞底标高后，施工底板垫层。

(5)切除最下方一道预应力锚索锁头、施工底板防水层、底板二衬混凝土及部分侧墙混凝土。

(6)切除中间一道预应力锚索锁头，施做部分侧墙二衬混凝土，分段施做站台立柱、中纵梁及中板等结构，并做好侧墙防水。

针对拱盖法钻爆施工，应遵循“先预报、管超前、严注浆、短进尺、快封闭、强支护、弱爆破、勤量测、速反馈”的原则。严格采用微震控制爆破，使用低爆速炸药，毫秒雷管跳段使用，通过控制单段最大起爆药量实现降低震动强度，减少对爆破施工区段周边环境的影响。尽可能减轻对围岩的扰动，充分利用围岩自有强度维持岩体的稳定性，有效地控制地表沉降，控制车站围岩的超挖、欠挖，达到规则的轮廓成形。

3. 中洞法

中洞法施工就是按照“小分块、短台阶、早成环、环套环”的施工原则，先行开挖中间部分(中洞)，在中洞内施做梁、柱结构，然后再开挖两侧部分(侧洞)，并逐渐将侧洞荷载通过中洞初期支护转移到梁、柱结构上。由于中洞的跨度较大，施工中一般采用CD法、CRD法或眼镜法等进行施做，中洞法施工工序零散，但两侧洞对称施工，比较容易解决侧压力从中洞初期支护转移到梁柱上时产生的不平衡侧压力问题，施工引起的地面沉降较易控制。该工法空间大，施工便利，地面沉降均匀，两侧洞的沉降曲线不会在中洞施工的沉降曲线最大点叠加。中洞法标准断面如图2.6所示。

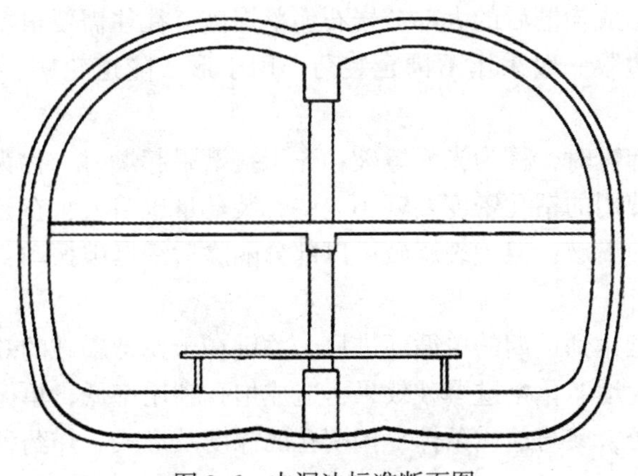

图2.6　中洞法标准断面图

中洞法施工工序如下：

(1)施做拱部大管棚，小导管预注浆加固地层；台阶法开挖中洞，施做全断面格栅、网喷混凝土支护。

(2)施做底板、底纵梁板，预留接茬钢筋及防水板接头；吊装钢管柱，浇筑钢管混凝土；铺设拱部防水板，浇筑顶纵梁；混凝土回填顶空隙。

(3)施做拱部大管棚、小导管注浆加固地层；开挖边洞，施做全断面格栅、网喷混凝土支护，打设侧壁锚索；爆破时，注意控制振动与飞石，加强对中洞拱部防水板保护。

(4)根据施工监测情况，沿纵向分段拆除部分中隔墙，敷设仰拱防水层，浇筑底板、两侧边墙下部，预留防水板接头和钢筋错茬接头。

(5)根据施工监测情况，沿纵向分段拆除部分中隔墙及横隔板，敷设侧墙防水层，浇筑中板、两侧边墙，预留防水板接头和钢筋错茬接头。

(6)拆除临时支护，浇筑剩余二衬混凝土。

2.3 城区隧道爆破施工技术原理

2.3.1 掏槽爆破技术

无论采用何种开挖方法，爆破设计都必须遵循隧道爆破设计、开挖、支护的原则。并且由于爆破受隧道断面限制，钻孔主要分为掏槽眼、辅助眼和周边眼。掏槽眼用于掏槽爆破，主要作用是克服岩层的夹制力，爆出掏槽洞，为后续其他岩石爆破提供自由面。掏槽爆破由于只有一个自由面，所以使用的炸药量最大；根据岩层不同，局部单耗可以达到2~4kg·m^{-3}。

掏槽爆破是钻爆法掘进的关键，掏槽爆破的深浅决定了单炮进尺的大小，也往往决定了爆破振动的大小。有时为了扩大掏槽效果，在掏槽眼周边也会设置一些装药量较大的辅助眼，以扩大掏槽效果。

辅助眼用于在形成掏槽后的大部分岩石崩落爆破，往往需要根据所要求的岩石破碎程度进行设计。周边眼一般采用不耦合装药，用于形成隧道轮廓，控制超欠挖和保护围岩。

周边眼在最后起爆时，称为光面爆破；先于掏槽眼起爆时，称为预裂爆破。一般预裂爆破较光面爆破使用的钻孔密度要略小一些，装药量也略大，在控制超挖、欠挖和保护围岩方面不如光面爆破；但预裂爆破可以部分隔除后续爆破振动，有利于对爆破振动的控制。

隧道爆破是否能达到预期的单循环进尺，关键在于掏槽爆破的效果。一旦掏槽爆破的效果差，就会极大地弱化掘进爆破效果，造成炮孔利用率低，单循环进尺小。另一方面，掏槽的成功与否，又与地质条件、掏槽孔的深度及形式、炸药种类及装药量、起爆顺序等因素有关。

掏槽孔位置一般布置在开挖断面的中部或中下部，在岩层层理明显时，炮孔方向应尽量垂直于岩层的层理面。掏槽孔比其他炮孔略深15~20cm；为了保证掏槽的效果，掏槽孔的装药量比掘进孔多20%~50%。有时为了增强掏槽的效果，还可以在装药掏槽孔中心布置多个直径为35~100mm、不装药的空心孔，其深度与装药掏槽孔相同。

掏槽爆破按照钻孔方向与隧道掘进方向的交角来分，可分为垂直掏槽爆破和倾斜掏槽爆破两大类。

1. 垂直掏槽

垂直掏槽的优点：不受断面大小的限制；爆破的岩石块度均匀，抛离不远；有利于使用台车；适用于岩石中硬以上，整体性好，炮眼较深的情况，一般爆破循环进尺可以达到1.0~2.0m，平均循环进尺在1.5m左右。但垂直掏槽对炮眼的精度要求较高，钻眼工作量大，需要雷管段数多。垂直掏槽包含了如图2.7~图2.11所示的龟裂掏槽、角柱形掏槽、螺旋掏槽等方法，图中白色孔为空孔，黑色孔为装药孔。

龟裂掏槽(又称直线掏槽，见图2.7)。掏槽孔布置在一条直线上，一般布置3~7个炮孔，装药孔与空孔间隔布置，爆破后形成一条槽缝。

这种掏槽方式的特点：掏槽面积小，适用于中硬岩石的小断面巷道，尤其适用于含有软弱夹层的巷道掘进。

图2.7 龟裂掏槽

角柱形掏槽(图2.8~图2.10)，各掏槽孔相互平行且对称分布，掏槽孔由4~7个炮孔组成，其中有1~4个空孔，经常采用三角柱掏槽、菱形掏槽和五心掏槽。

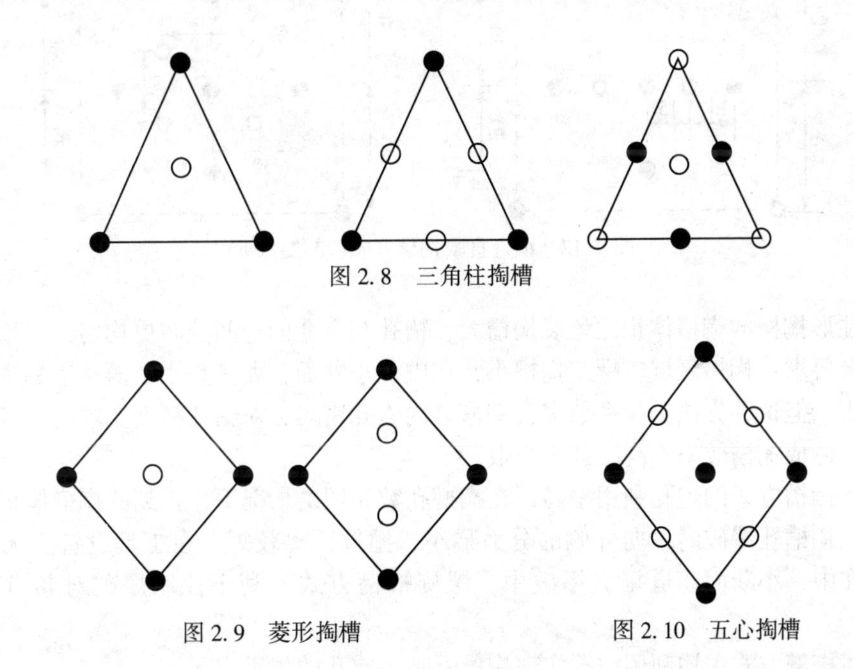

图2.8 三角柱掏槽

图2.9 菱形掏槽

图2.10 五心掏槽

螺旋掏槽的掏槽孔呈螺旋状(图2.11)，各装药孔至空孔的距离依次递增，呈螺旋线分布，并按由近及远的顺序起爆。这种掏槽法是围绕空孔逐步扩大掏槽，能够形成较大的掏槽面积；能充分利用自由面，使掏槽空间加大，改善掏槽效果。

除了以上这些基本的直眼掏槽方式外，隧道掘进中还常采用一些其他组合的掏槽方式，如图2.12所示。

以上各种掏槽方式均是用空孔为附近的槽孔提供自由面和补偿空间。

龟裂掏槽由于掏槽体积小，要求掘进断面上有软弱结构面，掏槽效率低，目前很少使用这种掏槽方式。

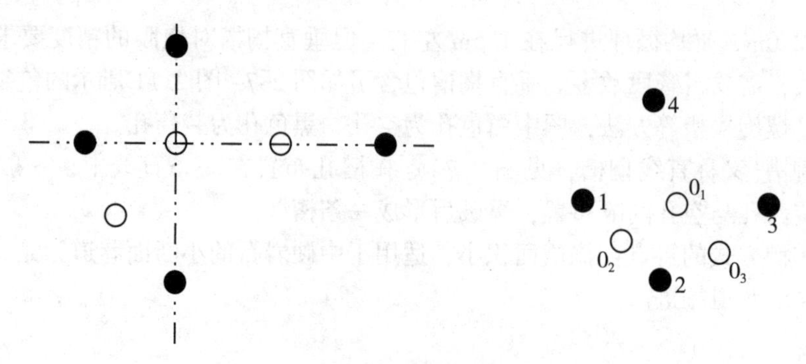

图 2. 11 螺旋掏槽

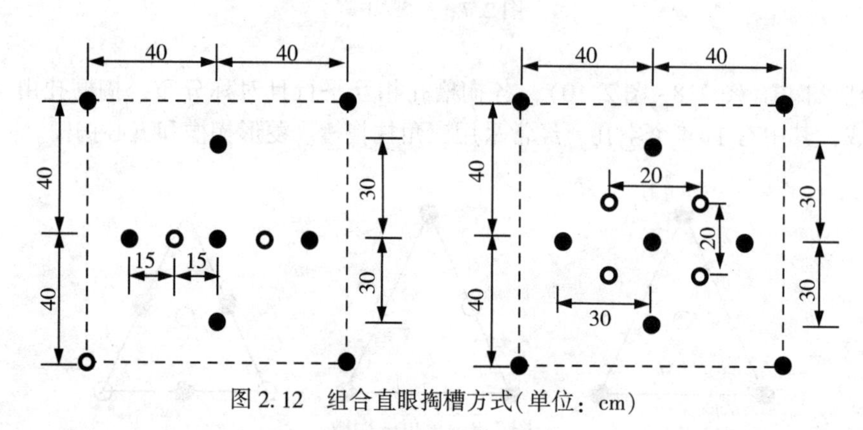

图 2. 12 组合直眼掏槽方式(单位：cm)

角柱形掏槽的掏槽体积比龟裂掏槽大，槽孔与空孔的空间分布更均匀，对地质构造条件没有要求；掏槽区域较螺旋掏槽小，在中、小断面，尤其是小断面巷道掘进爆破中经常使用。但这种方法空孔个数多，掏槽区内炮孔密集，对钻孔精度要求高；经常由于钻孔偏斜造成掏槽效率不高，甚至失败。

螺旋掏槽方式的炮孔利用率高，在掏槽孔数相同的情况下，得到的掏槽体积较其他方法大；掏槽孔爆破时，向外侧的分力最小，抛掷距离较短，在工具设备上无特殊要求。但在中、小断面巷道掘进爆破中，螺旋掏槽方式不利于控制爆破对巷道围岩的扰动。

上述掏槽方式中均利用空孔实现掏槽爆破，空孔的作用：

(1)为被爆岩石提供第二个自由面，易于减弱岩石夹制作用力；

(2)距离首爆孔最近的空孔附近岩石首先产生裂隙，空孔壁上产生反射波与入射波的叠加作用，切向拉应力大于岩石的动态抗拉强度，使首爆孔与空孔间的介质完全破碎并产生抛掷；

(3)空孔体积也作为破碎石碴膨胀补偿空间。

在很多情况下，多个小直径空孔的掏槽方式经常遇到掏槽效果不理想，甚至失败的情况。主要是空孔直眼掏槽对钻孔精度要求高，一般钻孔设备和操作人员的素质满足不了多个小直径空孔掏槽时对钻孔精度的要求。一是孔距偏大，爆破后孔底崩不下来，形成“冲天炮”；二是孔距过小，在炮孔底部新堆积由爆炸挤死而形成的“再生岩”；三是将相邻炮孔的装药“挤实”，造成炸药密度过大而拒爆。

由于小直径空孔直眼掏槽具有一定的局限性，又发展了大直径空孔直眼掏槽技术。大直径空孔直眼掏槽即是用一个大直径中心空孔(90~120mm)代替几个小直径空孔进行掏槽爆破的方法。用大直径空孔代替几个小直径空孔后，因钻孔个数减少，加之采用大直径空孔后，装药的槽孔与大直径空孔之间的间距较大，而炮孔偏斜率要求不高。由于炮孔钻凿偏差引起掏槽失败或掏槽不理想的概率得以降低。大直径空孔直眼掏槽技术是解决中、小断面巷道掘进效率的有效技术途径，但由于单段起爆药量大，必须使用预裂爆破以减低对围岩的伤害，而且需使用大直径钻机，对钻进设备要求较高。为了降低大直径钻孔的钻孔次数，提高工作效率，有单位采取一次钻成20m深度的大孔，然后分次进行浅孔直眼掏槽爆破的方法。大孔径有时也用于爆破振动减震，将大孔径布置在周边或包围掏槽区来降低掏槽爆破带来的振动。

2. 斜眼掏槽

斜眼掏槽的特点是掏槽眼与开挖断面斜交，它的种类很多，如锥形掏槽、爬眼掏槽、楔形掏槽、单斜式掏槽等。隧道爆破中常用的是垂直楔形掏槽和锥形掏槽。楔形掏槽的掏槽眼水平成对布置(图2.13)，爆破后将炸出楔形槽口。炮眼与开挖面间的夹角，两对炮眼的间距和同一平面上一对掏槽眼眼底的距离，是影响此种掏槽爆破效果的重要因素，这些参数随围岩类别的不同而有所不同。

锥形掏槽的炮眼呈角锥形布置，各掏槽眼以相等或近似相等的角度向工作面中心轴线倾斜，眼底趋于集中，但互相并不贯通，爆破后形成锥形槽。根据掏槽炮眼数目的不同，锥形掏槽分为三角锥、四角锥、圆锥等，常用于受岩层层理、节理、裂隙影响较大的围岩。

斜眼掏槽有以下要点：①适合于各种岩石，并能取得较好的掏槽效果；②掏槽后能充分利用自由面，有利于辅助眼扩大爆破效果；③掏槽面积较大，适用于较大断面的巷道；④钻眼精度要求没有直眼掏槽那样严格，较易掌握；⑤全断面一次爆破需要的雷管段数比较少。斜眼掏槽缺点包括：①炮眼深度受巷道限制；②当井下岩层赋存条件有变化时，炮眼深度也应随之变化，必须及时相应修改；③炮眼布置限制了钻具布置，不利于多台钻机同时作业。

斜眼掏槽精度要求较直眼掏槽低，能按岩层的实际情况选择掏槽方式和掏槽角度，易把岩石抛出，具有掏槽眼的数量少且炸药耗量低等优点。但是由于钻孔设备有效行程限制，其炮孔深度易受开挖断面尺寸的限制，不易提高循环进尺，也不便于多台凿岩机同时作业。对于浅埋隧道爆破，大多采用台阶法施工，上台阶(上导)由于洞径一般在6m左右，并且进尺过大也不利于爆破振动控制，所以应用斜眼掏槽，尤其垂直楔形掏槽更为普遍。对于洞径6m的隧道，中风化石灰岩，无重要保护物的前提下，其进尺在2m左右；对于中风化板岩，进尺为1.0~1.5m，并且与初支的钢格栅的间距相匹配，这两种情况采用垂直楔形掏槽方式基本可以满足现场需要。

3. 混合掏槽

混合掏槽是指混合使用两种以上的掏槽方式，一般在坚硬岩石或隧道开挖断面较大时使用。一般混合掏槽也属于多层的斜眼掏槽，它是在浅眼楔形掏槽的基础上发展起来

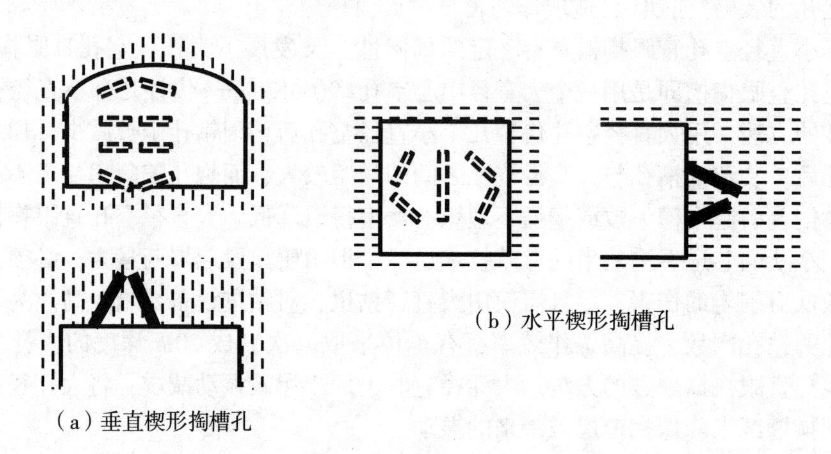

（a）垂直楔形掏槽孔

（b）水平楔形掏槽孔

图 2.13　楔形掏槽

的，在大断面隧道掘进中，为加大掏槽深度，可采用两层三层或四层楔形掏槽眼，每对掏槽眼呈完全对称或近似对称，深度由浅到深，与工作面的夹角由小到大。混合掏槽也叫多重楔形掏槽或 V 形掏槽。混合掏槽的爆破角(掏槽眼与工作面的夹角)与掏槽眼深度的相互关系，应使从每个眼底所作的垂线恰好落在开挖断面两壁与开挖面相交的临空面上；最深掏槽眼眼底的垂直线也必须落在隧道内，即与已爆出的工作面相交；在每一掏槽眼眼底所作的垂线必须与隧道壁面相交。混合掏槽根据开挖断面的大小及进尺常分为二级混合掏槽和三级混合掏槽。混合掏槽在一般情况下，上、下排距为 40～80cm，硬岩取小值，软岩取大值。在硬岩中爆破时，最好使用高威力炸药，一般布置上、下两排掏槽眼即可；岩石十分坚硬时，可用三排或四排掏槽眼。

如图 2.14 所示即为两级混合掏槽。对于特硬岩层，也有在中轴线上再加一组龟裂掏槽[图 2.15(a)]，甚至有使用菱形直孔掏槽与楔形掏槽的组合[图 2.15(b)]。

2.3.2　周边孔爆破技术

周边孔爆破技术，有些文献将其称为光面爆破技术，提法有所不妥。因为光面爆破

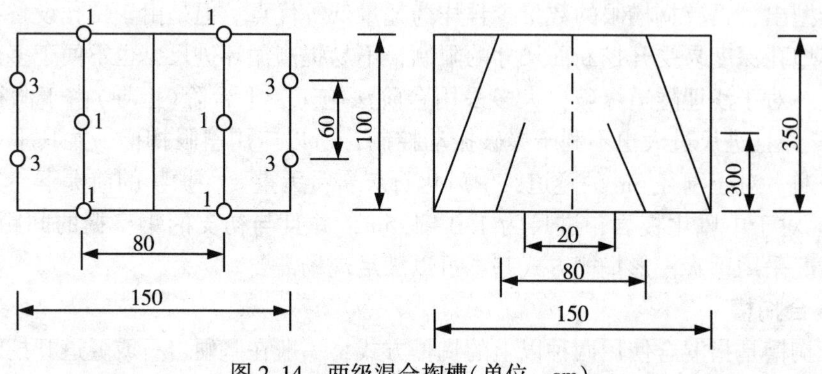

图 2.14　两级混合掏槽(单位：cm)

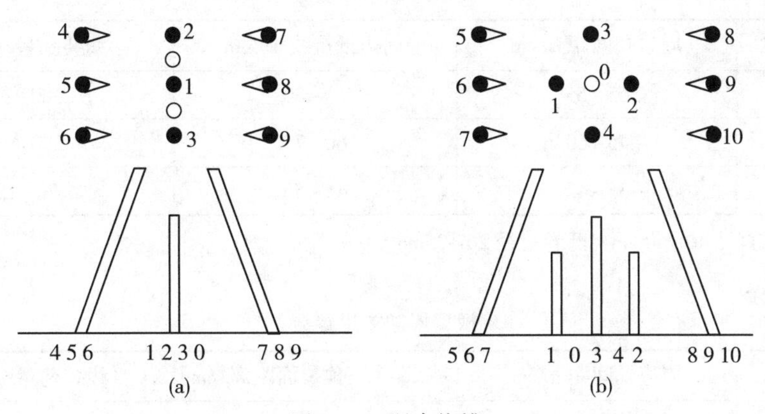

图 2.15　混合掏槽

技术与预裂爆破技术虽然都是周边孔爆破技术，两者又有所区别。光面爆破是在预留周边一定厚度的岩层后续进行收边爆破；而预裂爆破是在主开挖面未爆破作业前，在周边孔先行爆破，产生预裂纹，在减轻掏槽、掘进孔爆破对围岩扰动的同时还能降低爆破振动。

周边孔爆破多采用光面爆破法和预裂爆破法，光面爆破和预裂爆破是严格控制岩体开挖边界、减少围岩损伤的爆破方法。它是通过一系列措施对开挖工程周边部位实行正确的钻孔和爆破，使其保持平顺的轮廓，其实质就是在隧道掘进设计断面的轮廓线上布置加密的周边孔，减小药包直径，减少炮孔装药量，采用低密度和低爆速的炸药，由此控制炸药爆炸能量及其作用，降低爆炸冲击波的峰值压力，有效地控制隧道掘进中的超挖、欠挖。超挖、欠挖问题是隧道爆破作业中经常遇到的问题，超挖虽然可以很好地保证轮廓线侵入问题，但是规范或业主常不允许用砌石、片式回填，只能用素喷混凝土进行回填，这给施工单位带来施工成本压力。如果欠挖，为解决轮廓线侵入问题，需采用风镐或其他机械方式破除部分岩体，那样会对爆破施工进度有很大的影响。

光面爆破和预裂爆破都采用周边密排钻孔，用导爆索连接的管装炸药，构成不耦合装药。用雷管起爆导爆索，导爆索引爆炸药，炸药在孔中爆炸后气体在空孔部分膨胀降压，使作用在炮孔中的压力降低，在推动岩石的同时可以避免岩层损伤。预裂爆破先于掏槽眼起爆，光面爆破法在掘进爆破完成后起爆。光面爆破和预裂爆破的一些参考设计参数如表 2.2、表 2.3 所示。由于光面爆破泄压较快，对岩层的损伤较预裂爆破轻，孔距也可以略大于预裂爆破。光面爆破在控制超欠挖和保护围岩方面优于预裂爆破；但预裂爆破可以部分隔除掏槽爆破、掘进爆破的振动，更有利于对爆破振动的控制。光面爆破和预裂爆破还有采用小直径药卷、低密度炸药的爆破方法，更方便和利于围岩保护；也有采用线型聚能装药、射孔装药和缝隙药包等方法，可以降低炸药用量，增大钻孔距离。

表2.2 **光面爆破常用参数**

岩石类型	周边孔间距 a/cm	周边抵抗线 W/cm	线装药量/g·m^{-1}
硬岩	55~65	60~80	300~350
中硬岩	45~60	60~75	200~300
软岩	35~45	45~55	70~120

注：炮孔直径40~50mm，药卷直径20~25mm。

表2.3 **预裂爆破常用参数**

岩石类型	周边孔间距 a/cm	崩落孔至预裂面距离/cm	线装药量/g·m^{-1}
硬岩	45~50	40	350~400
中硬岩	40~45	40	200~250
软岩	35~40	35	70~120

注：炮孔直径40~50mm，药卷直径20~25mm。

随着爆破技术发展，不耦合装药问题得到了广泛关注。当前，浅埋暗挖施工中包括暗挖的顶拱、侧壁与正线隧道周边围岩，经过爆破后，对围岩扰动很大。除了操作影响外，另一个重要的原因是当前的周边孔采用的是直径为32mm的粉状乳化炸药或浆状乳化炸药，孔的直径为42mm，径向只有42/32=1.3的耦合系数，为解决该问题，在消除管道效应、满足爆轰临界直径的前提下，应采用小直径粉状乳化炸药，用于保护周边围岩。

光面爆破采用不耦合装药爆轰后，炮眼壁上的压力显著降低，此时药包的爆破作用为准静压力。当炮孔压力值低于岩石的抗压强度时，在炮眼壁上不会造成"压碎"破坏。这样只能引起少量的径向细微裂隙。裂隙数目及其长度随不耦合系数和装药量的不同而不同。一般在药包直径一定时，不耦合系数值越大，药量越小，则细微裂隙数越少而长度也越短。

不耦合系数的大小决定了光面爆破的效果，空气间隔装药爆破技术在装药结构上分为横向不耦合、纵向不耦合。因此，就有两个不耦合系数，横向不耦合系数 K_h 为炮孔直径与药包直径的比值，纵向不耦合系数 K_z 为炮孔长度与装药段长度的比值。根据炸药爆炸空气动力学理论以及岩石爆炸断裂破坏原理，其横向不耦合系数 $K_h=1.5\sim2.5$，纵向不耦合系数 $K_z=2.0\sim3.0$。

径向间隙效应。混合炸药连续药卷，只要直径等于或大于临界直径，通常爆轰波在空气中都能正常传播。但在炮孔中，药卷与炮孔孔壁间存在间隙，此间隙称为径向间隙。径向间隙常常会影响爆轰波传播的稳定性，甚至可能出现爆轰中断或爆轰转变为燃烧的现象，这种现象称为径向间隙效应或沟槽效应，不仅降低了爆破效果，而且有引起事故的潜在危险。从使用角度来说，出现爆轰熄灭现象，是不允许的，必须设法避免。为此，周边孔炸药药卷选型及基本要求如下。

(1)直径选用：由于硝铵类炸药爆轰临界直径为18~20mm，所以采用直径为22mm的粉状乳化炸药，长度200mm，药量为75g/卷。

(2)围岩扰动预估：眼直径为42mm，耦合系数为42/22=1.9，比直径为32mm的炸药造成的围岩扰动范围降低30%左右。

(3)径向间隙效应：当耦合系数达到1.9时，可靠传爆长度不小于1.2m，实际装药不可能达到单孔1.2m，一般只有0.6m左右，所以由于管道效应引起的熄爆问题可以忽略。

(4)使用范围及方法：区间正线上下周边孔，隧道暗挖侧壁孔及严格控制爆破振动区域。

(5)单孔最多不超过6卷。

近年来，还有一些学者提出准光面爆破和准预裂爆破法。该方法是针对光面爆破和预裂爆破施工中钻孔数量多，对钻孔质量、装药结构、火工器材等的要求较高，从而导致作业时间长、工程费用高和施工进度慢，直接影响施工的经济效益而提出的。这种方法并没有从纯爆破技术观点出发来确定光面爆破和预裂爆破设计参数(即经典的光面爆破、预裂爆破法设计参数)，而是采取类似光面爆破、预裂爆破的不耦合装药、低密度装药方法(称准光面爆破、准预裂爆破法)，不刻意追求壁面光滑度和半孔率，但也能达到孔壁无明显裂纹，保持围岩稳定的目的。其突出特点是增大炮孔间距，减少炸药单耗，从而使施工速度和经济效益得到明显提高。该方法在均质性、完整性较好的岩体中具有较大的使用价值。

2.3.3 主要减震措施

近年来，我国进入了城市地下工程开发时期。隧道爆破从野外至城区，从过去的单纯追求进尺，进入保护性爆破开挖阶段，隧道掘进爆破引起的振动危害问题也越来越引起人们的重视。一是隧道爆破过大振动可能损伤围岩，影响隧道的稳定性；二是隧道掘进时会穿越各种地表和地下建(构)筑物，为了确保城市居民及各类建(构)筑物的安全，避免发生不必要的纠纷和索赔问题，隧道爆破振动减震控制更显得必要。因此，从技术层面上来讲，城区隧道掘进爆破施工必须采用减震爆破技术才能降低对地面和地下建(构)筑物、居民心理和环境的影响，同时也减少对围岩的损伤，确保隧道工程安全高效进行。隧道减震爆破技术应由以下诸关键技术构成：减震掏槽和减震掘进爆破方法；孔内外微差起爆技术；特复杂环境下掏槽、扩槽、收边分段爆破技术；爆破隔震方法；目标物的加固与隔震方法。

1. 减震掏槽爆破

1)增大掏槽爆破与目标物距离

众所周知，掘进爆破中往往掏槽药量最大，所引起的爆破振动也最大。可以通过两个途径降低掏槽爆破引起的爆破振动：一是改变掏槽位置，利用隧道空间尽量拉开与地面之间的距离；二是降低掏槽装药的单段药量。前者必须配合隧道开挖工法，无论对何种开挖工法，都可以将掏槽位置放在隧道下部，尽量拉远掏槽爆破与地面目标之间的距离。但是对于上台阶开挖法、CRD法等必须从隧道顶部开挖的工法而言，距离变化非常有限，减震作用受到很大限制，所以如何降低掏槽爆破的单段起爆药量才是根本的解决办法。但是，目前一般循环进尺 1m 左右的“微震爆破”设计，掏槽爆破单段药量都为 4~5kg，进一步降低掏槽药量必然会大大降低循环进尺，使穿爆效率大大降低。为此，必须寻找新的掏槽爆破方法。以下为在众多掏槽爆破技术中具有降低掏槽药量潜力的方法。

2）分层分段直眼掏槽爆破

最早的分层掏槽爆破是分层分段直眼掏槽，用于提高掏槽深度，是进行岩巷深孔爆破中获得较大成效的一种掏槽方法，甚至用于一次爆破成井工程。如图 2.16、图 2.17 所示，它们是采用了两种深度的掏槽炮孔，靠近掏槽中心的为深孔，外层为浅孔；掏槽爆破时，外层浅孔先爆，内层深孔后爆。其原理是浅孔爆破首先抛出外层岩石，为内层深孔爆破创造一个新的自由面，减小了深部岩石特别是底部岩石的抗爆作用，使得深部岩石更加易于爆破；而且外层浅孔爆破时还可以充分利用内层深孔的浅部空孔作用。图 2.16 所示的方形掏槽方法用于坚固性系数 f 为 8~12 的石灰岩中，图 2.17 所示的三角掏槽方法用于坚固性系数 f 为 6~8 的粗砂岩和中砂岩中，炮孔深度 2.4m，爆破效率都在 90%以上，循环进尺超过 2.0m。方形掏槽单段最大药量 6.25kg，三角形掏槽单段最大药量 5kg。如果将循环进尺下降到 1.0m，完全有可能将掏槽单段最大药量下降到 2~3kg。

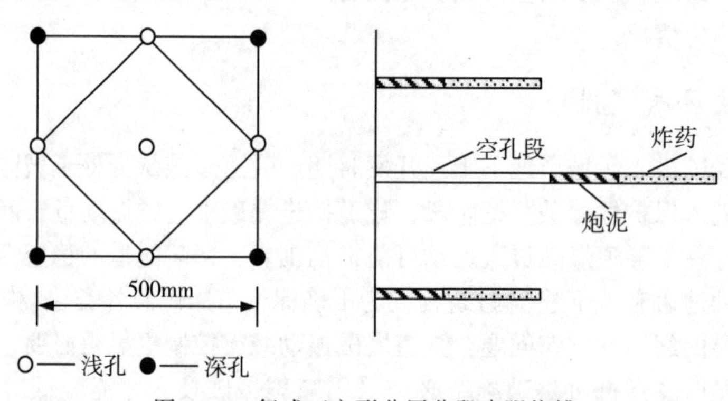

图 2.16　复式正方形分层分段直眼掏槽

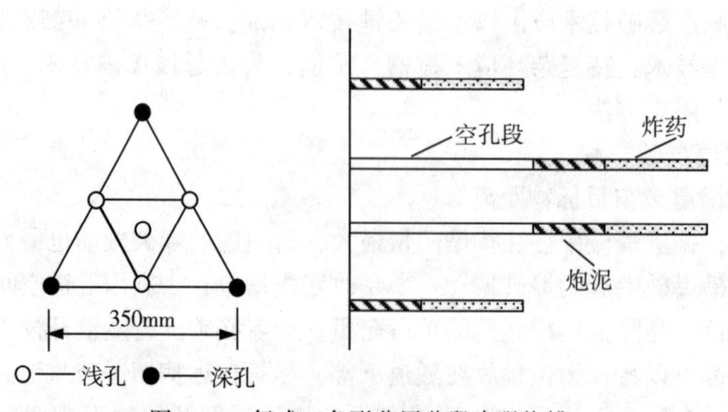

图 2.17　复式三角形分层分段直眼掏槽

适当增加掏槽孔之间的距离，并充分利用空孔阻止先爆掏槽眼对后爆眼中炸药的挤压作用，也可以对掏槽眼间采用毫秒微差爆破，这样的爆破设计见图2.18所示的直眼掏槽。掏槽眼布置在正方形1.2m×1.2m范围内，使用2号岩石乳化炸药，装药参数见表2.4。在中心孔四周距中心孔约0.2m处设4个空孔，即内圈空孔，孔深约为1m，必要时可再在距中心孔0.6m的小正方形四周上设置4个空孔，即外圈空孔。掏槽区中心炮眼首先单独起爆，在掏槽部位出现一个深1m、半径0.4m的空洞后，再对其他炮眼装药成对起爆，掏槽1m深的最大单段药量为0.9kg。

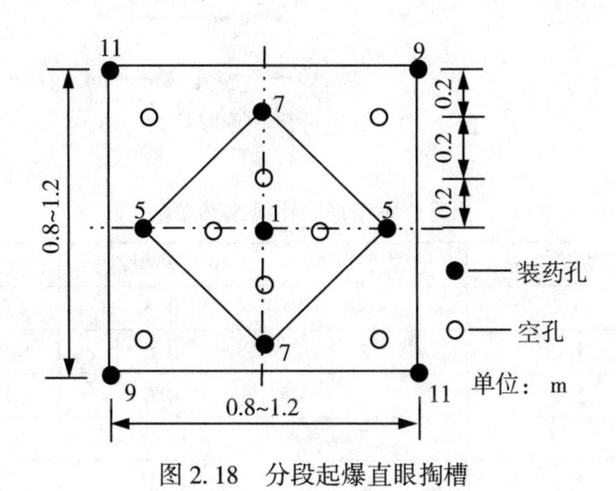

图2.18　分段起爆直眼掏槽

表2.4　**分段起爆直眼掏槽装药参数**

雷管段别	炮眼深度/m	炮眼个数/个	单孔药量/kg	单段药量/kg
1	1.2	1	0.6	0.6
5	1.2	2	0.45	0.9
7	1.2	2	0.45	0.9
9	1.2	2	0.45	0.9
11	1.2	2	0.45	0.9

3)分层分段楔形眼掏槽爆破

斜眼掏槽可以充分利用炮孔装药的横向抛掷作用，降低岩石掏槽的夹制力。采用多层楔形掏槽眼布置，并参考直眼分层起爆的掏槽设计思想，也可以将多层楔形掏槽设计成分层分段爆破形式。如图2.19所示为一种混合了龟裂掏槽的分层分段楔形眼掏槽设计，装药参数见表2.5。在中心浅孔之间钻深1.2m左右的垂直龟裂孔，龟裂掏槽炮眼先起爆，然后再进行两侧斜眼起爆，扩大掏槽；深1.2m的主斜掏槽眼分层间隔装药，底部装药0.375kg，上层装药0.225kg，中间用炮泥堵塞，以分散最大单段装药量，掏槽1m深的最大单段药量为0.9kg。

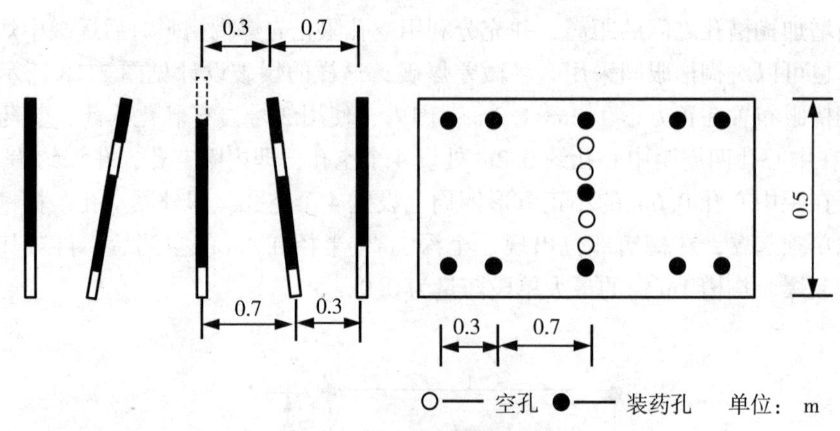

图 2.19　分层分段楔形眼掏槽

表 2.5　**分层分段楔形眼掏槽装药参数**

雷管段别	炮眼深度/m	炮眼个数/个	单孔药量/kg	单段药量/kg
1	0.7	3	0.3	0.9
7+5	1.2	2	0.6	0.9+0.3
11+9	1.2	2	0.6	0.9+0.3
13	1.0	2	0.45	0.9
13	1.0	2	0.45	0.9

2. 预裂爆破隔震

预裂爆破常应用于隧道爆破。预裂爆破有两种装药形式，一种是隔孔装药，空孔称为导向孔；另一种是全部孔都装药形式。无论采用什么形式，成功的预裂爆破会在岩层中形成一道贯通裂纹。当后续的掏槽爆破和掘进爆破应力波到达裂纹时，应力波在裂纹处会发生反射和透射，反射的拉伸波会返回爆区，一部分压缩波会透射，透射波强度会被削减，裂纹起到隔震的作用。

对于类似爆破的隔震作用，西南交通大学曾通过直径 2.8m 桩孔浅眼爆破，进行了光面爆破与预裂爆破的对比振动测试试验。在同样环境条件下，不改变总体爆破孔网参数，仅将周边孔按预裂爆破设置，可比按光面爆破产生的振动小很多，最大振速降低幅度达 60%~70%。采用预裂爆破工艺，最大峰值振速发生在预裂爆破段位；采用光面爆破工艺，最大峰值振速发生在掏槽爆破段位。在距桩心 4.7m 处多次监测得到预裂爆破工艺下最大振速的均值为 7.184cm · s^{-1}，峰值频率为 30~50Hz。而在光面爆破工艺下的最大振速均值为 20.23cm · s^{-1}，峰值频率为 60~80Hz。

在传统概念上，有人认为预裂爆破可能会比掏槽爆破的振动还大。这是因为常规的预裂爆破一般是采用周边孔同时起爆，因此如果预裂孔数很多，对隧道远处的爆破振动会很大。针对这些问题我们在边坡预裂爆破中进行了大量的试验，预裂爆破甚至可以两孔同时起爆，同样有良好的预裂效果，所以在隧道掘进中预裂爆破首先制造出破碎带将是很有前途的隔震方法。

3. 毫秒微差延时起爆减震

早期人们就在隧道钻爆中采用了延时起爆的方法，是使用火雷管的导火索长短控制先行起爆掏槽孔。但由于导火索的时间控制不准确，并受前面爆破夹制会发生压熄和燃烧减速，因此也造成了许多爆破事故。随着起爆器材的进步与发展，延期电雷管和导爆管延期雷管在爆破中开始大量使用，尤其是导爆管延期雷管的出现，大大改善了爆破作业条件，大幅度地提高了爆破安全性。延期雷管可应用于从毫秒量级一直到秒量级的孔内延期起爆，使爆破设计有了更多的手段，可以合理地分散单段起爆药量，达到降低振动的目的。

在隧道钻爆减震爆破中，如何使用好这些起爆器材是实现减震设计的关键。如图2.20所示为一个很成功的掏槽爆破设计，钻孔深度3m，使用装药量如表2.6所示，最大单段药量为6.6kg，进尺2.8m以上。从设计来看，其掏槽孔基本上是单孔起爆，扩槽孔变成四孔同时起爆，扩槽孔孔间距离已经较远，所以完全没有必要同时起爆。将该设计方案改进后，如图2.21所示，使用1、3~18段微差雷管后，实现单孔起爆，单段最大药量为1.65kg，较前者下降了75%。

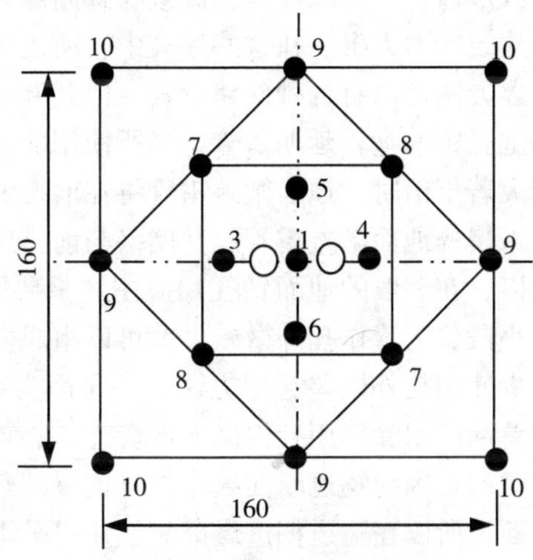

图2.20　深孔掏槽爆破设计(单位：cm)

表2.6　**深孔掏槽爆破设计参数**

爆破孔位置	雷管段别	孔数	单孔药量/kg	单段药量/kg	总药量/kg
中间掏槽孔	1	1	1.6	1.6	1.6
内圈掏槽孔	3、4、5、6	4	1.65	1.65	6.6
外圈掏槽孔	7、8	4	1.65	3.3	6.6
次外圈扩槽孔	9	4	1.5	6.0	6.0
外圈扩槽孔	10	4	1.5	6.0	6.0
总药量32.8kg；钻孔深度3m；局部单耗4.271kg·m^{-3}					

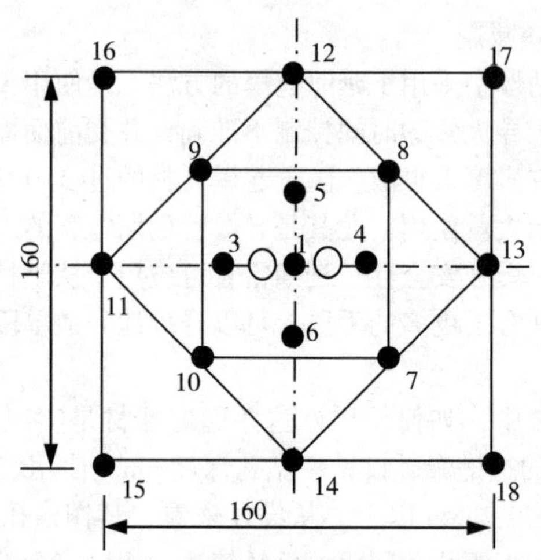

图 2.21　单孔起爆深孔掏槽爆破设计(单位：cm)

在露天爆破中，这些起爆器材已经可以使十几吨到几十吨的中深孔爆破分解为几十千克的单孔单段或单孔多段爆破；也可以使整栋高楼在瞬间爆破，单段药量甚至只用几十克，使距离数米的其他建筑安然无事。在这些爆破中，所使用的多是孔内孔外微差起爆方法。孔内孔外微差起爆方法可以有各种网路形式，但其基本原理是用孔外的地表毫秒延期雷管串连逐段起爆炮孔中的毫秒延期雷管，当所使用的孔内毫秒雷管的延期时间比地表雷管孔外微差时间大若干倍时，地表微差雷管将在前排炮孔起爆时已提前若干排传到了孔内。这样，后面未爆的地面微差雷管及其网络与前排爆破时的距离已很大，故网络的安全得以保护。所以，在一般的地面钻孔爆破中，只要用几个段位的毫秒雷管，大段位雷管放置在孔内，小段位雷管作孔外微差，就可以组成微差起爆网路。

在隧道掘进爆破中很少使用孔外微差起爆方法。一是因为孔外微差网路相对复杂，技术要求高；二是孔外微差网路中除使用孔内微差雷管外，必须增加孔外微差雷管，造成爆破成本增加；但更关键的是因为隧道断面狭小，隧道爆破药量大、抛掷距离远，孔外微差网路容易被飞石击断。所以在隧道掘进爆破时往往只采用孔内微差起爆系统，孔外使用导爆管四通连接，这样在起爆网路后，所有的延时都在孔内雷管中进行，可以确保孔间爆破不相互干扰，每孔都准确起爆。这就要求雷管段位数要较多。但是如果采用地表低段位雷管，孔内用高段位雷管，把引火完全进入孔内时，掏槽区的爆破才刚刚开始或开始的时间十分短暂，还是可以避免孔外微差网路被飞石击断。在当前浅埋隧道爆破振动控制上，常采用孔外小段位雷管、孔内高段位雷管的综合微差方式，在一般情况下，小段别雷管优先选择 MS-2 或 MS-3 段雷管。

4. 其他减震爆破技术

1)隧道水压爆破

炮孔填塞水袋的隧道水压爆破如图 2.22 所示。其特点是往炮眼中一定位置安装一定量的水袋，用水袋与炮泥回填堵塞。这样在水中传播的冲击波对水不可压缩，爆炸能量没有损失地经过水传递到炮眼围岩中，十分有利于围岩破碎，减少爆破使用炸药量，同时水的加入也利于降低巷道中的粉尘。

图 2.22　炮孔填塞水袋的隧道水压爆破结构示意图

2)定向聚能预裂爆破

定向聚能预裂爆破是采用成型装药，利用装药空穴产生聚能射流，对预裂孔进行定向切割，在切割的同时利用炸药爆炸的冲击波和爆生气体压力使炮孔间形成断裂裂缝的预裂爆破方法。定向聚能预裂爆破的单孔装药量与普通预裂爆破相同，所能打开的预裂孔间距却是普通预裂爆破的 1.5~2 倍。

定向聚能预裂爆破有很多种方法，有使用线型成型装药，也有使用小穿孔弹串联，还有使用切缝药包。大连理工大学曾经设计了高速起爆的硝铵炸药大型切割器，用于大窑湾港区 2 期边坡的孔径 Φ115mm 预裂爆破中，其预裂孔距为常规预裂爆破的 1.8~2.3 倍，达到 20 倍钻孔直径。用同样原理我们研制了浅孔双面预裂爆破器，在花岗岩上进行了试验，Φ36mm 钻孔直径预裂孔距达 600~800mm，使用线药量 $78g \cdot m^{-1}$，采用 TNT、RDX 造粒混合炸药，爆速 $4500m \cdot s^{-1}$，装药直径 8 ~ 10mm，密度 0.6 ~ $0.75g \cdot cm^{-3}$。

3)机械切槽法

(1)机械切槽取代掏槽炮眼。

用切槽机在开挖面中央切出竖直沟槽(见图 2.23)，以其代替掏槽炮眼爆破后形成的临空面，从而减低爆破引起的振动水平。20 世纪 60 年代末，法国在修建巴黎市区快速铁路网的辅助隧道时，拟采用传统的钻爆法，而预先试验得出隧道施工爆破时地面振动速度(可简称“振速”)必须控制在 $1.3cm \cdot s^{-1}$以下，最后决定用一台装有链条式刀具的切槽机在开挖面上切出两条宽 6~8cm 的竖向沟槽，以此作为爆破临空面，经过精心设计使破碎的岩石抛向沟槽，并将爆破振动控制在最低水平，取得了满意的效果。

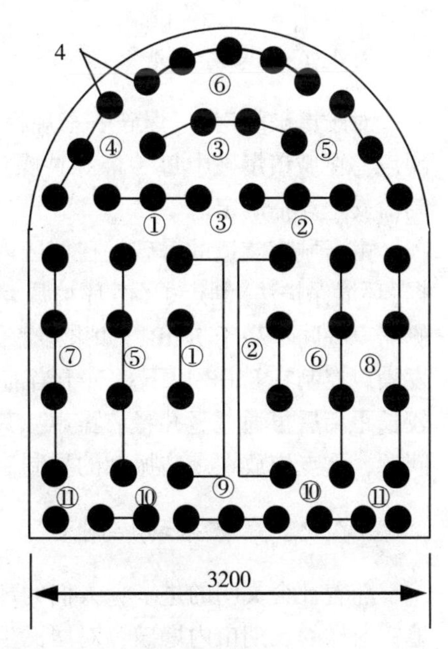

图 2.23　中间竖向机械切槽(单位：cm)

(2)隧道轮廓机械预切槽法。

法国于 20 世纪 70 年代初在隧道施工时，先用切槽机在隧道拱部沿设计轮廓作曲线切割，形成一条拱形预切槽，然后在开挖面进行钻爆作业。所不同的是起爆顺序与传统爆破相反，而是由外向中央逐层起爆，此法就称为机械预切槽法。切槽的作用是将需开挖的部分岩体与围岩整体割离，形成了释放地应力且形状极规则的临空面，同时又使爆破时产生的振动波向地面传播受到抑制，从而大大降低了地面振动的水平。

4)静态破碎法

目前的静态破碎方法有两种，一种是静态破碎剂方法，另一种是液压劈岩机。

(1)静态破碎剂。

静态破碎剂的主要成分是过烧的生石灰，与水拌合或直接将药卷浸水后置入炮孔，过烧的生石灰与水发生慢速水化反应，体积发生膨胀。利用在岩石上的密排钻孔，静态破碎剂的膨胀压力可以使岩石碎裂。静态破碎剂有不同的剂型，可以在几小时至一天内达到最大膨胀量。静态破碎剂受气温影响很大，在低温季节膨胀速度下降非常快；对于富含地下水的岩石，也很难应用静态破碎剂。

(2)液压劈岩机。

液压劈岩机结构简单，有两个液压圆筒，在其上固定由尖楔及两个弹簧夹板组成的工作头，破碎岩石时将工作头插入预先在岩石上钻好的炮眼内，当液压圆筒工作时尖楔向前移动，驱动两夹板分开，即以劈裂法破碎了岩石，破碎岩石时形成平面裂缝，其方向可以选择。

上述两种方法在劈裂岩石时同样需要有自由面保证移动，从而产生裂纹。这两种方法可以劈裂岩石及混凝土这类脆性材料，对软岩作用不明显，是可以用于隧道穿越重要的混凝土结构与孤立岩石时的破碎方法。

2.4　城区隧道微振控制要点

2.4.1　爆破噪声

对于爆破噪声，《爆破安全规程》(GB 6722—2014)规定：“爆破噪声为间歇性脉冲噪声，在城镇爆破中每一个脉冲噪声应控制在 120dB 以下。复杂环境条件下，噪声控制由安全评估确定。”

由于城市隧道的爆破是在城区内进行，所以必须严格执行国标标准。另外，我国根据《环境保护法》制定了《声环境质量标准》(GB 3096—2008)，标准中规定交通干道两侧噪声昼间不高于 70dB，如果参考偶发噪声不高于该值 15dB 的要求，可以确定一般偶发噪声控制在 85dB 以下。对于当前地铁施工，多数属于浅孔爆破，并在隧道内部传播较长距离后再通过竖井释放噪声，其爆破噪声引起的扰民问题不是很严重。相对于噪声问题，重点应放在爆破振动的控制。

2.4.2　爆破振动控制

随着社会文明的进步，人们的环保意识与个人财产保护意识都在逐渐增强，针对像地铁这样的长期市内爆破，对居民生活的干扰问题也成为爆破工程必须解决的问题；另外，在城区地下隧道爆破中，除去地面房屋必然涉及各种更重要的建筑和其中的精密设备，如地下空间中的各种管线、穿越的各种桥涵、基础等。由此可见，城区地下空间施工的控制爆破技术，必须同时注重爆破技术本身、地下爆破振动规律、各种保护目标的振动破坏与振动控制标准等诸方面的问题。

1. 爆破地震效应

当药包在岩体中爆破时，邻近药包周围的岩石产生破坏，在爆破近区传播的是冲击波，在爆破中区传播的是应力波，爆炸应力波传播一定距离后，它的强度迅速衰减，不能引起岩石的破裂而只能引起岩石质点产生弹性振动，这种弹性振动以体积波和表面波的形式向外传播，造成介质质点的振动，即爆破地震效应。爆破地震波在岩体内传播的主要是体积波，体积波可分为纵波和横波，传播速度快、频率高、衰减快，是爆破时造成岩石破裂的主要原因；在半无限岩体表面或岩层界面传播的波即表面波，表面波主要有瑞利波和拉夫波，其传播速度较慢、频率低、衰减慢、携带较多的能量，其中瑞利波传播时，质点在波的传播方向和自由面(即地表面)法线组成的平面内做椭圆运动，而在与该平面垂直的水平方向没有振动，振动随深度的增加呈指数衰减，瑞利波是造成地震破坏的主要原因。

爆破地震效应与自然地震的相同之处在于：两者都迅速地释放能量，并以波的形式向外传播，引起介质质点振动，产生地震效应。二者的不同之处在于：

(1)自然地震的震源通常处于地层深部，释放出的能量巨大，造成的破坏大，范围广，人类难以控制；爆破地震的震源在地表浅层或地表以上，炸药释放的能量有限，影响范围和危害程度可根据被保护对象通过精心设计而有所控制。

(2)爆破地震频率较高，持续时间短，一般爆破地震频率为10~100Hz，大大超过了一般建筑物的自振频率，持续时间为0.1~2s；自然地震属于低频振动，频率为2~5Hz，与一般建筑物的频率接近，易产生共振现象，其持续时间为10~40s。

(3)爆破振动的幅度大，但随着与爆破中心距离的增加而迅速衰减，对周围影响范围小；自然地震振幅小，但衰减慢，持续时间长，因而其破坏能力大，影响范围广。

综上所述，在同一地点的两种地震参数相同的情况下，爆破地震对建筑物的影响和破坏程度要比自然地震轻得多。

2. 爆破振动强度的物理量指标

表征爆破地震的参量有质点振动位移、速度、加速度或能量幅值、振动主频和振动持续时间，但在工程实践中真正可以成熟地衡量评价爆破振动强度的参量却仅是质点振动位移、速度、加速度或能量幅值，而美国、瑞典、德国、中国等多数国家选择峰值质点振速作为评价爆破振动强度的参量。近年来，由于振动频率对建(构)筑物破坏作用增强的实例越来越多，人们开始将振动主频纳入评价标准的研究，目前尚无将振动持续时间结合振动幅值和振动主频纳入评价标准的研究。由此可见，要完整、准确地评价爆破振动强度应考虑的因素很多，这无疑增加了评价标准的复杂性和可操作难度。因此，在工程实际中，目前大多数仍采用质点振动速度作为衡量爆破安全的主要物理量。

国内外大量实测结果表明：反映爆破振动强度的物理量与炸药量、爆心距、岩土性质及场地条件等因素有密切关系，虽然实验条件各不相同，但大致符合以下形式的经验公式：

$$A = KQ^m R^n \tag{2.1}$$

式中，A 为反应爆破振动强度的物理量；Q 为炸药量；R 为测点至爆源中心的距离；K、m、n 为反映不同爆破方式、地质、场地条件等因素的系数。

现有的爆破振动速度及振动频率计算公式主要有下面几个。

1）美国矿务局的公式

$$v = H\left(\frac{R}{\sqrt{Q}}\right)^{-\beta} \tag{2.2}$$

式中，v 为质点振动速度，$\mathrm{in \cdot s^{-1}}$；R 为测点到爆源的距离，m；Q 为一次起爆中最大单响的炸药量，kg；H、β 为与场地有关的参数，$H=0.675\sim4.04$，$\beta=1.083\sim2.346$。

2）萨道夫斯基公式

$$v = K\left(\frac{Q^{\beta}}{R}\right)^{\alpha} \tag{2.3}$$

式中，K、α 为与岩土介质有关的系数；β 为与装药结构有关的系数，集中药包取 1/3，柱装药包取 1/2；其余符号同上。

3）兰格福尔斯公式

$$v = K\sqrt{\left(\frac{Q}{R}\right)^{\frac{3}{2}}} \tag{2.4}$$

式中，K 为爆破振动传播系数；其余符号同上。

上面三个计算公式都认为爆破振动速度随距离增加而减小，随着药量的增加而变大，柱状装药产生的地震波为柱状波，集中装药产生的地震波为球面波。

柱状装药的柱状效应只发生在近处，主要用于围岩保护分析。由于爆破振动测试布点距离爆破区域通常是隧道洞径的 2~3 倍，所以局部线性柱状装药可看作球形药包。

3. 爆破地震的频率特征

爆破地震波场是时间和空间的函数。任何爆破振动测试系统直接测得的波形均是某测点爆破振动的时间过程，它表示时域内的爆破振动参数，如波形的振动幅值、持续时间、到达时间等。这些参数表示了爆破振动的强度，在爆破地震分析中有重要意义。

随着对爆破振动危害的深入研究，人们认识到爆破振动对结构的危害程度不仅取决于爆破地震波的强度，而且与频率密切相关。当结构物的固有频率与爆破振动频率接近时，较小的地震波强度也会引起较严重的破坏。

爆破地震波传播过程中频谱变化特性如下。

（1）爆破地震波传播过程中要产生能量衰减，然而不同频率的能量衰减不同，高频部分的能量衰减快于低频。

（2）爆破地震的主频率比较稳定。爆破地震波含有各种频率成分，而且各种波的含量差别很大，但在一定地质条件下，主频率比较稳定，不同爆破方式在相同距离下所测得的主频率基本一致。

不同药量爆破地震的频谱特性：当药量较大时，炸药爆炸反应的历时较长，爆轰气体膨胀所做的功较大，药室内正、负作用时间均延长，使爆炸源激发的地震波频率较低，同等距离测点的爆破地震主频率较低，主频处于较低的频率范围。

不同爆破介质的频谱特性：强度高、密度大的介质，爆破振动频率较高。

爆破振动的主频率范围一般在5~200Hz，主频率的大小取决于地震波的传播介质。由于土壤的吸收系数比岩石大，高频的地震波在土壤中容易被吸收，故在土壤中传播的距离比岩石中短，在厚度大于2~3m的土壤介质中，一般主频率为1~20Hz，而在岩石介质中，一般主频率为10~100Hz。

由于爆炸载荷作用时间短，爆破地震波形是非周期性的瞬态波形，其频率复杂，频带较宽，而且爆炸药量、爆破方法、地形地质等条件对爆破地震波形、频率成分均有不同程度的影响。因此，对爆破地震波进行频谱特性分析，研究不同爆破条件下爆破振动的频谱特性，对于爆破地震的控制、隔震防震设计有重要意义。

评价爆破振动对建筑物的影响时，应同时考虑作用在建筑物上的振动强度和振动频率的高低，爆破振动频率与房屋自振频率之比影响到房屋的摆动程度，研究新的降震技术以显著提高振动频率，使房屋自振频率范围内的地震振动能量减少，从而在振动速度大小相同的情况下，使房屋的地震安全性提高。

4. 影响爆破地震波传播的主要因素

影响爆破地震波传播的因素有多种，主要有地形、岩石性质、装药结构、起爆方式和起爆顺序等，这些因素对爆破地震波的强度、频率和传播特性也有影响。

在相同的方向和地段处，爆破振动的衰减规律相同，而在不同的方向和地段上，衰减规律不同。

由于纵波和横波的品质因数不同，当介质为泊松体，纵波和横波的品质因数之比为9/4。由此可知介质对横波的吸收比对纵波的吸收严重，这样爆破地震波的水平径向振速大于垂直向振速，两者的比值随测点与爆源的距离增加而增大，随着药量的加大而增大。

测点与爆源的相互位置不同时，即使测点在等距离或等高程上，振速的大小也不同。如背向抵抗线的振速比抵抗线方向的爆破振动强度大，与抵抗线垂直方向的振速是抵抗线方向的60%~80%。

地形对地震波振速有很大的影响。如当河流及河沟的走向与地震波的传播方向的夹角较大时，河流及河沟有明显的减震作用；但河流及河沟的走向与地震波的传播方向的夹角较小时，河流及河沟对地震波有明显的会聚作用。与爆源有一定高程的测点，其振速将会有放大现象。在同样的距离上，同样的等效药量在地面的爆破振动强度要较地下的振动强度大，根据观察分析地面的振动速度比地下大40%~65%。

坚硬岩石中的爆破振速比土中爆破要高。微差爆破中延时不合理会造成波的干涉、叠加，这种情况可使土中的质点速度增强1.5~2.5倍，但在岩石介质中则少见。一般而言，要使相邻起爆段产生的地震波主振相分离，其间隔时间大于主振2个周期。

5. 爆破振速与地震烈度对应关系

目前，世界各国对于结构或地下管线的抗震普遍趋向于采用多段设防的抗震设计思想，即采用"小震不坏、中震可修、大震不倒"的三级设防。这一抗震设计思想常表示为以下三个要求："在小震(多遇地震)作用下，结构物不需修理，仍可正常使用；在中震(偶遇地震)作用下，结构物无重大损坏，经修复后仍可继续使用；在大震(罕遇地震)作用下，结构物可能产生重大破坏，但不至倒塌或断裂。”

小震是发生机会较多的地震，一般将小震定义为地震烈度概率密度曲线上的峰值所对应的烈度，即众值烈度地震，当基准设计期为50年时，众值烈度的超越概率为63.2%。中震烈度一般采用我国地震烈度区划图所规定的基本烈度，当基准设计期为50年时，基本烈度的超越概率为10%。大震烈度在50年内的超越概率为2%~3%。基本烈度与众值烈度相差不足Ⅱ度，与罕遇烈度相差约Ⅰ度。

地震烈度是指地震发生时，在波及范围内一定地点地面振动的激烈程度。地面振动的强弱直接影响到人的感觉的强弱，器物反应的程度，房屋的损坏或破坏程度，地面景观的变化情况等。我国目前采用的是12个烈度等级划分度表，具体见表2.7。

表2.7　**中国地震烈度表(GB/T 17742—2020)**

地震烈度	人的感觉	房屋震害			其他震害现象	爆破振动	
		类型	震害程度	平均震害指数		峰值加速度/$m \cdot s^{-2}$	峰值速度/$m \cdot s^{-1}$
Ⅰ	无感	—	—	—	—	—	—
Ⅱ	室内个别静止中的人有感觉	—	—	—	—	—	—
Ⅲ	室内个别静止中的人有感觉	—	门、窗轻微作响	—	悬挂物微动	—	—
Ⅳ	室内多数人、室外少数人有感觉	—	门、窗作响	—	悬挂物明显摆动，器皿作响	—	—
Ⅴ	室内绝大多数、室外多数人有感觉，多数人梦中惊醒	—	门窗、屋顶颤动作响，个别房屋出现细微细裂缝，个别檐瓦掉落，个别烟囱掉砖	—	悬挂物大幅度晃动，不稳定器物摇动或翻倒	0.31 (0.22~0.44)	0.03 (0.02~0.04)
Ⅵ	多数人站立不稳，少数人惊逃户外	A	少数中等破坏，多数轻微破坏和/或基本破坏	0.00~0.11	家具和物品移动；河岸和松软土出现裂缝，饱和砂层出现喷砂冒水；个别独立砖烟囱轻度裂缝	0.63 (0.45~0.89)	0.06 (0.05~0.09)
		B	个别中等破坏，少数轻微破坏，多数基本完好				
		C	个别轻微破坏，大多数基本完好	0.00~0.08			

续表

地震烈度	人的感觉	房屋震害			其他震害现象	爆破振动	
		类型	震害程度	平均震害指数		峰值加速度 /m·s^{-2}	峰值速度 /m·s^{-1}
Ⅶ	大多数人惊逃户外，骑自行车的人有感觉，行驶中的汽车驾车人有感觉	A	少数毁坏和/或严重破坏，多数中等和/或轻微破坏	0.09~0.31	物体从架子上掉落；河岸出现塌方，饱和砂层常见喷水冒砂，松软土地上地裂缝较多；大多数独立砖烟囱中等破坏	1.25 (0.90~1.77)	0.13 (0.10~0.18)
		B	少数毁坏，多数严重和/或中等破坏				
		C	个别毁坏，少数严重破坏，多数中等和/或轻微破坏	0.07~0.22			
Ⅷ	多数人摇晃颠簸，行走困难	A	少数毁坏，多数严重和/或中等破坏	0.29~0.51	干硬土上出现裂缝，饱和砂层绝大多数喷砂冒水；大多数独立砖烟囱严重破坏	2.50 (1.78~3.53)	0.25 (0.19~0.35)
		B	个别毁坏，少数严重破坏，多数中等和/或轻微破坏				
		C	少数严重和/或中等破坏，多数轻微破坏	0.20~0.40			
Ⅸ	行动的人摔倒	A	多数严重破坏或/和毁坏	0.49~0.71	干硬土上多处出现裂缝，可见基岩裂缝、错动，滑坡、塌方常见；独立砖烟囱多数倒塌	5.00 (3.54~7.07)	0.50 (0.36~0.71)
		B	少数毁坏，多数严重和/或中等破坏				
		C	少数毁坏和/或严重破坏，多数中等和/或轻微破坏	0.38~0.60			

续表

地震烈度	人的感觉	房屋震害			其他震害现象	爆破振动	
		类型	震害程度	平均震害指数		峰值加速度 $/m \cdot s^{-2}$	峰值速度 $/m \cdot s^{-1}$
Ⅹ	骑自行车的人会摔倒，处不稳状态的人会摔离原地，有抛起感	A	绝大多数毁坏	0.69~0.91	山崩和地震断裂出现；基岩上拱桥破坏；大多数独立砖烟囱从根部破坏或倒毁	10.00（7.08~14.14）	1.00（0.72~1.41）
		B	大多数毁坏				
		C	多数毁坏和/或严重破坏	0.58~0.80			
Ⅺ	—	A	绝大多数毁坏	0.89~1.00	地震断裂延续很大，大量山崩滑坡	—	—
		B					
		C		0.78~1.00			
Ⅻ	—	A	—	1.00	地面剧烈变化，山河改观	—	—
		B					
		C					

注：1. 表中的数量词："个别"为 10%以下；"少数"为 10%~45%；"多数"为 40%~70%；"大多数"为 60%~90%；"绝大多数"为 80%以上。

2. 当有自由场地强震动记录时，水平向地震峰值加速度和峰值速度可作为综合地震烈度的参考指标。

3. 评定烈度的房屋类型：

A 类：木结构和土、石、砖墙建造的旧式房屋；

B 类：未经抗震设防的单层或多层砖砌房屋；

C 类：按照 7 级抗震设防的单层或多层砖砌体房屋。

4. 震害指数 D：

基本完好：承重和非承重构件完好，或个别非承重构件轻微损坏，不加修理可继续使用。对应震害指数范围为 $0.00 \leq D < 0.10$；

轻微破坏：个别承重构件出现可见裂缝，非承重构件有明显裂缝，不需要修理或稍加修理即可继续使用，对应震害指数范围为 $0.10 \leq D < 0.30$；

中等破坏：多数承重构件出现轻微裂缝，部分有明显裂缝，个别非承重构件破坏严重，需要一般修理后可使用，对应的震害指数范围为 $0.30 \leq D < 0.55$；

严重破坏：多数承重构件破坏严重，非承重构件局部倒塌，房屋修复可能。对应震害指数范围为 $0.55 \leq D < 0.85$；

毁坏：多数承重构件严重破坏，房屋结构濒于崩溃或已倒毁，已无修复可能。对应的震害指数范围为 $0.85 \leq D < 1.00$。

自表 2.7 可知：对应于Ⅴ度地震，爆破振动速度幅值达到 $2\sim4cm \cdot s^{-1}$；对应于Ⅵ度地震，爆破振动速度幅值达到 $5\sim9cm \cdot s^{-1}$；对应于Ⅶ度地震，爆破振动速度幅值达到 $10\sim18cm \cdot s^{-1}$。

2.4.3　建筑物爆破振动安全标准

城市浅埋隧道爆破时，不仅需要考虑地表建筑物的影响，还需考虑地下设施的影响，比如各种地下管线。

1. 国外建筑物爆破振动安全标准和判据

国外关于爆破振动安全判据，目前仍然多采用地面振动速度(或加速度)作为衡量爆破振动强度的唯一指标。大量的工程实践和实验表明，选用单一的振动参数来描述爆破振动的特征是很不全面的。国内有些工程，按《爆破安全规程》(GB 6722—2014)估计爆破后应出现因爆破振动而损坏的建筑物，在实际爆破后并未发生任何损坏；而振动速度很小认为不会有损坏时，相反却出现意想不到的损坏。国外一些工程也发现了类似问题，如美国矿业局在(R18507)报告中指出，在对718次爆破的实际观察与统计中发现，只有136次爆破产生了有据可查的损伤，其中许多次爆破产生了相对较高的振幅。振速超过5.08cm · s^{-1}，但没有造成任何损害。由此可见，仅以质点振动速度作为爆破振动的安全判据是有缺陷的。

近年来，一些观察和分析也表明，相同的建(构)筑物，在振动相同的条件下，不同的振动频率和振动持续时间，对建(构)筑物的结构动力影响是不一样的。因此，人们提出在评价爆破振动对建(构)筑物的危害时，除用速度或加速度作为破坏判据外，还应考虑爆破振动持续时间对建筑物的累计破坏作用、振动频率与建筑物固有频率之间的关系。因此，目前国外提出了采用质点峰值振动速度和振动频率两个基本参数作为爆破振动安全判据。一些发达国家(如瑞士、德国等)在制定安全标准时，都普遍考虑了爆破振动频率和振动速度的共同影响(表2.8、表2.9)。

表2.8　**德国爆破振动标准(BRD-DIN4150)**

建筑物类别	频率范围/Hz	合速度/cm · s^{-1}
工业建筑及商业建筑	<10	2.0
	10~50	2.0~4.0
	50~100	4.0~5.0
居住建筑	<10	0.5
	10~50	0.5~1.5
	50~100	1.5~2.0
敏感建筑	<10	0.3
	10~50	0.3~0.8
	50~100	0.8~1.2

表 2.9　瑞士爆破振动标准

建筑物类别	频率范围/Hz	合速度/cm·s^{-1}
钢结构 钢筋混凝土结构	10~60	3.0
	60~90	3.0~4.0
砖混结构	10~60	1.8
	60~90	1.8~2.5
砖石墙体 木楼阁	10~60	1.2
	60~90	1.2~1.8
历史性及敏感建筑	10~60	0.8
	60~90	0.8~1.2

2. 国内建筑物爆破振动安全标准和判据

由于《爆破安全规程》(GB 6722—2014)并未考虑振动频率的影响因素，中国工程爆破协会于 2000 年 3 月在北京怀柔召开了“爆破振动安全距离合理判据”专题研讨会，为修订新的爆破安全规程进行论证，与会专家就爆破振动安全距离的合理判据进行了研讨，其主要论点归纳如下。

(1)爆破地震的安全取决于外因和内因两个因素。外因就是地震荷载的大小和形态，内因就是被保护物本身结构与基础的承受能力。被保护物种类千差万别，对各物理量的敏感程度千变万化。外荷载统称为爆破地震，其物理量有运动参数、力学参数、振动作用时间和频谱等。

(2)描述爆破振动的参数较多，以前普遍认同以振动速度作为判据，较可靠、稳定，但当前国外不仅以振速这个单一参数作为判据。多数人认为采用振速和频率两项判据是必要的，因为幅值和频率是描述振动效应的最基本的物理量，振速可以代表振动幅值，而频率则是被保护物对振动的反应。因此，建议以振速和频率作为综合判据，振速为主，频率作为修正参考依据。

(3)大量的测试资料和工程实践经验表明，采用质点振动速度作为建筑物的破坏判据是比较成功的，但也发现过一些特例，如爆破点近处较旧的建筑物没有破坏，而远处较好的建筑物却遭破坏，这不符合爆破质点振动速度随距离增加而减少的规律。分析认为，振动频率随距离而降低，远处低频振波接近房屋的固有频率，房屋共振反应强烈，所以远处振动效应加强，这主要是振动频率不同所致。

到目前为止，在新的爆破安全规程中仍可用质点振动速度作为“一般建(构)筑物”的安全标准，但在考虑结构物受爆破振动的影响时，必须顾及持续作用时间、共振和疲劳损伤问题。

从爆破振动的作用分区来看，介质应该处于弹性变形阶段，即介质处于弱地震振动区或地震作用远区时，以质点振动速度作为安全判据是合理的。而对于非弹性形变区和地震作用近区，传播的主要是体积波，此时从震源理论出发，以岩石的爆破损伤和应力场来分析岩体内部的损伤和振动破坏问题更合理，特别是对于开挖轮廓线外围岩的损伤和稳定性分析更接近于实际。因此，建议在爆破振动近区采用爆炸应力场的计算方法或岩石爆破损伤场的方法和确定判据比较合理；而在爆破振动远区和地表附近，采用质点振动速度作为安全标准是可行的。

国家标准规定爆破安全允许振速见表2.10。

表2.10　**爆破振动安全允许范围标准(GB 6722—2014)**

序号	保护对象类别	安全允许振速/cm·s^{-1}		
		<10Hz	10~50Hz	50~100Hz
1	土窑洞、土坯房，毛石房屋[a]	0.5~1.0	0.7~1.2	1.1~1.5
2	一般砖房、非抗震的大型砌块建筑物[a]	2.0~2.5	2.3~2.8	2.7~3.0
3	钢筋混凝土框架房屋[a]	3.0~4.0	3.5~4.5	4.2~5.0
4	一般古建筑与古迹[b]	0.1~0.3	0.2~0.4	0.3~0.5
5	水工隧道[c]	7~15		
6	交通隧道[c]	10~10		
7	矿山巷道[c]	15~30		
8	水电站及发电厂中心控制室设备	0.5		
9	新浇大体积混凝土[d] 龄期：初凝~3d 龄期：3~7d 龄期：7~28d	 2.0~3.0 3.0~7.0 7.0~12		

注：a. 选取建筑物安全允许速度时，应综合考虑建筑物的重要性、建筑新旧程度、自振频率、地基条件等因素。

b. 省级以上(含省级)重点保护古建筑与古迹的安全允许速度，应经专家论证选取，并报相应文物管理部门批准。

c. 选取隧道、巷道安全允许振速时，应综合考虑建筑物的重要性，围岩状况，断面大小，深埋大小，爆炸源方向，地震振动频率等因素。

d. 非挡水新浇筑大体积混凝土的安全允许振速，可按本表给出的上限值选取。

1. 表列频率为主频率，系指最大振幅所对应波的频率。

2. 频率范围可根据类似工程或现场实测波形选取。选取频率时亦可参考下列数据：硐室爆破<20Hz；深孔爆破10~60Hz；浅孔爆破40~100Hz。

2.4.4　地下管线的爆破振动控制

1. 影响因素分析

地下管线通常由管段、接口、管道附件(弯头、三通和阀门等)组成，地震时一般有三种基本破坏类型：管道接口破坏，管段破坏，管道附件以及管道与其他地下结构连接的破坏。其中以管道接口(或接头)破坏居多。

与管段自身强度相比较，接口是抗震薄弱环节。管道接口通常可分为刚性接口和柔性接口两类。其中刚性接口有焊接、丝扣连接，和青铅、普通水泥、石棉水泥等作为填料的连接形式等。采用橡胶圈的承插式接口和法兰连接口属于柔性接口。震害调查表明柔性接口的震害率明显低于刚性接口，原因是前者允许产生较大的变形，具有良好的延性。

接口破坏形式有接头(或拔脱)松动、剪裂、倒塌和承口掰裂等，管段破坏形式则有管段开裂(纵向裂缝、环向裂缝和剪切裂缝等)、折断、拉断、弯曲、爆裂、管体结构崩塌、管道侧壁内缩和管壁起皱等。

根据以往的经验，除管体自身性质外，震动引起地下管道破坏的原因可分为以下两类：场地破坏造成的管道破坏及由强烈的地震波传播造成的管道破坏。结合区间隧道爆破特征，应主要分析由强烈地震波的传播所引起的地下管道破坏原因。地震烈度越高，对地下管线的破坏程度越大。1971年美国圣菲尔南多地震中，多数地下管道的破坏由地震波造成的。在历次大地震的震中区，地下管道由地震波震动效应造成的损害是最常见的现象。

在地震波的作用下，管道轴向应变是控制因素。在直管段中，弯曲应变一般小于轴向应变。在弯曲段，弯曲应变和轴向应变有同样的数量级。地震波在地下管道引起的惯性力主要由周围土承受，可忽略自身惯性力对地下管道的影响。地下管道在地震波的作用下损坏的原因主要是管段两点之间的运动不同：首先是沿管道土性不同和衰减作用等造成地震波形的改变；其次是地震波到达的时刻不同，两点的运动相位也不同。对地下管线震害的分析表明：平行于地震波传播方向上的地下管道壁比垂直于地震波传播方向上的地下管道损伤严重得多。垂直于地震波传播方向的管道因相位基本上相同，故震害较轻。平行于地震波传播方向的管道因有相位差，震害通常相对严重。

1)埋深

在大多数情况下，地下管道的破坏随埋深的增加而减小，如1966年塔什干地震。但在某些情况下，地下管道的破坏与其深埋并不存在固定关系，如1948年阿什哈巴德地震。从能量角度看，地下结构埋深越大，由地震面波导致的能量越小，震害应较轻。

2)场地土特性及地貌特征

场地土特性及地貌特征包括场地土分类、液化特性、坍塌区、构造断裂和断层滑移等。这类因素直接影响地震时管周土体对地下管道作用力的大小和方式。资料表明场地土条件对地下管线的震害率影响很大，在烈度较低的软弱场地容易产生较大的相对位移，且软弱场地在地震中容易产生场地破坏，由此加重地下管道的破坏。

地震中经常可见因振密产生的和回填土固结压密引起的不均匀沉降导致地下管线受损的实例。这种破坏大部分集中在管与人孔或其他构筑物的连接处、地基产生差异沉降处和接头部位。

3)管材、口径和管道构造特点

根据经验，在条件相似的情况下，钢管道破坏率最低，石棉水泥管道次之。前者主要得益于材质，后者主要是管道不长。

地下管道的抗震性在很大程度上取决于管道的口径，现在震害记录中80%以上的损坏或破坏发生在口径小于200mm的地下管道中。主要是因小口径管道在土中受到约束作用比口径300mm以上的管道高很多。

2. 各种地下管线震害规律分析

地下供水管线的震害规律，其破坏特点可归纳如下：

(1)直径相对小的管道多数容易发生破坏；

(2)石棉水管和聚乙烯管的破损率很高；

(3)接头脱位现象十分严重，其中铸铁管接头脱位通常发生在陈旧的铅制机械接头处；

(4)地层液化可导致管道严重破坏，然而带有抗震接头的延性铸铁管道即使在液化区也未遭到破坏，这类接头的抗震可靠性得到了验证；

(5)诸如阀门、消防栓等管道附件的破坏情况十分严重，可见应进一步提高管道的附件强度。

地下排水管的震害规律，不同材料管线的损坏情况如下。

(1)黏土陶管：管体塌落。

(2)混凝土管：接头破裂，管体沿周向出现裂纹和断裂，或沿轴线走向出现破裂。

(3)PVC管(聚氯乙烯)：管体坍塌，管体沿轴向和径向出现破裂，管体接头突出或脱落，侧向排水管伸出管路。

(4)FRPM管(纤维增强塑性胶砂管)：管体塌落或在管体上出现螺旋形的破裂。排水系统的进水口和相连侧向管线的损坏情况也很严重。此外，许多检查井被毁坏，主要特点为发生水平移动，砖砌体破裂或坍塌，混凝土底座坍塌，管道进入检查井，井壁被剪裂，钢制井盖发生水平移动等。

地下输油、输气管道的震害规律：输油、输气管道的多数破坏出现在铸铁管接头部位。氧炔焊接的钢管的破坏率比电弧焊接钢管的破坏率高。位于同一区域的有较高强度的钢管和采用电弧焊接的钢管管线的破坏情况则较轻。调查输油、输气管线的破坏情况，发现焊接钢管管线的震害有如下特点。

(1)老式氧炔焊接钢管易受地震破坏，尤其在有液化、断层错动和滑坡现象的地区，破坏率非常高。根据现场调查，发现地震造成的地表移动和永久变形对氧炔焊接钢管的破坏影响也很大。

(2)非保护电弧焊接钢管管线受震害破坏较小，即使在地表出现永久变形地区，其破坏率也较低。

(3)保护电弧焊接钢管管线受震害破坏最小，仅在地表出现非常大的变形的区域，才可见其遭受破坏。

(4)破坏多数发生在焊接部位，钢管管段本身受震害破坏较小。

3. 地下管线爆破振动安全控制标准

地下管道在现代化工业生产和人民生活中具有重要的作用，并在输水、油、气(汽)、煤、排水以及通信、供电、交通运输等方面得到广泛的应用。地下管道发生震害时，将给国计民生带来重大损失和人员伤亡。

根据经验，地震烈度达到Ⅶ度以上对地下管线造成较明显的破坏。并且我国大多数的地下管线抗震标准基本上定义在Ⅶ~Ⅸ度。

但考虑到城市地下管线已使用多年，其管材肯定存在一定程度的锈蚀。为了安全，将其安全地震烈度控制Ⅴ度及以下是合适的。地震烈度为Ⅶ度时，对应的质点水平振速为 13cm · s^{-1}，而地震烈度为Ⅴ度时，对应的质点水平振速平均为 3cm · s^{-1}。

还可以参考德国标准《结构振动(DIN 4150-3—1999)》(第三部分结构的振动效应)中列出的地下管线的短期振动允许振动速度，见表 2.11。

表 2.11　**德国标准 DIN 4150-3—1999**

材质	振动速度指导数值/cm · s^{-1}
钢(包括焊接)	10.0
黏土、混凝土、铸铁	8.0
砖混、塑胶	5.0

2.4.5　城市隧道控制指标选择

综合城市隧道施工诸多因素并参考国标，制定爆破振速控制标准，如表 2.12 所示。

表 2.12　**爆破振动监测对象及控制标准**

监测对象	振动速度范围/cm · s^{-1}			
砖混房	<1.0	1.0~2.0	2.0~3.0	>3.0
框架房	<2.0	2.0~3.0	3.0~5.0	>5.0
加油(气)站	<0.50	0.50~1.0	1.0~2.0	>2.0
管线	<5.0	5.0~6.0	>6.0	
超标判定	合格	基本合格	超标	严重超标

注：控制指标较《爆破安全规程》(GB 6722—2014)严格。

我国标准没有对各种地下管线的爆破振动标准进行规定，重要管线在设计时都考虑了抗震指标，另外直埋管线的抗震能力较强。实际爆破振动控制中采取两个控制值：一般对于一次性爆破振动，振动速度控制在国标值 5.0cm · s^{-1}；对于长期爆破振动，考虑疲劳影响，振动速度取为 2.5cm · s^{-1}。考虑到当前在地表测试振动速度，应力波在地层传播垂直到自由地表时发生反射，地面测量时质点振动速度增大 2 倍，安全允许振动速度控制为 5.0cm · s^{-1}，此时地下管线处于 2.0~3.0cm · s^{-1}振动水平。

但若地下管线有缺陷，或因常年失修破损、腐蚀导致壁厚和承载力达不到爆破振动破坏要求，以及管线插头接头、焊接接头等脆弱部位和抗震要求严格的建(构)筑物(如铁道、烟囱、土坯房、暗渠、河流、地下走廊等)，应经专家细致评估，降低允许振动控制标准并确定控制值，制定专项施工爆破方案。

2.4.6　城市浅埋隧道爆破振动监测

1. 城市浅埋隧道爆破振动监测特点

1)沿线地质多样性

由于城市隧道总长度往往在几十千米以上，穿越众多岩性的岩层，以大连地铁1号线一期工程为例，起点港湾广场站，终点河口站，地铁线路分布地层情况主要有：第四系全新统人工堆积层(Q_4^{ml})+第四系全新统冲洪积层(Q_4^{al+pl})、坡洪积层(Q_3^{dl+pl})+震旦系长岭组板岩(*Zwhc*)+燕山期辉绿岩($\beta\mu$)或震旦系桥头组石英岩(*Zq*)。线路穿越岩层以强、中风化板岩为主。大连地铁2号线一期工程，起点南关岭站，地铁线路分布地层情况主要有：第四系全新统人工堆积层(Q_4^{ml})+第四系上更新统坡洪积层(Q_3^{dl+pl})+第四系中更新统冰碛层(Q_2^{gl})+震旦系金县群营城子组石灰岩(*Zjxy*)或震旦系桥头组石英岩板岩互层(Q*nq*)+震旦系甘井子组白云质灰岩(*Zwhg*)或震旦系桥头组石英岩(*Zq*)+震旦系南关岭组石灰岩(*Zwhn*)或燕山期辉绿岩($\beta\mu$)+震旦系长岭组板岩(*Zwhc*)。线路穿越岩层以强、中风化灰岩为主。

2)地铁沿线被保护目标多样性

从地铁的建设过程看，地铁往往作为改善地面交通压力情况下进行建设，所以大多数地铁隧道设计在城区道路下面，且道路地下的各种管道(煤气管道、高压上水管道、下水管道、电缆、光缆)纵横分布，道路两侧的建筑物形式多样(高层、低层；建筑有新、有旧；电厂、寺庙、人防设施等)。

2. 爆破振动测试原理

目前定量爆破振动的强弱主要参考振动速度参数。《爆破安全规程》(GB 6722—2014)对各类建筑物的安全振动速度已作了规定，在不同爆破环境下，应根据具体要求确定爆破振动的安全距离。选择测试系统时，应预估被测信号的幅值范围和频率范围，测试系统的幅值范围上限应高于被测信号最大预估值的20%，频率范围上限应是被测信号最大预估频率的10倍以上。根据上述选择原则，测试仪器可采用成都中科动态仪器有限公司生产的EXP3850爆破振动仪及配套的速度传感器。测试前，对测试仪器进行系统设定，包括仪器时刻标定、对应通道传感器参数选择、采集率、量程。设置适当采集率大小能确保整个爆破时长内速度波形完美，设置适当量程能保证速度测试波形不被削峰。其测试原理：由传感器输出电压(0～30V)信号经过信号调理后进入12位(A/D)转换，时钟、触发电路控制整个采集过程。所采集的波形数据通过RS232接传感器把地震波速度大小转换成电压信号，通过A/D转换为数字信号记录到仪器的存储器中。测试完成后由数据线传送到计算机上，再用专门软件对信号进行计算处理，最后以报告的形式输出到打印机或存储在硬盘中(测试原理图见图2.24)。

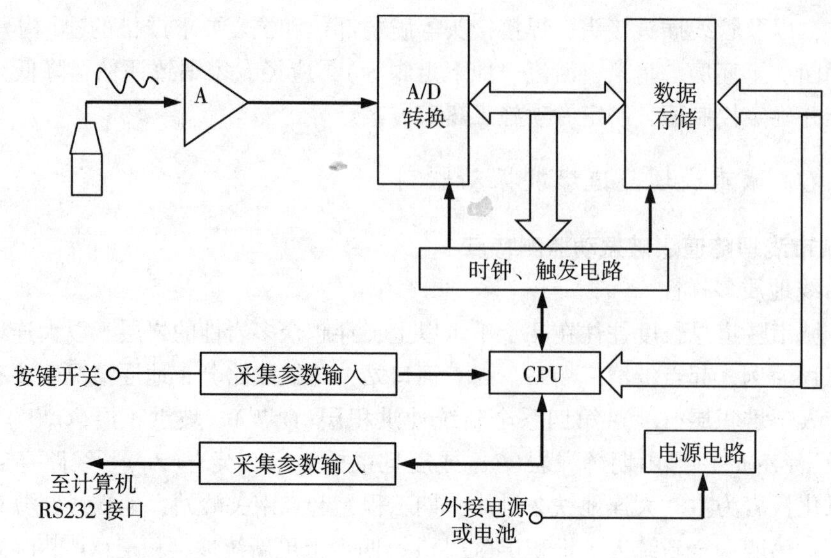

图 2.24　测试原理图

3. 爆破振动衰减规律计算方法

影响爆破振动速度的因素较多，主要有：药量，包括总药量和最大段齐发爆破药量；距离，即从爆心到结构点的水平距离。从上面章节可知，表征爆破振动速度大小可采用萨道夫斯基公式表达[式(2.3)]：

$$v = K\left(\frac{\sqrt[3]{Q}}{R}\right)^{\alpha} \tag{2.5}$$

式中能核心反映爆破的振动衰减规律的是 K，α，这两个参数可以用最小二乘法反演其大小，反演的基础是有适量的数据，每套数据包括单段药量 Q，距离 R，振动速度 v。

将式(2.5)两边取自然对数变为线性方程：

$$\ln(v) = \ln(K) + \alpha\ln\left(\frac{\sqrt[3]{Q}}{R}\right) \tag{2.6}$$

令 $y = \ln(v)$，$x = \ln\left(\sqrt[3]{Q}/R\right)$，$a = \ln(K)$，$b = \alpha$，则有

$$y = a + bx \tag{2.7}$$

对于测试所得的多组 v、Q、R 数据，代入式(2.7)得到(x_i，y_i)。为确定系数 a，b，通常采用最小二乘法，即

$$\xi = \sum_{i=0}^{n-1}\left[y_i - (ax_i + b)\right]^2 \tag{2.8}$$

达到最小。根据极值定理，a、b 满足下列方程：

$$\left.\begin{aligned} \frac{\partial\xi}{\partial a} &= 2\sum_{i=0}^{n-1}\left[y_i - (ax_i + b)\right](-x_i) = 0 \\ \frac{\partial\xi}{\partial b} &= 2\sum_{i=0}^{n-1}\left[y_i - (ax_i + b)\right](-1) = 0 \end{aligned}\right\} \tag{2.9}$$

从而解得

$$\left.\begin{aligned} a &= \frac{\sum_{i=0}^{n-1}(x_i - \bar{x})(y_i - \bar{y})}{\sum_{i=0}^{n-1}(x_i - \bar{x})^2} \\ b &= \bar{y} - a\bar{x},\ K = e^{\alpha},\ \alpha = b \end{aligned}\right\} \tag{2.10}$$

式中，$\bar{x} = \sum_{i=0}^{n-1} \frac{x_i}{n}$；$\bar{y} = \sum_{i=0}^{n-1} \frac{y_i}{n}$。

2.5 工程应用——武汉地铁 8 号线二期隧道爆破工程

2.5.1 工程概况

本工程位于洪山路站—小洪山站之间。洪山路站—小洪山站区间为双线，线路出洪山路站后，沿东一路南行至八一路，沿八一路东行至小洪山站。洪山路站—小洪山站区间矿山法隧道里程范围为右 DK23+661.250—右 DK23+983.150(左 DK23+656.992—左 DK23+983.150)，全长 326m。大断面矿山法隧道(右 DK23+661.151—右 DK23+770.251)长 109.1m，小断面矿山法隧道(右 DK23+788.251—右 DK23+983.150)右长 195m，(左 DK23+788.251—左 DK23+983.150)左长 199m；明挖竖井断面尺寸 22.4m×18m，深度 38m，开挖面积 488m^2，需要爆破开挖深度约为 22m。

1. 周边环境

基坑及隧道地表建筑物：本区间地表建筑物较密集，一般距隧道中心线 7~20m 不等，以 1~3 层低层、4~7 层多层建筑为主，基础类型主要为条形基础。高层建筑主要为鹏程国际、银海华庭楼盘、帅府饭店等，基础类型为筏板基础、钻孔桩。竖井地处长江Ⅲ级阶地，地形较平坦，地面高程 35.0~35.8m，北侧为中国科学院武汉分院块地，分布有 5~6 层宿舍楼，新建 17 层住宅以及部分 1~3 层砖混建筑。南侧有帅府饭店、卧龙山庄、嘉嘉悦大厦、八一路加油站及正上方的人防通道等建(构)筑物，东西侧为八一路。地下管线：本区间地下管线主要分布于东一路、八一路辅道及人行道下方，与水果湖路交叉口下方管线较多、横穿道路，该段管网密集。主要管线有 GT 铜/光 BH400×300、DLBH600×400、GT 光纤 BH400×300、PS 砼 Φ300/1200、JS 铸铁 Φ400、TRΦ325 中压、DL 直埋铜 1 根 0.38kV 等。因工程施工需要，确保安全，能高度保证工程顺利进行，已将该段管网全部改道，改道管线距隧道直线距离均有 10~20m，埋深 1~1.5m。

本车站长 224.9m，基坑总开挖面积 5128.0m^2，基坑深度 29.1~34.5m，标准段宽 21.9m。小洪山车站主体围护结构采用 Φ1200@1500mm 钻孔灌注桩围护结构型式，内支撑体系采用五道混凝土支撑、一道钢支撑、一道(局部两道)钢支撑换撑，沿基坑深度方向布 5 道砼支撑，支撑间距 6m；钢支撑换撑间距 3m。基坑平面内一般采用对撑，在端部与角部采用斜撑。

2. 地质条件

本工程主要位于右 DK23+661.250—右 DK23+983.150、左 DK23+656.992—右

DK23+983. 150 区段之间，全长 326. 158m。本区段地形变化不大，地面高程 24~38m，地质构造较复杂，沿线穿越地质构造有断层、褶皱、溶洞等，基岩从三叠系至泥盆系均有揭露，岩面起伏不平。基岩埋深 11. 4~45m。需爆破的是：中风化灰岩[地层代号(16a-2)、(17c-2)]、微风化灰岩[地层代号(16a-3)、(17c-3)]分布在里程右 DK23+300—右 DK24+940. 000 段、DK23+940—终点段，埋深 11. 4~43. 8m，为Ⅲ级围岩。

3. 工程难点

竖井净断面为 18m×22. 4m 矩形，深约 38. 2m 和小洪山车站长 224. 9m，基坑总开挖面积 5128. 0m^2，基坑深度 29. 1~34. 5m，标准段宽 21. 9m。车站地处位置较复杂，周边有多栋建筑并紧邻八一大道。采用明挖法施工，周边环境给工程爆破施工带来很大的困难。

(1)隧道深度超过 30m，无法采用机械化配套作业。距地表 20m 深有中风化灰岩及微风化灰岩，机械施工困难，必须采用钻爆施工。

(2)基坑爆破面距地表 20m 左右，周边预先浇筑密布支撑围檩和爆破飞石控制是此次爆破施工重点。

(3)基坑断面较小，钻孔设备选择受限制，大、中型钻孔设备不便于爆破施工，但采用小型钻孔设备施工，功效较低。

(4)隧道区域水文地质较差，可能出现涌水、溶洞等地质灾害。

(5)周边环境复杂，对施工作业安全防护要求较高，爆破振动对周边建(构)筑物的影响不可避免，施工风险较大。

2. 5. 2　施工工艺

1. 总体方案

本工程分三部分爆破：基坑爆破(竖井基坑和小洪山车站基坑)、大断面隧道爆破、小断面隧道爆破。

1)基坑爆破

根据基坑设计要求：宜采用浅孔爆破法，即炮孔直径不得超过 50mm，炮孔深度不超过 2m 的爆破方式，采用爆破施工时，应控制爆破质点振动速度不得大于 2cm · s^{-1}，爆破施工点距支护结构 5~6m 时，应采用适当的保护措施，如采用预裂爆破形成隔震带，创造良好临空面后采用精细微差爆破、机械破碎等。综合考虑爆区环境、地形条件、结合现有设备和施工技术条件，基坑拟采用 Φ40 浅孔微差爆破方法。

2)隧道爆破

隧道爆破设计要求：隧道附近一般砖混结构房屋爆破振速不大于 2cm · s^{-1}，土坯，毛石和建设年代久、结构现状很差的砖混结构房屋爆破振速控制在 0. 5~1. 0cm · s^{-1}内。加强隧道自身周边建构筑的监测，采取信息化施工，当监测情况出现异常时，及时调整支护参数及施工步序，保证既有建(构)筑物的安全。

大断面矿山爆破法：巷道施工时采用 7655 风钻打眼，爆破采用光面爆破技术。拟采用双侧壁导坑法，分为左上、左下、右上、右下、中上、中下共 6 个部分按顺序爆破施工。台阶法分部开挖，各导洞上下台阶纵距为 5m，导坑间开挖纵距约 15m。

小断面矿山爆破法：巷道施工时采用7655风钻打眼，爆破采用光面爆破技术。台阶法分部开挖，分为上、下两个台阶进行爆破施工，上、下台阶纵距为5m。

根据周边环境对爆破振动的要求，基坑石方采取“多打孔、少装药、短进尺、弱振动”的浅眼松动微差控制爆破的方法施工。为了使岩石充分破碎及避免大块碎岩，采用梅花形布孔，排间微差起爆方式。考虑到爆破振动和飞石，在施工过程中，创造良好的临空面，控制一次起爆药量，确保爆破安全。

2. 爆破施工方法及顺序

1)基坑浅孔爆破

采用风钻施工竖直方向的钻眼，根据现场情况按孔深1.5~2.5m，以及周边建筑物的振动控制要求，确定一次爆破规模及最大单段药量，确保对周边建(构)筑物的安全。为保护基坑周边支撑围檩，基坑内侧采取光面爆破。

施工顺序：从基坑中间掏槽爆破，爆破得到自由面后，由中间向四周台阶扩槽爆破至设计尺寸。

2)隧道矿山爆破法

浅眼光面爆破，采用风钻施工垂直工作面的钻眼，钻眼深度根据现场情况取1.5m左右，掏槽眼布置方式根据岩石的强度及施工机具进行选择，辅助眼距及光爆眼眼距可根据岩石的强度及岩石的稳定性进行选取。

根据隧道总体施工安排，为加快施工进度，缩短工期，隧道爆破开挖方案总原则是：对于隧道围岩较稳处，在保证既有隧道和周边环境安全条件下，可适当提高循环进尺，以加速施工进度；而对于隧道围岩欠稳定处或周围环境较复杂处，可适当降低循环进尺，采用多循环小进尺，以确保施工安全。

爆破方案服从于隧道总体开挖方案，根据爆破安全要求、开挖隧道断面尺寸形状及围岩情况，大断面隧道采用双侧壁导坑法开挖：分为左上、左下、右上、右下、中上、中下共6个部分按顺序爆破施工，台阶法分部开挖，各导洞上下台阶纵距为5m，导坑间开挖纵距约15m。小断面隧道采用台阶法开挖：分为上、下两个台阶进行爆破施工，上、下台阶纵距为5m。炮孔直径取40mm，采用孔内外微差爆破，严格控制单响爆破药量，降低爆破振动对围岩的扰动与损伤范围，保证周围建(构)筑物、八一路的通车安全，从而达到既能保证施工进度，又能保证安全的目的。

3. 基坑浅孔爆破参数选择

现场基坑支护结构平面及剖面布置，如图2.25所示。

1)基坑周边眼爆破参数(光面爆破)

为降低爆破振动，以及保护周边基桩，采取光面爆破。炮眼参数布置如图2.26所示。

周边眼爆破参数(表2.13)如下：

最小抵抗线$W=1.0$m；

炮孔深度$L=2.0$m；

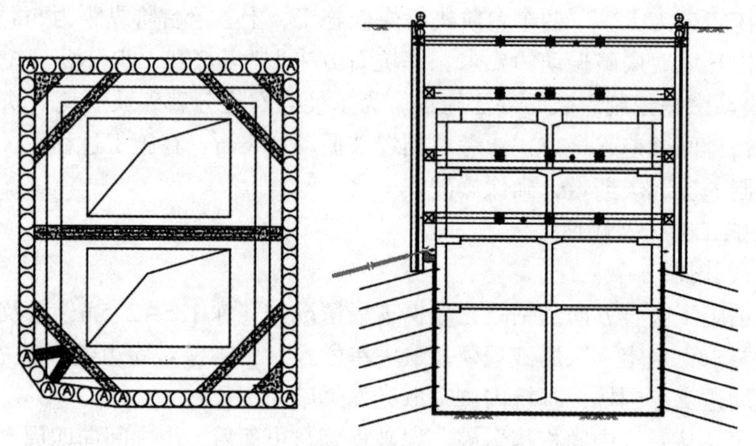

图 2.25　基坑几何尺寸布置图

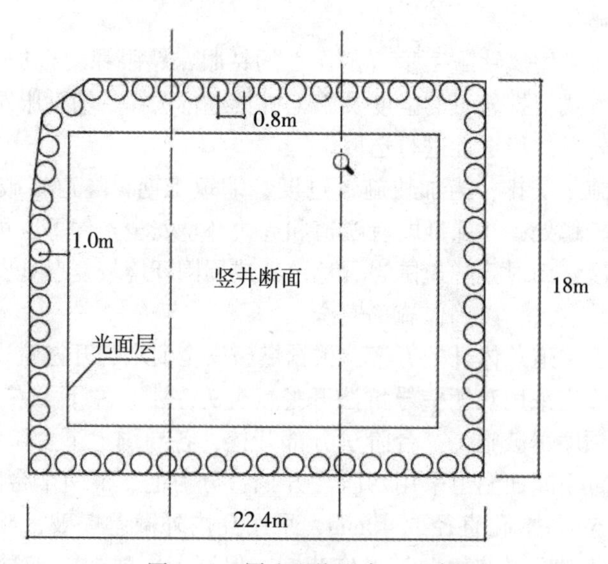

图 2.26　周边眼炮眼布置示意图

炮孔间距 $a=0.8\text{m}$；

炮孔排距 $b=1.0\text{m}$；

炸药单耗 $k=0.25\text{kg}\cdot\text{m}^{-3}$。

因此单孔装药量 $Q=kabL=0.25\times1.0\times0.8\times2.0=0.4\text{kg}$。

表 2.13　**光面爆破设计参数表（Φ=40mm）**

	炮孔深度/m	最小抵抗线/m	孔距/m	排距/m	孔深/m	单孔装药量/kg
光面爆破	2.0	1.0	0.8	1.0	2.0	0.4

2)基坑浅孔爆破参数

最小抵抗线 $W=1.2\text{m}$;

炮孔深度 $L=2.0\text{m}$;

炮孔间距 $a=1.0\text{m}$;

炮孔排距 $b=1.2\text{m}$;

炸药单耗 $k=0.65\text{kg}\cdot\text{m}^{-3}$。

因此单孔装药量 $Q=kabL=0.65\times1.2\times1.0\times2.5=1.95\text{kg}$;考虑到工程实际,取单孔药量 $Q=2\text{kg}$。

以上爆破参数应根据工地地质、岩石条件和初期实际爆破效果进行调整优化。掏槽眼布置根据现场地质条件变化选取软弱或裂隙发育部位进行布置。各炮布孔方式采用梅花形布孔,炮眼参数布置如图2.27及表2.14所示。

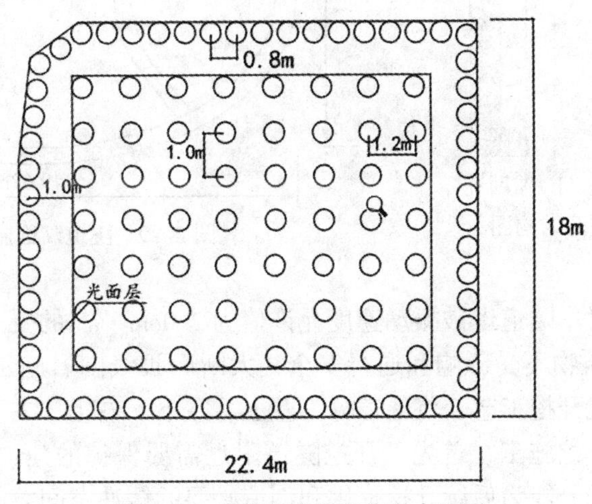

图2.27 基坑浅孔爆破炮眼布置图

表2.14 **浅孔松动爆破设计参数表(Φ=40mm)**

炮孔深度 L/m	抵抗线 W/m	炮眼间距 a/m	排距 b/m	单孔装药量 Q/kg
2.0	1.2	1.0	1.2	2

3)炮孔装药结构图

炮孔装药结构如图2.28所示。

4)起爆网路

光面爆破区域距离基坑基桩300mm,单孔药量0.5kg在控制振动范围内,采取分段微差爆破。基坑爆破区域采用逐孔微差爆破方式,单孔单响。

4. 矿山爆破法参数选择

1)大断面矿山法开挖隧道的里程、形状尺寸

大断面Ⅲ级围岩主要分布在隧道开挖里程左DK23+656.992—DK23+765.992和

右 DK23+661.250—DK23+770.251 标段。隧道断面形状为微椭圆形，隧道最大净宽度为 19.62m，最大净高度为 13.43m。隧道标准断面形状与断面尺寸及施工顺序见图 2.29。

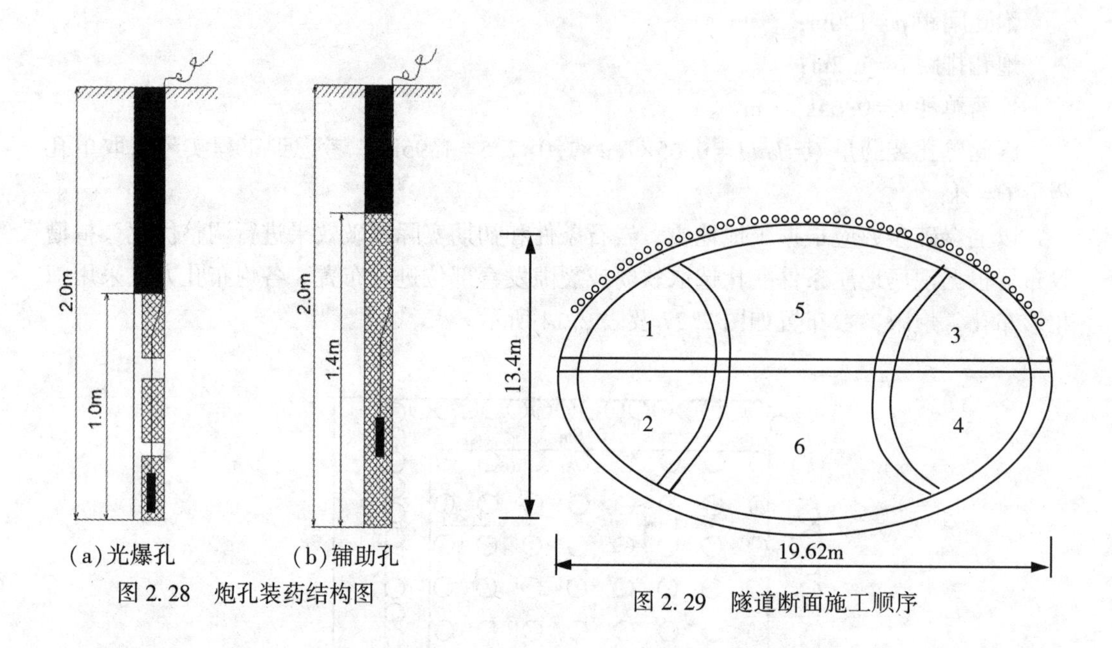

(a)光爆孔　(b)辅助孔

图 2.28　炮孔装药结构图

图 2.29　隧道断面施工顺序

根据设计方案对本隧道爆破振动速度允许值为 2.0cm·s^{-1}的要求，为有效确保隧道开挖对周围建(构)筑物不受影响和通行安全，大断面Ⅲ级围岩施工采用双侧壁导坑开挖法；按双侧壁导坑开挖工艺，将隧道分为左上、左下、右上、右下、中上、中下共 6 个部分按顺序爆破开挖施工。首先，开挖隧道附近需要保护的建(构)筑物部分，然后逐步开挖，先开挖部分能为后续开挖提供和创造必要的缓冲空间，起到减弱爆破振动的作用。爆破时，还可采用“分部、多次、微差”等技术手段，能有效防护和减少爆破振动的危害。

现场采用爆破参数(表 2.15)如下。

(1)炮眼深度：根据现有的凿岩机具和多年的施工经验，掏槽眼 1.7m，辅助眼 1.5m，周边眼 1.5m。

(2)炮眼直径：$\Phi=d+(4\sim6)$mm，d 为药卷直径，选用 Φ38 的合金钻头，炮眼直径为 40mm。

(3)周边眼距及辅助眼参数的确定：周边眼按光面爆破要求设计，炮眼临近系数 $a=E/W=0.8$，最小抵抗线 $W=500$mm；故周边眼眼距为 450mm，周边眼沿巷道轮廓均匀布置。

(4)掏槽眼的布置：根据以往的施工经验，为了提高爆破效率，设计采用龟裂掏槽方法，炮眼布置如图 2.30 所示。

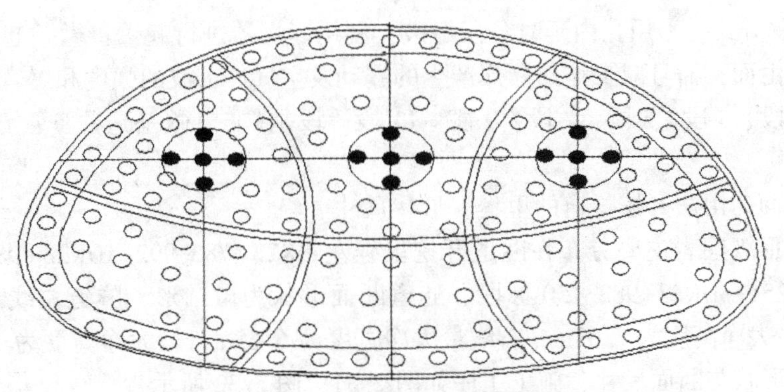

图2.30　隧道断面炮眼布置图

表2.15　**大断面双侧壁导坑法爆破设计参数表（Φ=40mm，循环进尺1.5m）**

开挖部位	孔类	孔距/mm	孔深/mm	单孔药量/g	炮孔数/个	总装药量/kg	雷管段别
上部导坑	周边孔	450	1.5	300	60	18	11
	底板孔	700	1.5	400	27	10.8	9
	掏槽空孔	200	1.7	—	1	—	—
	掏槽孔	400	1.7	800	12	9.6	1
	辅助孔	700	1.5	600	91	54.6	3、5、7
下部导坑	周边孔	450	1.5	300	40	12	11
	辅助孔	700	1.5	600	62	37.2	3、5、7
循环小计	—	—	—	—	293	142.2	—

(5)装药：掏槽眼和辅助眼采取连续装药方式，周边眼采取间隔装药方式，如表2.16所示。

表2.16　**装药结构示意及说明**

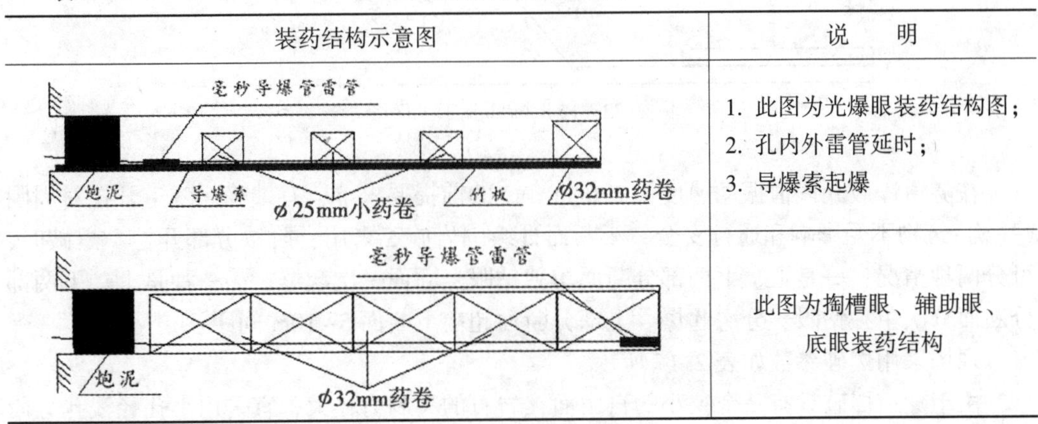

(6)起爆方式：采用孔内延时分段爆破，利用起爆器进行起爆；微差起爆不但能创造更多的自由面，而且减少炸药爆炸产生的震动及空气冲击波的强度和爆音，所以本次起爆起用 1 段、3 段、5 段、7 段、9 段、11 段等段别(非电微差毫秒雷管)，采用孔内微差爆破。

2)小断面矿山法开挖隧道的里程、形状尺寸

小断面Ⅲ级围岩主要分布在隧道开挖里程左 DK23+783. 992—DK23+983. 150 和右 DK23+788. 251—DK23+983. 150 标段。隧道断面形状为微圆形，隧道左线最大净宽度为 6. 9m，最大净高度为 7. 03m；右线最大净宽度为 6. 65m，最大净高度为 7. 305m。隧道标准断面形状与断面尺寸、施工工序如图 2. 31、图 2. 32 所示。

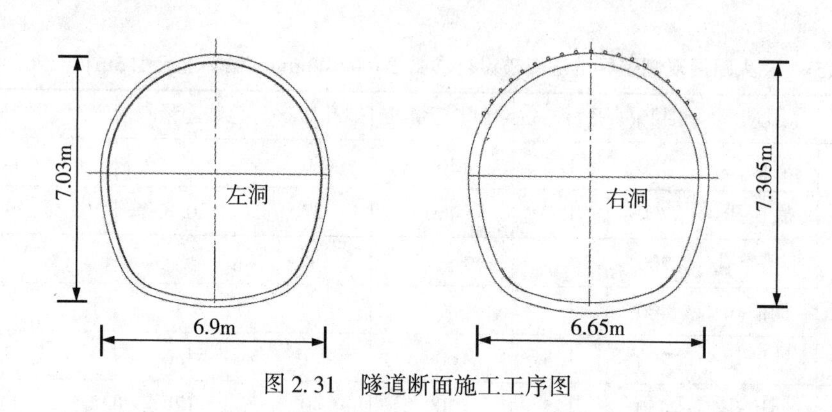

图 2. 31　隧道断面施工工序图

初支喷射混凝土
二衬
上台阶断面
工序1
隧道掘进方向
工序8
下台阶断面
工序2
二衬

图 2. 32　隧道断面施工工序图

在隧道爆破允许值振动速度为 2. 0cm · s^{-1}的前提要求下，有效确保隧道开挖对周围建(构)筑物不受影响和通行安全，小断面Ⅲ级围岩施工采用台阶法分部开挖。爆破时，可分两种情况：一是上、下两部分断面单独钻眼全断面一次起爆；另一种是上、下两部分断面分次单独钻眼、分次起爆。上部分断面超前下断面 5～10m 间距。

现场采用爆破参数如表 2. 17 所示。

由于隧道爆破只有一个狭小的自由面，岩石的夹制力较大，宜采用小孔径浅孔分段微差光面爆破法。

表 2.17 **爆破参数设计表**

<table>
<tr><th rowspan="2">部位</th><th rowspan="2">炮孔名称</th><th rowspan="2">雷管段别</th><th rowspan="2">眼深/m</th><th rowspan="2">眼数/个</th><th rowspan="2">装药集中度/kg · m^{-1}</th><th colspan="2">装药量/kg</th></tr>
<tr><th>单眼</th><th>总装药</th></tr>
<tr><td rowspan="7">第一爆破区域参数</td><td>掏槽眼</td><td>MS-1</td><td>1.7</td><td>6</td><td>0.6~0.62</td><td>1.0</td><td>6.0</td></tr>
<tr><td>辅助眼</td><td>MS-3、5、7</td><td>1.5</td><td>15</td><td>0.5</td><td>0.75</td><td>11.25</td></tr>
<tr><td>周边眼</td><td>MS-9、11</td><td>1.5</td><td>17</td><td>0.3</td><td>0.45</td><td>7.65</td></tr>
<tr><td>底板眼</td><td>MS-13</td><td>1.5</td><td>8</td><td>0.5</td><td>0.75</td><td>6.0</td></tr>
<tr><td>连接雷管</td><td>6 发 MS-1</td><td></td><td></td><td></td><td></td><td></td></tr>
<tr><td>引爆雷管</td><td>2 发 MS-1</td><td></td><td></td><td></td><td></td><td></td></tr>
<tr><td>小计</td><td>54 发</td><td></td><td>46</td><td></td><td></td><td>30.85</td></tr>
<tr><td rowspan="10">第二区间爆破参数</td><td>第一排眼</td><td>MS-1</td><td>1.5</td><td>7</td><td>0.5</td><td>0.75</td><td>5.25</td></tr>
<tr><td>第二排眼</td><td>MS-3</td><td>1.5</td><td>7</td><td>0.5</td><td>0.75</td><td>5.25</td></tr>
<tr><td>第三排眼</td><td>MS-5</td><td>1.5</td><td>6</td><td>0.45~0.5</td><td>0.70</td><td>4.2</td></tr>
<tr><td>第四排眼</td><td>MS-7</td><td>1.5</td><td>5</td><td>0.45~0.5</td><td>0.70</td><td>3.5</td></tr>
<tr><td>第五排眼</td><td>MS-7</td><td>1.5</td><td>2</td><td>0.45~0.5</td><td>0.70</td><td>1.5</td></tr>
<tr><td>周边眼</td><td>MS-9</td><td>1.5</td><td>10</td><td>0.3</td><td>0.45</td><td>4.5</td></tr>
<tr><td>底板眼</td><td>MS-11</td><td>1.5</td><td>8</td><td>0.5~0.6</td><td>0.8</td><td>6.4</td></tr>
<tr><td>连接雷管</td><td>4 发 MS-1</td><td></td><td></td><td></td><td></td><td></td></tr>
<tr><td>引爆雷管</td><td>2 发 MS-1</td><td></td><td></td><td></td><td></td><td></td></tr>
<tr><td>小计</td><td>51 发</td><td></td><td>45</td><td></td><td></td><td>30.6</td></tr>
<tr><td>合计</td><td></td><td>105 发</td><td></td><td>91</td><td></td><td></td><td>61.4</td></tr>
</table>

(1)孔布置形式。

炮孔分为掏槽孔、辅助孔和周边孔(光爆孔)3 类。掏槽孔的布置位于上台阶的下部，采用楔形掏槽法，即充分利用楔形掏槽的易抛掷来减轻地震动。6 个孔，孔向隧道中心倾斜 12°~18°。掏槽装药孔间距 a=0.4~0.5m。辅助孔一般以直孔形式布置，辅助炮孔最小抵抗线 W=(0.5~0.9)L，间距 a=(0.8~2.0)W，排距 b=(0.8~1.2)W 确定，采用多排布置。周边孔(光爆孔)向外倾斜 2°~3°，均匀地分布在设计的轮廓上。孔距取 a=0.6m，厚度取 0.6m。现场炮眼布置如图 2.33、图 2.34 所示。

(2)炮孔直径。

采用手持风钻钻孔，炮孔直径 d=40mm。

(3)炮孔深度。

隧道爆破中，岩石夹制力大，炮孔深度 L 不宜过大，否则爆破地震大爆破效果不好，炮孔利用率低。一般炮孔深度 L≤1.5m。其中掏槽孔可超深 10~20cm。掏槽眼 1.7m，辅助眼 1.5m，周边眼 1.5m。

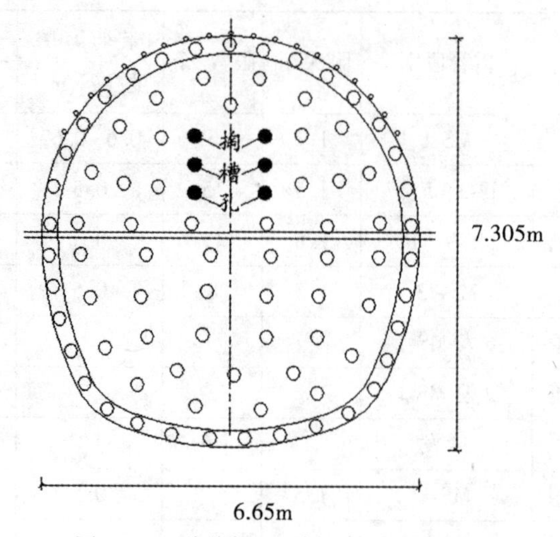

图 2.33　隧道断面现场炮眼布置平面图

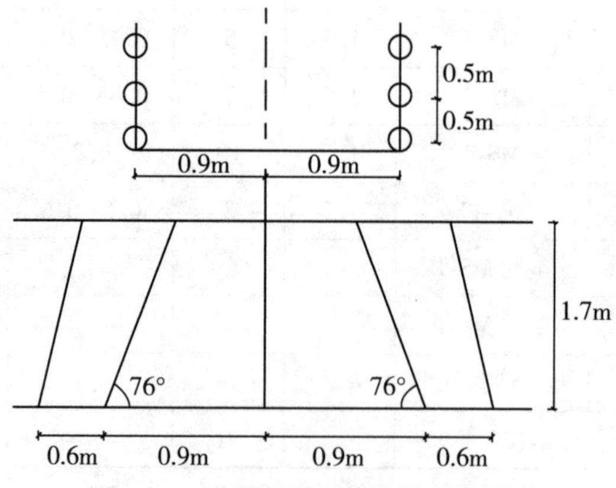

图 2.34　隧道断面现场掏槽眼布置图

(4)单位用药量系数。

根据几个工程归纳类比，炸药单耗 k 为 0.6～0.85kg·m^{-3}。

(5)炮孔间距。

隧道开挖爆破采用手持式气动凿岩机打孔，炮孔直径 d=40mm，则 $a=(12\sim20)d$，即 a=50～80cm。掏槽孔取 a=0.5m，辅助孔 b=0.6m，排距 C=0.6m。

(6)单孔装药量。

通常按装药量体积公式先求出每循环进尺所需用药量 Q，即 $Q=kabH$，再按工作面炮孔数 N 分配调整。在一般情况下，掏槽孔装药量 q_b 多装 20%～25%，即 $q_b=(1.2\sim1.25)Q/N$；周边孔装药量 q_b 少装 10%～15%，即 $q_b=(0.85\sim0.9)Q/N$。

起爆方式：台阶爆破开挖法，仅上下台阶一次爆破设计药量为 61.4kg。因此，为控制爆破振动，选用 1 段、3 段、5 段、7 段、9 段、11 段、13 段等段别(毫秒延期导爆管雷管)作为联结雷管和孔内起爆雷管，并采用孔内外微差簇联爆破网路。

5. 施工技术要求

本次爆破属控制爆破，因此对操作人员的专业素质要求较高，必须由爆破专业人员进行施工作业。涉及的技术有钻孔、网路敷设、实爆作业以及爆后检查。

1）钻孔技术要求

由于要对周边建筑物及管线设施做安全保护，控制爆破需要钻孔精确，防止钻孔倾斜及过深造成周边设施的破坏。即应按设计要求控制钻眼孔位的倾斜及深度。

2）装药与堵塞

本工程拟大部分采用乳化炸药并采用孔底连续柱状炸药结构。起爆药包置于药柱高度下部1/3处。药包安装到位后，用砂质土填塞炮孔至孔口，确保填塞质量，防止冲炮事故。

2.5.3　爆破减振措施与安全防护措施

1. 受爆破地震影响的建(构)筑物和爆破振动控制标准

根据《爆破安全规程》(GB 6722—2014)的规定，爆破振动对周围建筑物的影响程度主要根据爆破振动速度值的大小加以度量和控制。一般建筑物和构筑物的爆破地震安全性应满足安全振动速度的要求。在本爆破工程中，受爆破地震影响的建(构)筑物和相应安全允许振速见表2.18。

表2.18　**受爆破地震影响的建(构)筑物和相应安全允许振速**

编号	保护对象	安全允许振速		引用标准
1	一般民用建筑物	2.5~3.0cm·s⁻¹		GB 6722—2014
2	工业和商业建筑物	4.5~5.0cm·s⁻¹		GB 6722—2014
3	交通隧道	15~20cm·s⁻¹		GB 6722—2014
4	新浇大体积砼(C20)	龄期：初凝~3d	2.5~3.0cm·s⁻¹	GB 6722—2014
		龄期：3~7d	5.0~7.0cm·s⁻¹	
		龄期：7~28d	10.0~12cm·s⁻¹	

关于表2.18的几点说明如下。

(1)安全允许振速是引用《爆破安全规程》(GB 6722—2014)，该规程是通过长期大量工程实际统计的结果提出的，是最具权威的爆破振动控制标准。

(2)《爆破安全规程》所规定的最大安全允许振速仅保证周围建(构)筑物不受爆破地震损坏和爆破合法化。随着人们安全与环保意识的日益增强，对爆破振动的控制要求不断提高。居民往往感觉到爆破振动，就会怀疑爆破振动损坏了他们的楼房，从而引发投诉和一些与此相关的社会问题。因此，应根据爆破振动监测结果和居民实际反映情况，调整爆破振动速度控制标准。

2. 安全允许最大单段用药量计算

根据《爆破安全规程》(GB 6722—2014)规定，最大单段用药量用允许爆破振动速度加以控制，并按照萨道夫斯基公式进行计算：

$$Q = R^n \left(\frac{V}{K}\right)^{\frac{n}{\alpha}} \tag{2.11}$$

式中，Q 为最大一段允许用药量，kg；V 为最大允许爆破振动速度，$cm \cdot s^{-1}$；R 为爆源中心到振速控制点距离，m；K 为与爆破技术、地震波传播途径介质的性质有关的系数；α 为爆破振动衰减指数；n 为药量作用指数。

根据本工程爆区地质环境及施工设计允许范围实际，K 取 150，α 取 1.8，n 取 3，取地表最不牢固的建筑物的允许爆破振速为 $1.5cm \cdot s^{-1}$、$2.0cm \cdot s^{-1}$，分别进行最大单段允许用药量控制设计。将不同的距离数据代入式(2.11)，得出不同距离时的最大单响药量，见表 2.19。

表 2.19　　**控制标准下最大单响药量随距离变化**

距离(m)		10	15	20	25	30	35	40	45
最大单响量(kg)	$V=1.5cm \cdot s^{-1}$	0.5	1.6	3.7	7.3	12.5	19.9	29.7	42.3
	$V=2.0cm \cdot s^{-1}$	0.7	2.5	6	11.7	20.2	32.1	48	68.3

爆破减振措施如下。

(1)为防止地下管线及基桩的破坏，加强对爆破区域进行防护，采取对被防护体覆盖的方法。

(2)采用分片开挖，多次装药，浅孔爆破技术。

(3)采用多段位非电毫秒雷管，选择科学合理的雷管起爆时差，增加起爆段数，降低同段起爆药量。

(4)根据每次爆破效果，不断调整、优化爆破参数。

(5)采用低密度、低爆速、弱猛度、高爆速的炸药，严格控制装药量。

(6)加强特殊地段的超前地质分析预报工作，根据地质情况及时调整钻爆参数。

3. 爆破飞石

1)爆破飞石产生原因

(1)装药孔口堵塞质量不好。炮孔堵塞长度过小，或堵塞质量不好时，高温高压的爆炸气体中夹有很多石块冲出炮孔，形成冲炮，产生飞石。

(2)装药过量，爆破荷载过大。

(3)局部抵抗线太小，也会沿着该方向产生飞石。

(4)岩体不均匀，遇有断层、软弱夹层等弱面时，爆轰气体集中冲出产生飞石。

(5)爆破剩余能量产生飞石。爆破时炸药爆炸的能量除将指定的介质破碎外，还有多余的能量作用于某些碎块上，使其获得较大的动能而飞向远方。

(6)爆破时，鼓包运动过程中获得较大初速度的一些“物质”也会形成飞石。

(7)其他偶然因素产生的飞石。

2)防护措施

(1)爆区覆盖。爆区覆盖可以防止飞石飞散。覆盖材料要求强度高、重量大，韧性好，能相互连接成厚大的整体，并能被牢固地固定。具体来说，可选用如钢板、沙袋、铁丝网等覆盖材料。沙袋、钢板覆盖炮孔，在基坑口部拉土工格栅进行封闭，防止个别飞石飞出基坑。

(2)设立警戒区。以爆区为中心，半径50m的区域设立警戒区，在此区域内不得有非工作人员。

(3)每次爆破通知武汉市公安局武昌分局，由武昌分局统一协调，加强爆破管制，并采取临时交通管制措施。

3)爆破区域与警戒范围

根据《爆破安全规程》(GB 6722—2014)，本爆破工程警戒范围为以爆破点为中心、半径50m的区域。具体的安全警戒的范围应由爆破工程师根据每次爆破点位置的情况做相应的调整。

4. 空气冲击波

本工程地点地势较开阔，表土清除后爆区自由面良好，且本工程采用减弱松动爆破技术，遵循“多打眼，少装药”的原则，采用了多段微差起爆，药量分散，严格控制炸药单耗及段发药量，确保孔口堵塞质量，故不会产造成冲击波危害。

第3章　城市地铁盾构法隧道施工技术

3.1　概　　述

3.1.1　盾构及其工作原理

盾构(Shield Machine)，是一种用于隧道暗挖施工的机械，具有金属外壳，壳内装有整机及辅助设备，可以进行土体开挖、土渣排运、整机推进和管片安装等作业，而使隧道一次成形，如3.1所示。

图3.1　盾构机

盾构是一种隧道掘进的专用工程机械。现代盾构集机、电、液、传感、信息技术于一体，具有开挖切削土体、输送土渣、拼装隧道衬砌、测量导向纠偏等功能。盾构已广泛用于地铁、铁路、公路、市政和水电等工程的隧道施工。

盾构的工作原理就是一个钢结构组件沿隧道轴线边向前推进、边对土壤进行掘进。这个钢结构组件的壳体称为“盾壳”，盾壳对挖掘出的还未衬砌的隧道段起着临时支护的作用，承受周围土层的土压、地下水的水压，将地下水挡在盾壳外面。掘进、排土、衬砌等作业在盾壳的掩护下进行。

“盾”——“保护”，指盾壳；

“构”——“构筑”，指管片拼装。

开挖面的稳定方法是盾构工作原理的主要方面，也是盾构区别于岩石掘进机的主要方面。岩石掘进机，国内一般称为TBM(Tunnel Boring Machine)，通常定义TBM是全断面岩石隧道掘进机，以岩石地层为掘进对象。

岩石掘进机与盾构的主要区别是不具备承受泥水压、土压等维护掌子面稳定的功能。而盾构施工主要由稳定开挖面、掘进及排土、管片衬砌及壁后注浆三大要素组成。

3.1.2 盾构分类

1. 按断面形状分类

根据盾构断面形状，可分为单圆盾构(图3.2)、复圆盾构(多圆盾构)、非圆盾构。其中复圆盾构可分为双圆盾构(图3.3)和三圆盾构(图3.4)。非圆盾构可分为椭圆形盾构、矩形盾构(图3.5)、类矩形盾构、马蹄形盾构(图3.6)和半圆形盾构。

复圆盾构和非圆盾构统称为异形盾构。

图3.2 单圆盾构

图3.3 双圆盾构

图3.4 三圆盾构

图3.5 矩形盾构

图3.6 马蹄形盾构

2. 按直径不同分类

根据盾构直径的不同，可分为以下几类：盾构直径0.2~2m，称为微型盾构；盾构直径2~4.2m，称为小型盾构；盾构直径4.2~7m，称为中型盾构；盾构直径7~12m，称为大型盾构；盾构直径12m以上，称为超大型盾构。

3. 按支护地层的形式分类

按盾构支护地层的形式分类，主要分为自然支护式、机械支护式、压缩空气支护式、泥浆支护式和土压平衡支护式 5 种类型，见表 3.1。

表 3.1　　　　按支护地层的形式分类

自然支护式	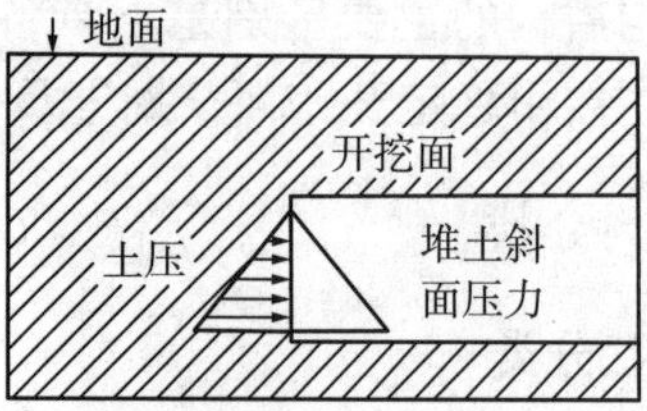 地面 开挖面 土压 堆土斜面压力
机械支护式	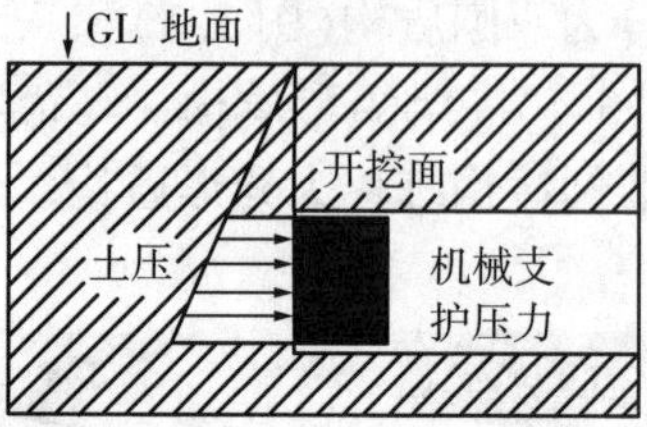 GL 地面 开挖面 土压 机械支护压力
压缩空气支护式	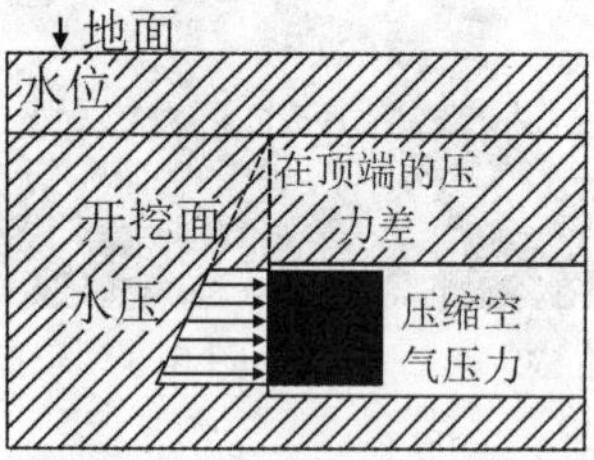 地面 水位 在顶端的压力差 开挖面 水压 压缩空气压力
泥浆支护式	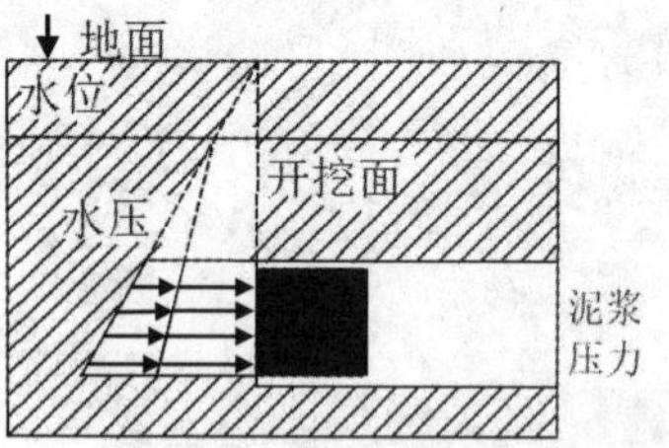 地面 水位 开挖面 水压 泥浆压力
土压平衡支护式	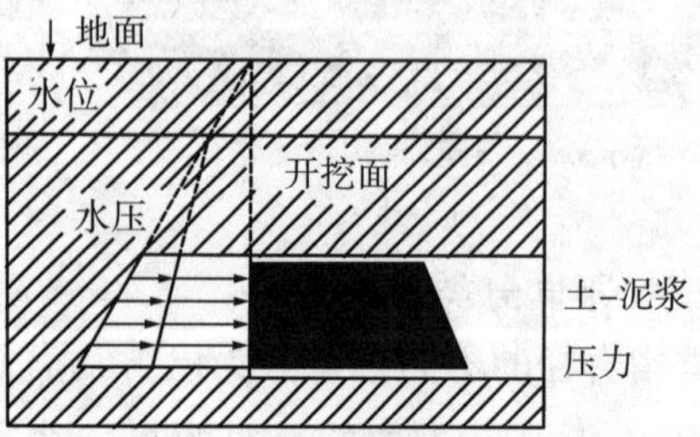 地面 水位 开挖面 水压 土-泥浆压力

4. 按开挖面与作业室之间隔板的构造分类

按开挖面与作业室之间的隔板构造的不同，盾构可分为全敞开式、部分敞开式及闭胸式三种，具体划分见图3.7。

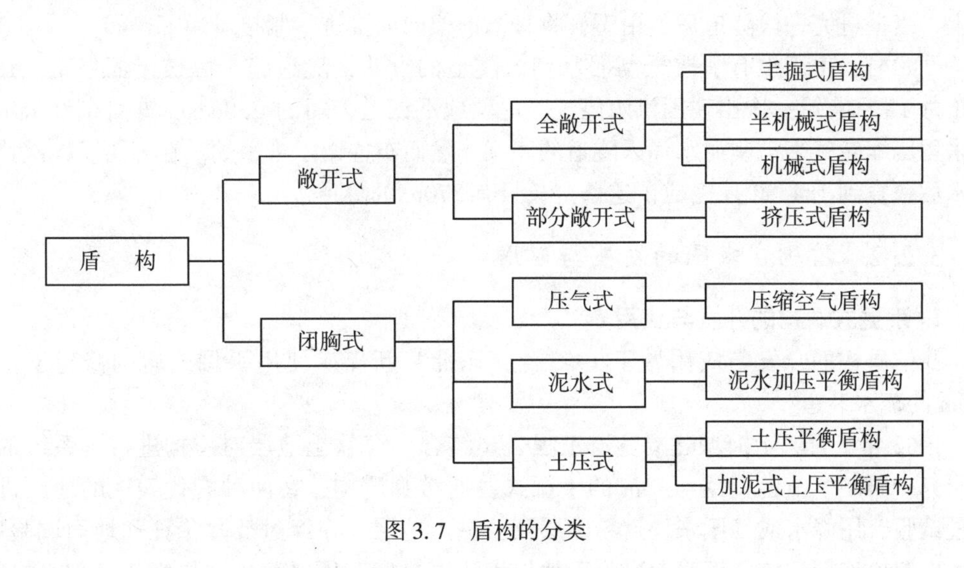

图3.7　盾构的分类

3.2 盾构机的发展及应用

3.2.1 盾构的起源与发展

盾构是目前世界最先进的隧道施工特种专用机械。在发达国家，使用盾构施工的已占隧道总量的90%以上。国外盾构经历了4个发展阶段：一是以Brunel盾构为代表的手掘式盾构(1825—1876年)；二是以机械式、气压式盾构为代表的第二代盾构(1876—1964年)；三是以闭胸式盾构为代表(泥水加压平衡式、土压平衡式)的第三代盾构(1964—1984年)；四是以大直径、大推力、大扭矩、高智能化、多样化为特色的第四代盾构(1984年至今)。

1806年，法国工程师马克·布鲁诺尔(Marclsambrd Brunel)发现船的木板中，有一种蛀虫(船蛆)钻出孔道，船蛆是一种蛤，头部有外壳，在钻穿木板时，分泌出液体涂在孔壁上形成坚韧的保护壳，用以抵抗木板潮湿后的膨胀，以防被压扁。在蛀虫钻孔并用分泌物涂在四周的启示下，Brunel发现了盾构掘进隧道的原理，并在英国注册了专利，布鲁诺尔专利盾构由不同的单元格组成，每一个单元格可容纳一个工人独立工作，并对工人起到保护作用。所有的单元格牢靠地装在盾壳上。当一段隧道挖完后，由液压千斤顶将整个盾壳向前推进。1818年，布鲁诺尔完善了盾构结构的机械系统，设计成用全断面螺旋式开挖的封闭式盾壳，衬砌紧随其后。

盾构的问世至今(2022年)已有197年的历史。1825年，马克·布鲁诺尔第一次在伦敦泰晤士河下用一个断面高6.8m、宽11.4m的矩形盾构修建了世界上第一条盾构法隧道。

马克·布鲁诺尔矩形盾构由12个邻接的框架组成，每一个框架分成3个工作仓，每个仓可容纳一个工人独立工作，并对工人起到保护作用。每个工作仓都牢固地装在盾壳上，当掘进完一段隧道后，由螺杆将鞍形框架向前推进，紧接着后部砌砖。

开始时，由于没有掌握抵制泥水涌入隧道的方法，隧道施工因被淹而停工。1828年1月12日，第一次出现因洪水停工。伦敦地下铁道公司的Callodam曾向布鲁诺尔提出采用压缩空气来抵制泥水涌入隧道的建议，然而布鲁诺尔未采纳。在经历了5次特大洪水后，直到1843年才完成了这条全长只有370m的隧道。

3.2.2 盾构在我国的发展与应用

1. 手掘式盾构的开发与应用

我国盾构的开发与应用始于1953年，东北阜新煤矿使用手掘式盾构修建了直径2.6m的疏水巷道。

1962年2月，上海城建局隧道工程公司结合上海软土地层对盾构进行了系统的试验研究，研制了1台直径4.16m的手掘式普通敞胸盾构，在两种有代表性的地层进行掘进试验，用降水或气压来稳定粉砂层及软黏土地层。在经过反复论证和地面试验后，选用由螺栓连接的单层钢筋混凝土管片作为隧道衬砌，环氧煤焦油作为接缝防水材料。隧道掘进长度68m，试验获得了成功，并收集了大量的盾构法隧道施工数据资料。

2. 网格挤压式盾构的开发与应用

1965年3月，由上海隧道工程设计院设计、江南造船厂制造的2台直径5.8m的网格挤压盾构，于1966年完成了2条平行的隧道施工，隧道长660m，地面最大沉降达10cm。1966年5月，中国第一条水底公路隧道——上海打浦路越江公路隧道工程主隧道采用上海隧道工程设计院设计、江南造船厂制造的直径10.22m网格挤压盾构施工，辅以气压稳定开挖面，在水深为16m的黄浦江底顺利掘进隧道，掘进总长度1322m，打浦路隧道于1970年底建成通车。

1973年，采用1台直径3.6m的水力机械化出土网格盾构和2台直径4.3m的网格挤压盾构，在上海金山石化总厂修建了1条污水排放隧道和2条引水隧道。1980年，上海市进行了地铁1号线试验段施工，研制了1台直径6.412m的网格挤压盾构，采用泥水加压和局部气压施工，在淤泥质黏土地层中掘进隧道11.3m。1982年，上海外滩的延安东路北线越江隧道工程1476m圆形主隧道采用上海隧道工程股份有限公司设计、江南造船厂制造的直径11.3m网格挤压水力出土盾构施工(图3.8)。

3. 插刀盾构的开发与应用

1986年，中铁隧道集团开始研制半断面插刀盾构(图3.9)，并成功用于修建北京地铁复兴门折返线。半断面插刀盾构将盾构法与浅埋暗挖法紧密结合，取消了小导管超前注浆，在盾构壳体和尾板的保护下，进行地铁隧道上半断面的开挖。半断面插刀盾构能全液压传动、电控操作，可自行推进、转向、调头，能有效控制地面沉降，减轻工人劳动强度，施工速度较快，日均进尺达3~4m。

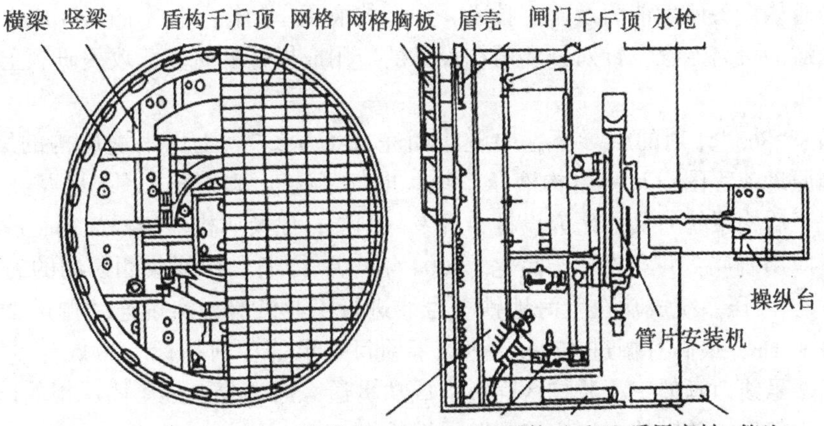

图 3.8 Φ11.3m 网格挤压盾构

图 3.9 单断面插刀盾构

4. 土压平衡盾构的国家"863"计划

1)土压平衡盾构的开发

2002 年 8 月，国家科技部将 Φ6.3m 土压平衡盾构的研究设计列入国家"863"计划。通过公开招标，第一批 3 项设计课题分别由国内两家盾构设计、制造与施工的优势企业——中铁隧道局集团有限公司和上海隧道工程股份有限公司为主承担。

2002 年底，同样通过公开招标，第二批 4 项课题(包括试验研究、关键技术攻关、样机研制和标准规范编制等)分别由中铁隧道局集团有限公司(简称"中隧集团")和上海隧道工程股份有限公司(可简称"上隧公司")为主承担。国内两家盾构设计、制造与施工的优势企业成立了联合攻关组，组织了浙江大学、同济大学、华中科技大学、东南大学、煤炭科学研究总院、北京城建集团、洛阳九久技术开发有限公司等单位参加的产、学、研结合的课题组。采用强强联合的合作模式，形成企业动态技术联盟。充分利用国内现有的盾构设备研发能力及施工技术，现有的液压、测控等技术的研究成果，组织相关专业领域的著名专家，针对这些盾构设备的应用成果开展研究，攻关研制土压平衡盾构样机。

在国家“863”计划的引导下，中隧集团完成了 Φ6.3m 土压平衡盾构的结构设计、盾构控制原理流程图设计、盾构液压系统、电气系统、流体输送系统以及元器件的选型，完成了盾构系统刀具的研究设计、开发与制造，以及盾构泡沫添加剂、盾尾密封油脂的开发应用研究，并实现了产品化。2004 年 7 月 15 日，中隧集团研制的刀盘及刀具(图 3.10)、液压系统成功在上海地铁 2 号线进行工业试验，实现连续掘进 2650m，平均月掘进 331m，最高月掘进 470m，达到了项目要求的各项指标。2005 年 3 月 26 日，上海地铁 2 号线西延伸工程盾构区间隧道成功贯通，标志着中隧集团承担的国家“863”计划土压平衡盾构关键技术研究取得阶段性成果。

2004 年 5 月，中隧集团与日本小松公司联合制造了 1 台 Φ6.3m 土压平衡盾构(图 3.11)，并成功应用于广州地铁 4 号线施工；2004 年 10 月下旬，上海隧道工程股份有限公司成功制造了一台 Φ6.3m 土压平衡盾构(先行号)应用于上海地铁 2 号线西延伸隧道工程(图 3.12)。

图 3.10　中隧集团研制刀盘用于上海地铁

图 3.11　中隧集团与小松联合制造的土压盾构

同时，中隧集团还成功研制了与盾构相配套的变频牵引机车、装渣车、砂浆运输车、管片运输车等设备，并在盾构管片研制、新型泡沫剂研制及渣土改良技术、同步注浆技术方面也取得了一定进展，推动了盾构产业化进程。

2)盾构掘进地层模拟研究

2004 年 7 月 28 日，上海隧道工程股份有限公司、中隧集团、上海科技投资公司、浙江大学、同济大学、华中科技大学等单位投资 2000 万元，在上海组建了股份制的盾构设计试验研究中心，研制出我国第一台拥有自主知识产权的盾构掘进试验平台(图 3.13)，模拟盾构的直径为 Φ1.8m。在该试验平台上，可进行土压盾构掘进黏土、砂土、砂砾地层的试验。

图 3.12 上隧公司制造的 Φ6.3m 土压盾构机

图 3.13 盾构掘进模拟试验平台

3)砂砾复杂地层关键技术研究

中隧集团在完成针对上海软土地层土压平衡盾构关键技术研究的基础上，进一步扩大研究范围，以北京地铁 4 号线为工程对象，研究适合砂砾复杂地层的刀盘刀具技术，通过掘进模拟试验的方法，研制出具有自主知识产权的复合式刀盘刀具切削系统及其磨损检测装置，并研制出盾构实时远程测控系统，以满足盾构在砂性土、卵石、砾岩交互的复杂地层条件下安全高效施工的要求。2005 年 12 月，中隧集团自主研制的适用于砂砾复杂地层的土压平衡盾构刀盘，成功应用于北京地铁 4 号线 19 标颐和园—圆明园区间施工。

4)泥水盾构技术的消化吸收

为缩小我国在泥水盾构的设计、制造技术方面与国际先进水平的差距。科技部于 2005 年 7 月将泥水盾构的研究列入“863”计划。对大直径泥水盾构消化吸收与设计课题做了专题立项，该项目由中隧集团和上隧公司为主承担，并取得了以下成果。

(1)在消化吸收国外大直径泥水盾构技术的基础上，依托南水北调中线一期穿黄工程，开展了泥水盾构的掘进系统和管片拼装机等设计制造的研究工作，完成了 Φ9m 泥水盾构总体设计图、电气控制和泥水系统等系统设计图；在泥水系统接管器方面有创新，并申报了国家发明专利。

(2)在消化吸收武汉长江公路隧道引进的 Φ1.38m 泥水盾构刀盘的基础上，根据南水北调中线一期穿黄工程具体地质条件，开展了泥水盾构刀盘刀具的结构设计、刀盘磨损极限检测系统和主驱动密封等关键技术的研究，完成了 Φ9m 泥水盾构刀盘的设计，在优化设计方面取得了进展。

(3)研制出具有自主知识产权的 Φ5m 盾构控制系统模拟试验平台，并申请了“盾构机控制系统检测试验台”国家发明专利。盾构控制系统是盾构的核心技术之一，是盾构完成各项功能的指挥系统，也是国外公司掌控的关键技术之一。盾构控制系统试验平台的研制成功为盾构的研发奠定了基础。

5. 我国应用盾构的特点

在新一轮的隧道及地下工程建设中，盾构法将发挥更为重要的作用，但同时也面临着诸多问题和挑战。我国应用盾构的特点可归纳为以下几个方面。

1)地质条件多样化

我国隧道及地下工程建设地域分布十分广泛，地质条件差异巨大：东有以上海、杭州等地区为代表的软弱土地层；南有以广州、深圳为代表的软硬不均复合地层；北有以北京地区为代表的典型砂卵石地层；西有以成都为代表的富水砂卵石地层；加之我国东北哈尔滨等地的冻土，云南昆明地区的泥炭质土，中部地区如西安、兰州等地的老黄土，武汉、南京等地越江地铁中的高磨耗卵砾石地层，重庆、青岛、福州等地的高硬度岩层等。目前，盾构施工中还有很多问题没能有效解决，例如，软黏土地层隧道施工的稳定性问题，隧道结构的振陷问题，砂卵石、卵砾石等地层面临的高磨耗问题，大粒径漂石、孤石的通过问题，以及老黄土地层导致的遇水塌陷、地裂缝等，既是未来有待解决的典型问题，也是我国盾构隧道修建技术的研究方向。同时，当穿越高强度地层、完好坚硬岩时，盾构法技术会受到极大的挑战，考虑TBM法、钻爆法等与盾构法相结合，甚至多工法的有机融合，是未来建设中需要面对的普遍问题。

根据地质勘察资料，我国的地层磨损性共分4个区，即极易磨损区、易磨损区、中等磨损区和低磨损区。

(1)极易磨损区。

将砂卵石含量很高、上软下硬、极硬岩和花岗岩球状风化体岩层等复杂地层划分为极易磨损区。极易磨损区的土体物理力学参数特征：卵石含量高于50%，内摩擦角大于或等于35°，石英含量很高；地层中孤石粒径大、强度高、分布多；基岩岩石饱和单轴抗压极限强度大于150MPa。极易磨损区常发生的刀具失效类型有滚刀裂缝、刀圈断裂，切刀和周边刮刀磨损、脱落和崩断，贝壳刀磨损等。盾构选型方面，应配置滚刀、切刀、周边刮刀和超前刀，并增大刀盘开口率，允许破碎后的卵石通过刀盘面，以降低刀具磨损。极易磨损区的城市分布、地层情况及建议配置刀具类型见表3.2。

表3.2　**极易磨损区的城市分布、地层情况及建配置刀具**

城　市	地　层	建议配置刀具类型
北京、广州、成都	砂卵石地层	滚刀+切刀+周边刮刀+超前刀
广州、深圳	上软下硬地层	
广州、深圳	极硬岩地层	
深圳	花岗岩球状风化体岩层	

(2)易磨损区。

易磨损区特点包括：砾石、圆砾广泛分布，卵石含量低于50%，内摩擦角30°~35°，石英含量高，地层中含孤石，基岩岩石饱和单轴抗压极限强度较大(≥100MPa)。易磨损区常发生的刀具失效类型有滚刀磨损，切刀、周边刮刀磨损，齿刀磨损和中心刀磨损等。盾构选型方面，可适当配置滚刀或切刀，增大刀盘开口率，允许较多大粒径卵石通过刀盘面，以降低刀具磨损。易磨损区的城市分布、地层情况及建议配置刀具类型见表3.3。

表 3.3　**易磨损区的城市分布、地情情况及建议配置刀具**

<table>
<tr><th>城市</th><th>地层描述</th><th>刀具配置建议</th></tr>
<tr><td>沈阳</td><td>粉质黏土、中粗砂、砾砂和圆砾地层</td><td>切刀+周边刮刀+贝壳刀</td></tr>
<tr><td>厦门</td><td>粉质黏土，砂质、砾质黏性土，下伏微风化基岩岩石饱和单轴抗压极限强度最大值接近 150MPa</td><td>滚刀+切刀+先行刀+中心刀+周边刮刀</td></tr>
<tr><td>武汉</td><td>黏性土，细砂、中细砂混粉质黏土，中粗砂混砾、卵石。含砂黏性土内摩擦角最大值 30°左右，砾石主要成分为石英、长石，且砾石含量高</td><td>滚刀+切刀+中心刀+周边刮刀</td></tr>
<tr><td>福州</td><td>黏性土、含碎石黏性土地层，含孤石，中风化基岩岩石饱和单轴抗压极限强度最大值接近 100MPa</td><td>滚刀+切刀+周边刮刀</td></tr>
<tr><td>哈尔滨</td><td>粉砂、中砂、砾石内摩擦角接近 35°，颗粒成分为石英、长石</td><td>滚刀+切刀+中心刀+周边刮刀</td></tr>
<tr><td>大连</td><td>卵石(透镜体状)+含碎石粉质黏土(厚层状)+碎石，下伏基岩为板岩、石英岩和凝灰岩。卵石含量高、粒径大，成分为石英岩</td><td rowspan="4">滚刀+切刀+先行刀+中心刀+周边刮刀</td></tr>
<tr><td>长沙</td><td>粗砂+圆砾+卵石(含砂、砾石)，石英质，卵石粒径较大</td></tr>
<tr><td>南宁</td><td>圆砾(厚层状)+砾砂，圆砾层中砾石颗粒较大、含量高，以石英岩、硅质岩为主</td></tr>
<tr><td>昆明</td><td>圆砾、碎石含量高(50%以上)，粒径较大，卵石、砾石成分主要为砂岩、石英等；下伏基岩灰岩为次坚岩</td></tr>
<tr><td>南京</td><td>砂土+含砾粉质黏土(内摩擦角接近 30°)，砾石含量较高，磨圆度差，主要成分为石英</td><td>滚刀+切刀+周边刮刀</td></tr>
<tr><td>东莞</td><td>黏性土+风化岩，上软下硬，地面以下 5~25m 范围内微风化，岩石饱和单轴抗压极限强度为 101MPa，局部含球状风化体</td><td>滚刀+切刀+先行刀+周边刮刀</td></tr>
<tr><td>乌鲁木齐</td><td>粉土+砾石土</td><td>切刀+先行刀+中心刀+周边刮刀</td></tr>
</table>

(3)中等磨损区。

中等磨损区的地层为局部含卵石的中粗砂且卵石含量较高(20%~30%)，粉质黏土层中黏粒含量高，极易在刀盘中心结泥饼，进而造成刀具偏磨。中等磨损区常发生的刀具失效类型有滚刀偏磨、刀圈断裂、刮刀脱落等。盾构选型方面，以切刀和刮刀为主，部分配置滚刀，调整刀盘开口率，允许存在的大粒径卵石通过刀盘面，以降低刀具磨损。中等磨损区的城市分布、地层情况及建议配置刀具类型见表 3.4。

表3.4　　中等磨损区的城市分布、地层情况及建议配置刀具

城市	地层描述	刀具配置建议
西安	黄土为主，局部为含卵石的中、粗砂	滚刀+切刀+周边刮刀
太原	粉土(局部夹中砂透镜体)+中粗砂(矿物成分主要为石英、长石、云母等，级配不良)	切刀+周边刮刀
宁波	砂质粉土+淤泥质(粉质)黏土+粉质黏土	切刀+周边刮刀
南昌	砾砂+粗砂(内摩擦角最大36.5°)+砾砂夹圆砾，母岩成分以石英岩、砂岩为主，圆砾含量较高，粒径较大，中粗砂充填，砂成分以石英、长石为主	切刀+周边刮刀+周边保径刀+撕裂刀+鱼尾刀+滚刀
合肥	粉质黏土+黏土+全—中风化泥质砂岩(极软岩)	辐条式刀盘；切刀+撕裂刀+鱼尾刀+周边刮刀+保径刀+圆环保护刀+超挖刀+贝壳刀
兰州	卵石层厚度较大，为砂土充填，充填程度高，母岩以石英及长石砂岩为主	滚刀+切刀+周边刮刀

(4)低磨损区。

低磨损区的软土地层以黏性土为主，地层均匀、单一，很少或不含粗粒土，或者砾石埋深较深，几乎不在盾构机掘进范围内。盾构在此类地层中施工时受力均匀，能顺利运转和前进。低磨损区常发生的刀盘刀具失效类型有刀盘中心结泥饼、刀具偏磨等。盾构选型方面，以刮刀为主，盾构施工中添加土体改良材料，避免发生结泥饼或开挖面失稳，以降低刀具的损坏率。低磨损区的城市分布、地层情况及建议配置刀具类型见表3.5。

2)盾构种类多样化

(1)按压力平衡方式分类：敞开式盾构、土压平衡盾构和泥水盾构。

(2)按适应地质分类：软土盾构、复合盾构和硬岩盾构(习惯称为岩石掘进机或TBM)。

3)越江跨海常态化

我国水系众多，尤其在东南沿海地区与长江、黄河沿线，河湖较为密集，滨江、临湖城市的隧道施工中穿江越河在所难免。上海先后建成轨道交通4号线越江隧道、轨道交通5号线虹梅南路—金海路越江隧道、轨道交通12号线利津路站—复兴岛站区间越江隧道等城轨交通越江隧道；武汉轨道交通2号线于2011年首次采用地铁盾构隧道形式穿越长江；兰州轨道交通1号线也面临穿越黄河的问题；正在规划中的福州地铁仅1~6号线穿越闽江、乌龙江多达8次。选择抗水压能力更强、但造价较高的泥水平衡盾构，还是充分利用土压平衡盾构的抗水压极限，其决策将直接影响隧道施工与运营的安全性与经济性。此外，如何根据江河地质情况选择刀盘刀具，进行优化配置，并合理处理运营期间水下复杂因素对隧道结构的不利影响，也至关重要。

表3.5 **低磨损区的城市分布、地层情况及建议配置刀具**

<table>
<tr><th>城市</th><th>地层描述</th><th>刀具配置建议</th></tr>
<tr><td>上海</td><td>黏性土(软土层)</td><td rowspan="14">中心鱼尾刀+切刀+周边刮刀</td></tr>
<tr><td>天津</td><td>黏性土</td></tr>
<tr><td>郑州</td><td>厚层砂质黄土、黏性土</td></tr>
<tr><td>长春</td><td>地层以粉质黏土、黏土、粗砂为主</td></tr>
<tr><td>苏州</td><td>粉质黏土+粉土+粉砂+碎石土(埋深较深，地面40m以下)</td></tr>
<tr><td>杭州</td><td>黏性土+淤泥质(粉质黏土)，粉细砂、砾砂和圆砾埋深较深</td></tr>
<tr><td>石家庄</td><td>黏性土+含卵砾石中砂+卵石层，内摩擦角局部达40°，但埋深较深(地面40m以下)</td></tr>
<tr><td>无锡</td><td>黏性土</td></tr>
<tr><td>贵阳</td><td>黏土+强—中风化泥岩(软岩)</td></tr>
<tr><td>常州</td><td>黏性土+粉砂</td></tr>
<tr><td>温州</td><td>粉细砂+黏土+淤泥质黏土</td></tr>
<tr><td>徐州</td><td>粉砂+粉土+黏土</td></tr>
<tr><td>济南</td><td>黏性土+粉砂</td></tr>
<tr><td>西宁</td><td>黏性土</td></tr>
</table>

4)结构断面多元化

随着近年来我国盾构装备制造技术与隧道施工技术的不断进步，使不同形式、不同大小盾构隧道结构的实践成为可能。一方面，随着我国城市规模的不断扩张，市郊轨道交通不断拓展、市域联系加强，长距离地铁区间不断出现，这些区间设计时速往往较高、区间长度较长，常规地铁盾构隧道管片直径6.0m、6.2m的断面已不能满足要求，直径7.0m、8.0m等中型断面不断涌现。例如，东莞地铁R2线、深圳地铁11号线等，其最高设计时速120km·h^{-1}，同时区间隧道长达3km以上，为了减少列车运行阻力，节约能源，提高旅客乘车舒适度，首次采用了外径6.7m的管片；蒙华铁路陕西靖边的白城隧道拟采用马蹄形断面盾构；宁波地铁采用类矩形断面盾构。

5)建设环境复杂化

一直以来，城市地铁的修建都面临穿越城市建筑密集区的挑战，特别是在现今城市建设速度加快的大背景下，隧道穿越城市密集建筑群、水库、高铁线路、桥基等重要建(构)筑物的情况更是屡见不鲜。同时，近距离交叉、斜交等问题对于施工和结构安全都提出了挑战。例如，深圳地铁罗一大区间隧道，不但需要穿越多个密集建筑群，还需应对多种形式的隧道交叉结构问题；北京地铁4号线动物园至白石桥区间隧道，采用盾构法施工，与地铁9号线区间暗挖法隧道以约15°的小角度空间立体交叉，4号线盾构隧道在上，9号线暗挖法隧道在下。在北京、上海、广州等一线城市，地下空间利用飞速发展，浅层地下空间利用日趋饱和，为提高城市功能，创造更加宜居的环境，迫切需要进行地下50~100m范围内地下空间的开发利用。

3.2.3　盾构法施工新技术

为了满足在城市繁华地区及一些特殊工程的施工，大量的盾构法施工新技术应运而生。这些新型盾构技术不仅解决了一些常规技术难以解决的施工问题，而且使盾构技术的效率、精度和安全性都大大提高。这些新技术主要反映在以下3个方面：①施工断面的多元化，从常规的单圆形向双圆形、三圆形、方形、矩形及复合断面发展；②施工新技术，包括进出洞技术、地中对接技术、长距离施工、急曲线施工、扩径盾构工法、球体盾构工法等；③隧道衬砌新技术，包括压注混凝土衬砌、管片自动化组装、管片接头等技术。

1. 扩径盾构工法

扩径盾构工法是对原有盾构隧道上的部分区间进行直径扩展。施工时，先依次撤除原有部分衬砌和挖去部分围岩，修建能够设置扩径盾构的空间作为其始发基地。随着衬砌的撤除，原有隧道的结构、作用荷载和应力将发生变化，所以必须在原有隧道开孔部及附近采取加固措施。扩径盾构在撤除衬砌后的空间内组装完成后，便可进行掘进。为使推力均匀作用于围岩，需要设置合适的反力支承装置。当盾体尾部围岩抗力不足时，需要采用增加围岩强度的措施，也可设置将推力转移到原有管片上的装置。

2. 球体盾构工法

球体盾构亦称直角盾构，其刀盘部分设计为球体，可以进行转向。

球体盾构施工法，又称直角方向连续掘进施工法。主要是在难以保证盾构竖井的用地，或需要进行直角转弯时使用。球体盾构的施工方法分为“纵-横”和“横-横”施工两种。

“纵-横”方向连续掘进施工，是从地面开始连续沿竖直方向向下开挖竖井，到达预定位置后，球体进行转向，然后实施横向隧道施工的方法。

纵-横式球体盾构见图3.14。

图3.14　纵-横式连续掘进球体盾构

“横-横”方向连续掘进是球体盾构先沿一个方向完成横向隧道施工后，水平旋转球体进行另一个横向隧道的施工，可以满足盾构90°转弯的要求。横-横式连续掘进球体盾构见图3.15。

图3.15　横-横式连续掘进球体盾构

3. 多圆盾构工法

多圆盾构工法又称MF(Multi-circular Face)盾构工法，是使用多圆盾构修建多圆形断面的隧道施工法。通过将圆形作各种各样的组合，可以构筑成多种多样断面的隧道。图3.16为多圆盾构的典型应用示意。多圆盾构适用于地铁车站、地铁车道、地下停车场、共同沟的施工。多圆盾构可以采用泥水式、土压平衡式两种类型。

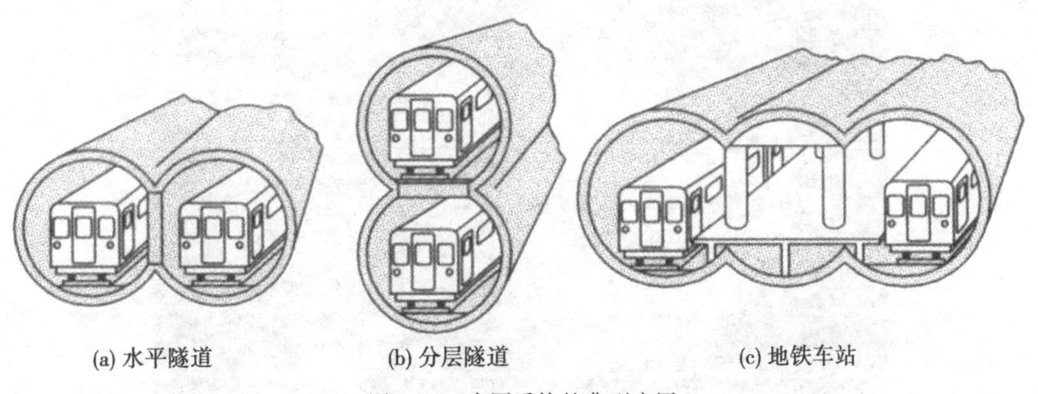

图3.16　多圆盾构的典型应用

4. H&V 盾构工法

H&V是英文“Horizontal Varition & Vertical Varition”的缩写，H&V盾构工法即水平和垂直变化的盾构施工法，可从水平双孔转变为垂直双孔，或者由垂直双孔转变为水平双孔，可以随时根据设计条件，不断改变断面形状，开挖成螺旋形曲线双断面(见图3.17)。两条隧道的衬砌各自独立。由于两条隧道作为一个整体来施工，可解决两条隧道邻近施工的干扰和影响问题。

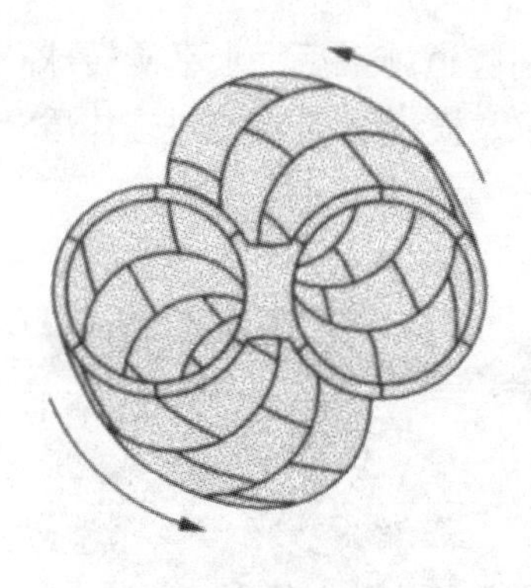
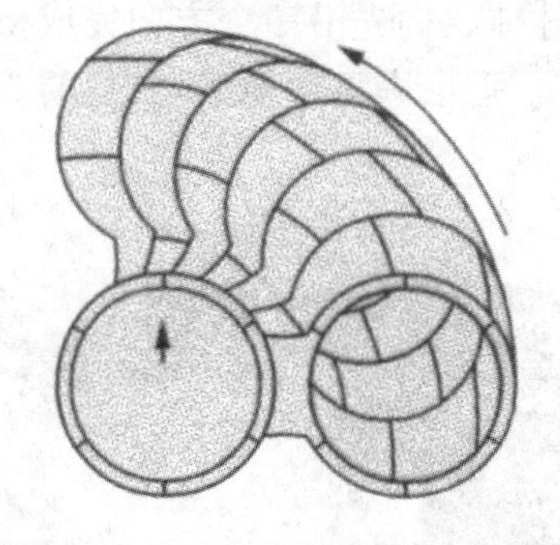
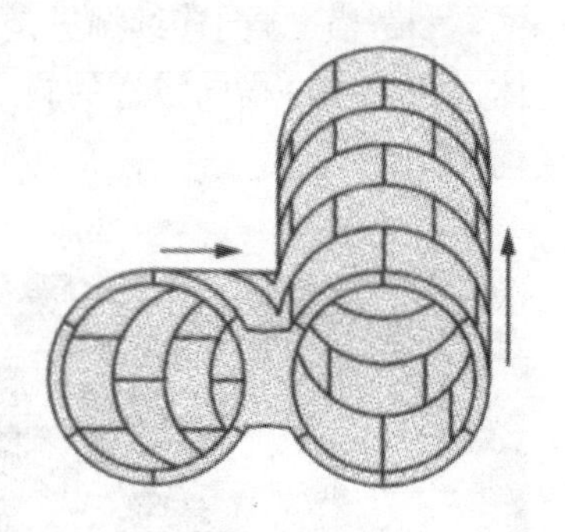

图 3.17　H&V 盾构法原理示意图

5. 变形断面盾构工法

变形断面盾构通过主刀和超挖刀相结合，其中主刀用于掘进圆形断面的中央部分，超挖刀用于掘进周围部分。根据主刀的每个旋转相位，通过自动控制系统调节液压千斤顶的伸缩行程进行超挖，通过调节超挖刀的振幅，可施工任意断面形状的截面。

图 3.18 为用于名古屋共同沟施工的 7950mm(长)×5420mm(宽)的土压平衡式变形断面盾构。

图 3.18　变形断面盾构(日本三菱)

6. 偏心多轴盾构工法

偏心多轴盾构采用多根主轴，垂直于主轴方向固定一组曲柄轴，在曲柄轴上再安装刀架。运转主轴刀架将在同一平面内做圆弧运动，被开挖的断面接近于刀架的形状。可根据隧道断面形状要求设计刀架为矩形、圆形、椭圆形或马蹄形。

图 3.19 为日本 IHI 公司制造的 3 种偏心多轴式盾构。目前，偏心多轴式盾构已在日本的下水道工程、地铁工程和其他管线等地下工程中得到广泛的应用。

图 3.19　偏心多轴盾构

7. 机械式盾构对接技术(MSD 法)

当使用两台盾构从隧道两端相向掘进到隧道汇合处时，盾构对接的主要问题是高地下水的渗入或工作面的坍塌。解决这些问题的方法通常是冷冻接合处周围的土体，然而会产生冷冻土体的膨胀及冻土融化后的沉降等一系列问题。

采用机械式盾构对接技术，通过在两台盾构的前缘设置对接装置，有效解决了施工中对接的难题。机械式盾构对接(Mechanical Shield Docking)技术，也称 MSD 法，是指采用机械式盾构对接的一种地下接合的盾构施工法。

MSD 法施工时，一台为发射盾构，另一台为接收盾构。发射盾构一侧安装可前后移动的圆形钢套，而在接收盾构一侧的插槽内设置抗压橡胶密封止水条。

施工工艺流程如下。

(1)两台盾构分别从两侧各自推进到预定位置后，停止开挖。在维持土压或泥水压力的状态下，任一侧的刀盘回缩至盾壳内，两台盾构尽可能向前推进。

(2)发射盾构推出收藏在盾构内的圆形钢套，插入接收盾构的插槽内，使两台盾构在地下接合。

(3)完成对接后，在圆形钢套的内周焊接连接钢板，使两台盾构的盾壳形成一体，拆去除盾壳外的其余结构后，浇注混凝土。

3.2.4　盾构技术发展方向

世界盾构技术正朝着工程的超大断面化、异形断面化、超大深度化、超长距离化、施工快速化，操作的高度自动化方向发展。超大深度盾构、超大断面盾构、超长距离掘进盾构、高度自动化盾构、快速掘进盾构、异形断面盾构是世界盾构技术的发展方向。近期我国盾构技术的发展方向如下。

1. 土压平衡盾构系列化

土压平衡盾构是一种先进实用的软土盾构，能适用于各种软土地层，即使地层中含有砾石、卵石、硬岩，也能掘进。结合各城市的不同工程地质水文条件，设计制造各种型号的土压平衡盾构，更符合我国的国情，也符合一般的技术和经济发展规律要求和环保要求。

土压平衡盾构系列化的研究应按用途进行工程地质系列化、直径系列化、截面形式系列化划分，在系列范围内进行模块化和标准化设计研究。

土压平衡盾构系列化的目的，是使土压平衡盾构在技术上能够满足不同地质、不同用途和不同断面隧道的需要，同时使土压平衡盾构技术达到更优化。

目前，土压平衡盾构在我国的应用比率占80%以上，土压平衡盾构系列化研究应是今后一段时期的主要目标。

2. 复合盾构全面推广应用

复合盾构通过采用不同的掘进模式及不同的刀具布置以适应不同地层。由于复合盾构的地质适应性非常广，在我国广州、成都、重庆、深圳、北京地区以及其他一些城市的部分地区具有广阔的应用前景。

3. 超大直径泥水盾构开发与应用

世界盾构技术的超大断面化，使超大直径泥水盾构的应用成为一种发展趋势，且超大直径泥水盾构对于我国沿江、沿海、沿河及许多城市的经济发展具有十分重要的战略意义。因此，抓紧和加快超大直径泥水盾构技术的研究，进而掌握超大直径泥水盾构的设计、制造和施工技术，能极大地提高我国盾构机市场竞争力，是我国盾构技术与国际接轨的重要步骤，促使我国的盾构技术牢牢地跻身于世界盾构技术的先进行列。

4. 多功能双模式盾构开发与应用

开发多功能、高适应性的双模式盾构，遵循的设计理念主要有：①必须确保人员和盾构的安全；②能有效解决施工中遇到的各种难题；③能应对各种地质风险；④具有高适应性，兼顾局部特殊性。

1)双模式土压平衡盾构

双模式土压平衡盾构配有土压平衡复合刀盘，适用于岩石和软土地层，可以稳定掌子面，且可在TBM模式和土压平衡模式两种模式下运行。该类型盾构充分考虑了岩石和软土两种不同地层的掘进模式，具备管片拼装与洞壁支护两种隧洞支撑技术的优点，有效克服了传统土压平衡盾构遭遇复杂岩石土地层时使用受限及TBM不适于在软土地层中使用等缺点。

2)双模式泥水盾构

双模式泥水盾构具有泥水模式和TBM模式。泥水模式用于高水压裂隙岩层掘进，TBM模式用于无水或少水岩层掘进。当地层条件发生变化时，能灵活实现泥水和TBM两种开挖模式的转换，以满足安全快速施工的需求。

3.3　盾构法技术特点

3.3.1　盾构法的主要技术特点

盾构法的施工过程需先在隧道区间的一端开挖竖井，将盾构吊入竖井中安装，盾构从竖井的预留洞门处开始掘进，并沿设计线路推进直至到达另一竖井。

用盾构进行隧道施工，具有自动化程度高、节省人力、施工速度快、一次成洞、不受气候影响、开挖时可控制地面沉陷、减少对地面建筑物的影响和在水下开挖时不影响水面交通等特点。由于盾构造价昂贵，加上盾构竖井建造费用和用地问题，盾构法一般适宜于长隧道施工。在隧道洞线较长、埋深较大的情况下，用盾构施工更为经济合理。

盾构法施工的主要技术特点如下。对短于500m的隧道采用盾构法施工，则认为是不经济的。

(1)对城市的正常功能及周围环境的影响很小。除盾构竖井处需要一定的施工场地以外，隧道沿线不需要施工场地，无须进行拆迁，对城市的商业、交通、住居影响很小。可以在深部穿越地上建筑物、河流；在地下穿过各种埋设物和已有隧道而不对其产生不良影响。施工时一般不需要采取地下水降水等措施，也无噪声、振动等施工污染。

(2)盾构是根据隧道施工对象“度身定做”的。盾构是适合于某一区间隧道的专用设备，必须根据施工隧道的断面尺寸、埋深条件、围岩的基本条件进行设计、制造或改造。当将盾构转用于其他区间或其他隧道时，必须考虑断面尺寸、开挖面稳定机理、围岩粒径等基本条件是否相同，有差异时要进行针对性的改造以适应其地质条件。盾构必须以工程为依托，与工程地质紧密结合。

(3)对施工精度的要求高。区别于一般的土木工程，盾构施工对精度的要求非常高。管片的制作精度几乎近似于机械制造的程度。由于断面不能随意调整，对隧道轴线的偏离、管片拼装精度也有很高的要求。

(4)盾构施工是不可后退的。因为管片内径小于盾构外径，所以盾构施工一旦开始，盾构就无法后退。如要后退必须拆除已拼装的管片，这是非常危险的。另外，盾构后退也会引起开挖面失稳、盾尾止水带损坏等一系列的问题。所以，盾构施工的前期准备工作是非常重要的，一旦遇到障碍物或刀具磨损等问题，只能实施辅助施工措施后，打开隔板上设置的出入孔，从压力仓进入土仓进行处理。

3.3.2 盾构法的优缺点

盾构法与传统隧道施工方法相比，具有地面作业少、对周围环境影响小、自动化程度高、施工快速、优质高效、安全环保等优点。随着长距离、大直径、大埋深、复杂断面盾构施工技术的发展、成熟，盾构法越来越受到重视和青睐，目前，已逐步成为隧道的主要施工方法。

盾构法施工主要具有以下优点。

(1)快速。盾构是一种集机、电、液压、传感、信息技术于一体的隧道施工成套专用特种设备。盾构法施工的地层掘进、出土运输、衬砌拼装、接缝防水和盾尾间隙注浆充填等作业都在盾构保护下进行，实现了工厂化施工，掘进速度较快。

(2)优质。盾构法施工采用管片衬砌，洞壁完整、光滑美观。

(3)高效。盾构法施工速度较快，缩短了工期，较大地提高了经济效益和社会效益。同时，盾构法施工用人少，降低了劳动强度、材料消耗。

(4)安全。盾构法施工，改善了作业人员的洞内劳动条件，减轻了体力劳动量，施工在盾壳的保护下进行，避免了人员伤亡，减少了安全事故。

(5)环保。场地作业少，隐蔽性好，因噪声、振动引起的环境影响小；穿越地面建筑群和地下管线密集区时，周围可不受施工影响。

(6)隧道施工的费用和技术难度基本不受覆土深浅的影响，适宜于建造覆土深的隧道。当隧道越深、地基越差、土中影响施工的埋设物等越多时，与明挖法相比，在经济上、施工进度上盾构法越有利。

(7)穿越河底或海底时，隧道施工不影响航道，也完全不受气候的影响。

(8)自动化、信息化程度高。盾构采用了计算机控制、传感器、激光导向、测量、超前地质探测、通信技术，是集机、光、电、气、液、传感、信息技术于一体的隧道施工成套设备，具有自动化程度高的优点。盾构具有施工数据采集功能、盾构姿态管理功能、施工数据管理功能、施工数据实时远传功能，实现了信息化施工。

盾构法施工主要存在以下不足之处。

(1)施工设备费用较高。

(2)陆地上施工隧道，覆土较浅时，地表沉降较难控制，甚至不能施工；在水下施工时，如覆土太浅，则盾构法施工不够安全，要确保一定厚度的覆土。

(3)用于施工小曲率半径隧道时，掘进较为困难。

(4)盾构法施工的隧道上方一定范围内的地表沉降尚难完全防止，特别在饱和含水松软的土层中，要采取严密的技术措施，才能将沉降限制在很小的限度内。目前，还不能完全防止以盾构正上方为中心土层的地表沉降。

(5)在饱和含水地层中，盾构法施工所用的管片，对达到整体结构防水性的技术要求较高。

(6)施工中的一些质量缺陷问题尚未得到很好解决，如衬砌环的渗漏、裂纹、错台、破损、扭转，以及隧道轴线偏差和地表沉降与隆起等。

3.3.3　盾构法适应范围

1. 对地质条件及环境条件的适用性

建造隧道的方法有多种多样，但用盾构法建造地下隧道具有其独到之处。

21世纪是地下空间的世纪，盾构是地下工程中的重要施工装备，在地下空间开发中起着举足轻重的作用，特别是在人口密集、交通繁忙的大城市中，盾构法是一种必不可少的施工方法。随着地下建筑物、地下管线、地下铁道的不断发展，在城市中建造地铁及其他地下结构物，将逐步深化。

盾构法施工的费用一般不受深度因素和覆土深浅的影响，该法适宜于建造覆土较深的隧道。在同等深层的条件下，盾构法与明挖法施工相比，较为经济、合理。近年来，盾构有了较大的突破性改进，已由初期的气压手掘式盾构，发展到最近的以泥水盾构和土压平衡盾构为主的大直径、大推力、大扭矩、高智能化、多样化的盾构。

盾构是国家基础建设、资源开发和国防建设的重大技术装备之一，应用前景广泛。盾构法施工适用于各类软土地层和软岩地层的地下隧道掘进，尤其适用于城市地铁、水底隧道、排水污水隧道、引水隧道、公用管线隧道的建设。

隧道的施工方法有很多种，隧道勘测、规划与设计阶段进行施工方法选择时，必须对各种施工方法的地质条件及环境条件的适用性、经济性、安全、质量、工期等进行充分的论证和比较分析。盾构法对地质条件及环境条件的适用性见表3.6。

表 3.6 盾构法对地质条件及环境条件的适用性

工法概要	盾构在地层中推进，通过盾构外壳和管片支承四周围岩，防止土砂崩塌，进行隧道施工。闭胸式盾构是用泥土加压或泥水加压来抵抗开挖面的土压力和水压力，以维持开挖面的稳定性；敞开式盾构是以开挖面自立为前提，否则需要采用辅助措施
适用地质	一般适用于从岩层到土层的所有地层。但对于复杂的地质条件或特殊地质条件，应进行认真的论证并选择合适的盾构型式。对于盾构穿越下述地层，应结合盾构性能进行细致分析和论证：整体性较好的硬岩地层、岩溶、高应力挤压破损、膨胀岩、含坚硬大块石的土层、卵砾石层、高黏性土层，或可能存在不明地下障碍物的地层等
地下水措施	闭胸式盾构一般不需要辅助措施，敞开式盾构需要辅助措施
隧道埋深	最小覆盖深度一般大于隧道直径，压气施工、泥水加压施工要注意地表的喷涌；最大覆盖深度多取决于地下水压值
断面形状	以圆形为标准，使用特殊盾构可以进行半圆形、复圆形、椭圆形等断面形状作业。施工中，一般难以变化断面
断面大小	在施工实例中，最大直径达到 15.44m，一般难以在施工中变化断面大小
急转弯施工	有曲率半径/盾构外径=3 的急转弯隧道的施工实例
对周围影响	接近既有建筑物(或结构物)施工时，有时也需要辅助措施，除竖井部外，极少影响交通，噪声、振动只发生在竖井口，可用防音墙加以处理

2. 大直径盾构的适用范围

直径 10m 以上的大直径盾构多用于修建水底公路隧道和铁路隧道。如日本于 1998 年建成通车的东京湾公路工程，采用了 8 台直径 14.14m 的泥水盾构施工；德国汉堡易北河第四公路隧道采用了德国海瑞克公司制造的直径 14.2m 泥水盾构施工；穿越荷兰绿心区的高速铁路隧道“绿心隧道”采用了法国 NFM 公司制造 14.87m 泥水盾构；上海崇明越江公路隧道使用德国海瑞克公司制造的直径 15.44m 泥水盾构施工；武汉长江隧道采用了 2 台直径 11.38m 的泥水盾构施工；广深港客运专线狮子洋隧道采用了 4 台直径 11.18m 的泥水盾构施工；北京铁路地下直径线采用了直径 11.97m 的泥水盾构施工。

大直径盾构还可以用于建造暗埋地铁车站。在莫斯科用 9~10m 直径的盾构建成 3 条平行的车站隧道，在中间隧道与两侧隧道间修建通道形成 3 拱塔柱式车站；也可用盾构修建 3 拱立柱式车站。在日本，用盾构建成的 2 条平行车站隧道，在 2 隧道之间修建通道，形成眼镜形地下车站。

3.4 盾构在城区施工技术原理

3.4.1 盾构的现场组装与调试

1. 盾构组装调试程序

盾构组装一般宜按下列程序进行：组装场地的准备→始发基座安装→行走轨道铺设

→吊装设备准备并就位→将后配套各部件组装成拖车总成，包括结构、设备、管路等→将连接桥与后配套组装连接→主机中体组装→主机前体组装→刀盘组装→主机前移，使刀盘顶至掌子面→管片安装机轨道梁下井安装→管片安装机安装→盾尾安装→反力架及反力架钢环的安装→主机与后配套对接→附属设备的安装及管路连接。

盾构的组装场地一般分为 3 个区，即后配套拖车存放区、主机及配件存放区、吊机存放区。吊装设备一般采用 1 台履带吊，1 台汽车吊，2 台液压千斤顶，以及相应的吊具，它们的吨位和能力取决于盾构最大部件的重量和尺寸。

在组装盾构前安装调试好门吊，使组装更加灵活，有利于缩短组装时间。

组装盾构所需工具设备可按下述项目准备：拉伸预紧扳手、液压扭力扳手、风动扳手、扭力扳手、棘轮扳手、重型套筒扳手、内六角扳手、开口扳手、管钳、普通台虎钳、导链、吊带、油压千斤顶、弯轨器、轨道小车、液压小推车等，其规格型号因盾构型号及制造厂家的要求而异。

2. 始发基座的安装

盾构始发基座(也称始发架)的形式详见图 3.20。盾构组装前，在组装井内精确放置始发基座并定位固定，然后铺设轨道。

盾构始发基座一般采用钢结构，预制成品。始发基座的水平位置按设计轴线准确放样。将基座与工作井底板预埋钢板焊接牢固，防止基座在盾构向前推进时产生位移。盾构始发基座的安装如图 3.21 所示。

盾构基座安装时，使盾构就位后的高程比隧道设计轴线高程高约 30mm，以利于调整盾构初始掘进的姿态。盾构在吊入始发井组装前，须对盾构始发基座安装进行准确测量，确保盾构始发时的正确姿态。

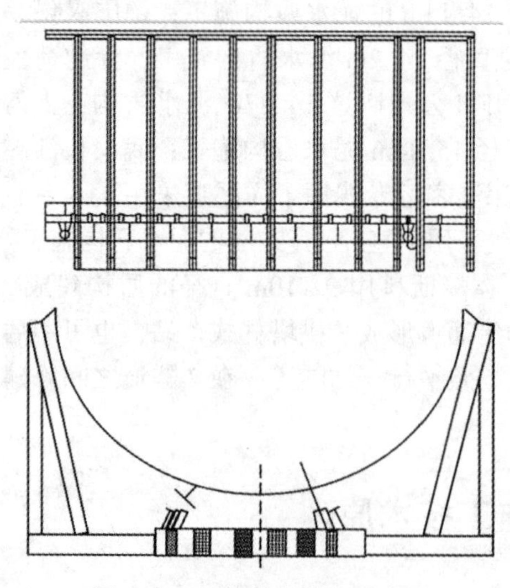

图 3.20　盾构始发基座示意图

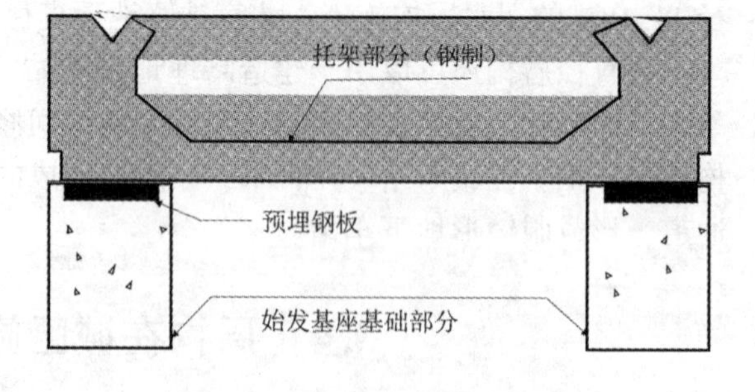

图 3.21　盾构始发基座的安装

1) 始发基座轴线安装测量

始发基座的轴线在吊入始发井时必须进行标记，当基座吊入始发井后，先对照始发井底部测量准确的轴线及始发井两端端墙上的中心标记，采用投点仪辅以钢丝投点的方法，对基座进行初步安放，然后在始发井圈梁上的轴线点同时架设经纬仪，将轴线点投入始发井底部，调节基座，使基座的轴线标记点与设计轴线点位于同一竖平面内。安装完成后，须用经纬仪盘左及盘右进行检测，确保盾构始发基座轴线标志点的误差均在3mm以内，以达到相应规范的要求。

2)始发基座高程安装测量

根据始发基座的结构尺寸，须计算基座上表面的设计高程值。在始发基座轴线位置安装完成后，进行基座的高程测量。用水准仪将所需要的高度放样于始发井两侧侧墙上，并作出明显的标志。所放样的高程点要有足够的密度，盾构工作井共需标设6个高程标志点，6个高程标志均匀分布在始发井侧墙的两侧。高程标志完成后，对所在标志进行复核，任意两个标志间的高程互差不超过2mm，且与绝对高程的差值不超过1mm，为始发基座的精确安装提供保障。始发基座安装时，在相对应的高程标志间拉小线，进行基座的初步安装，完成后，用水准仪进行精测，对基座的高程进行微调，达到设计高程的精度要求(允许偏差为0~+3mm)。考虑到在进行轴线及高程微调时两者之间互相影响，在完成整个基座的安装后，须进行全面细致的复核，以确保盾构始发基座的准确安装。

3. 盾构组装顺序

1)后配套拖车下井

各节拖车下井顺序为从后到前的顺序，如盾构有4节拖车时，其下井顺序为：4号拖车→3号拖车→2号拖车→1号拖车。拖车下井后，组装拖车内的设备及其相应管线，由电瓶机车牵引至指定的区域，拖车间由连接杆连接在一起。

2)设备桥下井

设备桥(也称连接桥)长度较长，下井时须由汽车吊与履带吊配合着倾斜下井。下井后其一端与1号拖车由销子连接，另一端支撑在现场施焊的钢结构上，然后将上端的吊机缓缓放下后移走吊具。用电机车将1号拖车与设备桥向后拖动，将设备桥移出盾构组装竖井，1号拖车与2号拖车连接。

3)螺旋输送机下井

螺旋输送机长度较长，下井时须由汽车吊与履带吊配合倾斜下井。2台吊机通过起、落臂杆和旋转臂杆使螺旋输送机就位。螺旋输送机下井后，摆放在矿车底盘上，用手动葫芦拖至指定区域。

4)中盾下井

中盾在下井前将两根软绳系在其两侧，向下吊运时，由人工缓慢拖动，防止中盾扭动，吊机缓慢下钩，使中盾自然下垂，由平放翻转至立放状态送到始发基座上。

5)前盾下井

前盾翻转及下井同中盾，送到始发基座上后进行与中盾的对位，安装与中盾连接的螺栓。

6)安装刀盘

刀盘翻转及下井同中盾。送到始发基座上后安装密封圈及连接螺栓。

7) 主机前移

主机前移，使刀盘顶到掌子面。在始发基座两侧的盾构外壳上焊接顶推支座，前移一般由两个液压千斤顶完成。

8) 安装管片安装机

管片安装机翻转及下井与中盾相同，下井安装后再进行两个端梁的安装。

9) 盾尾下井

盾尾焊接完成后，在汽车吊与履带吊配合下，倾斜着将盾尾穿入管片安装机梁，并与中盾对接。

10) 安装螺旋输送机

延伸铺设轨道至盾尾内部，将螺旋输送机与矿车底盘一起推进盾壳内。螺旋输送机前端用倒链拉起，使螺旋输送机前端通过管片安装机中空插到中盾内部。螺旋输送机与前盾连接处密封安装要求紧固，中体与螺旋输送机固定好。

11) 反力架及负环钢管片的安装

在盾构主机与后配套连接之前，开始进行反力架的安装。反力架端面应与始发基座水平轴垂直，以便盾构轴线与隧道设计轴线保持平行。反力架与车站结构连接部位的间隙要垫实，保证反力架的安全稳定。

盾构反力架的作用是在盾构始发掘进时，提供盾构向前推进所需的反作用力。进行盾构反力架形式的设计时，应以盾构的最大推力及盾构工作井轴线与隧道设计轴线的关系为设计依据。盾构始发掘进前应首先确定钢反力架的形式，并根据盾构推进时所需的最大推力进行校核，然后根据设计加工盾构钢反力架，待钢反力架安装完毕后，方可进行始发掘进。

钢反力架预制成形后，由吊车吊入竖井，由测量给出轴线位置及高程，进行加固。反力架要和端墙紧贴，形成一体，保证有足够的接触面积。如出现反力架和端墙出现缝隙，在反力架和端墙之间补填钢板，钢板分别与反力架、洞口圆环焊牢。安装完毕后对反力架的垂直度进行测量，保证钢反力架与盾构推进轴线垂直。

盾构反力架安装质量直接影响初始掘进时管道的质量，其中钢反力架的竖向垂直及与设计轴线相垂直是主要因素。钢反力架安装必须注意以下事项。

(1) 钢反力架中心放样。钢反力架中心的安装采用水准仪配合经纬仪进行。其中，经纬仪架设于盾构始发端的圈梁轴线点上，后视另一轴线点，将轴线点投向反力架中心标志处，指挥反力架左右平移，直至与轴线重合。然后，用水准仪测量中心标志的绝对高程，指挥钢反力架上下移动，达到设计的高程值。由于反力架的中心不是影响始发掘进的主要因素，安装时，反力架的中心误差控制在15mm以内。

(2) 钢反力架与轴线及自身垂直放样。钢反力架中心放样完成后，须使反力架面在竖直方向上垂直，且此面与盾构设计轴线垂直。放样时，首先，使用水平尺使钢反力架在竖直方向上基本垂直。然后，使用经纬仪将轴线引入始发井底部，在靠近反力架处的设计轴线上设站，后视另一轴线点，将经纬仪置于0°，旋转90°，在始发井侧墙一侧放样两点，然后用倒镜在始发井另一侧墙处同样放样两点。

放样后，须再旋转经纬仪180°，检查是否与起初放样的点位于同一平面内。分别在侧墙上方及下方的两点间拉线，用直尺准确量出钢反力架不同部位与线之间的距离，以任一点为基准，调节钢反力架，使反力架表面与线组成的线面平行(线面任意一部位到反力架表面的距离相等)，使反力架处竖向垂直，且反力架面与设计轴线垂直。

12)管线连接

连接电器和液压管路，从后向前连接后配套与主机各部位的液压及电气管路。

4. 盾构组装的总体要求

(1)盾构组装前必须制订详细的组装方案与计划，同时组织有经验的作业人员组成组装班组，并在组装施工前对组装人员进行技术和安全培训。

(2)盾构的运输，必须由具有资质的专业大件运输公司运输进场。

(3)盾构吊装，由具有资历的专业队伍负责起吊。

(4)应根据履带吊机(一般采用250t)对地基承载力的要求，对其工作区域进行处理，如浇筑钢筋混凝土路面、铺设钢板等，防止地层不均匀沉陷。

(5)盾构主机吊装之前必须对始发基座进行准确定位。

(6)大件组装时应对盾构始发井端头墙进行严密的观测，掌握其变形与受力状态，保证始发井结构安全。

(7)大件吊装时一般以90t汽车吊辅助翻转。

(8)组装前对所使用设备、工具进行安全检查，以保证组装过程的安全顺利进行。每班作业前按起重作业安全操作规程进行技术交底，严格按有关规定执行。

(9)由专人负责大件运输和现场吊装、组装的秩序维护，确保组装安全。

(10)机械部件组装前需要弄清其结构及安装尺寸的关系、螺栓连接紧固的具体要求等，同时自始至终保持清洁。

(11)组装前必须检查泵、阀等液压件的封堵是否可靠，如有情况，必须进行现场清洗；管件在组装前如果没有充满油液，也必须进行严格清洗。

(12)高低压设备和电气元件的安装，严格执行制造厂所提供的有关标准和我国电力电气安装的有关规定和标准。

5. 盾构组装要点

(1)组装前必须熟知所组装部件的结构、连接方式及技术要求。

(2)组装工作必须本着由“后向前，先下后上，先机械后液压、电气”的原则。

(3)对每一拖车或部件进行拆包时必须做好标记，注意供应商工厂组装标记，如VRT表示隧道掘进方向，NL2表示2号拖车，L表示左侧，R表示右侧。

(4)液压管线的连接必须保证清洁，禁止使用棉纱等易脱落线头的物品擦拭。

(5)组装过程中严禁踩踏、扳动传感器、仪表、电磁阀等易损部件。

(6)组装场内的氧气、乙炔瓶必须定点存放，由专人负责。

(7)组装工具必须由专人负责，专用工具必须严格按照操作规程使用。

(8)对盾构所有部件的起吊，必须保证安全、平稳、可靠。

6. 盾构的调试

盾构的调试按阶段可划分为工厂调试和施工现场调试。现场调试又分为井底空载调试、试掘进重载调试。工厂调试阶段的工作是对设计、制造质量及主要功能进行调试；

井底空载调试阶段的工作是在盾构吊到井底后，按照井底调试大纲，对其总装质量及各种功能进行检查和调试；试掘进重载调试，是通过试掘进期间进行重载调试，经调试并验收合格后，即可正式交付使用。

1)空载调试

盾构组装完毕后，即可进行空载调试。空载调试的目的主要是检查盾构各系统和设备是否能正常运转，并与工厂组装时的空载调试记录进行比较，从而检查各系统是否按要求的运转速度运转。对不满足要求的，要查找原因。主要调试内容为：配电系统、液压系统、润滑系统、冷却系统、控制系统、注浆系统的调试，以及各种仪表的校正。

以土压平衡盾构为例，空载调试的内容如下。

(1)确认每台电机的接线情况，各种管路、信号线路的连接情况。

(2)确认各种紧急按钮是否有效。

(3)确认液压油箱的油位和各减速箱的油位。

(4)确认液压泵运转是否正常。

(5)在有危险的部位放置警示牌。

(6)排掉各活塞泵内的空气。

(7)接通电源，确认各部分电压是否符合要求。

(8)确认各漏电保护开关是否有效。

(9)检查各电动机的转向是否正常。

(10)排掉润滑油管路内空气，并确认转换压力和各油路分配阀运行情况是否良好。

(11)依次对每台液压泵进行无负荷运转，直到泵内无空气混入的声音为止。

(12)通过控制室启动各液压油泵和刀盘马达，检查运转是否正常。

(13)随时观察各种管路是否漏油。

(14)对推进和铰接系统，检查推进油缸和铰接油缸的伸缩情况，管路有无泄漏油现象，及其泵站的运转。

(15)对管片拼装机进行运行确认：①对拼装机的控制系统，即有线操作和无线操作进行确认，检查拼装机各机构运转及自由度情况；②对旋转马达进行运转，检查其是否灵活可靠，并将其内的空气排净；③对拼装机伸缩、提升、支撑千斤顶的动作加以确认，并排净其内的空气；④检查拼装机上各种连接油管，检查其是否有漏油现象及泵站的运转情况。

(16)检查管片吊机和管片输送小车的操作遥控手柄，检查其运转情况。

(17)对螺旋输送机进行空载试车，检查螺旋输送机前后闸门伸开和关闭、螺旋杆伸缩情况，管路有无泄漏现象及其泵站的运转情况。

(18)在主控制室对刀盘进行旋转试验：①在试验前，将刀盘位置处的盾构始发基座割去一块，以防止刀盘旋转时和始发基座发生碰撞；②刀盘进行正、反方向旋转，检查是否正常。

(19)管片整圆器的调试：①将整圆器液压油缸中的空气排净；②检查其各部分的油管是否漏油，滑道是否顺滑，行进是否灵活。

(20)皮带输送机的调试：在辊子摆放到位、皮带硫化完毕后，检查皮带运转情况，及时调整皮带和刮板。①检查皮带机的转向；②检查各个滚轮转动是否灵活可靠；③检查输送带有无裂纹和撬渣；④调整输送带在滚筒上的位置；⑤对盾构设备进行一次最后的全面检查及局部调整。

(21)泡沫系统和刀盘加水：泡沫系统参数设定好后，启动泡沫泵和风水供应系统，查看泡沫发生器混合发生情况，刀盘前部泡沫喷射和混合效果。

(22)注浆系统：检查注浆泵运转和管路连接情况。

盾构设备经空载试验，确认各项性能达到设计要求后，方可进行试掘进施工。

2)负载调试

通过空载调试证明盾构具有工作能力后，即可进行盾构的负载调试。负载调试的主要目的是检查各种管线及密封设备的负载能力，对空载调试不能完成的调试工作做进一步完善，以使盾构的各个工作系统及其辅助系统达到满足正常施工要求的工作状态。通常试掘进时间即为对设备负载调试时间。

3.4.2 盾构始发技术

1. 盾构始发流程

盾构始发是指利用反力架和负环管片，将始发基座上的盾构，由始发竖井推入地层，开始沿设计线路掘进的一系列作业。盾构工程中的始发施工，在施工中占有相当重要的位置。在20世纪60年代，手掘式盾构施工法鼎盛，始发施工方法是用来部分拆除竖井的临时墙，顺次建设挡土墙以防止地层崩塌，同时进行开挖。进入70年代，泥水式、土压式等闭胸型盾构得到广泛应用，这类盾构的前面为封闭结构，不能像手掘式盾构施工法那样施工，因此，必须让盾构全断面贯入地层，通过泥浆循环或土砂的塑性流动进行开挖。目前，盾构隧道有埋深加大且大型化的趋势，施工周围的环境日趋严峻，在这种情况下，盾构工程的始发施工对辅助施工法的依赖性越来越大，已经到没有辅助施工法就几乎不能进行始发施工的地步。与此相应地，辅助施工法进步显著，现在不但可靠性高，而且在大深度场所也能应用。以前辅助施工是以化学注浆施工法为主，目前逐渐采用了高压旋喷注浆和冻结法等更为安全的施工法。

盾构始发是盾构施工的关键环节之一，流程见图3.22。

2. 端头加固

盾构法隧道施工中，端头土体加固是盾构始发、到达技术的一个重要组成部分，端头土体也是盾构始发、到达事故多发地带，即端头土体加固的成功与否直接关系盾构能否安全始发、到达。因此，合理选择端头加固施工工法和必要的加固监测，是保证盾构法隧道顺利施工的非常重要的环节。

端头土体加固与一般地基加固的不同之处是不仅有强度要求，还有抗渗透性要求。在此基础上，还要考虑经济的要求，这主要取决于加固长度、宽度、加固方法的选择，即考虑加固方法是否存在风险性过大，或过于保守，加固范围过大等。

由于冻结法有造价高、解冻后存在沉降等缺点；高压旋喷注浆法中，旋喷桩加固虽然效果好，但其造价远高于深层搅拌桩。所以，端头加固采用较为广泛的是深层搅拌法，并在搅拌桩加固体与连续墙间无法加固的间隙处，采用旋喷法进行补充加固。

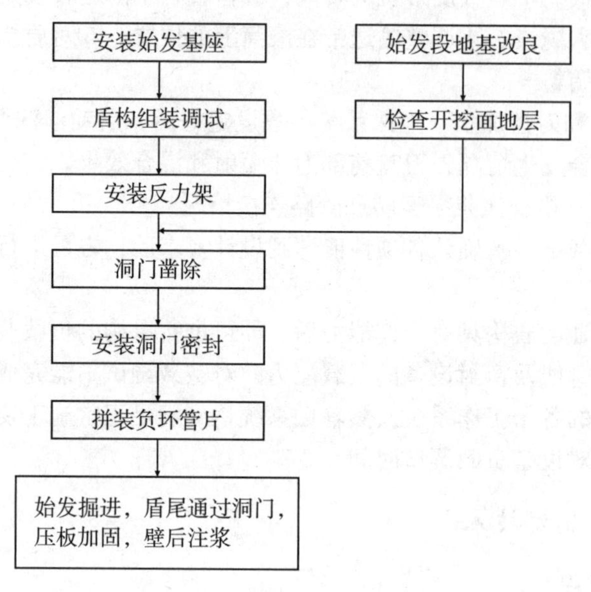

图3.22　盾构始发流程图

端头土体加固最常见的问题有两点：一是加固效果不好，造成开洞门时土体坍塌；二是加固范围不当，造成始发时水土流失。针对这些问题，采取的主要措施是必须根据端头土体情况选择合理的加固方法，而且要加强过程控制，特别要严格控制一些基本参数。对于加固区与始发井间形成的必然间隙要采取其他方式处理。出现开洞门失稳现象时，在小范围的情况下可采用边破除洞门混凝土，边利用喷素混凝土的方法对土体临空面进行封闭。如果土体坍塌失稳情况严重时，只有封闭洞门重新加固。

始发与到达端地层加固范围一般为隧道衬砌轮廓线外左右两侧各3.0m，顶板以上为3.0m，底板以下为2.5m，加固长度根据土质而定，富水地层加固长度必须大于盾构本体长度(刀盘+盾壳)。加固后地层应具有良好的均匀性和整体性；在凿除洞门后能够自稳，且具有低渗透性。端头加固完成后，应进行钻孔取芯试验以检查效果，取芯试件无侧限抗压强度应达到$\sigma_{cu}\geqslant 1$MPa，黏聚力$c\geqslant 0.5$MPa；在加固区钻水平孔和垂直孔检查渗水量，水平孔分布于盾构隧道上、下、左、右部和中心处各一个，深8m，其渗透系数$\leqslant 1.0\times 10^{-8}$cm·s^{-1}，其渗水量总计不大于10L·min^{-1}。在加固区前端布置2个垂直孔和施工中钻孔误差较大的部位布设1个垂直孔，其渗水量不大于2L·min^{-1}。检查孔使用后，采用低强度水泥砂浆封孔。

3. 洞门凿除

洞门混凝土凿除前，端头加固的土体须达到设计所要求的强度、渗透性、自立性等技术指标后，方可开始洞口凿除工作。

洞门壁混凝土采取人工用高压风镐凿除，凿除工作分两步进行。第一步，先凿除外层500mm厚混凝土并割除钢筋及预埋件，保留最内层钢筋；外层凿除工作先上部、后下部，钢筋及预埋件割除须彻底，以保证预留洞门的直径。第二步，当盾构组装调试完成，并推进至距离洞门 1.0~1.5m 时，凿除里层。里层凿除方法是根据断面的不同，将其分割成 9~20 块。图 3.27 是分割为 12 块的施工方法，具体做法是，在洞门中心位置上凿 3 条水平槽，沿洞门周围凿一条环槽，然后开 2 条竖槽，具体见洞门凿除顺序示意见图 3.23 中的数字序号。

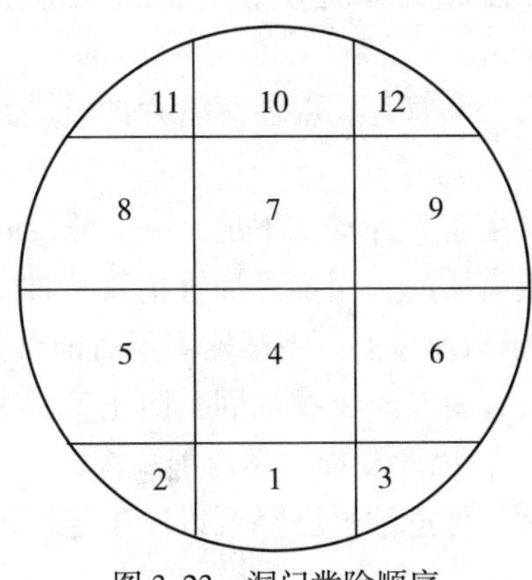

图 3.23　洞门凿除顺序

4. 洞门密封

为防止盾构始发或到达时泥土、地下水从盾壳和洞门的间隙处流失，以及盾尾通过洞门后背衬注浆浆液的流失，在盾构始发或到达时需安装洞门密封。

洞口密封的施工分两步进行。第一步，是在结构的施工过程中，做好洞门预埋件工作，预埋件必须与结构的钢筋连接在一起。第二步，在盾构正式始发或到达前，应先清理完洞口的渣土，然后进行洞口密封装置的安装。

洞门密封装置由帘布橡胶、扇形压板、防翻板、垫片和螺栓等组成。安装洞门密封之前，应对帘布橡胶的整体性、硬度、老化程度等进行检查，对圆环板的螺栓孔位等进行检查，并提前把帘布橡胶的螺栓孔加工好。然后将洞门预埋件的螺栓孔清理干净，最后按照帘布橡胶板、圆环板、扇形压板、防翻板的顺序进行安装。

盾构始发时，为防止盾构进入洞门时刀盘损坏帘布橡胶，可在帘布橡胶板外侧涂抹一定量的油脂。随着盾构向前推进，需根据情况对洞门密封压板进行调整，以保证密封效果。

泥水盾构始发时，除防止泥水盾构始发掘进时，泥土、地下水从盾体和洞门的间隙处流失外，还要防止循环泥浆的流失。同时为建立一定的泥水压力，在盾构始发时一般需安装由两道相同密封组成的洞门临时密封装置。

当盾构刀盘全部通过第一道密封后，开始向泥水仓内加压，压力仅满足泥浆充满泥水仓，然后在两道密封间利用预留注脂孔向内注油脂，使油脂充满两道帘布橡胶密封间的空隙。当盾尾通过第一道密封，且折叶板下翻后，进一步加注油脂，使洞门临时密封起到很好的防水效果。当盾尾通过第二道密封且折叶板下翻后，要及时利用注脂孔向内继续注油脂，使油脂压力始终高于泥水压力 0.01MPa 左右，从而使盾构顺利始发，并减少始发时的地层损失。

5. 负环管片拼装

当完成洞门凿除、洞门密封装置安装及盾构组装调试等工作后，组织相关人员对盾构设备、反力架、始发基座等进行全面检查与验收。验收合格后，开始将盾构向前推进，并安装负环管片。

(1)在盾尾壳体内安装管片支撑垫块，为管片在盾尾内的定位做好准备，见图 3. 24。

(2)从下至上依次安装第一环管片，要注意管片的转动角度一定要符合设计，换算位置误差不能超过 10mm。

(3)安装拱部的管片时，由于管片支撑不足，一定要及时加固。

(4)第一环负环管片拼装完成后，用推进油缸把管片推出盾尾，并施加一定的推力把管片压紧在反力架上的负环钢管片上，用螺栓固定后即可开始下一环管片的安装。

(5)管片在被推出盾尾时，要及时支撑加固，防止管片下沉或失圆。同时也要考虑盾构推进时可能产生的偏心力，因此支撑应尽可能稳固。

(6)当刀盘抵达掌子面时，推进油缸已经可以产生足够的推力稳定管片，就可以把管片定位垫块取掉。

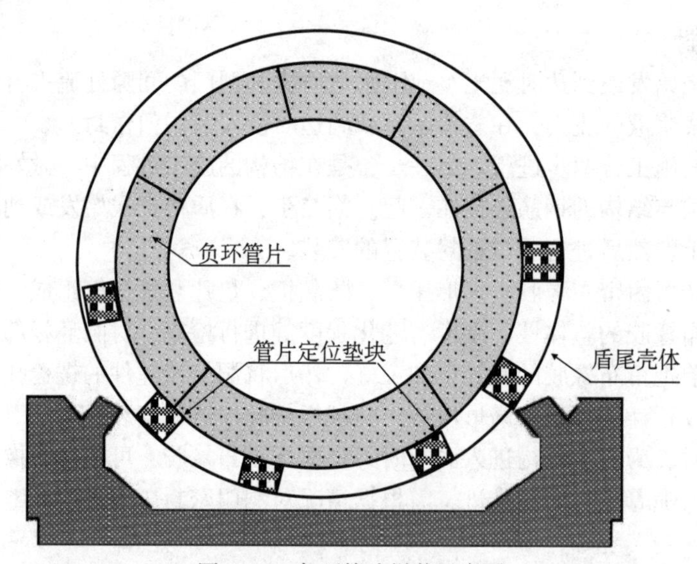

图 3. 24　负环管片拼装示意图

6. 始发掘进要点

(1)盾构始发掘进时的总推力应控制在反力架承受能力以下，同时确保在此推力下刀具切入地层所产生的扭矩小于始发基座提供的反扭矩。

(2)在盾构推进、建立土压过程中，应认真观察洞门密封、始发基座、反力架及反力架支撑的变形及渣土状态等情况，发现异常，应适当降低土压力(或泥水压)、减小推力、控制推进速度。

(3)由于始发基座轨道与管片有一定的空隙，为了避免负环管片全部推出盾尾后下沉，可在始发基座导轨上焊接外径与理论间隙相当的圆钢，利用圆钢将负环混凝土管片托起。

(4)在盾构内拼装好整环后，利用盾构推进油缸将负环管片缓慢推出盾尾，直至与钢负环接触，并用管片螺栓连接固定。负环管片的最终位置要以推进油缸的行程进行控制，在第一环负环管片与负钢环之间的空隙用早强砂浆或钢板填满，确保推进油缸的推力能较好地传递至反力架上。第二环负环及以后管片将按照正常的安装方式进行安装。

(5)随着负环管片的拼装进程，应不断用准备好的木楔填塞负环管片与始发基座轨道及三角支撑之间的间隙，待洞门维护结构完全拆除后，盾构应快速地通过洞门进行始发掘进施工。

(6)当始发掘进至第50~60环时，可拆除反力架及负环管片。盾构施工中，始发掘进长度应尽可能缩短，但不短于以下两个长度中较长的一个：一是，管片外表面与土体之间的摩擦力应大于盾构的推力，根据管片环的自重及管片与土体间的摩擦系数，计算出此长度；二是，始发长度应能容纳后配套设备。

(7)始发前盾尾钢丝刷必须用WR90油脂进行涂抹，且必须达到涂抹质量(饱满、均匀)，每根钢丝上均粘有油脂。

(8)严禁盾构在始发基座上滑行期间进行盾构纠偏作业。

(9)盾构始发过程中，严格进行渣土管理，防止由于渣土管理控制不当，造成地表沉降或隆起；开始掘进后，必须加强地表沉降监测，及时调整盾构掘进参数。

(10)当盾尾完全进入洞门密封后，调整洞门密封，及时通过同步注浆系统对洞门进行注浆，封堵洞圈，防止洞门密封处出现漏泥水和所注浆液外漏现象。

(11)在始发阶段由于盾构设备处于磨合阶段，要注意对推力、扭矩的控制，同时也要注意各部位油脂的有效使用。

3.4.3　土压平衡盾构掘进技术

1. 土压平衡盾构施工流程

土压平衡盾构施工工艺流程见图3.25。

2. 掘进管理原则

正式掘进施工阶段采用始发试掘进阶段所掌握的最佳施工技术参数，结合具体的地质情况，通过加强施工监测，不断完善施工工艺，控制地面沉降。掘进前由工程部土木工程师下达掘进指令与管片指令，主司机应严格按照掘进指令上的各种参数进行掘进，拼装管片应按照管片指令上注明的管片布置形式进行安装。掘进过程中，应根据导向系统给出的坐标值严格控制好盾构姿态，当盾构的水平位置或高程偏离设计轴线20mm时，便要进行盾构姿态纠偏。在纠偏过程中，每一循环盾构的纠偏值水平方向不超过9mm，竖直方向不超过5mm。掘进过程中，严格控制并记录各组推进油缸的行程。在直线段，各组推进油缸的行程差每循环不宜超过20mm。盾构在停止掘进时，土仓内应保持相应的压力，以防止在安装管片或停机时，掌子面发生坍塌。在掘进过程中，盾构掘进姿态不能突变，水平和高程的姿态改变量不能超过2‰。在每一掘进循环后，必须由土木工程师对盾尾间隙进行测量。将测量数据记录下来并输入导向系统，通过导向系

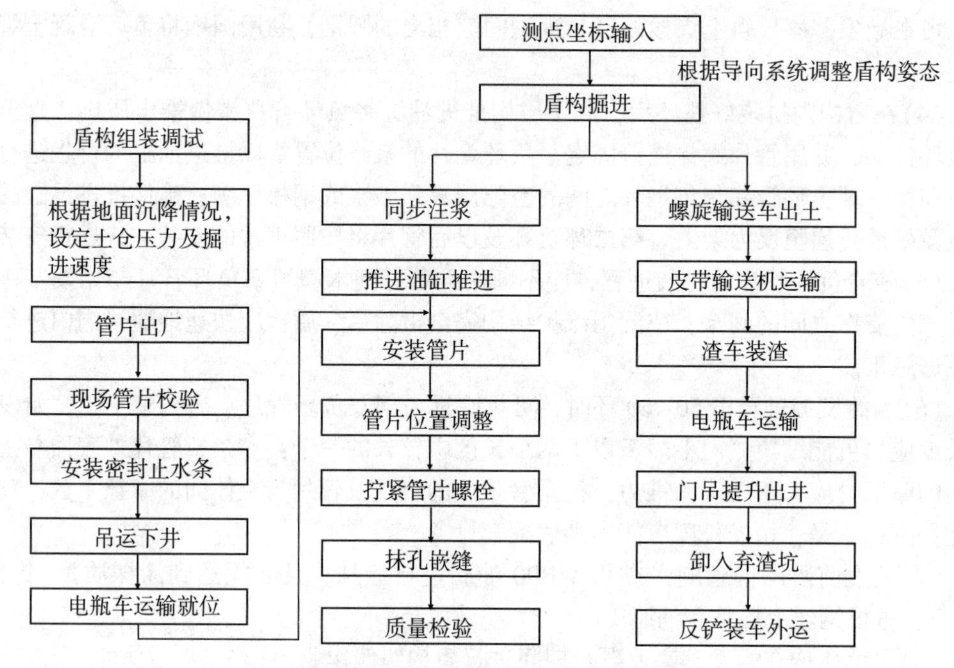

图 3.25　土压平衡盾构法施工工艺流程

统计算后预测出下几环管片的布置形式。背衬注浆与掘进应同时进行，背衬注浆是控制地表沉降的关键工序，所以应严格做到没有注浆就不能掘进。盾构掘进施工全过程须严格受控，工程技术人员应根据地质变化、隧道埋深、地面荷载、地表沉降、盾构姿态、刀盘扭矩、油缸推力、盾尾间隙、油缸行程等各种测量数据信息，正确下达每班的掘进指令及管片指令，并即时跟踪调整。盾构主司机及其他部位操作人员必须严格执行掘进指令以及管片指令，细心操作，对盾构初始出现的偏差应及时纠正，绝对不能使偏差累积，造成超限。盾构纠偏时，纠偏量不要太大，以避免管片发生错台和对地层的扰动。

为防止盾构掘进对地面建筑物产生有害的沉降和倾斜，防止盾构施工影响范围内的地下管线发生开裂和变形，必须规范盾构操作并选择适当的掘进工况，减小地层损失，将地表隆陷控制在允许的范围内(-3~1cm)。

掘进时，严格按照启动顺序开机。开机前全面检查冷却循环水系统、压缩空气系统、推进系统、管片拼装系统、主轴承密封润滑系统、盾尾注脂系统等，确保系统正常方能启动操作。盾构掘进过程中，必须确保开挖面的稳定，按围岩条件调整土仓压力和控制出渣量。盾构掘进的推力必须在考虑围岩情况、盾构类型、超挖量、隧道曲线半径、坡度和管片反力等情况下，确保盾构掘进时的推力始终保持在适当的数值上。

3. 土压平衡工况掘进

1) 土压平衡工况掘进特点

土压平衡工况掘进时，刀具切削下来的土充满土仓，然后利用土仓内泥土压与作业面的土压和水压相抗衡。与此同时，用螺旋式输送机排土设备进行与盾构推进量相应的排土作业。掘进过程中，始终维持开挖土量与排土量相平衡，以保持正面土体稳定，并防止地下水土的流失而引起地表过大沉降。

2)掘进控制

在盾构掘进中，保持土仓压力与作业面压力(土压、水压之和)平衡是防止地表沉降，保证建筑物安全的一个很重要的因素。

(1)土仓压力值的选定。土仓压力值 P 值应能与地层土压力 P_0 和静水压力相抗衡，在地层掘进过程中根据地质和埋深情况以及地表沉降监测信息，进行反馈和调整优化。地表沉降与工作面稳定关系，以及相应措施对策见表 3.7。

表 3.7　**地表沉降与工作面稳定关系，以及相应措施与对策**

地表沉降信息	工作面状态	P 与 P_0 关系	措施与对策	备注
下沉超过基准值	工作面坍陷与失水	$P_{max}<P_0$	增大 P 值	分别表示 P 的最大峰值和最小峰值
隆起超过基准值	支撑土压力过大，土仓内水进入地层	$P_{min}>P_0$	减小 P 值	

(2)土仓压力的保持。土仓压力主要通过维持开挖土量与排土量的平衡来实现，有两种途径：设定掘进速度、调整排土量，或设定排土量、调整掘进速度。

(3)排土量的控制，是盾构在土压平衡工况模式下工作时的关键技术之一。

理论上螺旋输送机的排土量 Q_S 是由螺旋输送机的转速来决定的，如推进速度和 P 值已设定，盾构可自动设置理论转速 N：

$$Q_S = V_S N \tag{3.1}$$

式中，V_S 为设定的每转一周的理论排土量；Q_S 与掘进速度决定的理论渣土量 Q_0 相当，即

$$Q_0 = AVn_0 \tag{3.2}$$

式中，A 为切削断面面积；n_0 为松散系数；V 为推进速度。

通常，理论排土率用 $K=Q_S/Q_0$ 表示。

理论上，K 等于 1 或接近 1，这时渣土就具有低的透水性且处于良好的塑流状态。事实上，地层的土质不一定都具有这种特性，这时螺旋输送机的实际出土量就与理论出土量不符，当渣土处于干硬状态时，因摩擦阻力大，渣土在螺旋输送机中输送所遇到的阻力也大，同时容易产生固结、阻塞现象，实际排土量将小于理论排土量，则必须依靠增大转速来增大实际出土量，以使之接近 Q_0。这时，$Q_0>Q_S$，$K<1$。当渣土柔软而富有流动性时，在土仓内高压力的作用下，渣土自身有一个向外流动的能力，从而使实际排土量大于螺旋输送机转速决定的理论排土量。这时，$Q_0<Q_S$，$K>1$，必须依靠降低螺旋输送机的转速来降低实际排土量。当渣土的流动性非常好时，由于输送机对渣土的摩擦阻力减小，有时还可能产生渣土喷涌现象，这时转速很小就能满足出土要求，K 值接近于 0。

渣土的排出量必须与掘进的挖掘量相匹配，以获得稳定而合适的支撑压力值，使掘进机的工作处于最佳状态。当通过调节螺旋输送机的转速仍不能达到理想的出土状态

时，可以通过改良渣土的塑流状态来调整。

(4)渣土具有的特性。在土压平衡工况模式下渣土应具有以下特性：①良好的塑流状态；②良好的黏-软稠度；③低内摩擦力；④低透水性。

一般地层岩土不一定具有这些特性，从而使刀盘摩擦增大，工作负荷增加。同时，密封仓内渣土塑流状态差时，在压力和搅拌作用下易产生泥饼、压密固结等现象，从而无法形成有效的对开挖仓密封效果和良好的排土状态。当渣土具有良好的透水性时，渣土在螺旋输送机内排出时不能形成有效的压力递降，土仓内的土压力无法达到稳定的控制状态。当渣土满足不了这些要求时，需通过向刀盘、混合仓内注入添加剂，改良渣土，采用的添加剂种类主要是泡沫或膨润土。

3)确保土压平衡而采取的技术措施

(1)拼装管片时，严防盾构后退，确保正面土体稳定。

(2)同步注浆充填环形间隙，管片衬砌尽早支承地层，控制地表沉陷。

(3)切实做好土压平衡控制，保证掌子面土体稳定。

(4)利用信息化施工技术指导掘进管理，保证地面建筑物的安全。

(5)在砂质土层中掘进时向开挖面注入黏土材料、泥浆或泡沫，使搅拌后的切削土体具有止水性和流动性，既可使渣土顺利排出地面，又能提供稳定开挖面的压力。

4)渣土改良

为使刀盘切削下来的渣土具有好的流塑性、合适的稠度、较低的透水性和较小的摩擦阻力，通过盾构配置的专用装置向刀盘前面、土仓及螺旋输送机内注入添加剂，如泡沫、膨润土或聚合物等，利用刀盘旋转搅拌、土仓搅拌装置搅拌及螺旋输送机旋转搅拌，使添加剂与土渣充分混合，达到稳定土压平衡的作用。

通过渣土改良，可以达到渣土的流塑性以及较小的摩擦阻力，减少泥饼的形成。不同厂家为防止泥饼产生，在结构设计上做了一些改进，这也是有益的措施。

(1)泡沫。无论盾构通过砂性土，还是黏性土地层，都可以通过向土仓内注入泡沫来改善渣土的性状，使渣土具有良好的流塑性。同时，泡沫的加入可以起到防水作用，防止盾构发生喷涌和突水事故。但由于泡沫的用量和价格都比较高，所以只有在加泥不满足要求以及发生喷涌、突水的情况下才使用。当泡沫注入后，可以将螺旋输送机回缩，控制好盾构推力，将盾构刀盘进行空转，使泡沫与土仓内的渣土充分搅拌，泡沫剂在改善渣土性状和止水方面发挥最大的功效。

泡沫系统由螺杆泵泵送泡沫剂与一定比例的水的混合液，经过泡沫发生器，高压空气吹压发泡，产生大量的泡沫，通过管路将泡沫输送到刀盘前面、土仓及螺旋输送机中，并与渣土充分混合。泡沫具有如下优点：由于泡沫起到活性剂作用，减小渣土的内摩擦角，使渣土获得良好的流动性和止水性，从而降低刀盘的扭矩，改善盾构作业参数；减小渣土的渗透性，使整个开挖土传力均匀，工作面压力变动小，有利于调整土仓压力和保持开挖面稳定，保证盾构掘进姿态，控制地表沉降；减少黏土的黏性，使之不附着于土仓内壁及刀盘上，减少对刀具的磨损，提高出土速度和掘进速度；泡沫无毒，在2小时后可自行分解消失，对土壤环境无污染。

(2)膨润土。膨润土系统也是用来改良土质，以利于盾构的掘进。膨润土系统主要包括膨润土箱、膨润土泵、气动膨润土管路控制阀及连接管路。有的设备将膨润土系统与泡沫系统共用一套注入管路。需要注入膨润土时，膨润土被膨润土泵沿管路向前泵至盾体内，根据需要将膨润土加入开挖室、泥土仓或螺旋输送机中。

(3)聚合物。主要是利用聚合物本身高吸水性能，使渣土产生塑性，防止喷涌发生。在高压富水地层中防止发生渣、水喷涌方面所取得的效果比较明显。

4. 土压平衡盾构的掘进模式

土压平衡盾构一般有三种掘进模式，即敞开模式、局部气压模式和土压平衡模式(EPB)，每一种掘进模式具有各自的特点和适用条件。

1)敞开模式

敞开式掘进模式一般用于地层自稳条件比较好的场合，即使不对开挖面进行连续压力平衡，在短时间内也可保证开挖面不失稳，土体不坍塌。在能够自稳、地下水少的地层多采用这种模式。盾构切削下来的渣土进入土仓内即刻被螺旋输送机排出，土仓内仅有极少量的渣土，土仓基本处于清空状态，掘进中刀盘和螺旋输送机所受反扭力较小。采用敞开式掘进时，以滚刀破岩为主，采用高转速、低扭矩和适宜的螺旋输送机转速推进；同步注浆时浆液可能渗流到盾壳与周围岩体间的空隙，甚至刀盘处，为避免此现象发生可采取适当增大浆液黏度、缩短浆液凝结时间、调整注浆压力、管片背后补充注浆等方法来解决。

2)局部气压模式

局部气压模式也称半敞开式。土压平衡盾构对于开挖面具有一定的自稳性，可以采用半敞开式掘进；调节螺旋输送机的转速，土仓内保持2/3左右的渣土。如果掘进中遇到围岩稳定、但富含地下水的地层，或者施工断面上大部分围岩稳定，仅有局部会出现失压崩溃的地层，或者破碎带，此时应增大推进速度以求得快速通过，并暂时停止螺旋机出土，关闭螺旋机出土闸门，使土仓的下部充满渣石，向开挖面和土仓中注入适量的添加材料(如膨润土、泥浆或添加剂)和压缩空气，使土仓内渣土的密水性增加，同时也使添加材料在压力作用下渗进开挖面地层，在开挖面上产生一层致密的“泥膜”。通过气压和泥膜阻止开挖面涌水和坍塌现象发生，再控制螺旋机低速转动以保证在螺旋机中形成“土塞”，是完全可以安全快速地通过这类不良地层的。掘进中土仓内的渣土未充满土仓，尚有一定的空间，通过向土仓内输入压缩空气与渣土共同支撑开挖面和防止地下水渗入。该掘进模式适用于具有一定自稳能力和地下水压力不太高的地层，其防止地下水渗入的效果主要取决于压缩空气的压力，在上软下硬地层施工时多采用这种模式。在上软下硬地层施工时，以滚刀为主，破碎硬岩，以齿刀、刮刀为主，切削土层。在河底段掘进时，需要添加泡沫剂、聚合物、膨润土等改善渣土的止水性，以使土仓内的压力稳定平衡。

3)土压平衡模式

土压平衡盾构对于开挖地层稳定性不好或有较多地下水的软质岩地层时，需采用土压平衡模式(即EPB模式)；此时需根据开挖面前地层的不同，保持不同的渣仓压力。

盾构在掘进开挖面土体的同时，使挖掘下来的渣土充满土仓内，并且使土仓内的渣土密度尽可能与隧道开挖面上的土壤密度接近。在推进油缸的推力作用下，土仓内充满的渣土形成一定的压力，土仓内的渣土压力与隧道开挖面上的水、土压力实现动态平衡，这样开挖面上的土壤就不会轻易坍落，既完成掘进，又不会造成开挖面土体的失稳。

土仓内的压力可通过改变盾构的掘进速度或螺旋机的转速(排渣量土)来调节，按与盾构掘削土量(包括加泥材料量)对应的排渣量连续出土，保证使掘削土量与排渣量相对应，使土仓中的塑流性渣土的土压力能始终与开挖面上的水土压力保持平衡，保持开挖面的稳定性，压力大小根据安装在土仓壁上的压力传感器获得，螺旋机转速(排土量)根据压力传感器获得的土压自动调节。

采用土压平衡模式时，以齿刀、切刀为主，切削土层，以低转速、大扭矩推进。土仓内土压力值应略大于静水压力和地层土压力之和，在不同地质条件地段掘进时，根据需要添加泡沫剂、聚合物、膨润土等以改善渣土性能，也可在螺旋输送机上安装止水保压装置，以使土仓内的压力稳定平衡。

5. 盾构掘进方向的控制

盾构掘进施工中，盾构司机需要连续不断地得到盾构轴线位置相对于隧道设计轴线位置及方向的关系，以便使被开挖隧道保持正确的位置；盾构在掘进中，以一定的掘进速度向前开挖，也需要盾构的开挖轨迹与隧道设计轴线一致，而此时盾构司机必须及时得到所进行的操作的信息反馈。如果掘进与隧道设计轴线位置偏差超过一定界限时，就会使隧道衬砌侵限、盾尾间隙变小，管片局部受力恶化，也会造成地层损失增大而使地表沉降加大。

盾构施工中，采用激光导向来保证掘进方向的准确性和盾构姿态的控制。导向系统用来测量盾构的坐标(X，Y，Z)和位置(水平、上下和旋转)。测量的结果可以在面板上显示，将实际的数据和理论数据进行对比，导向系统还可以存储每环管片安装的关键数据。

1)导向系统

目前，国内使用的盾构主要有3种导向系统。

(1)PPS导向系统。

PPS系统采用固定、自动的和马达控制的全站仪来测量系统元器件。这些元器件包括：2个EDM棱镜，安装在盾构靠近刀盘的固定位置上；1个参照棱镜，安装在全站仪架上，以便进行定期监测全站仪的稳定性；1个高精度的电子倾斜仪，用来测量倾斜和盾构的扭转。这些元器件的控制由随机PPS系统电脑自动控制。

(2)SLS-T APD系统。

SLS-T APD系统由VMT公司生产，由ELS激光靶、激光全站仪、棱镜、计算机、黄盒子等组成。SLS-T APD系统的主要基准是由初始安装在墙壁或隧道衬砌上的激光全站仪发出的一束可见激光。激光束穿过机器中的净空区域，击到安装在机器前部的电子激光靶上。在电子激光靶内部是一个双轴倾斜仪，用这个倾斜仪来测量ELS靶的仰俯角和滚动角。电子激光靶的前方安装一个反射棱镜，激光基准点和电子激光靶之间的距离通过全站仪中的内置EDM来测定。获得激光站和基准点的绝对位置，就能得到电子激光靶的绝对位置及方位，从而得到机器的位置和方位。SLS-T APD导向系统不仅能随时(特别是在掘进过程中)精确测量盾构的位置，而且它还通过简单明了的方式，把得到的结果呈现在司机面前，以便司机及时采取必要的纠偏措施。

黄盒子用来给全站仪和激光供电，系统计算机和全站仪之间的通信也通过黄盒子进行。

(3) ROBOTEC 系统。

ROBOTEC 导向系统由全站仪、棱镜(有挡板保护，测量时挡板自动打开)、数据线、各种接口设备、操作软件组成。它的工作原理上与 SLS-T APD 系统等相似。ROBOTEC 系统特点是：不用接收靶，直接使用棱镜，减少了一层换算关系，它还可以在盾构推进中实现无人值守及自动测量的功能。

2) 推进油缸的分区控制

通过分区操作盾构推进油缸控制盾构掘进方向。盾构的推进机构提供盾构向前推进的动力，推进机构包括 n 个推进油缸和推进液压泵站。推进油缸按照在圆周上的区域被编为 4~5 组。现一般为 4 组，见图 3.26，可分别进行独立控制的 4 个液压区。在曲线段(包括水平曲线和竖向曲线)施工时，盾构推进操作控制方式是把液压推进油缸进行分区操作。每组油缸均能单独控制压力的调整，为使盾构沿着正确的方向开挖，可以调整 4 组油缸的压力，油缸也可以单独控制。

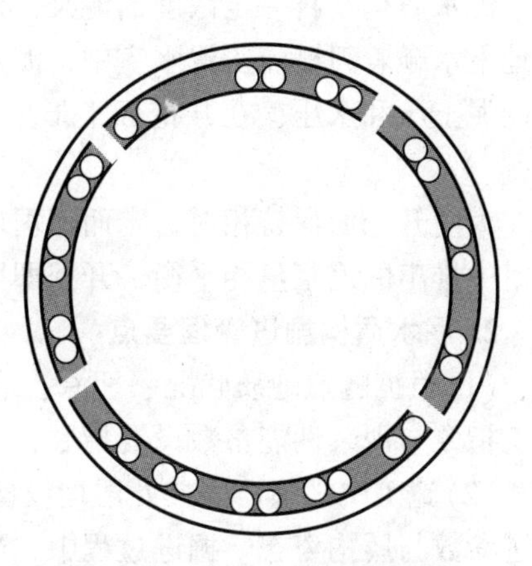

图 3.26　盾构推进油缸分组图

在一般情况下，当盾构处于水平线路掘进时，应使盾构保持稍向上的掘进姿态，以纠正盾构因自重而产生的低头现象。

通过调整每组油缸的不同推进速度、每组压力对盾构进行纠偏和调向。油缸的后端顶在管片上以提供盾构前进的反力。

在上、下、左、右每个区域中各有一个油缸安装了位移传感器，可以获得油缸的伸出长度和盾构的掘进状态。

3) 推进过程中的蛇行和滚动

在盾构推进过程中，蛇行和滚动是难以避免的。出现蛇行和滚动主要与地质条件、推进操作控制有关。针对不同的地质条件，进行周密的工况分析，并在施工过程中严格控制盾构的操作，减少蛇行值和盾构的滚动。当出现滚动时，采取正反转刀盘方法来纠正盾构姿态。盾构推进时还需注意以下几个问题。

(1) 工作面的地层结构及物理力学特性的不均匀性。

(2) 推进系统性能的平衡性、稳定性。

(3) 监控系统的敏感性、可靠性和稳定性。

(4) 富水软弱地层对盾壳的环向弱约束性。

(5) 通过软硬变化地层时，刀盘负载与盾壳约束条件的不对称性(包括进出洞的类似情况)。

3.4.4 泥水盾构掘进技术

1. 泥水盾构基本原理

泥水盾构用于不稳定地层的开挖，这种不稳定地层可能是各种各样的，从渗透性一般到渗透性很强(如含有少量干细砂或流砂的砾石)；泥水盾构用于当隧道掘进要求对地层的干扰控制严格时，诸如在对沉陷和隆起等极其敏感的建筑物下施工的情况，因为这种技术能够精确地控制泥水压力(±5kPa)。泥水盾构使用液态介质来支撑掌子面能达到高的封闭压力(0.4~0.5MPa，在特殊情况下可达到0.8MPa)，因此当工程的静水压力比较大时，通常选择泥水盾构而不用土压平衡盾构。

泥水盾构是将一定浓度的泥浆，泵入泥水盾构的泥水室中，随着刀盘切下来的土渣与地下水顺着刀槽流入泥水室中，泥水室中的泥浆浓度和压力逐渐增大，并平衡于开挖面的泥土压和水压，在开挖面上形成泥膜或泥水压形成的渗透壁，对开挖面进行稳定挖掘。

为使开挖面保持相对稳定而不坍塌，只要控制进入泥水室的泥水量和渣土量与从泥水室中排出的泥浆量相平衡，开挖即可顺利进行。

2. 泥水盾构掘进管理要点

(1)根据隧道地质状况、埋深、地表环境、盾构姿态、施工监测结果制定盾构掘进施工指令与泥浆性能参数设置指令，并准备好壁后注浆工作、管片拼管工作。

(2)施工中必须严格按照盾构设备操作规程、安全操作规程以及掘进指令控制盾构掘进参数与盾构姿态。掘进过程中，严格控制好掘进方向，出现偏差时及时调整。

(3)设定掘进参数，优化掘进参数。掘进与管片背后注浆同步进行。控制施工后地表最大变形量在10~30mm之内。

(4)盾构掘进过程中，坡度不能突变，隧道轴线和折角变化不能超过0.4%。

(5)盾构掘进施工全过程须严格受控，根据地质变化、隧道埋深、地面荷载、地表沉降、盾构姿态、刀盘扭矩、推进油缸推力等，及时调整。初始出现的小偏差应及时纠正，尽量避免盾构走“蛇”形。在纠偏过程中，每一循环盾构的纠偏值水平方向不超过9mm，竖直方向不超过5mm，以减少对地层的扰动。

(6)施工中必须设专人对泥水性能进行监控，根据泥浆性能参数设置指令进行泥水参数管理。泥水管路延伸、更换应在泥水管路完全卸压后进行。

(7)施工过程出现大粒径石块时，必须采用破碎机破碎、砾石分离装置分离。

3. 掘进参数管理

1)切口泥水压的设定

盾构切口泥水压由地下水压力、静止土压力、变动土压力组成。切口泥水压力应介于理论计算值上下限之间，并根据地表建(构)筑物的情况和地质条件适当调整。

2)掘进速度

正常掘进条件下，掘进速度应设定为20~40mm·min^{-1}；在通过软硬不均的地层时，掘进速度控制在10~20mm·min^{-1}。在设定掘进速度时，注意以下几点。

(1)盾构启动时，需检查推进油缸是否顶实，开始推进和结束推进之前速度不宜过快。每环掘进开始时，应逐步提高掘进速度，防止启动速度过大会冲击扰动地层。

(2)每环正常掘进过程中，掘进速度值应尽量保持恒定，减少波动，以保证切口水压稳定及送、排泥管的畅通。在调整掘进速度时，应逐步调整，避免速度突变对地层造成冲击扰动和造成切口水压摆动过大。

(3)推进速度的快慢必须满足每环掘进注浆量的要求，保证同步注浆系统始终处于良好工作状态。

(4)掘进速度选取时，必须注意与地质条件和地表建筑物条件匹配，避免速度选择不合适而对盾构刀盘、刀具造成非正常损坏和造成隧道周边土体扰动过大。

3)掘削量的控制

掘进实际掘削量 Q 可由下式计算得到：

$$Q=(Q_2-Q_1)\cdot t \tag{3.3}$$

式中，Q_2 为排泥流量，$m^3\cdot h^{-1}$；Q_1 为送泥流量，$m^3\cdot h^{-1}$；t 为掘削时间，h。

当发现掘削量过大时，应立即检查泥水密度、黏度和切口水压。此外，也可以利用探查装置，调查土体坍塌情况，在查明原因后应及时调整有关参数，确保开挖面稳定。

4)泥水指标控制

(1)泥水密度：是泥水主要控制指标。送泥时的泥水密度控制在 $1.05\sim1.08g\cdot cm^{-3}$ 之间；使用黏土、膨润土(粉末黏土)提高相对密度；添加 CMC 来增大黏度。工作泥浆的配制分两种，即天然黏土泥浆和膨润土泥浆。排泥密度一般控制在 $1.15\sim1.30g\cdot cm^{-3}$。

(2)漏斗黏度：黏性泥浆在砂砾层可以防止泥浆损失、砂层剥落，使作业面保持稳定。在坍塌性围岩中，使用高黏度泥水。但是泥水黏度过高，处理时容易堵塞筛眼，造成作业性下降；在黏土层中，黏度不能过低，否则会造成开挖面塌陷或堵管事故。因此，一般漏斗黏度控制在 25~35Pa·s。

(3)析水量：析水量是泥水管理中的一项综合指标，它在很大程度上与泥水的黏度有关，悬浮性好的泥浆就意味着析水量小，反之，析水量大。泥水的析水量一般控制在5%以下，降低土颗粒含量和提高泥浆的黏度，是保证析水量合格的主要手段。

(4)pH 值：泥水的 pH 值一般在 8~9。

(5)API 失水量 $Q\leqslant20mL$(100kPa，30min)。

4. 泥水压力管理

泥水盾构工法是将泥膜作为媒介，由泥水压力来平衡土体压力。在泥水平衡的理论中，泥膜的形成是至关重要的，当泥水压力大于地下水压力时，泥水按达西定律渗入土壤，形成与土壤间隙成一定比例的悬浮颗粒，被捕获并积聚于土壤与泥水的接触表面，泥膜就此形成。随着时间的推移，泥膜的厚度不断增加，渗透抵抗力逐渐增强。当泥膜抵抗力远大于正面土压时，产生泥水平衡效果。

虽然渗透体积随泥水压力上升而增加，但它的增加量远小于压力的增加量，而增加泥水压力将提高作用于开挖面的有效支承压力。因此，开挖面处在高质量泥水条件下，增加泥水压力会提高开挖面的稳定性。

作用在开挖面上的泥水压力一般设定为：

泥水压力=土压+水压+附加压

附加压的一般标准为0.02MPa，但也有比开挖面状态大的值。一般要根据渗透系数、开挖面松弛状况、渗水量等进行设定。但附加压过大，则盾构推力增大和对开挖面的渗透加强，相反会造成塌方、泥水窜入后方等危害，需要慎重考虑。此外，泥水压力的设定有多种论断，也有与开挖面状况不吻合的场合。因此，要从干砂量测定结果等进行推测和考虑，并需要通过试验来考虑对数值等的变更。

1)直接控制型泥水盾构的泥水压力管理

直接控制型泥水盾构在掘进中的实际泥水压力值的管理，由图3.27流程图所示的操作做自动管理。其中，用压力信号传送器No.2接受由P_1泵送出的送泥压力，并送往送泥压力调节器，由自动调节来操作控制阀CV-3，通过调节阀的开闭进行压力调整。用压力信号传送器No.1接受开挖面泥水压力，并送往开挖面泥水压力保持调节器。在这里把开挖面泥水压力和设定压力的差作为信号送给控制阀CV-2，通过阀的开闭进行压力调整。由此，对于设定压力的管理，控制在±0.01MPa变动范围以内。

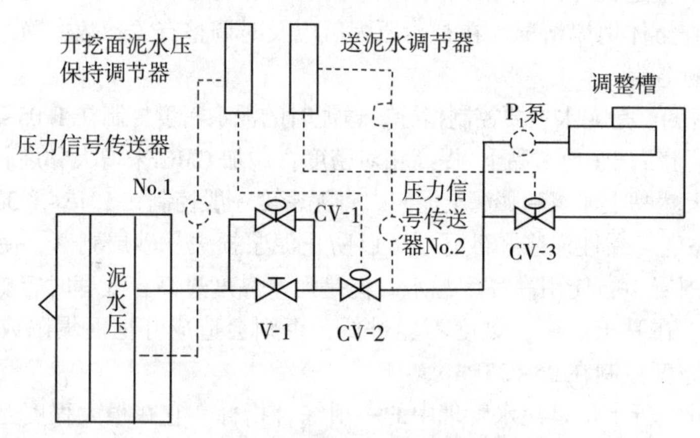

图3.27　直接控制型泥水盾构泥水压力控制

2)间接控制型泥水盾构的泥水压力管理

间接控制型泥水盾构的泥水压力的控制采用泥水气平衡模式。如图3.28所示，在盾构的泥水室内装有1道半隔板，将泥水室分割成两部分，半隔板的前面称为泥水仓，半隔板的后面称为气垫仓(调压仓)；在泥水仓内充满压力泥水，在气垫仓内盾构轴线以上部分加入压缩空气，形成气压缓冲层，气压作用在气垫仓内的泥水液面上；由于在接触面上的气、液具有相同的压力，因此只要调节空气的压力，就可以确定开挖面上相应的支护压力。

当盾构推进时，由于泥水的流失或盾构推进速度的变化，进出泥水量将会失去平衡，气垫仓内的泥水液面就会出现上下波动。为维持设定的压力值(与设定的气压值发生偏差，由Samson调节器根据在泥水仓内的气压传感器测得值与设定的气压值比较得出)，通过进气或排气改变气压值：当盾构正面土压值增大时，气垫仓内泥水液位升高(高于盾构轴线)，由于气垫仓内气体体积减小，压力升高，排气阀打开，降低气垫仓内气体压力，当气体压力达到设定的气压值时，关闭排气阀；当盾构正面土压值减少

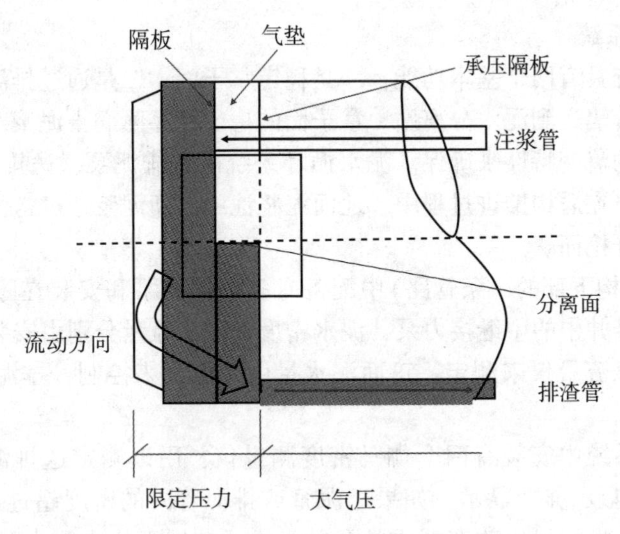

图 3.28 泥水气平衡示意图

时，气垫仓内泥水液位降低(低于盾构轴线)，由于气垫仓内气体体积增加，压力降低，进气阀打开，升高气垫仓内气体压力，当气体压力达到设定的土压值时，关闭进气阀。

间接控制型泥水盾构通过压缩空气来间接地调节土仓内悬浮液的压力，使之与开挖面的水土压力相平衡，从而实现支撑作用。压缩空气垫能够调节泥浆的平面高度，即使在发生漏水或水从开挖面进入的情况下，它起着吸振器的作用并最终可消除压力峰值。调压仓的压缩空气不断补偿悬浮液的波动，及时满足或补充掘进工作面对膨润土液的需求。空气控制系统会自动迅速地向调压仓内补充高压空气，或排出高压空气，保证压力的平衡状态，空气控制系统的原理见图 3.29。

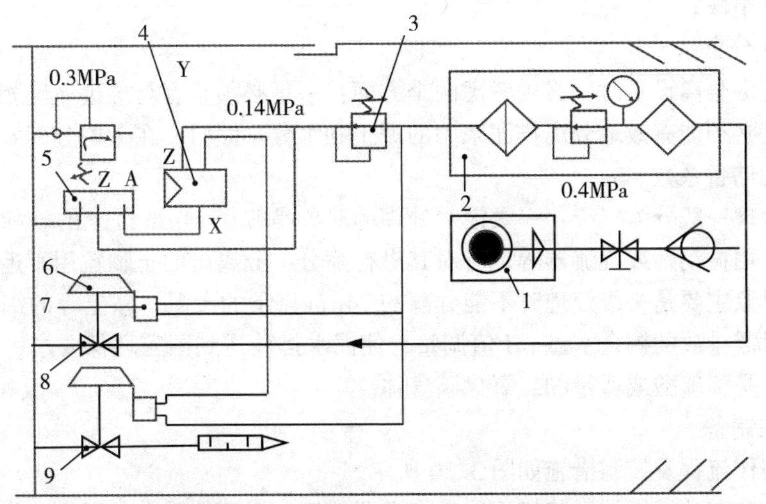

1. 气源；2. 气源处理组件；3. 减压阀；4. 气动控制器；5. 气动压力变送器；
6. 气动执行器；7. 启动定位器；8、9. 气动调节阀

图 3.29 间接控制型泥水盾构泥水压力控制

5. 泥水循环系统

泥水循环系统具有两个基本功能：一是稳定掌子面；二是通过排泥泵将开挖渣料从泥水仓通过排泥管输送到泥水分离站。掌子面的稳定性靠膨润土泥浆对掌子面的压力以及靠膨润土泥浆的流变特性来确保。泥水循环系统由送排泥泵、送排泥管、延伸管线、辅助设备等组成。在盾构推进过程中，地面泥浆池中的新泥浆通过送泥泵和隧道中的中继接力泵输送到开挖面。

排泥管路(盾构下部的一条管路)中配备有多个排泥泵和安装在隧道中的中继接力泵及安装在盾构竖井中的中继接力泵，泥水密度和泥水流量分别由安装在每条管路上的伽马密度仪和电磁流量仪来测定；正面泥水量由送泥泵来控制，排泥流量由排泥泵来控制。

在泥水循环系统中安装有两个伽马密度测量仪，用以测定送排泥管内密度的“即时”值。密度值在显示屏上显示。如果送泥管或排泥管内的密度超过预先设定的数值，则产生警报信号，提示司机改变掘进的参数，或通知地面检查泥水分离系统的工作状况。如果密度超出设计的进泥密度和排泥密度过多，司机应当停机通知相关人员检查，找出原因。在一个行程结束时，密度的平均值将在掘进报告中给出，根据这个平均密度，可以进行密度分析，进行泥水改良工作。

6. 泥水分离技术

泥水盾构是通过加压泥水来稳定开挖面，其刀盘后面有一个密封隔板，与开挖面之间形成泥水仓，里面充满了泥浆，开挖土渣与泥浆混合由排泥泵输送到洞外的泥水分离站，经分离后进入泥浆调整池进行泥水性状调整后，由送泥泵将泥浆送往盾构的泥水仓重复使用。通常将盾构排出的泥水中水和土分离的过程，称为泥水处理。

泥水处理设备设于地面，由泥水分离站和泥浆制备设备两部分组成。泥水分离站主要由振动筛、旋流器、储浆槽、调整槽、渣浆泵等组成；泥浆制备由沉淀池、调浆池、制浆系统等组成。

1)泥水分离站

选择泥水分离设备时，必须考虑两个方面：一是必须具有与推进速度相适应的分离能力；二是必须能有效地分离排泥浆中的泥土和水分。同时，在考虑分离站的能力时还应有一定的储备系数。

泥水处理一般分为三级：一级泥水处理的对象是粒径74μm以上的砂和砾石，工艺比较简单，用振动筛或旋流器等设备对其进行筛分，分离出的土颗粒用车运走；二级泥水处理的对象主要是一级处理时不能分离的74μm以下的淤泥、黏土等的细小颗粒；三级处理是对需排放的剩余水做pH值调整，使泥水排放达到国家环保要求，其处理采用的材料主要是稀硫酸或适量的二氧化碳气体。

2)泥浆制备

泥水制作流程及控制措施如图3.30所示。

从泥水分离站排出的泥浆经沉淀后进入调整槽，在调整槽内对泥浆进行调配，确保输送到盾构的泥浆性能满足使用要求。制浆设备主要包含1个剩余泥水槽、1个黏土溶解槽、1个清水槽、1个调整槽、1个CMC(增黏剂)储备槽、搅拌装置等。

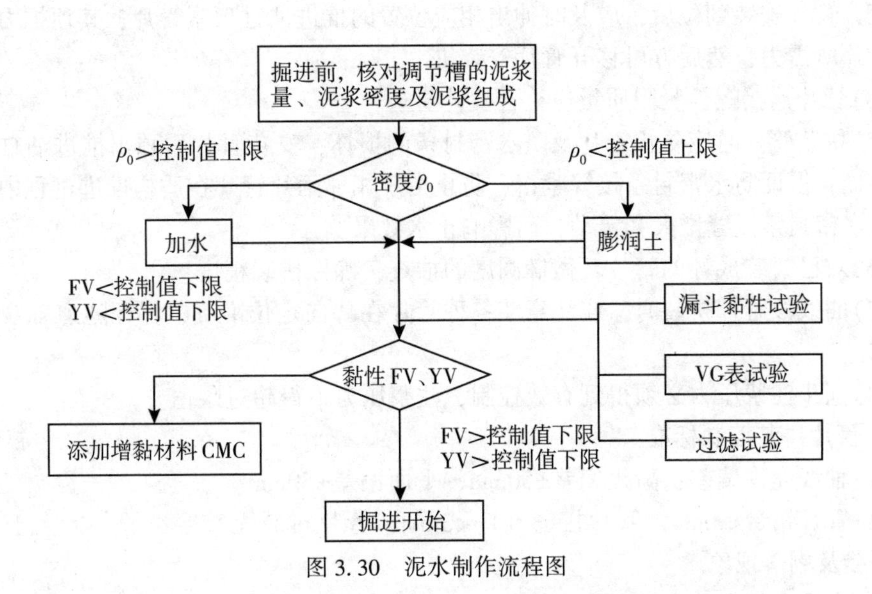

图3.30　泥水制作流程图

泥水制备时，使用黏土、膨润土(粉末黏土)提高密度，添加CMC来增大黏度。黏性大的泥浆在砂砾层可以防止泥浆损失、砂层剥落，使作业面保持稳定。在坍塌性围岩中，也宜使用高黏度泥水，但是泥水黏度过高，处理时容易堵塞筛眼；在黏土层中，黏度不能过低，否则会造成开挖面塌陷。

3.4.5　管片拼装技术

1. 拼装准备

在拼装管片前，检查确认所安装的管片及连接件等是否为合格产品，并对前一环管片环面进行质量检查和确认；掌握所安装的管片排列位置、拼装顺序，盾构姿态、盾尾间隙(管片安装后，盾尾间隙要满足下一掘进循环限值，确保有足够的盾尾间隙，以防盾尾直接接触管片)等；盾构推进后的姿态应符合拼装要求。

2. 管片拼装作业

管片的拼装从隧道底部开始，先安装标准块，依次安装相邻块，最后安装封顶块。安装封顶块时先径向搭接约2/3管片宽度，调整位置后缓慢纵向顶推。管片安装到位后，及时伸出相应位置的推进油缸顶紧管片，然后移开管片安装机。

管片每安装一片，先人工初步紧固连接螺栓；安装完一环后，用风动扳手对所有管片螺栓进行紧固；管片脱出盾尾后，重新用风动扳手进行紧固。拼装要点如下。

(1)管片拼装应按拼装工艺要求逐块进行，安装时必须从隧道底部开始，然后依次安装相邻块，最后安装封顶块。每安装一块管片，立即将管片纵环向连接螺栓插入连接，并戴上螺帽用电动扳手紧固。

(2)封顶块安装前，对止水条进行润滑处理，安装时先径向插入，调整位置后缓慢纵向顶推。

(3)在管片拼装过程中，应严格控制盾构推进油缸的压力和伸缩量，使盾构位置保持不变，管片安装到位后，应及时伸出相应位置的推进油缸顶紧管片，其顶推力应大于稳定管片所需力，然后方可移开管片安装机。

(4)管片连接螺栓紧固质量应符合设计要求。

(5)拼装管片时应防止管片及防水密封条的损坏，安装管片后顶出推进油缸，扭紧连接螺栓，保证防水密封条接缝紧密，防止由于相邻两片管片在盾构推进过程中发生错动，防水密封条接缝增大和错动，而影响止水效果。

(6)对已拼装成环的管片环做椭圆度的抽查，确保拼装精度。

(7)曲线段管片拼装时，应注意使各种管片在环向定位准确，保证隧道轴线符合设计要求。

(8)同步注浆压力必须得到有效控制，注浆压力不得超过限值。

3. 管片拼装控制标准

(1)轴线允许偏差：高程偏差±50mm，平面偏差±50mm。

(2)管片错台<3mm，管片接缝开口<3mm，管片拼装无贯穿裂缝，无大于0.3mm宽的裂缝及剥落现象。

(3)水平直径和垂直直径允许偏差<50mm。

3.4.6　壁后注浆技术

1. 注浆目的与方式

管片壁后注浆按与盾构推进的时间和注浆目的不同，可分为同步注浆、二次补强注浆和堵水注浆。

同步注浆：同步注浆与盾构掘进同时进行，是通过同步注浆系统及盾尾的注浆管，在盾构向前推进盾尾空隙形成的同时注浆，浆液在盾尾空隙形成的瞬间及时起到充填作用，使周围岩体获得及时的支撑，可有效防止岩体的坍塌，控制地表沉降。

二次补强注浆：管片背后二次补强注浆则是在同步注浆结束以后，通过管片的吊装孔对管片背后进行补强注浆，以提高同步注浆的效果，补充部分不充填的空腔，提高管片背后土体的密实度。二次注浆时浆液充填时间滞后于掘进一定的时间，对围岩起到加固和止水的作用。

堵水注浆：为提高背衬注浆层的防水性及密实度，在富水地区考虑前期注浆受地下水影响以及浆液固结率的影响，必要时在二次注浆结束后进行堵水注浆。

盾构推进时，在围岩坍落前及时地对盾尾空隙进行压浆，充填空隙，稳定地层，不但可防止地面沉降，而且有利于隧道衬砌的防水。选择合适的浆液(初始黏度低，微膨胀，后期强度高)、注浆参数、注浆工艺，在管片外围形成稳定的固结层，将管片包围起来，形成一个保护圈，防止地下水浸入隧道中。壁后注浆的目的如下。

(1)使管片与周围岩体的环形空隙尽早建立注浆体的支撑体系，防止洞室岩壁坍陷与地下水流失造成地层损失，控制地面沉降值。

(2)尽快获得注浆体的固结强度，确保管片衬砌的早期稳定性。防止长距离的管片衬砌背后处于无支承力的浆液环境内，使管片发生移位变形。

(3)作为隧道衬砌结构加强层，具有耐久性和一定强度。充填密实的注浆体将地下水与管片相隔离，避免或大大减少地下水直接与管片接触，从而作为管片的保护层，避免或减缓了地下水对管片的侵蚀，提高管片衬砌的耐久性。

2. 同步注浆参数的控制

同步注浆是从安装在盾构上的注浆管直接注入盾尾空隙的方法，盾构推进油缸与注浆是联动的，控制系统通过 PLC 与盾构的推进相互锁定，保证盾构前进时环缝中的压力。砂浆流动速度是无级调整的，这样就可以调整它来满足盾构前进的速度。注浆操作通过预先设定的压力进行控制，从而保证：避免过高的压力损坏盾尾密封或管片；系统中每个部位都有足够的压力来平衡预计的地面土压力和地面水压力，这样可避免地面的沉降。

所有操作功能都通过中央控制板控制。注浆操作控制板上可以选择/预先设定：每个注入点上的砂浆压力、在每个注入点计算行程(砂浆量)、总行程计算(砂浆量)、每环的注入点砂浆注入量、每环总的砂浆量、预先设定的限定值。

1)注浆压力

同步注浆时要求在地层中的浆液压力大于该点的静止水压及土压力之和，做到尽量填补而不宜劈裂。注浆压力过大，管壁外面土层会被浆液扰动而造成地表隆起，浅埋地段易造成漏浆；而注浆压力过小，浆液填充速度过慢，填充不充足，会使地表沉降增大。泥水盾构施工中，一般同步注浆压力比相应水压高 0.2~0.3MPa。

2)注浆量

同步注浆量理论上是充填切削土体与管壁之间的空隙，但同时要考虑盾构推进过程中的纠偏、跑浆(包括向地层中扩散)和注浆材料收缩等因素。

3)注浆时间及速度

根据盾构推进速度，以每循环达到总注浆量而均匀注入，从盾构推进进行注浆开始，推进完毕注浆结束，具体注浆速度根据现场实际掘进速度计算确定。

3. 注浆材料

必须选择适合隧道的土质和盾构型式等条件的注浆材料。作为注浆材料，应具备以下性质：不发生材料离析、不丧失流动性、注浆后的体积减少量小、尽早达到围岩强度以上、水密性好。

注浆材料最重要的是充填性、流动性及不向盾尾以外的区域流失等特性，满足这些特性是实现壁后注浆目的的关键。但由于上述条件是相互矛盾的，比如为了提高充填性，应使浆液的流动性好，但是流动性太好，又易使隧道管片背后顶部部分出现无浆液充填的现象。

通常使用的注浆材料有单液型和双液型。

1)单液

单液注浆材料的性质具有：①可压送的流动性；②能填充到目标间隙范围；③在填充的注浆材料硬化前，不发生材料离析或凝固。

单液浆液在搅拌机中经拌和成为流动的液体，再由砂浆泵，注入盾尾后部的间隙，注入时要求浆液处于流动性好的液态，以利于充填，浆液经过液体—固体的中间状态(流动态凝结及可塑状凝结)后固结(硬化)。但是，由于水泥的水化反应非常缓慢，所以从注入到固结需要几个小时，因此，管片背面的顶部位置很难充填到，加上水泥砂浆液易受地下水的稀释，致使早期强度下降。

在单液浆液中不同的材料配比，决定了它们出现不同的凝胶时间、抗压强度、固结率等，加入的水玻璃作为速凝剂以加快浆液的凝胶时间。

2)双液

双液注浆材料的性质具有：①能在指定范围内注浆；②材料离析少而且不受地下水的影响；③能调节硬化时间；④能根据需要尽早达到所需的强度等。

在围岩难以稳定的黏土层或易坍塌的砂层，需要在推进的同时，把壁后注浆材料通过安装在盾尾中的注浆管注入空隙中，除了要求在注浆期间具有流动性外，还要求浆液在注浆后可迅速变为可塑状固结或固结，故背后注浆中使用的是水玻璃类双液型浆液。以水泥与水玻璃浆液为主剂，根据需要添加其他附加剂，它克服了水泥砂浆液(单液)的凝结时间长、不宜控制等不利。凝胶时间随水玻璃浓度、水泥浆浓度(即水灰比)、水玻璃与水泥浆体积比、温度等有关。在一般情况下，水泥浆浓度增大，浆液凝胶时间长；水玻璃与水泥浆体积比增大，浆液的凝胶时间短；水玻璃浓度增大，凝胶时间缩短。

使用双液注浆时，应注意清洗注浆管，否则会发生堵管现象。

3.4.7 施工测量

盾构隧道施工测量的目的：保证盾构隧道掘进和管片拼装按隧道设计轴线施工；建立隧道贯通段两端地面控制网之间的直接联系；并将地面上的坐标、方位和高程适时地导入地下联系测量，作为后续工程(铺轨、设备安装等)的测量依据。

盾构施工测量应根据施工环境、工程地质条件、水文地质条件、掘进指标等确定施工测量与控制方案。盾构施工测量的内容主要包括：隧道环境监控测量、隧道结构监控测量、盾构掘进测量、盾构贯通测量、盾构隧道竣工测量等。

1. 交桩复核测量

对业主所交的水平控制网的点位和高程控制网的水准点，在开工前应复测一次。

水平控制网的点位主要由两部分组成，一部分是GPS控制点，另一部分是加密的导线点。导线点与在其旁边所做的附点组成闭合导线环进行复测，开工前复测一次，以后根据施工进度在复测洞内控制点时进行复测，或根据现场需要组织复测。

高程控制网的水准点，开工前复测一次，以后根据施工进度在复测洞内控制点时进行复测，或根据现场需要组织复测。

2. 隧道环境监控测量

隧道环境监控测量，包括线路地表沉降观测、沿线邻近建(构)筑物变形测量和地下管线变形测量等。线路地表沉降观测，应沿线路中线按断面布设，观测点埋设范围应能反映变形区的变形状况。宜按表3.8要求设置断面。地表地物、地下物体较少地区的断面设置可放宽。

表 3.8　　**观测点埋设范围**

隧道埋设深度/m	观测志纵向间距/m	观测点横向间距/m
$H>2D$	20~50	7~10
$D<H<2D$	10~20	5~7
$H<D$	10	2~5

注：H 为隧道埋设深度；D 为隧道开挖宽度。

沿线邻近建(构)筑物变形测量，应根据结构状况、重要程度、影响大小有选择地进行变形观测。

地下管线变形测量一般应直接在管线上设置观测点。

盾构穿越地面建筑物、铁路、桥梁、管线等时，除应对穿越的建(构)特进行观测外，还应增加对其周围土体的变形观测。隧道环境监控测量，应在施工前进行初始观测，直至观测对象稳定时结束。变形测量频率见表 3.9。

表 3.9　　**隧道环境监控变形测量频率**

变形速度/$\text{mm}\cdot\text{d}^{-1}$	施工状况	测量频率/次$\cdot\text{d}^{-1}$	变形速度/$\text{mm}\cdot\text{d}^{-1}$	施工状况	测量频率/次$\cdot\text{d}^{-1}$
>10	距工作面 1 倍洞径	2/1	1~4	距工作面 2~5 倍洞径	1/2
5~10	距工作面 1~2 倍洞径	1/1	<1	距工作面>5 倍洞径	<1/7

3. 隧道结构监控测量

隧道结构监控测量包括：盾构始发井、接收井结构和隧道衬砌环变形测量，管片应力测量。隧道管片环的变形测量包括水平收敛、拱顶下沉和底板隆起；隧道管片应力应采用应力计测量；初始观测值应在管片浆液凝固后 12h 内采集。

4. 盾构掘进测量

1)盾构始发位置测量

盾构掘进测量也称施工放样测量。

盾构始发井建成后，应及时将坐标、方位及高程传递到井下相应的标志点上；以井下测量起始点为基准，实测竖井预留出洞口中心的三维位置。

盾构始发基座安装后，测定其相对于设计位置的实际偏差值。盾构拼装竣工后，进行盾构纵向轴线和径向轴线测量，主要有刀盘、机头与盾尾连接点中心、盾尾之间的长度测量，盾构外壳长度测量，盾构刀口、盾尾和支承环的直径测量。

2)盾构姿态测量

(1)平面偏离测量。

测定轴线上的前后坐标并归算到盾构轴线切口坐标和盾尾坐标，与相应设计的切口坐标和盾尾坐标进行比较，得出切口平面偏离值和盾尾偏离值，最后将切口平面偏离值和盾尾偏离值加上盾构转角改正后，就是盾构实际的平面姿态。

(2)高程偏离测量。

测定后高程加上盾构转角改正后的高程，归算到后标盾构中心高程，按盾构实际坡度归算切口中心高程及盾构中心高程，再与设计的切口里程高程及盾尾里程高程进行比较，得出切口中心高程偏离值及盾尾中心高程偏离值，就是盾构实际的高程姿态。

盾构测量的技术手段应根据施工要求和盾构的实际情况合理选用，及时准确地提供盾构在施工过程中的掘进轨迹和瞬时姿态；采用2′全站仪施测；盾构纵向坡度应测至1‰，横向转角精度测至1′，盾构平面高程偏离值和切口里程精确至1mm。

盾构姿态测定的频率视工程的进度及现场情况而定，理论上每10环测一次。

(3)管片成环状况测量。

管片测量包括测量衬砌管片的环中心偏差、环的椭圆度和环的姿态。每3~5环管片测量一次，测量时每个管片都应当测量，并测定待测管片的前端面。测量精度应小于3mm。

5. 贯通测量

隧道贯通测量包括地面控制测量、定向测量、地下导线测量、接收井洞心位置复测等。隧道贯通误差应控制在：横向±50mm，竖向±25mm。

6. 竣工测量

1)线路中线调整测量

以地面和地下控制导线点为依据，组成附合导线，并进行左右线的附合导线测量。中线点的间距，直线上平均为150m，曲线上除曲线元素点外不小于60m。

对中线点组成的导线采用Ⅱ级全站仪，左右角各测三测回，左右角平均值之和与360°较差小于5″，测距往返各二测回，往返二测回平均值较差小于5mm。经平差后线路中线依据设计坐标进行归化改正。

2)断面测量

利用断面仪进行断面测量，每一断面处测点6个。根据测量结果确定检查盾构管片衬砌完成后的限界情况。对于地铁隧道，一般直线段每10m测量一个净空断面，曲线段每5m测量一个净空断面，断面测量精度小于10mm。

3.4.8　特殊地段及特殊地质条件施工

特殊地段及特殊地质条件主要是指覆土厚度小于盾构直径*D*的浅覆土层、曲线半径小于40*D*的小半径曲线地段、坡度大于30‰的大坡度地段、穿过地下管线地段、遇到地下障碍物地段、穿越建(构)筑物地段、平行盾构隧道净间距小于0.7*D*的小净距地段、穿越江河地段、砂卵石及大孤石地段、穿越地质条件复杂地段等。

1. 特殊地段和特殊地质施工要点

(1)盾构施工进入特殊地段和特殊地质条件前，必须详细查明和分析工程的地质状况与隧道周边环境状况，对特殊地段及特殊地质条件下的盾构施工制定相应可靠的施工技术措施。

(2)根据隧道所处位置与地层条件，合理设定和慎重管理开挖面压力，把地层变形值控制在预先确定的允许范围以内。

(3)根据不同隧道所处位置与不同工程地质与水文地质条件，预计壁后注浆的材料和压力与流量，在施工过程中根据测量结果，进行注浆材料和压力与流量调整，防止浆液逸出，以达到严格控制地层松弛和变形的目的。

(4)施工中对地表及建(构)筑物等沉降进行预测计算，并加密监测测点和频率，根据监测结果不断调整盾构掘进参数。当测量值超过允许值时，应采取应急对策。

2. 特殊地段及特殊地质条件的针对性施工措施

1)浅覆土层施工

(1)为减少施工对环境的影响，可采取地层加固、地面建(构)筑物保护措施。

(2)应事先制定相应的措施，以克服因覆土荷载小而导致盾构抬头。

2)小半径曲线施工

(1)必须根据地层条件、超挖量、壁后注浆、辅助工法等制定小半径曲线施工方案和安全施工措施，并注意防止推进反力引起隧道变形、移动等。

(2)使用超挖装置时，应将超挖量控制在施工需要的最小范围之内。

(3)壁后注浆应选择体积变化小、早期强度高、速凝型的注浆材料。

(4)应增加施工中线、水平测量的频率，并定期检测洞内控制点。

(5)在施工过程中应采取措施以防止后配套车架脱轨或倾覆。

(6)为防止由于转弯部分超挖引起地层松动和增大地层抗力，可考虑选择合适的辅助工法进行地层加固。

(7)应注意把盾尾间隙的变化控制在允许范围内。

3)大坡度区段施工

在大坡度进行盾构施工时，易造成成环隧洞浮动，盾构在上坡时容易发生“上抛”现象，盾构后配套容易发生脱落，运输机车容易发生溜车事故。对此可采取以下针对性措施。

(1)每环推进结束后，必须拧紧当前环管片的连接螺栓，并在下环推进时进行复紧，避免作用于管片推力产生的垂直分力，引起成环隧洞浮动。

(2)盾构上坡推进时，盾构很容易发生“上抛”现象。调整盾构向上纠偏2‰左右，调整好土仓(泥水)压力设定值，以切口土体不隆起或少隆起为主。

(3)在选择运输设备和安全设施时，必须考虑大坡度区段施工的安全，对牵引机车进行必要的牵引计算，并考虑一定的余量。施工中可采用大吨位电机车作为水平运输的牵引动力，并要求具有安全可靠的止动装置；同时，编组列车的管片车及砂浆车也安装制动装置；隧洞运输轨道在盾构后配套及盾构内设置安全可靠的制动装置。

(4)上坡时应加大盾构下半部推进千斤顶的推力，这样可以有效控制盾构的方向。对后方台车，要采取防止脱滑措施。

(5)同步及即时注浆时宜采用收缩率小、早期强度高的浆液。

(6)在急下坡始发与到达时，基座应有防滑移安全措施。

(7)在急上坡到达时，为防止地层坍塌、漏水，事先必须制订相应对策。

(8)在大坡度区段，地层的土水压力随着不断推进而时刻变化，因此开挖面压力也必须根据土水压力进行适当调整，特别是下坡时，由于压力仓内的开挖土砂有可能出现滞留而不能充分取土，必须慎重管理开挖土量。

4)地下管线区段施工

根据管线制造材料、接口构造、管节长度等不同情况，地下管线大致可分为刚性管线和柔性管线两种。它们对于隧道施工中不可避免的地层沉降的反应是不同的。对于刚性管线来说，当地层移动时，主要考虑是否会引起管道断裂破坏；而对于柔性管线来说，地层移动造成的影响则主要是管线接头的断裂或泄漏引起的破坏。

(1)在施工前，必须详细查清沿线受施工影响范围内的各种地下管线的分布、管线类型、允许变形值等情况，分析预测地层隆陷对管线的影响，并在施工中加强监测。针对不同的管线及其与隧道的不同位置关系，采取合理的保护措施。

(2)对重要管线和施工中难以控制的管线施工前，应根据不同情况采用迁移、加固措施。当施工前预测和施工中监测分析确认某些重要管线可能受到损害时，将根据地面条件、管线埋深条件等采用临时加固、悬吊，或管下地基注浆等保护方案。加强与有关管线单位的协同合作，顺利完成对管线的调查与保护工作。

(3)盾构掘进时应及时调整掘进速度和出土量，从而减少地表的沉降和隆起，及时对环形空隙进行充填，并且做好二次补压浆工作。

(4)加强地面沉降监测，尤其对沉降敏感的管线(如混凝土管、煤气管等)要重点布点监测并及时分析评估施工对管线的影响，根据施工和变位情况调节观测的频率，及时反馈指导施工。

(5)在盾构进入管线区以前，将已通过段所得到的地层变形实际监测成果作为基础，再次对管线区内的地面沉降做出进一步预测，以期准确反映实际情况，并据此提出正确的管线保护方案。

5)地下障碍物处理

(1)地下障碍物处理前，必须查明障碍物具体位置和实物，制定处理方案，以确保施工安全。

(2)地下障碍物的处理一般遵循提前从地面采取措施处理的原则。如确需在盾构掘进过程中进行处理时，必须充分研究可行性与对策。

(3)从地面拆除地下障碍物时，可选择合适的辅助工法，拆除后要妥当地进行回填。

(4)在盾构掘进过程中拆除障碍物时，可选择带压作业或地层加固方法。

(5)在开挖面的狭窄空间内，安全地进行障碍物的切断、破碎、拆除、运出作业，应尽量控制地层的开挖量以保障开挖面的稳定。

6)穿越建(构)筑物施工

在隧道施工过程中，由于开挖破坏了地层的原始应力状态，这将引起地层的移动，而地层移动的结果又必将导致不同程度的地面沉降，当沉降差异过大时，建筑物就会遭到损坏。对天然浅基础建筑物，沉陷引起的建筑物差异沉降(倾斜)较大时，建筑物破坏的可能性也大。对桩基础建筑的保护主要是对处于松动圈和塑性区的桩基加以适当保护。因此，在施工前详细查清施工影响范围内的建筑物及其基础状况，在施工中加强监测，对其安全性作出判断，有针对性地采取主动措施加以必要的保护。

盾构施工前必须对可能穿越的建(构)筑物进行调查，并根据以往的工程经验，预计施工对建筑物的影响，必须有针对性地制定保护方案，采取保护措施，周密地进行管理，控制地表变形。对在施工影响范围内(左、右线中线两侧各30m)的所有地面建筑物包括高架桥、人行天桥、地下通道、地下商场等进行调查，调查的重点是四层(含四层)以上的建筑物，尤其要详细调查清楚位于隧道上方距左右线隧道断面15m范围内的业主未提供详细资料的建筑物，对已有资料的建筑物要进一步核实，未有资料的要全面调查。

施工对建筑物的影响主要取决于地层变形特征，根据不同地质和埋深条件，以及对施工引起的地层变形及其对建筑物的影响的不同，采取必要的加固与保护方案措施。

(1)对天然浅基础建筑物：加强建筑物变形监测分析，加强地表隆陷监测反馈指导施工；严格规范控制盾构掘进机的工况选择、转换和操作控制，及时注浆充填环形间隙，减少地层损失，控制地表隆陷。

(2)对深桩基础建筑物，结合以往成功实例和国内外的经验，盾构法隧道施工引起的松动圈厚度一般不超过2.5m。桩底距隧道2.5m范围内的桩基采取洞内径向注浆加固桩基底部地层，以保护和提高桩基承载力。对距隧道2.5~4.0m范围内的桩基，以洞内径向注浆加固桩底地层作为备用方案，将根据施工监测分析结果报业主和工程师批准后实施。

以建筑物调查结果和测量结果为基础，对施工前和施工初期引起的地层沉降及其对建筑物的影响进行精确预测。

在施工期间严格控制盾构掘进机的工况和操作参数以减少地层损失，及时注浆充填环形间隙，减少地层变形；使管片衬砌尽早支承地层以控制围岩松弛和塑性区的扩大。

对地表沉降和建筑物变形进行严密监测，对所有受影响的建筑物进行布点监测，对楼房再增加倾斜监测，并及时分析反馈。同时利用实测数据进一步修正完善地表沉降和建筑物变形的预测结果，对可能引起有害变形的建筑物做出早期预警并制订应急措施，确定备用方案的实施与否。

7)小净距隧道施工

(1)施工前，应根据隧道所处的地层条件、盾构型式、隧道断面大小、两条隧道之间的相对位置与距离，预计施工对已建隧道的影响和平行隧道掘进时的互相影响，并采取相应的施工措施以减少这些影响。

(2)施工过程中，应控制掘进速度、土仓压力、出土量、注浆压力等以减少对临近隧道的影响。

(3)可采取以下辅助施工措施以防止地层的松动和盾构隧道的变形：①加固盾构隧道间的土体；②加固已有建(构)筑的地基；③两条隧道应错开施工。

8)穿越江河地段

(1)穿越过江河地段施工应特别重视详细查明地层条件和河流情况，制订可靠的施工措施。

(2)穿越江河施工时，必须选择合理的盾构设备类型。

(3)施工过程中，应确保开挖面的稳定，防止地层坍塌、突水突泥。

(4)现场必须准备足够的防排水设备与设施。

(5)必要时，对水底地层进行预加固处理。

(6)采取措施防止对堤岸、周边结构物的影响。

(7)特别注意观察与防止泥浆和添加材料的泄漏和喷出；特别注意观察与解决管片的变形和隧道上浮问题。

9)砂卵石及大孤石地段

(1)施工前，应根据砾石粒径、含量和施工长度及出渣设备能力等因素，选择盾构的刀盘形式和刀具配制方式、数量；选择合理设计的盾构刀盘，确保刀盘有足够的强度和刚性，使之不会变形，并根据不同地质状况选用不同的布刀方式；设计宽大的并列式双室入仓，并考虑超前加固措施及盾构姿态控制措施。

(2)采用土压平衡盾构时，应根据螺旋输送机出渣情况，做好渣土改良工作。

(3)采用泥水平衡盾构时，根据砾石含量和粒径选择破碎方法或输送泵。

(4)加强超前地质预报，根据前期的地质勘查资料，通过地质调查结合超前地质钻探，进一步确定可能有孤石的位置，以便于提前采取有效措施。在有孤石地段进行预先加固，在常压下开仓处理。

10)穿越复杂地层地段施工

(1)穿越复杂地层地段，应优先选择使用复合式盾构进行施工。

(2)综合考虑所穿越地段地质条件，合理选择盾构刀具形状和配置，以适应各种地层的掘进。

(3)合理选择适当时机和地点，及时更换刀具或改变其配置，以适应前方地层的掘进。

(4)根据开挖面地质预测预报信息，调整掘进参数和壁后注浆参数，以确保开挖面的稳定和掘进速度。

(5)根据开挖面地质条件，及时调整土压平衡压力，及时决定是否采用渣土改良或及时调整渣土改良参数。

3.4.9 盾构到达技术

1. 盾构到达施工程序

盾构到达是指盾构沿设计线路，在区间隧道贯通前100m掘进至区间隧道贯通后，然后从预先施工完毕的洞口处进入车站或竖井内的整个施工过程，以盾构主机推出洞门爬上接收小车、后配套与盾构主机分离为止。

盾构到达一般按下列程序进行：洞门凿除→接收基座的安装与固定→洞门密封安装→到达段掘进→盾构接收。

到达设施包括盾构接收基座(也称接收架)、洞门密封装置。接收架一般采用盾构始发架。

2. 盾构到达施工的主要内容

盾构到达施工主要内容包括以下几项。

(1)到达端头地层加固。

(2)在盾构贯通之前 100m、50m 处分别对盾构姿态进行人工复核测量。

(3)到达洞门位置及轮廓复核测量。

(4)根据前两项复测结果确定盾构姿态控制方案并进行盾构姿态调整。

(5)到达洞门凿除。

(6)盾构接收架准备。

(7)靠近洞门最后 10~15 环管片拉紧。

(8)贯通后刀盘前部渣土清理。

(9)盾构接收架就位、加固。

(10)洞门防水装置安装及盾构推出隧道。

(11)洞门注浆堵水处理。

(12)制作连接桥支撑小车、分离盾构主机和后配套机械结构连接件。

3. 盾构到达的准备工作

盾构到达前，应做好下列工作。

(1)制定盾构接收方案，包括到达掘进、管片拼装、壁后注浆、洞门外土体加固、洞门围护拆除、洞门钢圈密封等工作的安排。

(2)对盾构接收井进行验收并做好接收盾构的准备工作。

(3)盾构到达前 100m、50m 时，必须对盾构轴线进行测量、调整。

(4)盾构切口离接收井距离约 10m 时，必须控制盾构推进速度、开挖面压力、排土量，以减小洞门地表变形。

(5)盾构接收时应按预定的拆除方法与步骤来拆除洞门。

(6)当盾构全部进入接收井内基座上后，应及时做好管片与洞门间隙的密封，做好洞门堵水工作。

4. 盾构到达施工要点

(1)盾构到达前应检查端头土体加固效果，确保加固质量满足要求。

(2)做好贯通测量，并在盾构贯通之前 100m、50m 处分别对盾构姿态进行人工复核测量，确保盾构顺利贯通。

(3)及时对到达洞门位置及轮廓进行复核测量，不满足要求时及时对洞门轮廓进行必要的修整。

(4)根据各项复测结果确定盾构姿态控制方案并提前进行盾构姿态调整。

(5)合理安排到达洞门凿除施工计划，确保洞门凿除后不暴露过久。并针对洞门凿除施工制定专项施工方案。

(6)盾构接收基座定位要精确，定位后应固定牢靠。

(7)增加地表沉降监测的频次，并及时反馈监测结果指导施工。盾构到站前要加强对车站结构的观察，并加强与施工现场的联系。

(8)为保证近洞管片稳定，盾构贯通时需对近洞口 10~15 环管片做纵向拉紧。

(9)帘布橡胶板内侧涂抹油脂，避免刀盘刮破橡胶板而影响密封效果。

(10)在盾构贯通后安装的几环管片，一定要保证注浆及时、饱满。盾构贯通后必要时对洞门进行注浆堵水处理。

(11)盾构到达时各工序衔接要紧密，以避免土体长时间暴露。

5. 到达位置复核测量

盾构到达施工位置范围时，应对盾构位置和盾构隧道的测量控制点进行测量，对盾构接收井的洞门进行复核测量，确定盾构贯通姿态及掘进纠偏计划。在考虑盾构的贯通姿态时需注意两点：一是盾构贯通时的中心轴线与隧道设计轴线的偏差；二是接收洞门位置的偏差。综合这些因素在隧道设计中心轴线的基础上进行适当调整，纠偏要逐步完成。

6. 盾构到达段掘进

根据到达段的地质情况确定掘进参数：低速度、小推力、合理的土压力(或泥水压力)和及时饱满的回填注浆。

在最后10~15环管片拼装中要及时用纵向拉杆将管片连接成整体，以免在推力很小或者没有推力时管片之间发生松动。

7. 接收基座安装及盾构推上接收基座

接收基座的构造同始发基座，接收基座在准确测量定位后安装。其中心轴线应与盾构进接收井的轴线一致，同时还要兼顾隧道设计轴线。

接收基座的轨面标高应适应盾构姿态，为保证盾构刀盘贯通后拼装管片有足够的反力，可考虑将接收基座的轨面坡度适当加大。接收基座定位放置后，采用I25的工字钢对接收基座前方和两侧进行加固，防止盾构推上接收基座的过程中接收基座移位。

在接收基座安装固定后，盾构可慢速推上接收基座。在通过洞门临时密封装置时，为防止盾构刀盘和刀具损坏帘布橡胶板，在刀盘外圈和刀具上涂抹黄油。

盾构在接收基座上推进时，每向前推进2环则拉紧一次洞门临时密封装置，通过同步注浆系统注入速凝浆液填充管片外环形间隙，保证管片姿态正确。

8. 洞门圈封堵

在最后一环管片拼装完成后，拉紧洞门临时密封装置，使帘布橡胶板与管片外弧面密贴，通过管片注浆孔对洞门圈进行注浆填充。注浆的过程中要密切关注洞门的情况，一旦发现有漏浆的现象，应立即停止注浆并进行封堵处理。确保洞口注浆密实，洞门圈封堵严密。

3.4.10 二次衬砌施工技术

1. 盾构隧道的二次衬砌

一般盾构隧道在完成管片安装后即可，不需进行二次模注衬砌，但为满足个别盾构隧道工程的特殊需要，有时也在管片衬砌后再进行一次模注衬砌。目前这种二次模注衬砌只能单工序施工，即在管片安装全部完成后再单独施作模注混凝土。

在二次衬砌施工前，必须进行管片接头螺栓的复紧，管片的清扫及漏水部分的止水。

2. 二次模注混凝土设备

1)全圆针梁模板台车

全圆针梁模板台车，是在长隧道圆形断面上，利用钢模与针梁互为支承，穿梭前进。它具有操作方便灵活、施工速度快、混凝土表面平整光滑、接缝错台小等优点。但相对穿行模板台车，针梁式全圆模板台车只有一个工作面，故单口衬砌速度受到约束。

全圆针梁模板台车的针梁长度可根据具体施工要求确定，它由若干段拼接而成，箱形结构的针梁断面尺寸也根据隧道断面确定，针梁两端的下面有高度不同的支承横梁，用来连接针梁及其下部的支承油缸，整个钢模是由针梁下部的4个支承油缸支承。全圆针梁模板台车分为4段模板，一般每段模板长12~15m，每段均包括底模、左右侧模和顶模4块，每块之间均为铰接，除底模是随着针梁共起落而脱模外，其侧模、顶模各自具有独立液压系统，可分别进行工作。

在组合钢模板上开有若干个(尺寸一般为450mm×600mm)窗口，以供进料、进出人及检查之用。此外，还设有若干个孔，用来埋设灌浆管。在顶模上还设有3个混凝土尾管注入口，以便拆去混凝土导管时不致使仓内混凝土外流，并可借助于混凝土泵的压力使隧洞顶拱浇满混凝土。

在组合钢模的顶拱和左右侧模的全长上布置液压油缸(有的也采用丝杆)，供浇注混凝土时用作固定支承，和脱模时用作收模，模板脱模后，再次复位时，则由定位油缸的定位销来保证其圆度。在针梁下部的支承油缸和上部的抗浮支承架油缸，以及针梁两端的横移调整油缸，是为针梁钢模相对于隧洞轴线的位置调整之用。走行龙门架与钢模连接成整体，通过龙门架的上、下部支承滚轮，实现模板的前移和针梁的移动。

2)全圆穿行式模板台车

穿行式模板台车，是在整体式模板台车的基础上发展而来的。整体式模板台车下部设轨轮走行与模板部分为一整体，台车在混凝土灌注结束后，至混凝土强化至脱模期间，台车不能移动，从而使衬砌速度受到约束，为此需增加整体模板台车台数，以提高衬砌速度。穿行式模板台车，可在等待其中一节模板灌注后的混凝土强化期间，进行另外一节模板的衬砌工序作业。因此，当模板台车台数相同时，穿行式模板台车的衬砌速度比整体式模板台车的衬砌速度快得多，可实现单个工作面的快速衬砌。

穿行式模板台车一般由2~3段模板总成、一个龙门架组成，龙门架的作用是反复背驮模板总成，或进行混凝土浇筑，或与待收模的模板总成连接进行拆模，并前移至下一支立位置。穿行式模板台车的模板总成由顶模、两侧边模及两底模组成，当浇注完混凝土、龙门架撤离时，模板总成可自立承载混凝土重量；模板总成具有一定的强度和刚度；两端堵头使接缝衔接平滑、无缝隙。龙门架或称穿行架，由机架、走行机构、液压系统和螺杆支撑系统组成，龙门架结构承载混凝土浇筑时模板和混凝土的重量和压力；整个模板总成由龙门架支承并下降，这样内收后的模板总成外轮廓尺寸小于定位后的模板总成的内轮廓尺寸，使内收后的模板总成能在定位的模板总成内穿过；由于模板总成内收时要占据自行轨道以内的下部空间，所以龙门架长度大于模板长度，以便给模板内收让出空间；在模板两端以外，龙门架的四根立柱通过下面的走行机构与走行轨相接，4根立柱与箱形结构的主桁架相连，构成龙门架主体，龙门架的下横梁控制了通过车辆的高度；由液压系统完成对模板总成的支立。在模板总成和龙门架之间设置托架机构，使它们的连接方便、准确。

全圆穿行式模板台车的特点如下。

(1)可分离：龙门架与模板总成可以分离，而一般模板台车都为整体式。

(2)可自稳：模板总成在与龙门架分离后能够自稳，满足混凝土强度发展要求。

(3)可穿行：龙门架可背一组模板从另一组模板下穿过。

(4)可连续作业：一台龙门架配套3组模板总成可满足连续衬砌作业，达到快速施工的目的，单工作面设计月衬砌可达500m以上。

(5)可平行作业：台车结合软垫层铺设作业架、后部处理作业架等作业平台，能够满足各工序平行作业的要求。

基于以上特点，穿行式模板台车适用于衬砌速度要求高的长、大隧道。

3. 模板台车定位、灌注、脱模

1)模板台车定位、前移

由龙门架走行轮、升降油缸、水平横移油缸、龙门架与模板总成间的各伸缩油缸动作完成对接和中线、水平定位，并由龙门架与模板总成间及模板自身的连接销、锁定螺栓(杆)等完成锁定。

台车拱墙模板脱模后落在龙门架上，通过龙门架在3组模板之间的行走来实现台车拱墙模板的前移；底模模板由龙门架两端悬臂梁进行提升后，在龙门架上滑动前移，从而实现模板台车内的穿行。

底模一端靠模板间的对接螺栓承重，另一端靠活动安装的可调节位置下伸到管片的一排螺杆承重，螺杆要求避开钢筋网。

2)安装堵头

模板台车定位并锁定后，即进行木模堵头安装。木模堵头板预留止水条安装的缝带，在安装堵头板的过程把止水片也一并安装好。

3)混凝土灌注

灌注混凝土时应左右对称分层进行，确保两侧混凝土平行灌注，采用两台输送泵同时灌筑混凝土，在临近衬砌工作面处设浮放道岔，形成双线条件，以便停放输送泵、混凝土输送车牵引机车。采用插入式振捣器加高频低幅附着式振捣器配合进行捣固；灌注作业按相关规定及细则执行。

4)模板抗浮技术

模板台车的底部收缩量较大，在灌注混凝土过程中，模板台车一直受浮力作用。因此，在其龙门架前后两端各加设多个50t千斤顶，用以抵抗台车所受的巨大浮力。

5)封顶工艺

为确保安全和封顶密实，在台车上坡端最后一块模板拱顶预留有一排气孔。在台车定好位后，通过拱部窗口观察将排气管插到距岩面5cm左右时固定好。封顶时，只能用一台泵进行灌注，并有专人指挥，排气孔观察人员与混凝土泵司机要保持密切联系，排气孔一有漏浆，立即停止正常泵送，采取点动控制泵送，确保灌注安全。

在灌注封顶时，必须确保连续供应混凝土，并插好排气孔，注意封顶程序，确保安全和封顶密实。封顶结束后，当混凝土初凝后及时将排气管松动，拔出。

6)混凝土的脱模、养护

在混凝土灌筑完成48h后方可脱模，脱模时龙门架与预脱模的模板连接后，按先收侧模、再收顶模、最后收底模的程序进行脱模。脱模后喷水养护，养护期为14d，当隧洞内湿度在85%以上时，可停止喷水养护；当湿度不够时，继续喷水养护至28d龄期。

4. 衬砌施工主要技术措施

(1)严格拱顶混凝土灌注工艺，采取预埋排气管，确保拱顶混凝土灌注密实。

(2)精心进行配合比设计并不断优化，严格按配合比准确计量。

(3)立模前先检查断面、中线、渗漏水情况，清除底部积水、松散石渣等杂物。

(4)灌注混凝土期间，预埋注浆孔及排水孔孔洞。

(5)泵送混凝土入仓自下而上，从已灌筑段接头处向未灌筑方向，分层对称浇筑，防止偏压使模板变形。封顶混凝土应严格按规范操作，从内向端模方向灌注，排除空气，保证拱顶灌筑厚度和密实。

(6)严格控制混凝土从拌和出料到入模的时间，当气温20~30°C时不超过1h，10~19℃时不超过1.5h。严格控制混凝土生产过程，加强振捣，增加混凝土的密实度，保证衬砌混凝土的抗渗等级达到W8。每循环脱模后，清刷模板，涂脱模剂。

(7)冬季施工时，混凝土拌合、运输、养护应严格按规范要求执行。

5. 安全施工要点

(1)台车穿行时，模板必须收拢到穿行要求位置，模板上所有作业窗一律关闭、上紧，确保穿行安全。

(2)在穿行过程中，有专人掌握刹车器，另设专人指挥，防止台车溜放和冲撞。

(3)确保堵头板安装质量和模板立模质量，要有专人看模，遇险情立即通知停止灌注，并使人员撤离至安全地段。

(4)在灌注封顶时，注意封顶程序，确保安全和封顶密实。

3.5 工程应用——武汉地铁土压平衡盾构隧道工程

3.5.1 工程概况

1. 盾构区间概况

武汉地铁阳逻线(又称21号线)幸福湾站—朱家河站区间盾构工程采用2台土压平衡盾构机施工，线路出黄浦新城站后，东拐呈东西方向侧穿合武铁路高架桩基，继续向东以近乎垂直角度下穿京广铁路路基，下穿晖腾金属结构厂厂房，继而斜向下穿朱家河(长江支流)后沿规划道路后到达朱家河站。施工期间，区间地表基本为农田、厂房，过京广铁路后基本敷设于规划道路下。区间隧道左线长度为2158.677m(长链20.827m)，右线长度为2137.850m。线间距为11.40~39.03m，区间埋深为10.67~33.13m，左线线路平面最小曲线半径为570m，最大纵坡为27.800‰；右线线路平面最小曲线半径为500m，最大纵坡为28.000‰。区间共设3处联络通道，1#联络通道位于里程右 DK15+515.000(左 DK15+526.297)，2#联络通道位于右 DK16+013.000(左 DK16+041.934)，3#联络通道兼泵房位于右 DK16+575.100(左 DK16+597.614)。联络通道采用冷冻+矿山法施工。区间工程地理位置图如图 3.31 所示。

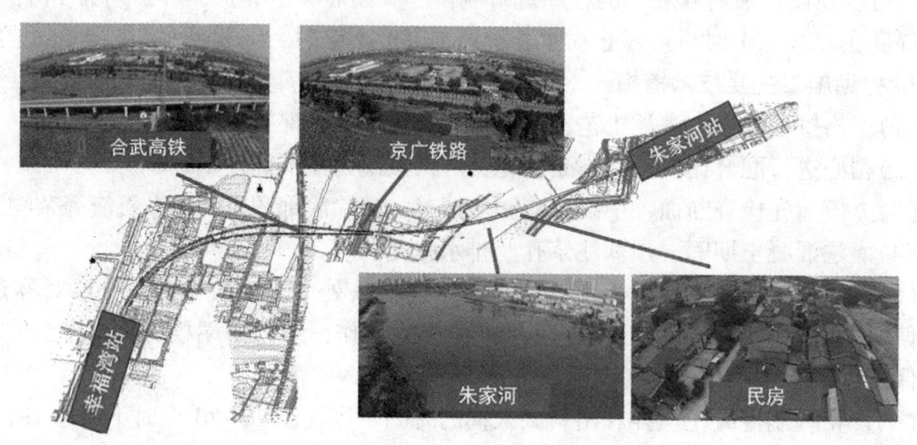

图 3.31　区间工程地理位置图

2. 工程地质概况

1)地形地貌

幸福湾站—朱家河站区间位于武汉市长江北岸，距长江约 1.1km。此段长江呈北东流向，其一级支流府河的南支朱家河自北西向南东流经本场地，后汇入长江。场地处于朱家河Ⅰ级阶地和长江Ⅱ级及Ⅲ级阶地分布区。里程右 DK16+040—右 DK17+870 段为朱家河两岸Ⅰ级阶地，地面标高 22.1~30.5m；里程 DK15+014.7—右 DK15+700 段及里程 DK17+870—右 DK17+992.2 段为Ⅱ级阶地，地面标高 20.8~23.0m；里程右 DK15+700—右 DK16+050 段属剥蚀堆积垄岗区(Ⅲ级阶地)，地面标高 19.9~23.2m。本区间在线路设计里程右 DK16+350—右 DK17+100 段下穿朱家河，勘察期间水面宽约 100m，河床标高 6.2~17.0m，水深 2.0~7.7m；进入汛期，2015 年 5 月 10 日所测河水位标高 14.52m，水面宽约 240m。里程右 DK16+390.5、右 DK17+071 处分别分布朱家河两岸堤防，堤顶标高分别为 27.4m、28.9m。此外，设计里程右 DK15+910—右 DK16+040、右 DK16+980—右 DK17+030 等段分布鱼塘，水深 1.0~2.0m，地面标高 19.0~21.8m。

2)地层岩性

根据钻孔揭露，结合区域地质资料分析对比，场地表层分布人工填土(Q^{ml})，其下为第四系全新统冲积层(Q_4^{al})，上更新统冲积、冲洪积、冲湖积层(Q_3^{al}、Q_3^{al+pl}、Q_3^{l+al})，中更新统湖冲积层(Q_2^{al})及第四系残坡积层(Q^{el+dl})；下伏基岩主要为白垩系—古近系(K—E*dn*)紫红色、暗红色或灰绿色碎屑岩，三叠系蒲圻组(T_2p)泥岩、粉砂岩、砂岩，陆水河组(T_2l)白云岩、灰质白云岩，大冶组及观音山组(T_1d+g)白云岩，二叠系栖霞组(P_1q)灰质白云岩等。

场地位于襄樊-广济断裂南侧，受构造影响，二叠系、三叠系遭受动力变质作用较明显，岩石破碎较强烈，碎裂岩较发育，普遍有白云岩化、硅化现象。钻孔揭示的地层岩性与原岩有较大区别。根据炭质页岩等标志层和其他岩性特征综合分析对比，大致区分了基岩地层时代，各时代地层岩性自上而下分述如下。

(1)人工填土(Q^{ml})。

①杂填土(1-1)：以沥青、混凝土地坪、碎石、砖块等建筑垃圾与生活垃圾、工业废料为主，结构松散，厚度0.5~9.0m。该层分布于场地表层，分布不连续。堆积年限10年以上。

②素填土(1-2)：为黏性土，褐、褐黄色，混杂少量砂土，偶夹碎、块石，结构松散，厚度0.5~11.0m。该层广泛分布于场地表层。一般堆积年限10年以上。

③淤泥质土(1-3)：为塘、沟内人工堆积的淤泥，呈软塑状，局部流塑状，含有机质及少量砖、碎石等杂质，性软。厚度0.4~4.6m，零星分布。

(2)第四系全新统冲积层(Q_4^{al})。

①粉土(2)：褐黄、褐灰色，结构较松散，呈欠固结状态，可见砖块、瓦片等杂物。该层厚度一般0.7~5.8m不等。

②粉质粘土(3-2)：褐黄色，少量灰—灰褐色，切面光滑，主要呈可塑状，偶见硬塑状，一般上硬下软，底部局部呈软塑状。该层厚度一般1.1~11.2m不等，主要分布于京广铁路以东，顶板埋深0.6~14.0m。

③淤泥质土(3-4)：灰—深灰色，主要为黏土，少量粉质黏土，偶见粉土，软塑状为主，局部呈流塑状。部分切面光滑，多呈饱和状态，局部底部含有砂层透镜体。有机质含量0.42%~2.52%，偶见螺壳碎片。厚度变化较大，多为0.9~12.0m，最厚达16.2m。主要分布于京广铁路以东，起伏较大，分布较连续，顶板埋深5.0~20.6m，相应标高-0.9~17.2m。

(3)第四系上更新统冲积层(Q_3^{al}、Q_3^{al+pl}、Q_3^{l+al})。

①黏土(7-1)：褐黄、褐灰色，硬可塑状，局部可塑状，切面光滑，黏粒含量高，塑性强，含少量铁锰质结核，钻孔揭露厚度0.6~11.5m，主要分布于京广铁路以西，顶板埋深0.0~22.1m。

②粉质黏土(7-2)：褐、褐黄色，部分呈褐、棕黄色，硬塑状，局部坚硬状，含有少量铁锰质结核，局部段结核较富集，厚度0.7~19.8m，主要分布于京广铁路以西，顶板埋深0.3~23.0m。

③粉质黏土夹粉土(7-2a)：褐、褐黄色，可塑状，含有少量铁锰质结核，夹少量粉土，粉土呈薄层状夹于粉质黏土层中，主要位于粉质黏土(7-2)底部，厚度1.1~8.1m，顶板埋深12.5~22.0m。

④粉质黏土(7-3)：灰色，以可塑状为主，部分呈硬塑状，局部软塑状，厚度0.8~13.9m，局部夹砂层透镜体，顶板埋深5.8~29.0m。

⑤砂岩(23e)：棕色、暗红色，杂少量灰绿色，中粗粒结构，钻孔取芯显示岩芯较破碎。钻孔进入岩体5.4~23.4m，即里程DK16+520—DK17+992.2。顶板埋深17.7~38.2m。

(4)三叠系中统陆水河组(T_2l)。

白云岩(22n)为主，部分为灰质白云岩(22o)，浅灰色、青灰色，微晶结构，块状构造，厚层状，裂隙不甚发育，部分沿裂面附少量铁质及少量充填方解石脉，可见轻微溶蚀现象，主要矿物成分为白云石、方解石，少量水云母、泥质等。主要分布于里程右DK16+140—DK16+520段及里程右DK17+065—DK17+200附近。

(5)三叠系下统大冶组及观音山组(T_1d+g)。

主要为白云岩(21n)，灰色，灰白色，中—厚层状，坚硬，粉晶—微晶结构，块状构造，主要矿物成分为白云石、方解石，少量泥质等，局部含少量生物碎屑。

据钻孔揭示，该组岩石白云岩化程度较高，岩石坚硬性脆，上部岩体既硬又脆，局部溶蚀现象明显，部分段可见溶洞，下部岩体渐完整。主要分布于里程右DK15+530—DK16+140。

(6)二叠系下统栖霞组(P_1q)。

灰质白云岩(17o)为主，灰色、浅灰色，微晶结构，块状构造，厚层状，岩质坚硬，裂隙不甚发育，部分沿裂面附少量铁质及少量充填方解石脉，可见轻微溶蚀现象，主要矿物成分为白云石、方解石，少量水云母、泥质等，局部可见夹有少量薄层炭质页岩。主要分布于里程右DK15+270—DK15+530段。

(7)碎裂岩。

具碎裂结构或碎斑结构，原岩为白云岩，为原岩在较强的应力作用下破碎而形成。灰色，浅灰白色，性脆，块状构造，主要矿物成分为白云石、方解石，少量泥质、铁质等。主要分布于区间起始段，里程右DK15+014.7—DK15+530段。

3. 地质构造

场地位于位于岱家山-青山复向斜北翼，走向北西300°，延伸长约35km，宽3~5km，主干构造为谌家矶-青山向斜，北翼被青山断层所切，发育不完整，本线路与岱家山-青山复向斜呈大角度斜交。场地内地层层面总体倾向北东，倾角60°~75°。受断裂活动影响，场地西侧发育有碎裂岩、构造角砾岩等。同时，由于白垩纪—古近纪时期，襄樊-广济断裂发生张性活动，导致构造热液活动频繁，使场地区分布的原生碳酸盐岩普遍遭受白云岩化和硅化。

4. 不良地质作用与特殊岩土

1)不良地质现象

据调查，场地内未见崩塌、滑坡、泥石流等不良地质作用，场地内不良地质现象主要为岩溶。场地范围内揭露的可溶岩被第四系地层所覆盖，为覆盖型岩溶。

场地内共102个钻孔揭露到碳酸盐岩，其中16个钻孔揭示20个溶洞(遇洞率15.7%)。钻孔揭露的碳酸盐岩总进尺2936.3m，揭露的溶洞总进尺60.0m，线岩溶率2.04%，小于5%。岩溶主要形态为溶隙及溶洞，一般规模较小。溶洞铅直高度一般为0.8~10.0m，埋深20.5~41.2m。

地表未见岩溶塌陷、漏斗，相邻钻孔基岩面相对高差0.5~7.8m，平均高差2.32m。溶沟、溶槽较发育，遇洞率大于10%，线岩溶率小于5%，溶槽或溶洞发育深度集中在可溶岩8m以上，部分发育深度可达15m。根据《建筑地基基础设计规范》(GB 50007—2011)，本场地岩溶微发育。根据《城市轨道交通岩土工程勘察规范》(GB

50307—2012)第11.3条第2款说明，按岩溶发育强度分级，该段沿裂隙、层面局部扩大为小型岩溶，裂隙连通性较差。综合判断本场地岩溶为中等发育。

2)特殊岩土

场地内分布的特殊性岩土主要有人工填土、软土、膨胀性土和强风化岩体等。

层杂填土(1-1)、层素填土(1-2)分布于场地地表，主要为素填土，分布连续，厚度一般为0.5~14.0m，结构较松散，力学性质不均，工程性能差，易发生变形和沉降。尤其是朱家河两岸填土层厚度较大。

5. 水文地质

按地下水的赋存条件，本区间场地地下水主要为上层滞水、孔隙承压水、基岩裂隙水和岩溶水四种类型。

上层滞水主要赋存于人工填土层中，含水与透水性不一，地下水位不连续，无统一的自由水面，水位埋深为0.6~8.7m，相应标高17.7~22.2m。

孔隙承压水主要赋存于第四系上更新统含泥粉细砂(8-1)、含黏土质砾卵石(9)层中。里程右DK15+014.7—DK15+700揭露的含泥粉细砂(8-1)层承压水水头埋深3.2~4.8m，相应标高16.9~18.7m；里程右DK16+300—DK17+992.2揭露的含黏土质砾卵石(9)层顶板为弱透水的黏性土，顶板埋深10.3~28.7m，底板为白垩系—古近系基岩，埋深15.0~41.0m，含水层厚度1.1~13.5m。勘察期间实测承压水水头埋深2.0~5.2m，相应标高17.8~20.2m。

基岩裂隙水主要赋存于各类基岩的裂隙及碎裂岩中，水量一般不大。

岩溶水赋存于三叠系陆水河组、大冶组及观音山组，二叠系栖霞组碳酸盐岩及碎裂灰岩的溶蚀空洞及溶蚀裂隙中，钻孔揭露岩溶水水头埋深3.6~6.4m，相应标高16.6~19.4m，具承压性，承压水头一般高于含水层顶板6~8m，基岩面附近水量不丰。根据武汉市地区经验，抗浮设防水位一般取地面标高。环境类别为I类，作用等级为I-C[参照《混凝土结构耐久性设计规范》(GB/T 50476—2019)]。

3.5.2 盾构下穿河流施工常见问题与对策

幸福湾站—朱家河站区间盾构在右DK16+700.500处下穿朱家河，下穿朱家河长度达约700m，在盾构掘进过程中易发生盾尾漏浆、铰接处漏水、隧道管片上浮等问题。因此在盾构穿越河道、水域时应严格控制盾构施工掘进参数，减少压力波动，采用低速均匀推进，避免对土体大的扰动，严防河底坍塌等风险。拟采用如下对策。

(1)根据朱家河相邻地段穿越的地层主要以全断面粉质黏土(7-2)和硅质白云岩(18a)为主，在此类地层中渗透系数较小。但是下穿朱家河段为上软下硬地层(上部为含黏土质砾、卵石，下部为硅质白云岩)，在上软下硬地层中需要慢速掘进，对顶部土体扰动较大，存在和河水连通的风险。

(2)在盾构机到达河底之前，选择一开挖面自稳性较好的地段对盾构机的刀盘、盾尾密封刷、铰接、密封油脂系统、注浆系统等进行一次全面的检查、维修；主要针对破损较大的盾尾刷进行更换；并对盾构机的掘进状态及时进行纠偏调整。避免在下穿河底段进行停机检修的风险。

(3)在盾构机掘进至河底时：①调整同步注浆浆液的配合比，缩短凝结时间，同时增大注浆量和注浆压力；②在管片脱出盾尾后应及时进行二次双液注浆，通过调整水泥、水玻璃的配比参数，控制双液注浆的凝结速度，达到加固土体和加固充填空隙的目的；③如在推进过程中发现水压较大时，为防止盾尾被击穿，要及时加强(定期、定量、均匀)盾尾密封油脂的注入，确保盾尾密封效果；④加强中体与盾尾铰接处的密封效果，防止地下水涌入；⑤加强掘进姿态控制，全面贯彻信息化施工；⑦同时备好抽排水设备等应急设备和物资，制订应急抢险预案。

(4)在盾构机通过河底后，采取补强措施，加强二次注浆(根据以往穿越河、湖泊经验，每推进 4 环后补注双液浆一次)，同时还要对管片螺栓做三次复紧。

(5)加强监测力度，采用声呐法或水中设立观测桩法进行河底沉降监测；对河堤进行人工布点及时监测，确保盾构安全穿越河。

3.5.3　盾构下穿岩溶区域施工常见问题与对策

幸福湾站—朱家河站区间存在白云岩，钻孔揭示存在溶洞，为消除溶洞对工程施工时造成安全隐患，确保本区间盾构施工及运营期间的安全，拟采用如下措施。

(1)施工前进行溶洞专项勘察设计，制定施工方案。

(2)岩溶探测：对区间内永久隧道结构及盾构法施工段的岩溶探测，应结合地质钻孔增加探测孔，探测孔间距 5m×5m(隧道中线一排，隧道两侧 2m 各一排)，发现溶洞后，在发现溶洞区域加密钻孔，加密钻孔间 2m×2m。

(3)岩溶处理措施：为确保隧道施工安全，以及永久解决隧道运营期间地铁运营安全，避免施工发生涌水、涌砂情况，应对溶洞进行填充，填充范围为隧道结构底板以下 6m(约 1 倍隧道洞径)、地铁结构轮廓线外 5m 范围。根据探测出的岩溶大小、填充情况以及溶蚀堆积物的性质，按以下措施进行处理。

①全填充溶洞：根据溶洞充填物的性质、漏水情况确定，若充填物为碎石且漏水则需进行充填加固；若充填物为黏土且不漏水则不必处理，但如填充物为流塑—软塑状，在地基承载力不足段，也应对填充物进行固结加固以提高地基承载力。

②无填充溶洞和半填充溶洞：

a. 对洞径大于 1m 的无填充溶洞和半填充溶洞，先采用吹砂处理，再采用注浆加固的方法；对小于 1m 的无填充溶洞和半填充溶洞，可先进行水泥、水玻璃洞边封堵，然后进行水泥浆注浆填充。

b. 施工期间发现的溶洞、土洞，按照以上原则处理，遇到溶洞洞径大于 5m 的特大型溶洞时，需召开专题会议研究决定处理方案。

c. 对于地面不具备溶洞处理施工条件的岩溶发育区段，隧道施工过程中需采用钻探超前地质预报预测，并及时在隧道内对岩溶进行处理。

3.5.4　盾构下穿铁路施工常见问题与对策

(1)在盾构施工时，为确保行车安全，与铁路等相关部门进行协商限制列车速度：地面列车($20 \sim 40 km \cdot h^{-1}$)减速缓慢行驶。

(2)根据前期盾构掘进参数控制与地层位移的关系，确定合理的土压力设定值、排土率及掘进速度等。

(3)穿越前应对盾构机械进行检修，避免中间停机、漏浆或注浆系统堵管等情况发生，保证盾构能够连续匀速推进。

(4)加强沉降监测，应对轨道进行穿越施工全过程监测，其中对轨道沉降、轨道横向差异沉降、轨距变化和道床纵向沉降等内容应进行全天 24 小时的远程实时监测；根据监测结果，及时优化调整掘进施工参数，做到信息化动态施工管理。采用高精度的连通管自动监测方法，对轨道做加密监测，盾构通过期间，每 10min 提供一组监测数据，并及时反馈给施工人员。

(5)严格控制掘进速度和同步注浆量，避免因盾尾空隙未能及时充填而产生下沉。及时进行二次注浆，控制后期沉降。

(6)采用调整轨道扣件的办法(调整量在 10mm 范围)及时调整轨道高程，以满足铁路线路的标准。

(7)根据需要设置护轨及横向轨距杆或采用扣轨等保护设施。

(8)为防止轨道出现较大下沉，应采取必需的预案：在轨道两侧间距 2m 向轨道下方斜向打设注浆管，注浆管距区间隧道顶 3m 左右。在盾构施工期间，如出现较大的轨道沉降或地表沉降，则向轨道下方压注水泥浆，对土层进行补偿注浆。

3.6 工程应用——杭州地铁泥水平衡盾构隧道工程

3.6.1 工程概况

1. 盾构区间概况

杭州地铁 9 号线三堡站—御道站区间采用两台泥水平衡盾构机掘进，6 号盾构机由御道站小里程端左线始发，到三堡站大里程端吊出；7 号盾构机由御道站小里程端右线始发，到三堡站大里程端吊出。区间左线长度为 943.979m，右线长度为 942.23m。区间在左线设置一处长链，长链长度为 2.137m。区间在右 DK4+369.626 里程处设置一座联络通道及泵房，采用冻结法施工。区间主要控制点设于：钱江路隧道，圣都江悦城裙楼、钱塘江铁路新桥、浙赣铁路桥、沪杭甬高速公路桥。三堡站—御道站区间工程地理位置可参见图 3.32。

区间平面线路左线由直线段，4 个半径分别为 $R=450$m、$R=600$m、$R=800$m、$R=1500$m 的圆曲线段及缓和曲线段组成；右线由直线段，5 个半径分别为 $R=450$m、$R=600$m、$R=400$m、$R=400$m、$R=600$m 的圆曲线段及缓和曲线段组成。线路间距为 10~33m。出站后，区间左线先后进入 8.85‰的下坡段和 13‰、26‰的上坡段，区间右线先后进入 8.5‰的下坡段和 12.565‰、26‰的上坡段。该区间隧道埋深为 9.5~21.4m。本标段区间隧道设计均为双线圆形隧道，隧道内径为 5500mm。采用盾构法施工。管片设计内径为 5500mm，外径为 6200mm，宽度为 1200mm，分为 6 块。管片设计如表 3.10 所示。

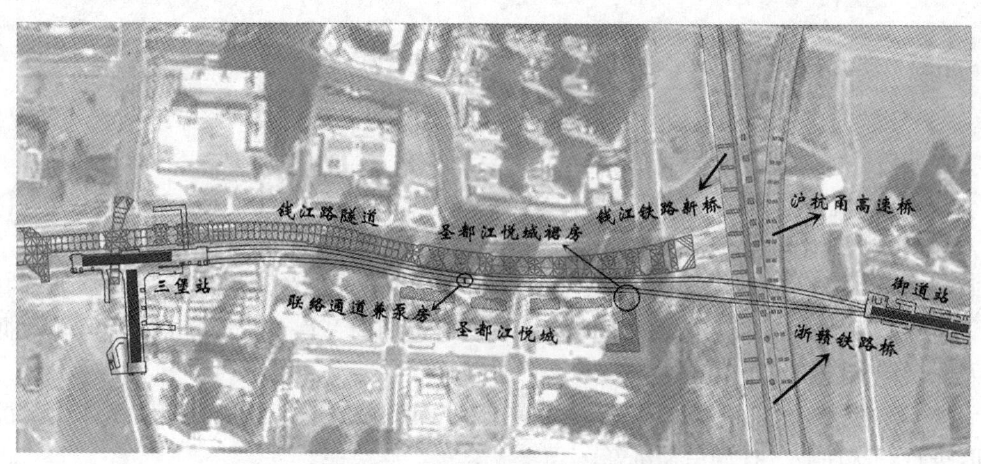

图3.32　三堡站—御道站区间工程地理位置示意图

表3.10　**管片设计情况表**

项目	构造	说　明
管片内径	Φ5500mm	
管片厚度	350mm	
管片宽度	1200mm	
管片分块	6块	1个小封顶块，2个邻接块，3个标准块
管片拼装方式	错缝拼装	
封顶块插入方式	径向插入结合纵向插入式	先搭接700mm径向推上，再纵向插入
管片连接	弯螺栓连接	环向：12个M30螺栓。纵向：16个M30螺栓
榫槽设置	环缝均设置榫槽，纵缝不设置榫槽	
衬砌环类型	标准衬砌环+左、右转弯衬砌环	
管片楔形量	49.6mm	
特殊衬砌环	区间每处联络通道共有8环特殊衬砌环，联络通道开口衬砌环采用钢筋混凝土+钢管片复合管片环，其中钢管片用于特殊衬砌环开口处；管片采用通缝拼装	

2. 工程地质概况

1)工程地质

本区间洞身穿越土层(图3.33)主要为③-6层粉砂、③-7层砂质粉土夹淤泥质土、⑨-2层含砂粉质黏土。其中③-6层粉砂，实测标准贯入试验锤击数N平均值为20.9击。本层局部缺失，层厚1.10~11.70m，层顶埋深7.00~18.00m，层顶标高-10.89~-0.71m。③-7层砂质粉土夹淤泥质土，实测标准贯入试验锤击数N平均值为7.9击。本层局部缺失，层厚0.40~6.60m，层顶埋深12.80~21.90m，层顶标高-15.04~-7.50m。⑨-2层含砂粉质黏土，实测标准贯入试验锤击数N平均值为17.5击。本层局部分布，层厚0.70~6.20m，层顶埋深20.80~40.80m，层顶标高-38.06~-26.04m。

三堡站—御道站区间地质断面图如图3.33所示。

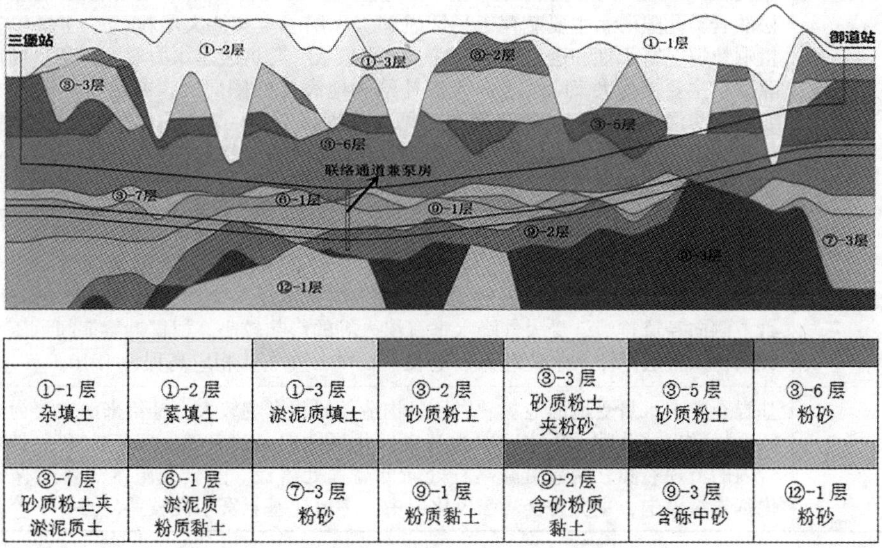
三堡站
①-2层
①-3层
③-2层
①-1层
御道站
③-3层
③-6层
③-5层
联络通道兼泵房
③-7层
⑥-1层
⑨-1层
⑨-2层
⑨-3层
⑦-3层
⑫-1层
①-1层 杂填土
①-2层 素填土
①-3层 淤泥质填土
③-2层 砂质粉土
③-3层 砂质粉土夹粉砂
③-5层 砂质粉土
③-6层 粉砂
③-7层 砂质粉土夹淤泥质土
⑥-1层 淤泥质粉质黏土
⑦-3层 粉砂
⑨-1层 粉质黏土
⑨-2层 含砂粉质黏土
⑨-3层 含砾中砂
⑫-1层 粉砂

图3.33　三堡站—御道站区间地质断面填充图

2）水文地质

（1）地表水。

本标段范围内地表水主要为京杭运河，详见表3.11。

表3.11　**标段地表水情况**

地表水	分　布
京杭运河	区间隧道在右DK3+323.779—右DK3+513.480附近下穿京杭运河。京杭运河河底规划标高为-2.1m，常年水位标高为3.5m。京杭运河河底与隧道顶最小竖向净距为6.235m

（2）地下水。

本标段区间场地根据地下水含水空间介质和水理、水动力特征及赋存条件，拟建工程沿线地下水主要为第四系松散岩类孔隙水和基岩裂隙水两个大类，其中松散岩类孔隙水又可分为孔隙潜水和孔隙承压水两个亚类。详见表3.12。

（3）地下水的腐蚀性。

本区间沿线场地地表水对混凝土结构具微腐蚀性，在干湿交替环境条件下对混凝土结构中的钢筋具微腐蚀性，在长期浸水环境条件下对混凝土结构中的钢筋具微腐蚀性。

承压水对混凝土结构具微弱腐蚀性；在长期浸水环境条件下对钢筋混凝土结构中的钢筋具微腐蚀性。

表 3.12　　**本工程区间地下水概况表**

类型	特　性
浅部潜水	松散岩类孔隙潜水主要赋存于场区表部①大层填土和③大层粉(砂)土层中。表部粗颗粒填土富水性和透水性均较好，水量较大，与地表水水力联系密切。场地内孔隙潜水主要接受大气降水竖向入渗补给和地表水的侧向入渗补给，多以蒸发方式或附近沟河排泄。初勘期间测得初见水位埋深 0.30~2.40m(相当于 1985 高程为 0.90~3.62m)，稳定水位埋深 0.60~3.70m(相当于 1985 高程为 0.24~2.82m)。孔隙潜水水位变化受气候环境影响显著，经调查，年变化幅度为 1.0~2.0m
孔隙承压水	拟建场地承压水主要分布于深部的⑦-3 层粉砂、⑨-3 层含砾中砂、⑫-1 层粉砂、⑫-2 层中砂、⑫-4 层圆砾、⑫-5 层中砂、⑭-2 层中砂、⑭-3 层圆砾层中，水量较丰富，隔水层为上部的淤泥质土和黏性土层。承压水主要接受古河槽侧向径流补给，侧向径流排泄，受大气降水垂直渗入等的影响较小。根据勘察期间承压水观测成果，⑫大层承压水水位埋深在地表下 6.00m 左右，相应高程为 1.10m
基岩裂隙水	基岩裂隙水水量受地形地貌、岩性、构造、风化影响较大，补给来源主要为上部第四系松散岩类孔隙承压水，次为基岩风化层侧向径流补给；径流方式主要通过基岩内的节理裂隙、构造由高高程处向低高程处渗流。基岩裂隙水主要赋存于各风化基岩裂隙中，主要为全、强风化层中，中风化基岩富水性较差

基岩裂隙水对混凝土结构具微腐蚀性；在长期浸水环境条件下对钢筋混凝土结构中的钢筋具微腐蚀性。

3)不良地质作用

本标段区间不良地质情况详见表 3.13。

表 3.13　　**本工程区间不良地质与特殊性岩土表**

不良地质	特性描述
富水砂层	工程区间沿线分布的砂质粉土夹淤泥质土层，地层含水量丰富，盾构掘进易发生喷涌、管片上浮和破损等问题
地下有害气体	地下有害气体是地下空间开发所可能遇到的地质灾害之一，盾构施工时，主要是高压气体产生的喷冒，引起水土失稳，导致基坑以及隧道变形，同时，容易产生燃烧和爆炸，造成工程质量事故。施工详细勘察阶段加强沼气勘察工作，以确保施工安全。详勘阶段一旦发现遇到浅层天然气，及时进行专项施工勘察，提出处理方案和安全施工对策
砂土液化层	本工程主要的液化土层为③-5 层砂质粉土，在抗震设防烈度为 7 度时具轻微液化趋势。施工期间进行抗液化处理
填土	区间线路沿线填土均有分布，填土分为杂填土、素填土。杂填土，杂色，松散，主要由碎砖、砼块、碎石等建筑垃圾组成，碎石直径一般在 0.1~50cm，最大 120cm 以上，成分复杂，均匀性差；素填土，灰色、灰黄色，松散，主要由砂质粉土及黏性土组成，含少量碎石及建筑垃圾，局部见植物根系。由于场地经过多次回填形成，填土成分复杂，土质不均，结构松散，渗透性大，在车站深基坑开挖时需要做好排水措施。同时填土中局部分布较多的建筑垃圾、块石、碎石等，属场地不良地质条件

3. 区间周边环境

三堡站—御道站区间周边主要建(构)筑物有钱江路隧道、圣都江悦城裙房、钱塘江铁路新桥、浙赣铁路桥、沪杭甬高速公路桥。区间周边主要建(构)筑物情况见表3.14。

表3.14 三堡站—御道站区间周边建(构)筑物调查成果表

序号	建筑物名称	与区间位置关系
1	钱江路隧道	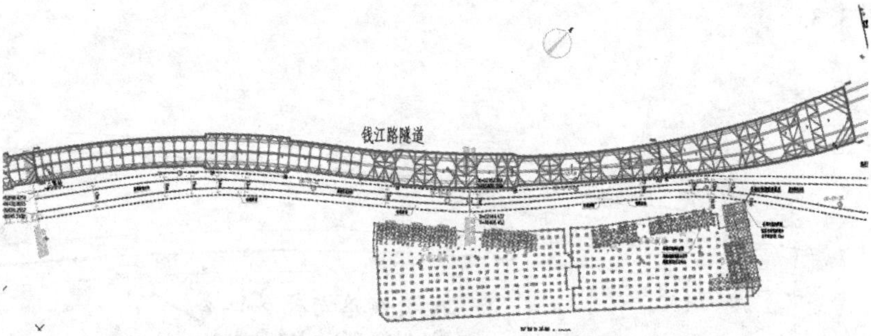 钱江路隧道
2	圣都江悦城裙房	 11m 12m 13m 10.07 1.00 圣都江悦城裙房桩基 盾构推进方向 圣都江悦城裙楼 桩基与右线隧道小水平间距为1.0m
3	钱塘江铁路新桥	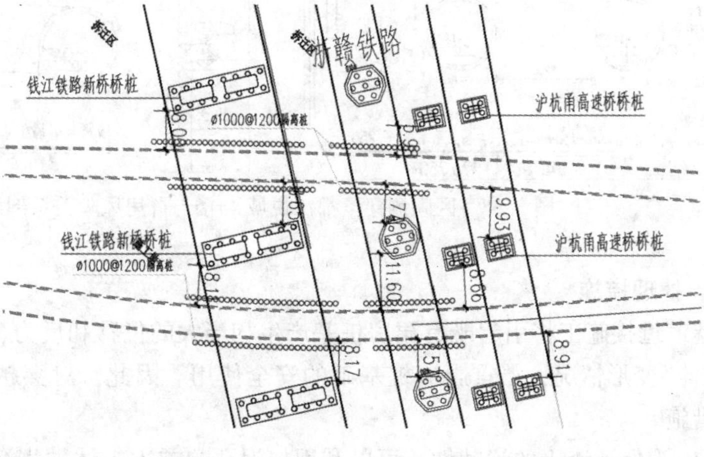 浙赣铁路 钱江铁路新桥桩 沪杭甬高速桥桥桩 ø1000@1200隔离桩
4	浙赣铁路桥	9.93 钱江铁路新桥桩 ø1000@1200隔离桩 沪杭甬高速桥桥桩 11.60 8.66
5	沪杭甬高速公路桥	8.17 8.91

3.6.2　盾构侧穿楼房建(构)筑物施工方案、工艺与针对性技术措施

1. 工程概况

本标段在三堡站—御道站区间线路侧穿圣都江悦城4#楼，而后于右DK4+609.125侧穿圣都江悦城裙房，圣都江悦城裙房有地下一层、地上两层，基础采用Φ600钻孔灌注桩，桩长32m，区间隧道与圣都江悦城裙房基础最小水平间距为1.0m。详见图3.34、图3.35。

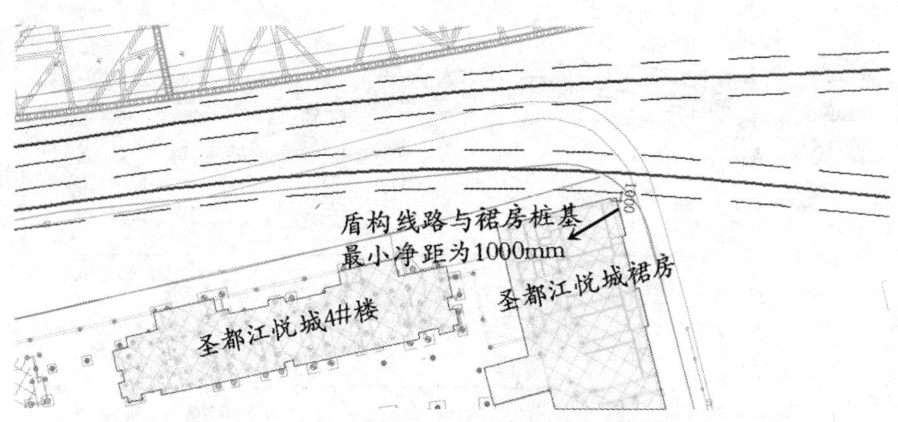

图3.34　区间侧穿圣都江悦城裙房风险关系平面图

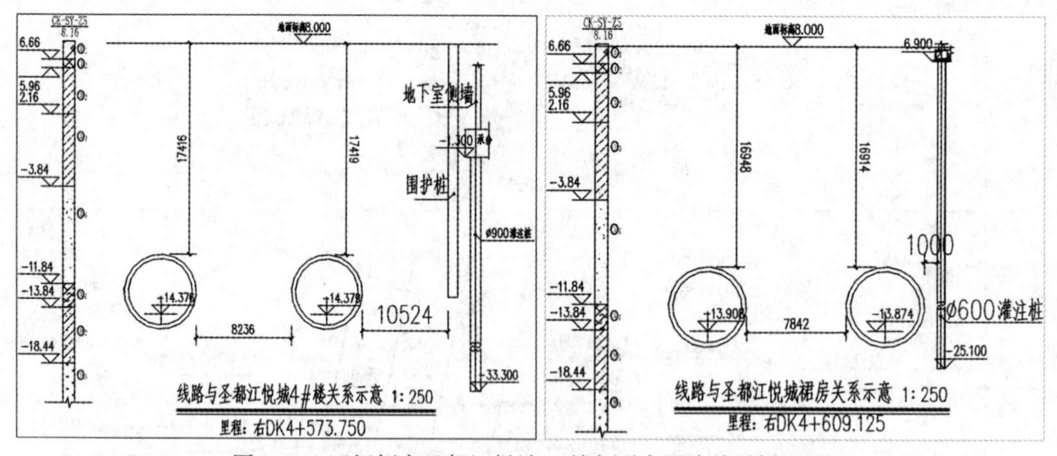

图3.35　区间侧穿圣都江悦城4#楼与群房风险关系剖面图

2. 处理措施

隧道近接施工将引起既有裙房桩基产生相当大的位移和反力，产生偏向隧道水平方向“拉伸”变形情况，严重影响桩基础的安全使用。因此，对穿越段盾构施工提出如下调整措施。

(1)为保证渣土的流动性，可以利用加泥孔向前方土体加膨润土或泡沫剂来改良土体，增加土体的流塑性，减小对前方土体的挤压作用：其一，使盾构机前方泥水压计反

映的泥水压数值更加准确；其二，确保排渣泵出渣顺畅，减少盾构对前方土体的挤压；其三，及时充填刀盘旋转之后形成的空隙。

(2)增加刀盘转速，降低盾构推进速度，减小盾构推进过程中对侧边土体的剪切挤压作用；随时调整盾构施工参数，减少盾构的超挖和欠挖，在盾构机穿建筑物时，将出渣量控制在理论值的98%≈37.83m^3，保证盾构切口上方土体能有微量的隆起(不超过1mm)，以便抵消一部分土体的后期沉降量，从而使沉降量控制在最小范围内，降低地基土横向变形施加于保留桩基上的横向力。

(3)适当增加盾尾同步注浆压力，尽可能减小盾尾初始空隙，减小盾尾脱空引起的桩基变形。

(4)盾构穿越房屋期间，必须加强盾构油脂的注入，确保盾尾的密封性。

(5)加强穿越期间设备的维修保养，避免因长时间停机，盾尾和铰接部位漏砂等，造成地层损失而引起房屋沉降。

(6)建立完善的监控测量系统，并且加强监测：对房屋布点加密监测；建立监测数据反馈制度三级应急管理制度，及时反馈数据、调整施工参数。盾构穿越建筑物期间，监测警戒值为：沉降≤20mm，沉降差≤10mm，倾斜率≤0.002。

(7)盾构穿越建(构)筑物后，根据实际情况(监测结果)需要，在管片脱出盾尾5环后，可采取对管片后的建筑空隙进行二次注浆的方法来填充，浆液为水泥、水玻璃双液浆，注浆压力0.3MPa左右；对地面建筑基础进行补充注浆，对基础进行加固抬升，二次注浆时根据地面监测情况随时调整，从而使地层变形量减至最小，二次注浆加固范围为拱顶120°范围，加固后强度大于0.4MPa。

3.6.3　盾构穿越孤石障碍段地层施工方案、工艺与针对性技术措施

1. 工程概况

盾构穿越三堡站—御道站(右DK3+995.147—右DK4+937.377)区段存在孤石，主要存在于①-2层素填土层、①-3层淤泥质填土层、③-3层砂质粉土夹粉砂层。区间选线和设计中已考虑了孤石的避让和处理措施。详见图3.36。

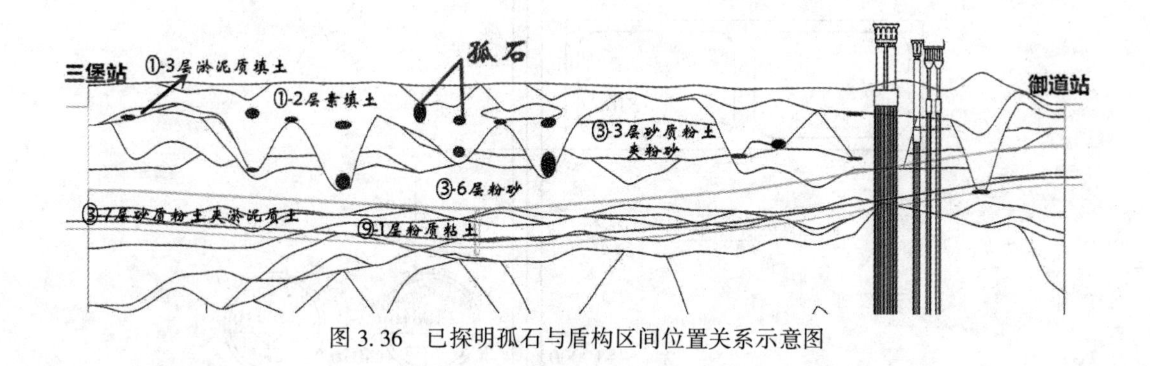

图3.36　已探明孤石与盾构区间位置关系示意图

2. 处理措施

(1)盾构掘进前应加强超前探测，对盾构穿越范围内的孤石应及时调查清楚，若影

响盾构掘进，应及时清理或做好应对措施，避免盾构因障碍物阻挡而造成较长时间停机，加大施工风险。

(2)孤石的处理方法应根据孤石的大小、位置、形状、周边环境等因素确定。如隧道上方存在施工条件，可采用如下几种方法：

①对于埋深较浅、位置已探明的孤石，可采用地面套筒挖除；

②对于埋深较深，体积较大的孤石，可采取地面深孔爆破的方法，首先查明孤石产状、大小和形状，然后制定爆破方案，通过布设一定数量的钻孔，装药将孤石破碎为满足要求大小的块体；

③对于地面存在加固条件的区域，可从地面对孤石周边一定范围的地层采用注浆管进行加固，待浆液凝固后，加固体将孤石紧紧包裹住，盾构掘进时刀盘会将孤石破碎，而不至于将孤石挤进前方软弱地层，进而产生扰动。

(3)三堡站—御道站区间采用泥水平衡盾构施工，穿越孤石区段，盾构机应配备耐磨刀具。泥水盾构机在开挖舱底部的锥形破碎器能将大块岩石破碎，以保证排出石块的最大粒径不超过80mm。

(4)施工区间加强地表及盾构区间监测。

(5)在盾构掘进过程中，要及时进行管片背后注浆，必要时可采取多次压浆。注浆充填率要求大于200%。

3.6.4　盾构并行隧道施工方案、工艺与针对性技术措施

1. 工程概况

本标段在三堡站—御道站区间(里程左DK3+995.147—DK4+630.000)并行钱江路隧道。区间与钱江路隧道位置关系如图3.37所示。

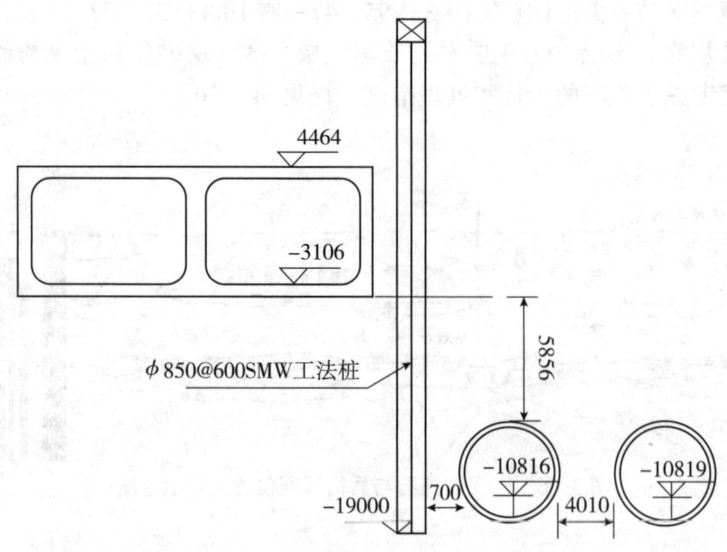

图3.37　区间隧道并行钱江路隧道最小净距处剖面图(单位：mm)

2. 处理措施

(1)在并行隧道掘进施工中掌握盾构机的方向和位置，严格控制盾构机姿态，合理使用超挖刀和铰接千斤顶来控制盾构机轴线，从而实现对隧道轴线的线形控制，确保任何时间段内盾构姿态同设计轴线的偏差量小于±50mm。

(2)认真做好盾构机的操作控制，按“勤纠偏、小纠偏”的原则，通过严格的计算，合理选择和控制各千斤顶的行程量，从而使盾构和隧道轴线在容许偏差范围内，切不可纠偏幅度过大，以控制隧道平面与高程偏差引起的隧道轴线折角变化不超过0.4%。

(3)盾尾注浆压力和注浆量是直接影响地面沉降的关键因素，在施工中要严格按规定程序和下达的施工指令进行注浆操作，精确控制注浆压力和注浆量。

(4)认真进行现场环境条件的调查，并结合线路的走向与钱江路隧道的关系做好地面的监测工作。保证监测点的观测频率、范围与数据处理。

第4章　城市超深基坑工程施工技术

4.1　概　　述

基坑是在基础设计位置按基底标高和基础平面尺寸所开挖的土坑。基坑是一个系统工程，包括勘察、设计、施工、监测等内容。勘察设计方面，主要包含岩土工程勘察、基坑支护结构的设计、地下水控制等。施工方面，涉及各种支护结构的施工工艺、施工方法等。工程监测方面，不仅有对支护结构本身的监测，还有对周围环境的监测。

基坑按开挖深度可分为浅基坑和深基坑。住房和城乡建设部在《危险性较大的分部分项工程安全管理办法的通知》中规定：通常将深度大于5m或者地下室超过两层称为深基坑；还有一种情况是虽然基坑未超过5m，但是地质条件和周边环境很复杂的工程也列入深基坑。

基坑工程既是一门系统工程，同时又是一门风险工程。在设计、施工中既要保证整个支护结构在施工过程中的安全，又要控制结构的变形和周围土体的变形，保证周围环境条件不因基坑的施工而受到明显影响。

随着我国城市化、城镇化进程的逐步加快，城市和城镇建设快速发展，高层建(构)筑物越来越多，越来越高，越来越大，地下空间也越来越受到重视。各类建筑(构)物，特别是高层建筑的地下部分所占空间越来越大，埋置深度越来越深，随之而来的基坑开挖面积已达数万平方米，深度20m左右的已属常见，更有深度已超过50m的超深基坑。

深基坑工程发展主要经历了以下三个阶段。

第一阶段：二十世纪七八十年代，伴随着大城市高层、超高层建筑的兴建，深基坑工程问题逐渐凸显。但那时2~3层地下室的工程还比较少，基坑主要的围护结构型式是水泥搅拌桩的重力式结构，对于比较深的基坑则采用排桩结构，如果有地下水，再加水泥搅拌桩止水帷幕。在国内，这段时期地下连续墙用得比较少，SMW工法(即型钢水泥土搅拌墙)正在进行开发研究。由于缺乏经验，深基坑的事故比较多，引起了社会和工程界的关注。国内施工人员开始研究深基坑工程的监测技术与数值计算，虽然当时有一些施工技术指南，但还没有开始编制基坑工程的规范。复合式土钉墙在浅基坑中推广使用，SMW工法开始推广使用，地下连续墙被大量采用。逆作法施工、支护结构与主体结构相结合的设计方法开始得到重视和运用。商业化的深基坑设计软件大量使用。在施工中，基坑内支撑出现了大直径圆环的形式和两道支撑合用围檩的方案，最大限度地克服了支撑对施工的干扰。

第二阶段：20 世纪 90 年代，在国内，通过总结施工经验，开始制定基坑规范，这一时期出现了包括武汉、上海、深圳等地方规范和两本行业规范。一些地方政府建立深基坑方案的审查制度。国内外工程界开始出现超深、超大的深基坑工程，基坑面积达到 $(2\sim3)\times10^4\text{m}^2$，深度达到 20m 左右。但由于理论研究滞后、设计缺陷、施工等方面的原因，深基坑工程施工与相邻环境的相互影响形势更趋严峻，出现了新一波的深基坑工程事故。这一时期，我国采用支护结构与主体结构相结合并用逆作法施工的深基坑工程已达 100 多项，并且实施了第二波的基坑工程规范的修订与编制。

第三阶段：进入 21 世纪以后，国内外，伴随着超高层建筑和地下铁道的发展，地下工程出现了更深、更大的深基坑工程，基坑面积达到 $(4\sim5)\times10^4\text{m}^2$，深度超过 30m，最深达 50m，逆作法施工、支护结构与主体结构相结合的设计方法在更多的工程中推广应用。

4.2 深基坑施工技术发展及应用

4.2.1 深基坑工程主要内容及特点

深基坑工程的主要内容：①工程勘察。准确获取岩土及水文数据，同时对地形地貌加以调查。②基坑支护结构设计与施工。在选择深基坑支护形式时要综合考虑地下水文条件、岩土地质条件、工程特征以及当地工程施工经验等方面，包括放坡开挖、水泥土搅拌桩、地下连续墙、土钉墙和锚杆等。③周边环境保护。采取相应的保护措施对地下埋设物进行长期有效保护，避免工程在作业过程中对周围环境产生影响。④后期监测方案。根据深基坑的安全等级，采取不同的监测方法，对监测数据及时整理，确保工程有序进行。

深基坑工程具有以下特点：①区域性。由于地域差异，地质条件和水文条件也不相同，因此深基坑设计、开挖、支护方案需要根据当地的实际情况而定。例如，软土、黄土、砂土、黏土的力学特性存在很大差异，在施工的时候土体形状的变化就会有很大的差异。对于同样为软土地基的南方沿海地区和北方沿海地区因土壤含水率、地质形成年代等不同，其深基坑产生的变形量存在较大差异。除此之外，要求根据不同工程的地下水情况采取相应的降水、止水措施。总而言之，各个地方的地质条件和水文条件存在差异，导致深基坑存在很大的地域性。这样一来，在设计、开挖、支护深基坑的过程中，要根据当地的实际情况采取合理的方案，而不能照搬规范和公式。②临时性。深基坑支护结构大多是临时性的，施工时间很短，效率高，并且很容易拆卸。可是这种情况所面临的风险相对较大，所以对施工管理和技术要求都比较高。③环境性。深基坑工程并不是孤立存在的，其与水文条件、地质条件、周围建筑物等息息相关。当施工深基坑支护工程时，要根据深基坑的变形情况对周围环境进行摸底调查，特别是避免基坑变形对重要建筑物和地下管网产生影响和破坏。④系统性。深基坑是包含设计、开挖、施工、监测等过程的复杂的整体工程，并且这四个步骤是相互独立却又存在密切联系的。因此，深基坑设计时不但要保证安全而且方便施工，施工时要根据设计要求加强基坑变形和应力变化监测，并根据规范要求设置预警值。⑤理论性。土体所承受的压力是导致土体变形的主要原因，但是土体的复杂程度并不能单纯地根据土压力计算得到。首先，因为土体的变化及含水率的不同造成抗切强度不断变化。其次，支护结构的稳定性与水的渗透和渗流有关，要用到土力学、流体力学以及结构力学等相关知识，因此支护结构的理论具有多样性。

深基坑工程技术发展的现状具体表现为以下四个特点：①深基坑离周边建筑距离越来越近。由于城市的改造与开发，特别是在中心城区，基坑四周往往紧贴各种重要的建筑物，如轨道交通设施、地下管线、隧道、历史保护建筑、老式居民住宅、大型建筑物等，如设计或施工不当，均会对周边建筑造成不利影响。②深基坑工程越来越深。随着地下空间的开发利用，基坑越来越深，对设计理论与施工技术都提出了更严格的要求。③基坑的规模与尺寸越来越大。这类基坑在支护结构的设计、施工中，特别是支撑系统的布置、围护墙的位移及坑底隆起的控制均有相当的难度。④施工场地越来越紧凑。市区大规模的改造与开发，其中不少以土地出让形式吸引外资、内资开发，为充分利用土地资源，常要求建筑物地下室做足红线。施工场地可用空间狭小，大大增加了施工难度，这必须通过有效的资源整合才能顺利实现。

基坑工程技术，包括设计、施工、设备及安装等技术，也随着地下空间的面积和埋深的增加而日趋提高。相应地，基坑工程施工安全技术的重要性也日趋显现，特别是深基坑工程的施工安全技术越显重要。

4.2.2 深基坑支护类型的应用

早期深基坑的开挖方式一般都是放坡式的，后来由于深基坑的深度越来越深，放坡面的空间受阻，由此出现了支护形式，到现在为止已经有几十种支护形式。现在最为常用的支护形式有：放坡开挖、土钉墙支护和复合土钉墙支护、悬臂式及内撑式排桩墙支护结构、型钢水泥土墙支护结构、地下连续墙支护结构、组合型支护结构等。

为保持深基坑两侧土体、主体结构的稳定，并有一定高差的结构称为深基坑支护结构。支护结构的类型取决于结构物所处地形、地质及水文条件、工程采用材料、结构用途及特性和施工工艺等方面。在某一具体工程中，根据地质条件以及建设单位的要求，可选用多种支护形式，而选择哪种支护结构既能满足深基坑本身的安全需要，又经济合理，需要设计人员对深基坑支护结构形式进行合理的优化。工程中常见的支护技术主要有重力式水泥土墙、喷锚支护、土钉墙支护、排桩式支护、地下连续墙支护技术等。

4.3 基坑支护方式选型

支护结构一般由挡土(挡水)结构和支撑系统(保持墙稳定的系统)两部分组成，简称挡土系统。基坑支护设计时，应综合考虑基坑周边环境和地质条件的复杂程度、基坑深度等因素。挡土部分因为工程地质、水文地质情况不同，又分为透水部分和止水部分，透水部分的挡土结构需要在基坑内外设排水井，以降低地下水位；止水部分的挡土结构防水抗渗，阻止基坑外地下水进入基坑内，可以做防水帷幕、地下连续墙等。常见的深基坑支护方式的适用性见表 4.1。

表 4.1 深基坑支护方式的适用性

支护方式	适用条件	缺　点
重力式水泥土墙	基坑安全等级为二级和三级；适用于淤泥质土、淤泥基坑，且基坑深度不宜大于 7m	墙体占地面积大；对基坑位移控制能力较弱；墙体养护期较长
喷锚支护技术	基坑安全等级二级和三级；适用填土、黏性土及岩质边坡，支护深度不宜超过 6m(岩质边坡除外)	不宜用在软土层和高水位的碎石土、砂土层中。锚杆会给邻近区域的地基处理带来不便
土钉墙支护技术	基坑安全等级二级和三级；适用于地下水位以上或降水的软土基坑且基坑深度不宜大于 12m	当基坑潜在滑动面内有建筑物、重要地下管线时，不适宜采用
排桩支护技术	基坑安全等级一级、二级和三级；可以用于不同深度和不同土质条件的基坑	地层岩性差异大时会增加施工难度。造价比较高
地下连续墙支护技术	基坑安全等级为一级、二级和三级；适合各种地质条件，以及不同深度以及需要严格控制水平位移的工程	泥浆废弃处理流程比较复杂且设备占地较大

4.3.1 重力式水泥土墙

重力式水泥土围护墙是以水泥系材料为固化剂，通过搅拌机械采用湿法(喷浆)施工将固化剂和原状土强行搅拌，形成连续搭接的水泥土柱状加固体，依靠水泥土墙本身的自重来平衡坑内外土压力差，属于重力式挡土墙范畴，如图 4.1 所示。由于墙体材料(水泥土)抗拉和抗剪强度较小，因此墙身需做成厚而重的刚性墙体，才能确保其强度及稳定性满足设计要求。

在我国行业标准《建筑地基处理技术规范》(JGJ 79—2012)和广东省《建筑地基处理技术规范》(DBJ/T 15-38—2019)中，水泥土作为一种地基加固方法，称为深层搅拌法，重力式水泥土围护墙采用这种加固施工方法，通过水泥土桩连续搭接施工，形成格栅(或实体状)等块体形式(图 4.2)。目前常用的施工机械包括双轴水泥土搅拌机、三轴水泥土搅拌机等，基坑工程中常用这两种机械施工形成的重力式水泥土围护墙。水泥土搅拌墙的强度以 28d 无侧限抗压强度 q_u 为标准，不应低于 0.8MPa。搅拌墙达到设计强度和养护龄期后方可开挖基坑。重力式水泥土围护墙中，兼作隔水帷幕的搅拌墙应满足自防渗要求。

1. 重力式水泥土墙的适用范围

重力式水泥土墙适用于处理正常固结的淤泥与淤泥质土、素填土、软塑或可塑的黏性土、稍密或中密的粉土、松散至稍密状态的砂土等地基。不适用于含孤石、障碍物较多且不易清除的杂填土、欠固结的软土、硬塑及坚硬的黏性土、密实的砂类土，以及地

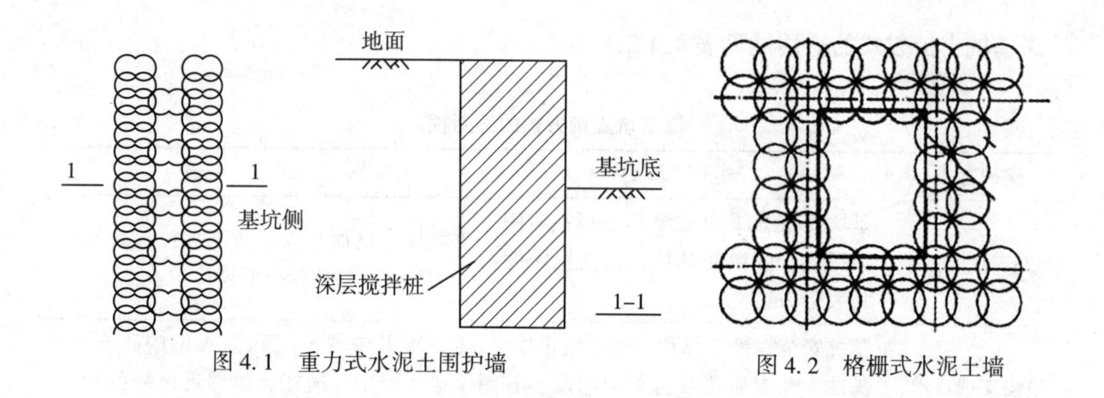

图 4. 1　重力式水泥土围护墙

图 4. 2　格栅式水泥土墙

下水渗流影响成桩质量的土层。但水泥土搅拌墙(桩)不宜处理泥炭土、有机质土、pH 值小于 4 的酸性土、塑性指数大于 22 的黏土及腐蚀性土。对于场地地下水受江河湖海涨落影响或其他原因而存在流动的地下水时，宜对搅拌墙的可行性做现场试验确定。以水泥土墙作为围护结构适用于周边空旷、施工场地较宽敞的环境，否则应控制其支护深度。其侧向位移的控制能力在很大程度上取决于墙身的搅拌均匀性和强度指标。相比其他基坑支护来说，其控制位移的能力较弱。因此，水泥土挡墙一般适用于开挖深度小于 7m 的基坑。

2. 水泥土搅拌墙支护结构设计原则

重力式水泥土墙支护结构的设计不同于一般的重力式挡土墙，建造在软土地基上的这类围护墙不但需要足够墙厚形成重力墙，而且必须有一定的插入深度。因为这类挡土结构的稳定性不是完全依赖墙体自重，而在很大程度上依赖于随嵌固深度增大的墙前被动土压力。这类支护结构必须计算地基稳定性和抗渗流稳定性，而且同样要求有足够的插入深度。

墙的主要几何尺寸包括墙的宽度 B 和墙的嵌固深度 l_d，由基坑整体稳定、抗渗流稳定、抗倾覆稳定和墙体抗滑移稳定验算决定，然后进行墙体结构强度、格栅断面尺寸的验算。

4. 3. 2　喷锚支护技术

喷锚支护技术是以锚杆和喷射混凝土面层相结合的一种联合支护结构，面层所承受的大部分荷载通过锚杆传递到处于稳定区域中的岩土体上，从而能发挥地层的自承能力。喷锚支护起源于隧道矿山井巷支护，因其简单的工艺、轻便的设备、可靠的安全保障等优势；并能在开挖过程中随时变更方案，做到反馈及时，已经被得到广泛认可，在地下工程中得到迅速发展，尤其在基坑工程支护技术中应用得更加广泛。其缺点是较弱的抵御能力，尤其是遇到水、流砂时，基坑会发生失稳。

喷锚网是锚杆与混凝土和钢筋网三者相合连接。在基坑进行开挖后，在坡面挂钢筋网，再进行早强混凝土的喷射，然后是锚入锚杆，锚杆置入一定角度的孔内，也有直接进行注浆，形成砂浆锚杆；三者形成一个整体，并与土体紧密结合，共同抵御土体的受力变形，如图 4. 3 所示。

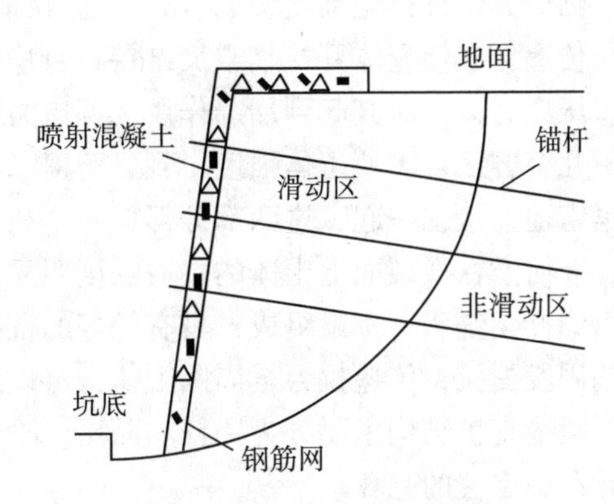

图 4.3 喷锚网结构示意图

喷射混凝土是喷射机借助高压气流将一定比例的水泥、砂、石喷射到坡体表面后凝固而成。喷射混凝土通过嵌固作用不断填充边坡土体表面的裂隙，从而大大提高了两者之间的黏结力和力学强度。喷锚网支护的中心是锚杆，它的两端分别连接着边坡外和边坡内的滑移面土体，将边坡内外形成整体加固边坡，压力注浆后，改善土体的状态，提高了土体的整体性和强度。喷锚网支护是一种主动支护，锚杆穿过滑动面，使抗滑能力得到提升。

起连接作用的钢筋网，将所有锚杆和土体连成一体，共同承受各种压力和荷载，降低边坡的各种变形。锚杆与钢筋网的作用是将一部分滑动区土体的压力传递到深部非滑动区土体中，而滑动区土体通过锚杆的组合作用与原有的支护结构共同起到支护作用，从而使土体性质得到改善，土体的变形速度减缓，发生安全事故的几率降低。喷锚网将坡面与内部土体连接起来，将压力和荷载传递到锚杆，起到了传递应力、提高整体性的作用。

锚拉结构宜采用钢绞线锚杆，锚杆抗拉承载力要求较低时，也可采用钢筋锚杆。当环境保护要求不允许在支护结构使用功能完成后锚杆杆体滞留在地层内时，应采用可拆芯钢绞线锚索，其结构示意图如图 4.4 所示。在易塌孔的松散或稍密的砂土、碎石土、粉土、填土层，高液性指数的饱和黏性土层，高水压力的各类土层中，钢绞线锚杆、钢筋锚杆宜采用套管护壁成孔工艺。锚杆注浆宜采用二次压力注浆工艺。锚杆锚固段不宜设置在淤泥、淤泥质土、泥炭、泥炭质土及松散填土层内。在复杂地质条件下，应通过现场试验确定锚杆的适用性。如果锚杆杆体伸到用地红线以外，或者有其他明文规定时，不应使用锚杆。

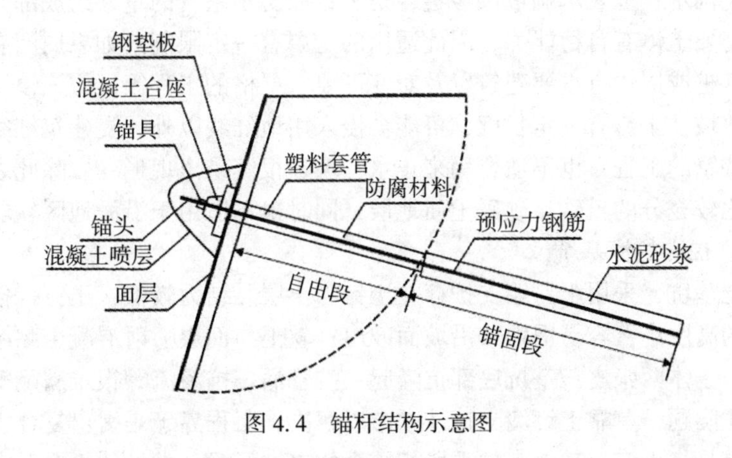

图 4.4 锚杆结构示意图

预应力锚杆是主动支护的方式，通过锚杆周围岩土体的抗剪强度来对结构物的拉力进行传递，并使土体开挖临空面维持自身稳定的状态。借助于预应力锚杆，对加固地层产生压应力区，对其起到加筋作用。预应力锚杆加固土体的效果比较明显，主要表现在以下几个方面：①使土体强度得到显著提高，力学性能也得到明显改善；②使结构与土体紧密地连接在一起，这两部分形成一个整体，从而可以有效地增强整体的承受力和剪力；③使潜在滑裂面上土体的抗剪强度明显地提高，即提高了边坡的稳定性。预应力锚杆由锚杆、锚头、腰梁组成，具有较好的抗拉、抗剪、抗弯强度，通过施加预应力使锚杆锚固段受拉，传递拉力至周围土体，可以对基坑侧壁的水平位移进行主动约束。

喷锚支护结构主要分为锚杆和面层。喷锚支护结构的设计主要包括锚杆设计、面层设计和稳定性的验算。

4.3.3　土钉墙支护技术

土钉墙是在土体内放置一定长度和分布密度的土钉体与土共同作用，弥补土体自身强度的不足。在满足安全的前提下，土钉墙的施工过程比较简单，施工所用机械简单，技术不复杂，易操作；施工过程中对周边环境影响不大；作业过程中不必要提供单独的场地，能够在场地比较狭小、大型护坡施工设备不能进入的场地彰显其独有的优越性；工程造价低；被应用在众多的基坑工程中，是比较常见的基坑支护方式。

土钉墙主要由土钉及周围岩土体、面层和排水系统组成。施工时利用土体的自稳能力分级放坡开挖，随开挖过程向坑壁植入土钉，并在土体坡表面挂钢筋网，喷射钢筋混凝土面层，随之自稳能力大大加强，可抵抗水土压力及地面附加荷载等作用力，从而保持开挖面稳定。土钉墙系统组成图如图 4. 5 所示。土钉是土钉墙的主要受力构件，主要有以下作用：承担主要荷载作用、应力传递与扩散作用、对坡面的约束作用、加固土体作用。总的来说，在经济合理的前提下，土钉密度越大，基坑稳定性越好。对于面层而言，它是由钢筋网和喷射混凝土组成，主要作用就是限制土坡侧向鼓胀变形和局部塌落，保持坡面完整性，增加土钉整体稳定性。另一方面，面层能确保土钉共同发挥作用，并能在一定程度上降低土钉不均匀受力程度以及扩散钉头上作用的荷载。同时混凝土面层能防止雨水、地表水刷坡及渗透，是土钉墙防水系统的重要组成部分。

土钉墙需要土体有自稳能力，因此适用的土层有一定限制。如果周围有密集地下管线、密布的基桩或周边有重要建筑以及对变形要求严格的工程等，应该慎用土钉墙。同时施工时需放坡，土钉有一定长度，可能会侵入用地红线以外，受建筑红线的限制，不适用于场地狭窄的工程；也不适合用来止水，墙顶很容易出现形变。除此之外，也不适合用在水分比较充分的粉砂、砂砾土质地层，同时也不适用于沿海地区软弱地层。一般适用于不超过 12m 的深基坑。

对于软土基坑，采用土钉墙支护存在土钉与土层黏结力较低，土钉抗拔力很小；软土直立开挖的高度小，容易坍塌或沿坡面鼓出；软土与面层喷射混凝土黏结强度低，容易形成面板、土体两张皮；基坑底部抗隆起、抗管涌、抗渗流等很难满足安全要求。

针对上述问题，单靠土钉墙支挡技术难以解决，工程界于是提出复合土钉支护的概念。复合土钉是将土钉与其他支护手段相结合的支护形式，常见的复合形式有土钉与水

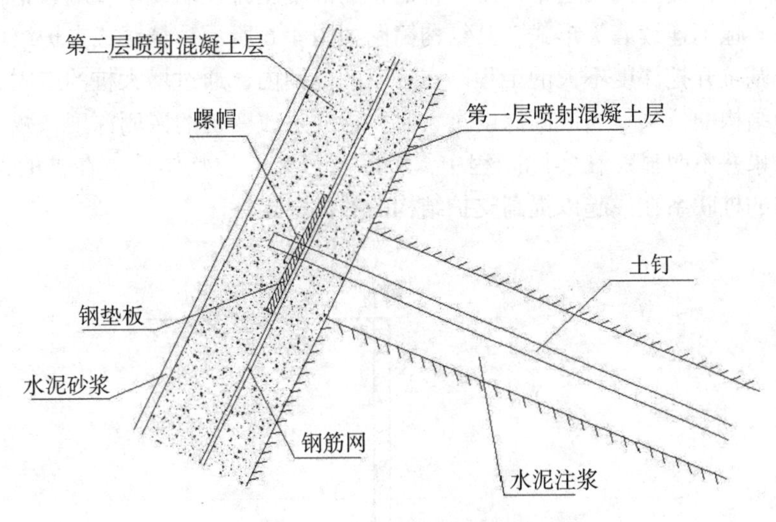

图 4.5 土钉墙构造示意图

泥土搅拌桩支护，土钉与超前微型桩支护，土钉与预应力锚杆支护等。复合土钉拓宽了土钉墙的使用范围，并很快在工程中得到广泛的应用。

上海市工程建设规范《基坑工程技术规范》(DG/T J08-61—2018)针对上海市的软土特点，给出土钉与水泥土搅拌桩支护的计算方法，水泥土搅拌桩既有截水功能，又有超前支护作用，一般用在开挖深度不超过 5m 的软土基坑支护。

4.3.4 排桩支护

排桩支护是指柱列式间隔布置钢筋混凝土挖孔、钻冲孔灌注桩作为主要挡土结构的一种支护形式。它是一种超静定结构，稳定性好，安全性能高，因而是深基一种重要的深基坑支护措施，它的产生是结合排桩(抗滑桩)支护和锚杆或内支撑的组合方法。排桩支护造价低，施工简便，平面布置灵活，占地面积小。但排桩支护也有不能防水、顶部位移较大的缺点，实际运用时常与锚杆与内支撑结合使用，并外加止水帷幕用来防水。根据是否设计内支撑结构或锚杆，排桩式支护结构可分为悬臂式和桩+内支撑结构(锚杆)的组合形式。对于悬臂式的排桩支护结构根据桩的布置排数可以分为单排桩和双排桩支护结构。

排桩式支护结构适用范围如下。

地层因素：宜用在比较结实的砂土、粉土或者坚硬的黏性土地层。

周围环境：深基坑工程的周围环境具有埋设物并且保证场地不受损坏。

经济因素：在条件许可的情况下，仅采用单独的桩锚支护结构相对于挡土墙或者土钉墙与桩锚的组合结构成本要低。

工期因素：在一般情况下此种基坑支护形式的工期较短。

1. 单排悬臂支护结构

单排悬臂式支护结构主要依靠结构足够的嵌固深度和抗弯能力来保证基坑的整体稳

定和结构的安全，支护挡墙通常采用单排的钢筋混凝土排柱墙、木板墙、钢板桩、钢筋混凝土板桩、地下连续墙等形式，其结构简图如图 4.6 所示。悬臂式支护结构适用于地基土质好、基坑开挖深度不大的工程。在一定的范围内，通过增大桩的嵌固深度可以明显减小支护结构的位移。当嵌固深度过大时，再通过改变桩的嵌固深度来减小支护结构的位移，效果并不明显。在实际工程中，考虑支护结构的整体性，在桩的顶端设置冠梁，将所有的桩联系在一起以提高支护结构的整体稳定性。

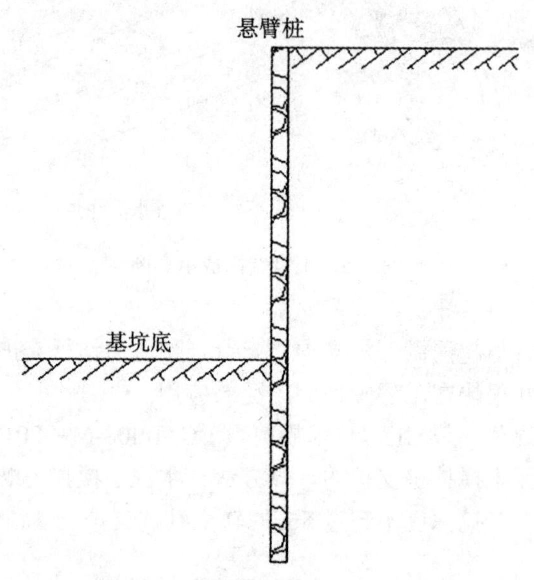

图 4.6　单排悬臂式支护结构简图

2. 双排桩支护结构

在某些特殊条件下，采用单排悬臂桩不能满足基坑变形、基坑稳定性等要求，或者采用单排悬臂桩造价明显不经济的情况下，可采用双排桩进行基坑支护。从布桩形式上可以理解为将原有密集的单排桩中的部分桩向后移动一定距离，形成两排平行的钢筋混凝土桩，并在桩顶用刚性梁和冠梁将各排桩连接成一个整体，沿基坑长度方向形成一个超静定空间门式刚架结构。双排桩支护结构的侧向刚度相对较大，可以有效控制基坑的侧向变形，桩间土经过加固后还可以起到止水作用。

双排桩平面布置可采用矩形布置、三角形布置、T 形布置、连拱形和梅花形等，平面布置图如图 4.7 所示。无论采用哪种布置形式，均需采用钢筋混凝土梁将桩顶连接起来，前后排桩形成整体。

与单排悬臂支护桩相比，双排桩为刚架结构，其内力分布明显优于悬臂结构，在相同的材料消耗条件下，双排桩刚架结构的桩顶位移明显小于单排悬臂桩，其安全可靠性、经济合理性均优于单排悬臂桩。双排桩支护结构与支撑式支护结构相比，由于基坑内不设支撑，不影响基坑开挖、地下结构施工，同时省去设置、拆除内支撑的工序，大大缩短了工期。在基坑面积很大、基坑深度不深的情况下，双排桩支护结构的造价会低于支撑式支护结构。双排桩为超静定结构，可以随着下端支撑变化自动调节其上下端的弯矩，同时能自动调整结构本身的内力，使之适应复杂多变的荷载作用。具有支护和止水帷幕结合功能的双排桩支护结构可以用于港口和码头的建设中。

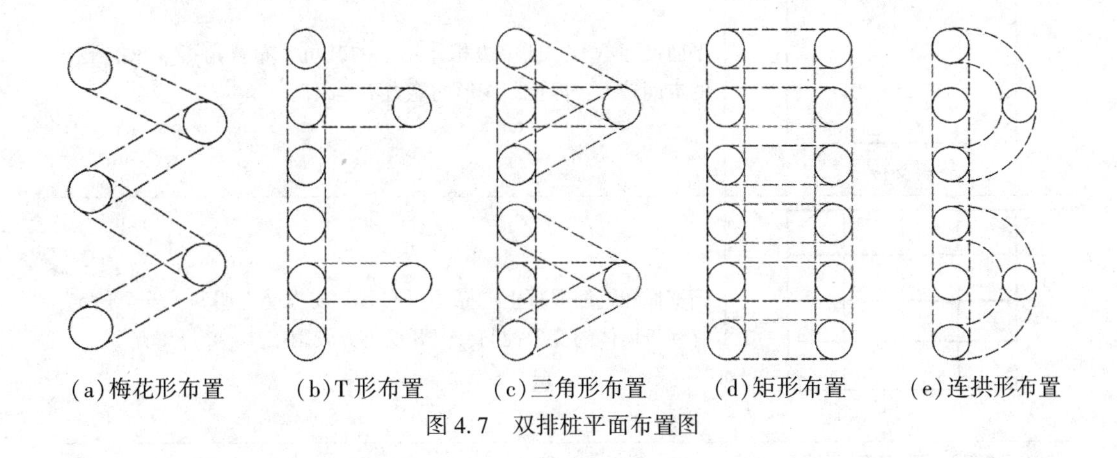

图4.7 双排桩平面布置图

3. 支撑支护结构

支护工程中，很少单独采用悬臂板式挡土结构，板式挡土结构几乎是与内支撑和锚杆联系在一起的。内支撑是在基坑内采用平面混凝土(或钢管、型钢)梁系结构对挡土结构进行支撑，或采用上述材料对挡土结构进行竖向斜撑。内支撑支护结构通常需要和地下连续墙或者排桩共同应用，能够大大减少排桩或地下连续墙的材料以及嵌入深度，同时能够有效稳定桩顶，防止其移动，使周边建筑物免受干扰。锚杆技术则是在基坑外面的土体内，利用锚杆的抗拔力对挡土结构进行拉锁，故又称拉锚技术。

从地质条件上看，内支撑支护形式可适用于各种地质条件下的基坑工程，而在软弱地基中最能发挥其优越性。在软土地基中单根土锚所能提供的拉力很有限，因而不经济。而内支撑式支护的支撑构件自身的承载力只与构件的强度、截面尺寸及形式有关，而不受周围土质的制约。从支护结构自身技术可行性角度来讲，内支撑式支护技术适用范围极广，也相对安全可靠。在无法采用锚杆的场合和锚杆承载力无法满足要求的软土地层，可采用内支撑支护结构。

但是内支撑支护结构也存在劣势的情况。形成内支撑并使其具备必要的强度需占用一定的工期。内支撑的存在有时对大规模机械化开挖不利；四周围护后当开挖深度大时，机械进出基坑不太方便，尤其是开挖最后阶段，挖土机械退出基坑需要整体或解体吊出。当基坑面积较大时，一般支撑系统都较庞大，工程量比较大，造价也很高，从经济上考虑内支撑支护结构处于劣势。

内支撑系统由水平支撑和竖向支承两部分组成，可改善竖向支护体的内力分布，提高基坑整体支护刚度，有效控制基坑变形。水平支撑构件为冠梁、腰梁、水平向支撑梁。竖向支承构件主要有立柱及立柱桩。内支撑系统的设计包含水平支撑(含冠梁、腰梁)的设计与立柱(含立柱桩)的设计。内支撑的布置形式和特点见表4.2。

表4.2　内支撑的布置形式和特点

布置形式	特　点
斜支撑	平面尺寸不大，且短边相差不多的基坑宜布置角撑。开挖土方的空间较大，但控制变形的能力不是很高
直撑	钢支撑和钢筋混凝土支撑均可布置；支撑受力明确，安全稳定，有利于墙体的变形控制，但开挖土方较困难
桁架	多采用钢筋混凝土支撑；中部形成较大空间，有利于土方开挖和主体结构施工
圆撑	多采用钢筋混凝土支撑；支撑体系受力条件好；开挖空间较大，施工比较方便
斜撑	在面积大、开挖深度小的基坑宜采用斜撑；但在软土层中，不易控制基坑的稳定和变形

4.3.5　地下连续墙

地下连续墙是基础工程在地面上利用各种挖槽机械，借助于泥浆的护壁作用，在地下挖出窄而深的沟槽，放下预先制作好的钢构架，并在其内浇灌适当的材料而形成一道具有防渗水、挡土和承重功能的连续的地下墙体，称为地下连续墙。地下连续墙在施工过程中通常采取逆作法，实现两墙合一。

地下连续墙随着使用部位、施工设备和工艺不断的深化，地下连续墙的混凝土强度越来越高，抗渗性能也随着材料性能的改进而不断提升，渗透系数可达到10^{-10}cm·s^{-1}。现在的地下连续墙的工程规模越来越大，可以做得很深(170m)、很厚(3.2m)，墙身体积已达到几十万立方米。在城市建设中，越来越多的地下连续墙被当作永久结构的一部分，能起到挡土、防水和承受垂直荷载的作用，越来越多的地下连续墙被用于超大型基础工程。现在地下连续墙支护已经广泛应用到深(超深)基坑的开挖支护中。

地下连续墙优点是施工振动小，墙体刚度大，整体性好，施工速度快，可以节省土石方，适合密集建筑群中深基坑支护，以及逆作法施工，适合各种地质条件。由于受到施工机械的限制，地下连续墙的厚度具有固定的模数，不能像灌注桩一样根据桩径和刚度灵活调整。因此，地下连续墙只有在具有一定深度的基坑工程或其他具有特殊条件下才能显现出经济优势。一般适用于开挖深度超过10m的深基坑中；围护结构作为主体结构的一部分，并且对防水、抗渗具有严格的要求；采用逆作法施工的基坑工程中；在超深基坑中，例如30~50m的深基坑工程，采用其他围护结构无法满足要求时，常采用地下连续墙作为围护结构。

地下连续墙优点很多，应用非常广泛，建筑物基础、深基坑支护、地下各种构筑物等许多工程均有使用，随着施工技术的提高，地下连续墙功能也在增加，集支护、结构墙、承重于一体。例如，江苏检察院办公楼采用的地下连续墙，具有挡土防渗、结构外墙、承重墙等“三合一”的功能；天津津塔地下连续墙具有基坑临时支护、结构外墙的“二合一”功能等。这大大降低了地下连续墙作为临时支护墙体的使用成本，使得地下连续墙在地下工程支护结构方面具有很大的优越性。

当基坑是超深基坑时且周围的地质环境复杂，周围建筑物和管线对变形要求严格时，需要对地下连续墙的变形进行严格限制，结合内支撑系统针对上述情况的基坑工程中提出地下连续墙+内支撑的方式进行基坑支护施工。现在这种支护方法也在工程实际中得到了广泛的应用。例如，上海外环的浦西连接井工程为深度达到30.4m的基坑，广东地铁线的前海站基坑最大开挖深度为31.5m，以及武汉中海国际大厦最大开挖24.1m深的基坑工程。

4.4 地下连续墙施工技术

地下连续墙是区别于传统施工方法的一种较为先进的地下工程结构形式和施工工艺。它是在地面上用特殊的挖槽设备，沿着深开挖工程的周边(例如地下结构物的边墙)，在泥浆护壁的情况下，开挖出一条狭长的深槽，在槽内放置钢筋笼并浇灌混凝土，筑成一段钢筋混凝土墙。然后将若干墙段连接成整体，形成一条连续的地下墙体。

除现场浇筑的地下连续墙外，我国还进行了预制装配式地下连续墙和预应力地下连续墙的研究和试用。预制装配式地下连续墙的墙面光滑，由于配筋合理可使墙厚减薄并加快施工速度。而预应力地下连续墙则可提高围护墙的刚度达30%以上，可减薄墙厚，减少内支撑数量，由于曲线布筋张拉后产生反拱作用，可减少围护结构变形，消除裂缝，从而提高抗渗性。这两种方法已经在工程中试用，并取得较好的社会效益和经济效益。

4.4.1　地下连续墙的分类

地下连续墙的分类方式有如下6种。

(1)按成墙方式可分为桩排式，壁板式，桩壁组合式。

(2)按墙的用途可分为防渗墙，临时挡土墙，永久挡土(承重)墙，作为基础用的地下连续墙。

(3)按墙体材料可分为钢筋混凝土墙，塑性混凝土墙，固化灰浆墙，自硬泥浆墙，预制墙，泥浆槽墙(回填砾石、黏土和水泥三合土)，后张预应力地下连续墙，钢制地下连续墙。

(4)按开挖情况可分为地下连续墙(开挖)，地下防渗墙(不开挖)。

(5)按挖槽方式大致可分为抓斗式、冲击式和回转式。

(6)按施工方法可分为现浇式、预制板式及二者组合成墙等。

目前，我国建筑工程中应用最多的还是现浇钢筋混凝土壁板式连续墙。

4.4.2　地下连续墙的优缺点

地下连续墙之所以能得到广泛的应用，是因为它具有两大突出优点：一是对邻近建筑物和地下管线的影响较小；二是施工时无噪声、无振动，属于低公害的施工方法。例如，有的新建或扩建地下工程由于四周邻街或与现有建筑物紧密相连；有的工程由于地基比较松软，打桩会影响邻近建筑物的安全和产生噪声；还有的工程由于受环境条件的限制或由于水文地质和工程地质的复杂性，很难设置井点排水等。在这些场合，采用地下连续墙支护具有明显优越性。

地下连续墙施工工艺与其他施工方法相比，有许多优点。

(1)适用于各地多种土质情况。目前在我国除岩溶地区和承压水头很高的砂砾层难以采用外，在其他各种土质中皆可应用地下连续墙技术。在一些复杂的条件下，它几乎成为唯一可采用的有效的施工方法。

(2)施工时振动小、噪声低，有利于城市建设中的环境保护。

(3)能在建(物)筑物密集地区施工。由于地下连续墙的刚度大，能承受较大的侧向压力，在基坑开挖时，变形小，周围地面的沉降少，因而不会影响或较少影响周围邻近的建(物)筑物。国外在距离已有建筑物基础几厘米处就可进行地下连续墙施工。我国的工程实践也已证明，距离现有建筑物基础1m左右就可以顺利进行地下连续墙施工。

(4)能兼做临时设施和永久的地下主体结构。由于地下连续墙具有强度高、刚度大的特点，不仅能用于深基础护壁的临时支护结构，而且在采取一定结构构造措施后可用作地面高层建筑基础或地下工程的部分结构。一定条件下可大幅度减少工程总造价，获得经济效益。

(5)可结合逆作法施工，缩短施工总工期。逆作法是一种新颖的施工方法，是在地下室顶板完成后，同时进行多层地下室和地面高层房屋的施工，一改传统施工方法的先地下、后地上的施工步骤，大大压缩了施工工期。然而，逆作法施工通常要采用地下连续墙的施工工艺和施工技术。

当然，地下连续墙施工方法也有一定的局限性和缺点。

(1)对于岩溶地区承压水头很高的砂砾层或很软的黏土(尤其当地下水位很高时)，如不采用其他辅助措施，目前尚难于采用地下连续墙工法。

(2)如施工现场组织管理不善，可能会造成现场潮湿和泥泞，影响施工条件，而且要增加对废弃泥浆的处理工作。

(3)如施工不当或土层条件特殊，容易出现不规则超挖和槽壁坍塌。

(4)现浇地下连续墙的墙面通常较粗糙，如果对墙面要求较高，墙面的平整处理增加了工期和造价。

(5)地下连续墙如仅用作施工期间的临时挡土结构，在基坑工程完成后就失去其使用价值。所以当基坑开挖不深，则不如采用其他方法才更具经济优势。

(6)需有一定数量的专用施工机具和具有一定技术水平的专业施工队伍，使该项技术推广受到一定限制。

4.4.3　地下连续墙施工工艺

1. 施工工艺流程

地下连续墙施工工艺流程图如图4.8所示。

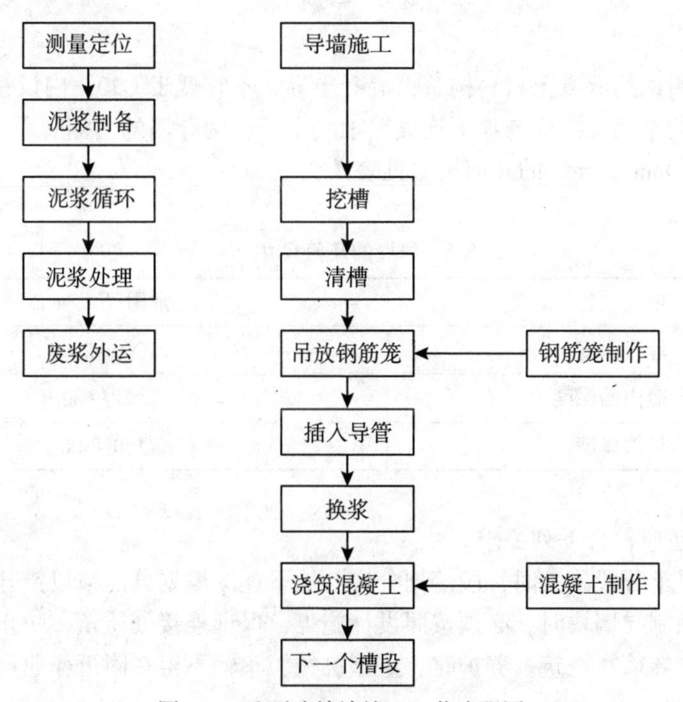

图4.8　地下连续墙施工工艺流程图

2. 主要工艺流程

1)筑导墙

在地下连续墙成槽前，应先浇筑导墙及施工便道。导墙的作用不容忽视：它可以作为地下墙成槽的导向标准，即导向作用；在成槽施工中稳定泥浆液位，以维护槽壁稳定；维持表面土层的稳定，防止槽口塌方；支承面槽等施工机械设备荷载；它还可以作为测量基准线。因此导墙的制作必须做到精心施工，导墙的质量好坏直接影响地下连续墙的轴线和标高。常用导墙的断面形式有以下多种。

(1)L 形式[图 4.9(a)]：多用于土质较差的土层。

(2)倒 L 形式[图 4.9(b)]：多用在土质较好的土层，开挖后略作修正即可，土体作侧模板，再立另一侧模板浇混凝土。

(3)匚形式[图 4.9(c)]：多用在土质差的土层，先开挖导墙基坑，后两侧立模，待导墙混凝土达到一定强度，拆去模板，并选用黏性土回填并分层夯实。

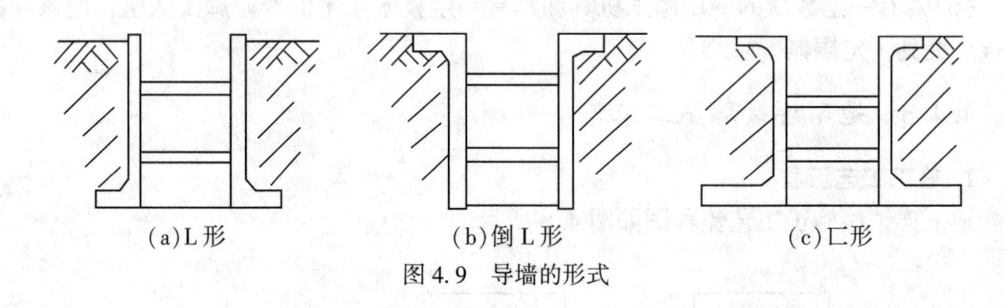
(a)L 形　　(b)倒 L 形　　(c)匚形

图 4.9　导墙的形式

导墙宜采用钢筋混凝土材料构筑，混凝土等级不宜低于 C20，内设钢筋应按规定进行搭接。导墙的平面轴线应与地下连续墙轴线平行，两导墙的内侧间距宜比地下连续墙体厚度大 40~60mm。导墙的几何尺寸见表 4.3。

表 4.3　**导墙的几何尺寸**

项　　目	常用尺寸/mm
埋设深度	1000~2000
导墙内的深度	墙厚+40
导墙厚度	150~300

导墙施工还应符合下列要求。

(1)导墙要求分段施工时，段落划分应与地下连续墙划分的节段错开。

(2)安装预制导墙块时，必须按照设计施工，保证连接处质量，防止渗漏。

(3)混凝土导墙在浇筑及养护时，重型机械、车辆不得在附近作业行驶。

2)泥浆护壁

护壁泥浆的制备与管理是地下连续墙施工中的关键工序之一。泥浆的作用如下。

①护壁作用：泥浆具有一定的密度，槽内泥浆液面高出地下水位一定高度，泥浆在

槽内就对槽壁产生一定的侧压力，相当于一种液体支撑，可以防止槽壁倒塌和剥落，并防止地下水渗入；另外，泥浆在槽壁上会形成一层透水性很低的泥皮，能防止槽壁剥落，还可以减少槽壁的透水性。

②携渣作用：泥浆具有一定的黏度，它能将钻头式挖槽机挖槽时挖下来的土渣悬浮起来，便于土渣随同泥浆一同排出槽外。

③冷却和润滑作用：泥浆可降低钻具连续冲击或回转而引起升温，又具有润滑作用从而降低钻具的磨损。

泥浆是挖槽过程中保证不塌壁的重要因素。泥浆必须具备物理的稳定性、化学的稳定性、适当的密度、适当的流动性和良好的泥皮形成性。

泥浆密度取决于泥浆设计配合比中的固体(膨润土)物质的含量。密度大的泥浆对槽壁面的稳定有利。但密度较小的泥浆施工性好，易于泵吸泵送，管道输送压力损失小，携带土砂能力大，土渣易于在机械分离装置内分离；密度较小的泥浆用土量也少，节约膨润土原料的用量。我国采用膨润土拌制的泥浆的密度通常为1.03~1.045g·cm^{-3}。

泥浆的密度是反映泥浆性能的一个综合指标。在成槽过程中由于挖掘土砂的混入，泥浆密度的逐渐增加是必然的，导致泥浆携带土砂的能力减小，还会影响混凝土质量，如钢筋和混凝土的握裹力，影响墙段接头质量和造成地下连续墙底的沉淀层。

采用漏斗黏度计测定泥浆的黏度。我国常用500/700方法，即用700mL容量的漏斗黏度计装满泥浆，测定从下口漏出500mL所需的时间(s)，作为泥浆的黏度指标。黏度指标控制范围为19~30Pa·s，视地质条件而定。在较好地质条件下，尽量采用黏度小些的泥浆，施工性能好。控制泥浆的失水量和使泥浆具有产生良好的泥皮的性质，是泥浆护壁作用的重要因素。通常对于新制泥浆，要求失水量控制在10mL/30min以下，泥皮要求致密坚韧，厚度不大于1mm；对循环使用中的泥浆，由于土砂颗粒的混入土及地下水中的钙离子等污染，性能会渐渐恶化，但要求失水量控制在20mL/30min以下，泥皮厚度不大于2mm。

施工中泥浆受水泥、地下水和土壤中的钙离子等金属阳离子污染，泥浆会失去悬液性质，产生絮凝化，pH值升高。一般对新泥浆，要求pH值为8~9；对使用中泥浆，pH值控制在11以内。

检验泥浆本身的悬液结构和稳定性的指标。泥浆应该长期静置不产生清水离析，新浆不应该有制浆固体材料的沉淀。对新浆要求稳定性为100%，对使用中的循环泥浆没有明确的稳定性指标，但稳定性差的泥浆，在槽内易产生沉渣，携渣能力也比较差。并采用含砂量测定器测定泥浆中的含砂量。

我国的膨润土资源十分丰富，储量居世界第一位，分布在全国26个省(直辖市、自治区)。膨润土由多种黏土矿物组成，最主要的是蒙脱石。其颗粒极其细小，一般呈片状，最大外形尺寸不超过2μm，厚度不超过0.1μm。遇水显著膨胀(在水中膨胀后的重量可增加到原来干重的600%~700%)，黏性和可塑性都很大。膨润土是理想的造浆材料。制备护壁泥浆应优选当地所产膨润土。膨润土泥浆的成分为膨润土、水和外加剂。

膨润土分散在水中，其片状颗粒表面带负电荷，端头带正电荷。如膨润土的含量足够多，则颗粒之间的电键使分散系形成一种机械结构，膨润土水溶液呈固体状态，一经触动(摇晃、搅拌、振动或通过超声波、电流)、颗粒之间的电键即遭到破坏，膨润土水溶液就随之变为流体状态。如果外界因素停止作用，水溶液又变作固体状态。该特性称作触变性，这种水溶液称为触变泥浆。

拌制泥浆应采用无不纯物质的自来水，一般优选 pH 值接近中性的水。水中的杂质和 pH 值过高或过低，均会影响泥浆的质量。自来水以外的水在使用前有必要检测相关指标，不允许采用盐水或海水拌制泥浆。

常采用的外加剂有以下几种。

(1)分散剂：FCL 或硝基腐殖酸钠，降低黏度，提高泥浆抗絮凝化能力，促使泥浆中砂土沉淀，降低泥浆密度。

(2)增黏剂：羧甲基纤维素(CMC)或聚丙烯酰胺，由于水分子的作用，使泥皮质密而坚韧，同时 CMC 溶于水中能增加泥浆黏度，促使泥浆失水量下降。

(3)其他：防漏剂(锯末、石粉等)，防止泥浆在地基中的漏失；加重剂(重晶石粉、铁砂等)，加重泥浆密度。

地下连续墙挖槽护壁用的泥浆除通常使用的膨润土泥浆外，还有聚合物泥浆、CMC 泥浆及盐水泥浆。

根据地质条件和施工机械等不同，泥浆性能有一定差异，通常应先做实验确定各成分的配合比，以满足工程的需要。

3)挖槽

开挖槽段是地下连续墙施工中的重要环节，挖槽精度又决定了墙体制作精度，所以是决定施工进度和质量的关键工序。

地下连续墙施工挖槽机械是在地面操作，穿过泥浆向地下深处开挖一条预定断面槽深的工程机械。由于地质条件、断面深度和技术要求的不同，应根据不同要求选择合适的挖槽机械。

地下连续墙通常是分段施工的，每一段称为一个槽段，一个槽段是一次混凝土浇筑单位。单元槽段的长度可采用 4~8m。

成槽过程中特殊情况的处理措施如下。

(1)在成槽过程中，若遇到缓慢漏浆现象(浆液用量与出渣量不一致，或发现浆液液面缓缓下降)，则应往槽内倒入适量木屑、锯末或黏土球等填漏物，进行搅动，直至漏浆停止。同时足量补充泥浆，以免浆液液面过低，导致塌孔。

(2)在成槽过程中，若遇到严重漏浆的情况(浆液液面下降过快，浆液补充不及时)，先采取投放填漏材料，如无效则分析原因，并采取处理措施，再进行成槽工程的施工。

(3)若遇特严重漏浆、槽壁坍塌、地表塌陷等情况，则立即停止施工，向槽内回填优质黏土，并对槽段及周围进行注浆加固处理，待土层稳定后，再行施工。

(4)无论遇到哪种突发情况，都必须立即将挖槽机械从槽内提出，以免造成埸方埋斗的严重事故。

4)钢筋笼的加工与吊放

根据地下连续墙墙体配筋和单元槽段的划分来制作钢筋笼，按单元槽段做成整体。若地下连续墙很深，或受起吊设备能力的限制，须分段制作，在吊放时再连接，则接头宜用绑条焊接。对于重量大的钢筋笼，起吊部位采用加焊钢筋的办法进行加固。为防止钢筋笼变形，设置加筋撑。

钢筋笼端部与接头管或混凝土接头面间应有150~200mm的空隙。主筋保护层厚度为70~80mm，保护层垫块厚50mm，一般用薄钢板制作垫块，焊于钢筋笼上。制作钢筋笼时要预先确定浇筑混凝土用导管的位置，由于这部分空间要求上下贯通，周围须增设箍筋和连接筋加固。为避免横向钢筋阻碍导管插入，纵向主筋放在内侧，横向钢筋放在外侧。纵向钢筋的底端距离槽底面100~200mm。纵向钢筋底端应稍向内弯折，防止吊放钢筋笼时擦伤槽壁。

为保证钢筋笼的强度，每个钢筋笼必须设置一定数量的纵向桁架。桁架的位置要避开浇筑混凝土时下导管的位置，桁架与横向筋之间必须保证100%点焊，对于加筋撑与纵、横向钢筋相交点也应100%点焊，其余纵横钢筋交叉点焊不少于50%。

钢筋笼加工场地尽量设置在工地现场，以便于运输，减少钢筋笼在运输中发生变形或损坏的可能性。

钢筋笼的起吊、运输和吊放应制订周密的施工方案，不允许产生不能恢复的变形。

钢筋笼的起吊应用横吊梁或吊梁。吊点布置和起吊方式要防止起吊时引起钢筋笼变形。起吊时不能使钢筋笼下端在地面拖引，造成下端钢筋弯曲变形，同时防止钢筋笼在空中摆动。

插入钢筋笼时，要使钢筋笼对准单元槽段的中心，垂直而又准确地插入槽内。钢筋笼进入槽内时，吊点中心必须对准槽段中心缓慢下降，要注意防止因起重臂摇动或因风力而使钢筋笼横向摆动，造成槽壁坍塌。

钢筋笼插入槽内后，检查顶端高度是否符合设计要求，然后将其搁置在导墙上。如钢筋笼是分段制作，吊放时需连接，下段钢筋笼要垂直悬挂在导墙上，将上段钢筋笼垂直吊起，上下两段钢筋笼呈直线连接。

如果钢筋笼不能顺利插入槽内，应重新吊出，查明原因。若需要则在修槽后再吊放钢筋笼，不能强行插放，否则会引起钢筋笼变形或使槽壁坍塌，产生大量沉渣。

5)水下混凝土的浇筑

在成槽工作结束后，根据设计要求安设墙段接头构件，或在对已浇好的墙段的端部结合面进行清理后，应尽快进行墙段钢筋混凝土的浇筑。

浇筑混凝土之前，要进行清底工作。一般有沉淀法和置换法两种。沉淀法是在土渣基本都沉淀到槽底之后再清底；置换法是在挖槽结束之后，对槽底进行认真清理，在土渣还没有沉淀之前用新泥浆把槽内的泥浆置换出来，使槽内泥浆的密度在1.15g·cm^{-3}以下。我国水下连续墙施工中多采用置换法。清槽结束后1h，测定槽底沉淀物淤积厚度不大于20cm，槽底20cm处的泥浆相对密度不大于1.2为合格。

为保证地下连续墙的整体性，划分单元槽段时必须考虑槽段之间的接头位置。一般接头应避免设在转角处及墙内部结构的连接处。接头构造可分为接头管接头和接头箱接头。接头管接头是地下连续墙最常用的一种接头，槽段挖好后在槽段两端吊入接头管。接头箱接头使地下连续墙形成更好的整体，接头处刚度好。接头箱与接头管施工相似，以接头箱代替接头管，单元槽开挖后，吊接头箱，再吊钢筋笼。

地下连续墙混凝土是用导管在泥浆中灌筑的。导管的数量与槽段长度有关，槽段长度小于 4m 时，可使用一根导管；槽段长度大于 4m 时，应使用 2 根或 2 根以上导管。导管内径约为粗骨料粒径的 8 倍，不得小于粗骨料粒径的 4 倍。导管间距根据导管直径决定，使用 Φ150mm 导管时，间距为 2m；使用 Φ200mm 导管时，间距为 3m。导管应尽量靠近接头。

在混凝土浇筑过程中，导管下口插入混凝土的深度不宜过深或过浅。导管插入深度太深，容易使下部沉积过多的粗骨料，而混凝土面层聚积较多的砂浆。导管插入太浅，则泥浆容易混入混凝土，影响混凝土的强度。该深度不得小于 1.5m，也不宜大于 6m，一般应控制在 2~4m。只有当混凝土浇灌到地下连续墙墙顶附近，导管内混凝土不易流出时，方可将导管的埋入深度减为 1m 左右，并可适当地上下抽动导管，促使混凝土流出导管。

施工过程中，混凝土要连续灌筑，不能长时间中断。一般可允许中断 5~10min，最长 20~30min，以保持混凝土的均匀性。混凝土搅拌好之后，宜在 1.5h 内灌筑完毕。夏天因混凝土凝结较快，必须在搅拌好之后 1h 内浇完，否则应掺入适当的缓凝剂。

在灌筑过程中，要经常测量混凝土灌筑量和上升高度。可用测锤测量混凝土上升高度。因混凝土上升面一般不水平，应在 3 个以上位置测量上升面。浇筑完成后的地下连续墙墙顶存在浮浆层，混凝土顶面需比设计标高高 0.5m 以上，凿去浮浆层后，地下连续墙墙顶才能与主体结构或支撑连成整体。

地下连续墙施工质量应满足表 4.4 中的要求。

表 4.4　**地连墙施工质量要求**

序号	要求项目	允许偏差
1	墙面垂直度应符合设计要求	$H/200$
2	墙面中心线	±30mm
3	裸露墙面应平整，均匀黏土局部突出	100mm
4	接头处相邻两槽段的挖槽中心线，在任一深度的偏差值，不得大于允许偏差值	$b/3$

注：①H 为墙深(m)，b 为墙厚(m)；②裸露墙面在非均匀性黏土层中或其他土层中的平整度要求，由设计施工单位研究确定；③混凝土的抗压、抗渗等级及弹性模量应符合设计要求。

3. 地下连续墙施工存在的主要问题及防治措施

地下连续墙施工技术和工艺较复杂，质量要求严格，施工难度大，如施工操作不当，易出现各类质量问题，而影响工程进程和墙体质量。因此在施工中要制订严密科学的施工方案，精心操作，密切关注挖槽、钢筋笼制作、吊放、混凝土浇筑等的质量问题，以确保工程顺利进行和施工质量。

1)导墙破坏或变形

当导墙刚度和强度不足，或者作用在导墙上的荷载过大、过于集中，或者导墙内侧未设置足够的支撑时，导墙就会出现坍塌、不均匀下沉、变形等现象。

对于大部分或局部已严重破坏、变形的导墙应拆除，并用优质土(或再掺入适量水泥、石灰)分层回填、夯实加固地基，重新建造导墙。

2)槽壁坍塌

在槽壁成孔、下钢筋笼和浇筑混凝土时，槽段内局部孔壁坍塌，出现水位突然下降、孔口冒细密的水泡，钻进时出土量增加而不见进尺，钻机负荷显著增加的现象。其原因如下。

(1)遇软弱土层、粉砂层或流砂土层，或地下水位高的饱和淤泥质土层。

(2)护壁泥浆选择不当，泥浆质量差，不能在槽壁形成良好的泥皮(起液体支撑的作用)。

(3)单元槽段过长，或地面附加荷载过大。

(4)成槽后未及时吊放钢筋笼和浇筑混凝土，槽段搁置时间过长，使泥浆沉淀而失去护壁作用。

治理方法：对严重坍孔的槽段，提出抓斗斗头，回填较好的黏性土，再重新成槽施工。如有大面积坍塌，用优质黏土(掺入20%水泥)回填至坍塌处以上1~2m，待沉积密实后再成槽；当局部坍塌时，可加大泥浆比重。

3)钢筋笼制作尺寸不准或变形

钢筋笼尺寸偏差过大，或发生扭曲变形，造成难以安装和入槽。分析其原因不外乎以下几种：①钢筋加工制作场地平整度不合标准，造成变形过大；②钢筋笼制作中，未按顺序进行施工，造成尺寸偏差较大；③钢桁架设置不合理，造成钢筋笼刚度小，起吊时加大变形；④成槽施工中，槽段偏斜引起钢筋笼入槽困难。

如因成槽质量不达标使钢筋笼难以顺利入槽，应在修整槽壁后，再行吊放，严禁强行入槽。如因钢筋笼制作原因，则需部分或全部拆除，重新制作钢筋笼。

4)钢筋笼上浮

如钢筋笼重量太轻，槽底沉渣过多，钢筋笼会被托浮起；如混凝土浇灌导管埋入深度过大或混凝土浇筑速度过慢，钢筋笼也会被拖出槽孔外，出现上浮现象。为阻止钢筋笼上浮，一般在导墙上设置锚固点固定钢筋笼。

5)墙体出现夹层

现象：墙体浇筑后，地下连续墙墙壁混凝土内存在局部积泥层。

出现这种现象的原因很多，列举如下：

(1)混凝土导管埋入混凝土内过浅，浇筑混凝土时提管过快，将导管提出混凝土面，致使泥浆混入混凝土内形成夹层。

(2)浇筑导管摊铺面积不够，部分角落浇筑不到，被泥渣充填。

(3)浇筑导管埋置深度不够，泥渣从管底口进入混凝土内。

(4)导管接头不严密，泥浆渗入导管内。

(5)首批下灌混凝土量不足，未能将泥浆与混凝土隔开。

(6)混凝土未连续浇筑，造成间断或浇筑时间过长，首批混凝土初凝失去流动性，而连续浇筑的混凝土顶破顶层上升，与泥渣混合，导致在混凝土中夹有泥渣，形成夹层。

(7)混凝土浇筑时局部塌孔。

治理方法如下。

(1)如导管已提出混凝土面以上，则立即停止浇筑，改用混凝土堵头，将导管插入混凝土中重新开始浇筑。

(2)遇坍孔，可将沉积在混凝土上的泥土吸出，继续浇筑，同时采取提高护壁泥浆质量、加大水头压力等措施。

(3)若地下连续墙墙壁开挖中发现夹层，在清除夹层后采取压浆补强方法处理。

4.4.4 成槽机具

用于地下连续墙成槽施工的机械有三大类：挖斗式、冲击式和回转式。挖斗式，分为蚌式抓斗和铲斗式，其中最常用的蚌式抓斗又有吊索式和导杆式两种类型；冲击式，分为钻头冲击式和凿刨式；回转式，有单头钻和多头钻(亦称为垂直轴型回转式成槽机)两种类型。

我国在地下连续墙施工中，目前常用的是吊索式蚌式抓斗、导杆式蚌式抓斗、多头钻和冲击式挖槽机，尤以前面三种最多。

(1)挖斗式挖槽机：挖斗式挖槽机是一种最简单的挖槽机械，以其斗齿切削土体，切削下的土体集在挖斗内，从沟槽内提出地面开斗卸土，然后又返回沟槽内挖土。应用最广的蚌式抓斗，我国已拥有近百台(多数为进口设备)，是地下连续墙成槽的主力设备。图4.10所示为蚌式抓斗的外形。

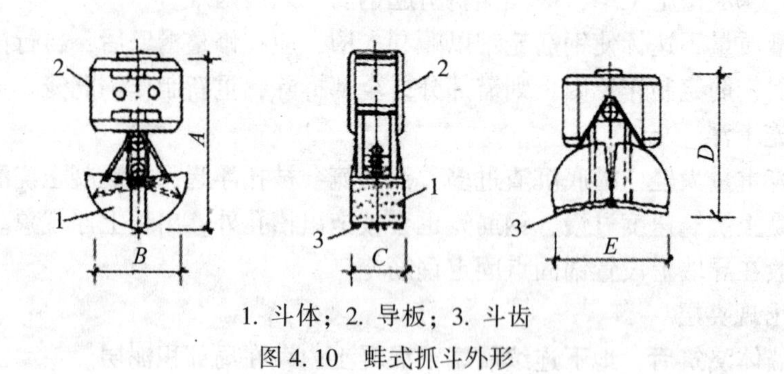

1. 斗体；2. 导板；3. 斗齿

图4.10 蚌式抓斗外形

为了提高抓斗的切土能力，蚌式抓斗一般都要加大斗重量，并在抓斗的两个侧面安装导向板，以提高挖槽的垂直精度。蚌式抓斗斗体上下和开闭，可采用钢索操纵，也有的采用液压控制。

这类挖槽机械，适用于较松软的土质。当土壤的 N 值超过30，则挖掘效率会急剧下降，N 值超过50即难以挖掘。对于较硬的土层宜用钻抓法，即预钻导孔，抓斗沿导孔下挖，挖土时不需靠斗体自重切入土体，只需闭斗挖掘即可。由于这种机械每挖一斗都需要提出地面卸土，为提高效率，施工深度不能太深，国内外一般以不超过 50m 为宜。为钻、抓操作，一般将导板抓斗与导向钻机组合成钻抓式成槽机进行挖掘。施工时先用潜水电钻根据抓斗的开斗宽度钻两个导孔，孔径与墙厚相同，然后用抓斗抓取两导孔间的土体，如图 4.11 所示。

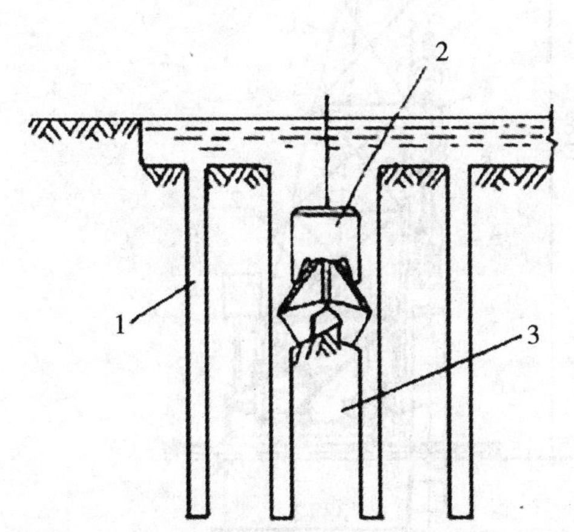

1. 导管；2. 钻挖式成槽机；3. 导孔间土

图 4.11　钻抓成槽示意图

(2)冲击式挖槽机：冲击式挖槽机包括钻头冲击式和凿刨式两类。

冲击钻机是依靠钻头的冲击力破碎地基土，所以不但对一般土层适用，对卵石、砾石、岩层等地层亦适用。它上下运动以重力作用保持成孔垂直度。正循环方式不宜用于断面大的挖槽施工。

凿刨式挖槽机是靠凿刨沿导杆上下运动以破碎土层，破碎的土渣被泥浆携带，由导杆下端吸入经导杆排出槽外。我国至今尚未使用过此种机械。

冲击式挖槽机的排土方式可采用正循环或反循环，正循环方式排土能力与泥浆流速成正比，而泥浆流速又与槽段截面成反比，故它不宜用于断面较大的挖槽施工，同时，此法土渣易混入泥浆中，使泥浆比重增大。泥浆反循环排渣时，泥浆的上升速度快，可以把较大块的土渣携出，而且土渣亦不会堆积在挖槽工作面上。泥浆反循环时，土渣排出量和土渣的最大直径取决于排浆管的直径。但是，当挖槽断面较小时，泥浆向下流动较快，作用在槽壁上的泥浆压力较泥浆正循环方式小，会减弱泥浆的护壁作用。图 4.12 是 ISOS 冲击钻机的示意图。

在我国，冲击式钻机用于地下连续墙施工已有 46 年历史，其优点是对地层的适应性强，缺点是效率低。针对其缺点，中国水利水电基础工程局率先研制出 CZF 系列的冲击反循环钻机，既保持了其优点，又使其效率比老式冲击钻机提高 1~3 倍，使冲击式钻机焕发了青春，这种钻机特别适用于含深厚漂石、孤石等复杂地层施工，在此类地层中其施工成本远低于抓斗和液压铣槽机，具有不可替代的作用。冲击反循环钻机成墙深度最大达 101m(四川冶勒水电站)，在长江三峡和润扬长江大桥等嵌岩地下连续墙工程中也发挥了重要作用。

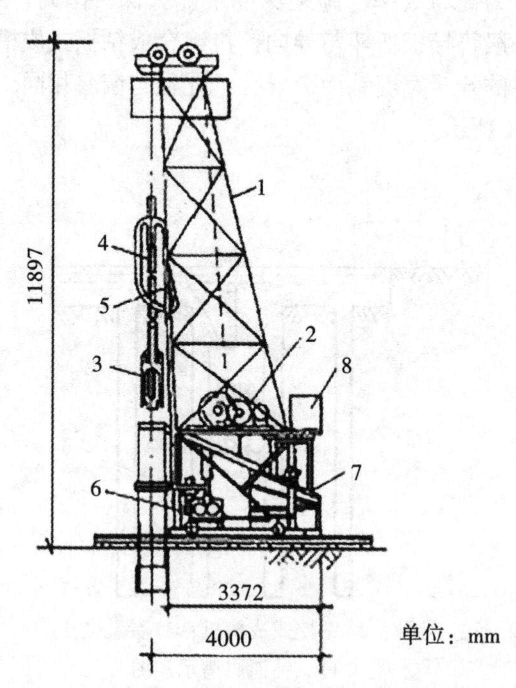

1. 机架；2. 卷扬机；3. 钻头；4. 钻杆；5. 中间输浆管；6. 泥浆循环泵；7. 振动筛；8. 泥浆搅拌机

图 4.12　ISOS 冲击钻机

4.5　止水帷幕施工技术

在深基坑工程中，防水、降水以及排水是施工过程中的重要环节，其成败不仅直接影响工程进度、施工造价和支护质量，还关系到工程的安全，需要引起足够的重视。其中，设置止水帷幕就是重要的防水。

止水帷幕是一类构筑物的统称，而不是特指一种具体的材料。只要是设置在基坑外围或底部可以阻止渗流的构筑物，均可称作止水帷幕，例如排桩、地下连续墙等。止水帷幕在基坑降水中的作用是延缓或者阻止地下水流向基坑内，避免因地下水位下降而造成的基坑外围地面沉降以及其他问题(如管线断裂)；同时保证基坑内部基本干燥，创造良好的工作环境。

4.5.1　止水帷幕的形式

根据止水帷幕的空间形态，可以分为竖向及横向止水帷幕。竖向止水帷幕，又可以根据其插入透水层的深度分为悬挂式及落底式止水帷幕。按照帷幕的制作方法，又可分为地下连续墙、搅拌桩、旋喷桩、注浆法、冻结法、咬合桩法及复合工艺等方法。止水帷幕设计前期应结合拟建场地的工程地质、水文地质条件，周边环境以及项目基坑开挖深度、工程造价等因素。表 4.5 介绍了目前常用的止水帷幕的结构类型及其适用条件，并分析了其工艺的利弊。

表4.5　　　　　**常用帷幕结构选型表**

帷幕结构类型	适用条件		工艺的利弊
	地层条件	有效止水深度	
地下连续墙	除岩层外的各类地层条件	不限	止水效果好，但造价高
桩锚(内撑)+旋喷桩帷幕	黏性土、粉土、砂土、砾石等各类地层条件	不限	优点：刚度大，抗弯强度高。 缺点：造价较高，较硬地层旋喷注浆效果差
桩锚(内撑)+搅拌桩帷幕	黏性土、粉土等地层条件，不适用于砂卵石地层	不限	优点是刚度大，抗弯强度高。 缺点：适用地层有限
重力式挡墙	淤泥、淤泥质土、黏性土、粉土	不宜超过6m	优点：兼具支护止水双重功能，工程造价低。 缺点：强度低、刚度小，基坑稳定性差
土钉墙+搅拌桩帷幕	填土、黏性土、粉土、砂土、卵砾石等地层	不宜大于10m	优点：结构简单，造价低。 缺点：需要场地周边有一定的放坡条件
钻孔咬合桩	各类地层，多用于沿海软土地区	不限	优点：强度高，刚度大，防渗效果好。 缺点：对施工精度要求高，造价高
SMW工法成墙	黏性土和粉土为主的软土地区	一般6~10m，采用较大尺寸型钢或多排支点可加深	优点：施工速度快，工法简单，造价较低。 缺点：地层适用范围窄，主要应用软土地区
TRD墙	各类地层条件	不限	止水效果好但造价较高
冷冻墙	含水量较高地层的地下工程水平隔水帷幕	不限	优点：隔水效果好，污染小。 缺点：存在冻融影响，且不能断电
袖阀管注浆帷幕	各种地层	不限	优点：对不同地层采用不同的注浆方案进行注浆，多用于地铁隧道止水及进行渗漏封堵

4.5.2　止水帷幕的作用

基坑工程中应用较多的是竖向止水帷幕，将其施工在基坑外围形成闭合，接缝处需要紧密咬合。由于设置止水帷幕后，水在抽取过程中形成新的流网，从而使水流路径增长，如图 4.13 所示。在基坑开挖过程中基坑内外会形成水头差，在水头差的作用下，基坑外的水会向基坑内渗流，严重时还会发生流砂或突涌等渗透破坏。止水帷幕可以有效防止这些现象，基坑内的地下水也会更容易被疏干。

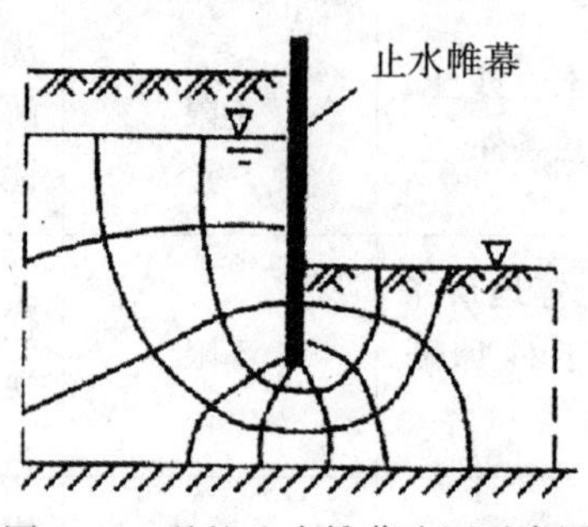

图 4.13　基坑止水帷幕流网示意图

4.5.3　止水帷幕的适用条件

(1)当拟建场地的地下水埋深较浅，基坑土层的渗透系数较大时，不仅要考虑基坑的支护挡土，还需要配合施工竖向止水帷幕。砂层及卵砾石层透水性较强，因此均为透水层，而黏性土层由于其渗透系数较小，透水性较低可以自成为隔水层，在一般情况下隔水层不需要再设置竖向止水帷幕。

(2)设置止水帷幕时一般需要穿透透水层插入隔水层，如果透水层的厚度较小，止水帷幕就相对简单，施工成本不高，施工起来也更容易。

(3)地下水水位高、水量大，透水层比较厚，基坑距离高层建筑较近，附近有重要的市政设施，或者紧挨基础较浅的建筑物时，都对基坑周围地面的沉降要求较高，采取降水方案(大范围抽水)不被允许，需要做成封闭式的止水帷幕。所谓封闭式的止水帷幕，需要在竖向将帷幕深入基坑的不透水层，或者竖向止水帷幕未埋入不透水层的情况下，在基坑底部施工水平向的止水帷幕，两者组合成立体封闭状。这两种做法的工程量都很大，造价很高，工期也较长。

(4)当施工区域底面的承压水水头较高时可能会发生突涌，这时也要施工水平止水帷幕。在这种情况下，也可以打一些减压井来降低承压水的水头，打减压井要比止水帷幕更经济。水平止水帷幕也可以与减压井同时配合使用。

(5)施工前需具体分析降水对基坑周围环境的影响。若基坑地下水位以下存在软土层靠近地面的沉降量比较大，则此时降水量不应过大。

4.5.4 常用止水帷幕的成桩机理及施工方法研究

形成止水帷幕的方法很多，比较常见的有高压旋喷桩、水泥土搅拌桩止水帷幕及地下连续墙止水帷幕，其中高压旋喷桩可按旋喷直径的大小选择单管、双重管及三重管法施工；深层搅拌桩墙也可分为单轴、三轴及双轮铣。

1. 高压旋喷桩止水帷幕

喷射注浆工艺又叫作旋喷注浆或旋喷成桩法。常规注浆工艺是将浆液的压力直接作用于拟加固土体，通过劈裂、渗透及固结来达到加固的目的。高压喷射注浆是在原注浆工艺的基础上，增加了高压气体、高压水及注浆液等对土体动力做功的成分，在破坏土体原有结构后，与注浆液拌合并重新固结，形成强度更高、渗透系数更小的加固体。

应用高压注浆法工艺，在预定的范围内注入一定量浆液，形成一定间距的桩，或连成一片桩或薄的帷幕墙，加固深度可自由调节，连续或分段均可。这种方法在基坑开挖中需要侧壁挡水的情况能够发挥特殊作用，这便是旋喷桩止水帷幕。

1)高压旋喷桩成桩机理

高压旋喷桩止水帷幕是用专门的设备将浆液或水、空气等转化为20~40MPa的高速流体，注入土体内部，改变土体原始性状，混合搅拌形成坚硬的柱状固结体，即为旋喷桩[图4.14(a)]。其成桩过程主要分为两个步骤：第一步是机械成孔，利用钻机进行预成孔到指定深度，或者利用钻机控制喷射管或喷头进行成孔达到预定深度，施工中喷射管整体密封性要好，喷头则主要由横向单头或双头组成。第二步是将高压射流与土粒进行混合成桩。

根据工程实际中的不同需求，有时需要做成片状帷幕，则只需调整钻杆的提升速度和旋转角度即可，不旋转只提升钻杆的喷射叫作定喷[图4.14(b)]，或者调整合适的角度进行固定角度旋转和提升钻杆的喷射叫作摆喷[图4.14(c)]。根据不同的施工环境，以上三种喷射方式可进行单独或组合使用。

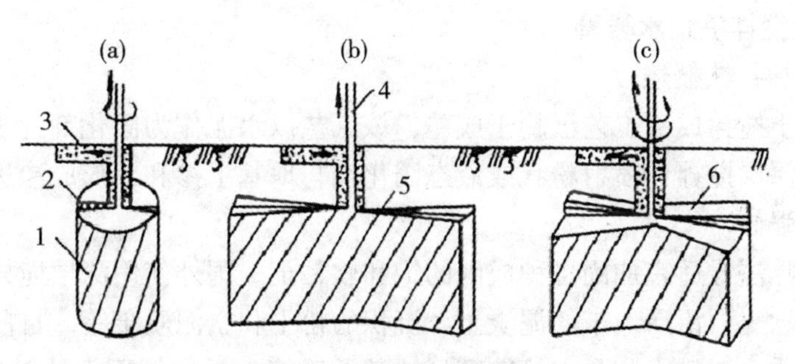

1. 桩；2. 射流；3. 冒浆；4. 喷射注浆；5. 板；6. 墙

图4.14 高压旋喷注浆的三种形式

该方法主要特点是施工用地小、噪声污染小，但造价高、环境破坏大，在使用中需根据具体的工程地质条件、环境条件及经济效益等问题综合考虑，做到节约经济、优化性能。

2)旋喷桩制作方法

单管法、二重管法和三重管法是目前使用较多的成桩方法，其原理基本一致，区别主要在于所喷射的材料不同。采用三重管时，喷射管直径通常是7~9cm，结构复杂，因此有时需要预先钻一个直径为15cm的孔，然后置入三重喷射管进行加固。成孔可以采用一般钻探机械，也可以采用振动机械等。三种方法可根据具体条件采用不同类型的施工机具和仪表。三种方法的常用施工参数如表4.6所示。

表4.6　**旋喷桩成桩方法分类**

类方法	单管法	二重管法	三重管法
喷射方法	浆液喷射	浆液、空气喷射	水、空气喷射、浆液注入
硬化剂	水泥浆	水泥浆	水泥浆
常用压力/MPa	15.0~20.0	15.0~20.0	高压20.0~40.0 低压0.5~3.0
喷射量/L·min^{-1}	60~70	60~70	高压60~70 低压80~150
压缩空气/kPa	不使用	500~700	500~700
旋转速度/rpm	16~20	5~16	5~16
桩径/cm	30~60	60~150	80~200
提升速度/cm·min^{-1}	15~25	7~20	5~20

填充的材料可根据工程需要灵活选用，水泥浆、水泥砂浆、混凝土等均可。本工法提升速度很慢，固结体的直径大，在砂层中可达到Φ4.0m，并做到信息化管理，施工人员可掌握固结体的直径和质量。

2. 水泥土搅拌桩止水帷幕

1)水泥土搅拌法概述

目前水泥土搅拌成桩工艺已趋于成熟，该工艺以水泥作为固化剂的主要材料，通过施工机械进行深层搅拌，喷射粉状或液态固化剂与地基土掺和，形成渗透系数较低且有一定强度的增强体。

水泥土搅拌法最适宜加固各种成因的饱和软黏土。国外使用深层搅拌法加固的土质有新吹填的超软土、沼泽地带的泥炭土、沉积的粉土和淤泥质土等。目前国内常用于加固淤泥、淤泥质土、粉土和含水量较高且地基承载能力标准值不大的黏性土等。《建筑地基处理技术规范》(JGJ 79—2012)规定搅拌法适用于处理：正常固结的淤泥与淤泥质土、粉土、素填土、黏性土、饱和黄土以及无流动地下水的饱和松散砂土等地基。随着施工机械的改进，搅拌能力的提高，水泥土搅拌法的适用土质范围在扩大。

2)深层搅拌法施工技术

目前，喷浆型湿法深层搅拌机械，在国内已能批量生产出单、双搅拌轴两个品种，并且开始涉及三轴及多搅拌轴机型的研制和生产工作。喷粉搅拌机(干法)目前仅有单搅拌轴一种机型。

喷浆形式的深层搅拌机以水泥浆作为固化剂的主剂，通过搅拌头强制将软土和水泥浆拌合在一起。目前国外的深层搅拌主机大多具有偶数根搅拌轴(2、4、6或8根搅拌轴)，即一次可制作出2根、4根、6根或8根相割的搅拌桩，每根搅拌桩最大的直径可达1.25m，每组搅拌桩的截面积可达4~5m²，一次最大的加固面积可达9.6m²。

3)水泥土搅拌墙止水帷幕的TRD工法

有别于深层搅拌桩墙施工过程中的水平向搅土，从地下连续墙施工工艺发展出来的TRD工法(Trench-Cutting & Re-mixing Deep Wall Method，中文叫法较多，最早叫"混合搅拌壁式地下连续墙施工法")及CSM工法(Cutter Soil Mixing，铣削深层搅拌技术)，采用纵向搅土，确保成墙厚度的同时，提高了搅拌效率及地层适用性，近年来得到长足发展。但受到施工设备市场保有率低等因素影响，目前TRD工法还未得到广泛推广。

TRD工法(图4.15)是日本在20世纪90年代研究开发出来的一种新工法，于2007年引入我国，其构建等厚度型钢水泥土连续墙和超深止水帷幕已在多个工程中得到成功应用，如南昌的绿地广场项目、上海的奉贤企业总部大厦、天津的响螺湾项目、淮安的新天地项目等。从诸多项目的应用情况来看，TRD工法围护结构的支护效果和止水效果都优于传统的支护结构，也为后续该工法的使用提供了基础，具有很好的应用前途。

图4.15　TRD工法施工简图

TRD工法是采用水平切槽、连续成墙的工艺，利用地层原有土体与水泥或其他固化剂搅拌形成连续的水泥土墙。与其他水泥土搅拌工法不同的是，TRD 工法采用竖向搅拌连续成墙。竖向搅拌打乱了天然地层中土层分布，使整个剖面内的土体得到上下循环，从而使水泥土墙的均匀性更好。

TRD 工法施工工艺按照先后流程，大致可以分为以下三道工序：首先施工机械的切割箱自行打入土层指定深度；其次切割箱切割土体，注入固化剂，搅拌形成水泥土连续墙；最后待土体搅拌完毕，施工机械的切割箱在起吊机械的起吊下拔出土体。其中水泥土搅拌墙的建造工序施工方法按照循环次数主要分为两种："3 循环"和"1 循环"。其中"3 循环"是指一块水泥土连续墙，施工机械循环了三次切割搅拌过程，分别是第一次先行挖掘、第二次回撤挖掘、第三次成墙搅拌；"1 循环"则是切割箱自行打入指定深度后，直接注入固化剂，竖向搅拌并水平向前推进，连续成墙，施工机械只进行了一次切割搅拌。在经过一系列的物理化学反应后，水泥土浆液硬化形成具有一定强度和防渗性能的水泥土。

TRD 工法主要适用于防渗墙、高速公路工程、地铁车站工程、沉埋工法中的竖井工程、排水工程、边坡防护工程、堤坝加固工程和地基改良工程等。

TRD 工法特点：

(1)TRD 工法成槽机的高度为 10~12m，施工机械的重心低，稳定性好。TRD 工法成槽机能施工水泥土墙体的厚度为 450~850mm，最大施工深度可达 60m。

(2)施工垂直度高，墙面平整性好。立柱内安装的多段倾斜技术可以对施工过程墙体的垂直度进行实时监控，保证墙体的施工精度。

(3)墙体连续厚度，横向连续，性能好。成墙作业连续进行，中间没有接头，且插入型钢的间距在满足设计要求的条件下可以任意调整，不同于 SMW 工法桩，不受桩位置的限制。

(4)TRD 工法施工机械的主机架还可以改变施工角度，其与地面的最小夹角可为 30°，不仅可以施工垂直墙体，还可以施工成倾斜的墙体，能够满足各种不同的需要。

(5)TRD 工法在墙体全深度范围内对土体进行竖向混合、搅拌，墙体上下固化性质均一，墙体质量均匀。

(6)TRD 工法转角施工困难，对于小曲率半径或 90°转角位置，须将箱式刀具拔出，再经过重新组装才能继续施工转角位置，因此转角的施工过程比较复杂。

铣削深层搅拌技术(CSM)，现已成为一种新型工法的名称，在累积了 20 年制造连续墙成槽设备"双轮铣槽机"和使用经验的基础上，2003 年德国宝峨公司研发出新的深层搅拌技术"双轮铣深层搅拌"。由于结合了液压铣槽机的设备技术特点和深层搅拌技术的应用领域，该设备可以应用到更为复杂的地质条件中。其施工方法如图 4. 16 所示。

双轮铣深层搅拌工法与传统深层搅拌工法的不同之处在于使用两组铣轮以水平轴向旋转搅拌方式，形成矩形槽段的改良土体，而非以单轴或多轴搅拌钻具垂直旋转，形成圆形的改良柱体。该工法经过近几年的应用发展，形成了导杆式、悬吊式两种机型，施工深度已达到 65m。

该工法的原理是在钻具底端配置两个在防水齿轮箱内的马达驱动的铣轮，并经由特制机架与凯氏钻杆连接或钢丝绳悬挂。当铣轮旋转深入地层削掘与破坏土体时，注入固

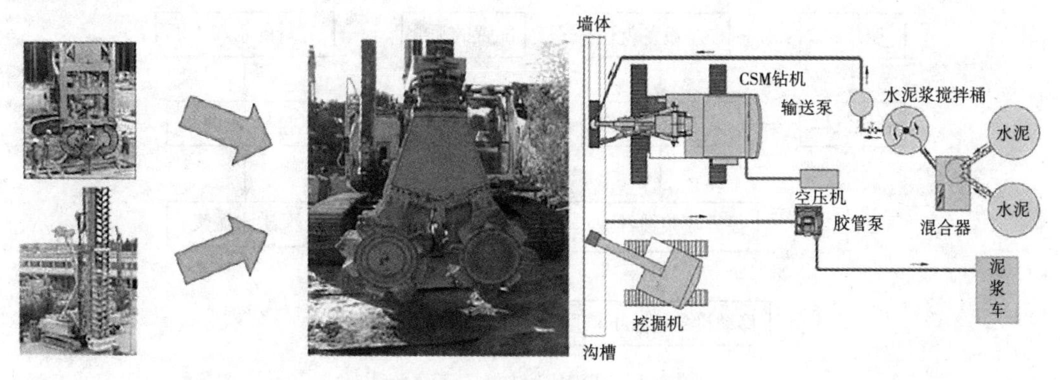

图 4.16 CSM 工法施工简图

化剂，强制性搅拌已松化的土体。其不仅可以作为单一的防渗墙，且可以在其内插入型钢，形成集挡土和止水于一体的墙体。

CSM 成槽机的施工工序主要分为加水和气向下铣削成槽及喷浆向上铣削成墙两部分。CSM 工法施工在向下铣削成槽的过程中，两组铣轮正转铣削地层，通过导杆施加向下的推进力，向下铣削搅拌，同时注入泥浆和压缩空气，可提高水和土搅拌混合的效果。向下铣削到设计深度后，上提时两组铣轮反转，通过底部注浆孔向槽内注入水泥浆液，与成槽内的拌和土体均匀混合成水泥土搅拌墙。CSM 工法施工工序流程见图 4.17。

CSM 工法的特点：

(1)双轮铣深层搅拌工法是一项先进的工艺，其施工主要是通过掘进、提升、注浆、供气、铣、削、搅拌等一次成墙施工技术，因为无需设置施工导墙，故可有效提升施工效率。

(2)在双轮铣深层搅拌工法施工时，由于切、削的能力较强，成墙单幅宽的深度相对较深，并对槽的形状进行处理，确保其呈现规则状态。同时，通过利用双轮铣深层搅拌工法，深基坑围护平面的整体性相对较强，减少渗漏问题的产生，确保施工质量。

(3)双轮铣深层搅拌工法施工工艺相对较便捷，可对施工成本进行控制，实现良好的经济效益。同时，在其施工时，主要利用注浆系统，将水泥注入深基坑中，这样可起到良好的护壁作用，提升深基坑围护的稳定性。另外，墙体连接接头相对较少，施工时其操作相对较灵活，可实现良好的施工效率。

CSM 工法工艺流程如图 4.17 所示。CSM 工法施工时有两种注浆模式，分别为单注浆模式和双注浆模式。

(1)单注浆模式。铣头在削掘下沉和上提过程中均喷射注入水泥浆液。采用单注浆模式时，设计水泥掺量的 70% 在削掘下沉过程中掺入。单注浆模式适合简单地层和水泥土地下连续墙深度小于 20m 的工况。

(2)双注浆模式。铣头在削掘下沉过程中喷射注入膨润土浆液或者自来水(黏性土地层或可自造泥浆地层)，提升时喷射注入水泥浆液并搅拌。双注浆模式适用于复杂地层和水泥土地下连续墙深度大于 20m 的工况。

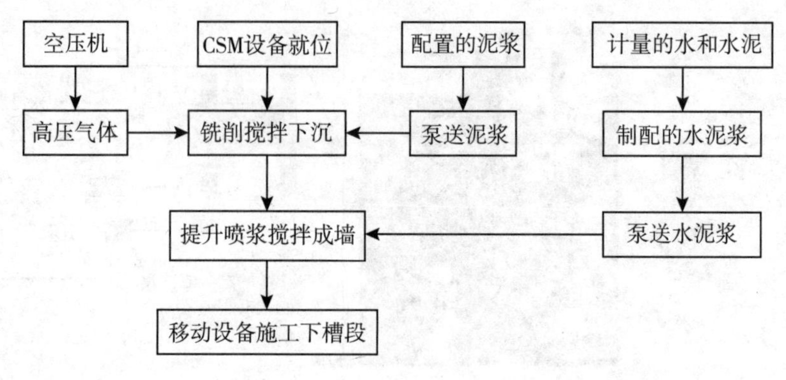

图 4.17　CSM 工法施工工序流程

设备。CSM 工法主要由履带式主机、钻具、辅助设备组成。

根据钻进深度、铣头不同，主机的大小有不同的配置。

钻具主要由钻杆和铣头构成，钻杆分别有矩形钻杆和圆形钻杆两种形式，铣头按扭矩、成墙尺寸也划分两类，可根据不同的地层进行配置。

辅助设备主要有：浆液拌合站、注浆泵、储浆罐、水泥筒仓、空气压缩机、挖掘机等。

CSM 工法的性能特点如下。

(1)具有高削掘性能，地层适应性强。双轮铣深层搅拌铣头具有高达 $100\text{kN}\cdot\text{m}^{-1}$的扭矩，导杆采用卷扬加压系统，铣头的刀具采用合金材料，因此铣头可以削掘密实的粉土、粉砂等硬质地层，可以在砂卵砾石层中切削掘进。

(2)高搅拌性能。双轮铣深层搅拌铣头由多排刀具组成，通过铣轮高速旋转削掘土体，同时削掘过程中注入高压空气，使其具有非常优良的搅拌混合性能。

(3)高削掘精度。双轮铣深层搅拌铣头内部安装垂直度监测装置，可以实时采集数据并输出至操作室的监视器上，操作人员通过对其分析可以进行实时修正。

(4)可完成较大深度的施工。目前，导杆式双轮铣深层搅拌设备可以削掘搅拌深度达 45m，悬吊式双轮铣深层搅拌设备削掘搅拌深度可达 65m。

(5)设备高稳定性。双轮铣深层搅拌设备重量较大的铣头驱动装置和铣头均设置在钻具底端，因此设备整体重心较低，稳定性高。

(6)低噪音和振动。因为双轮铣深层搅拌设备铣头驱动装置切削掘进过程中全部进入削掘沟内，因此使噪音和振动大幅度降低。

(7)可任意设定插入劲性材料的间距。双轮铣深层搅拌工法形成的水泥土地下连续墙为等厚连续墙，作为挡土墙应根据应力需要插入型钢，其间隔可根据需要任意设置。

(8)可靠施工过程数据和高效的施工管理系统。掘削深度、掘削速度、铣轮旋转速度、水泥浆液的注入量和压力、垂直度等数据通过铣头内部的传感器实时采集，显示在操作室的监视面板上，且采集的数据可以存储在电脑内。通过对其分析可对施工过程和参数进行控制和管理，确保施工质量，提高管理效率。

(9) CSM 工法机械均采用履带式主机，占地面积小，移动灵活。

地下连续墙施工技术目前已经非常成熟，不仅可以作为基坑支护的挡土结构，又能够作为帷幕隔水墙，并且还可以用作地下结构的外墙。因此，进行地下连续墙设计时需首先考虑其在基坑工程中所起的作用，而后根据实际情况进行选型。

4.6 基坑降水施工

4.6.1 集水明排

明沟排水是指在基坑内设置排水明沟或渗渠和集水井，然后用水泵将水抽出基坑外的降水方法。

明沟排水(可简称明排)一般适用于土层比较密实、坑壁较稳定、基坑较浅、降水深度不大，坑底不会产生流砂和管涌等的降水工程。选用明排降水时，应根据场地的水文地质条件、基坑开挖方法及边坡支护形式等综合分析确定。当具备下列条件时，一般可以采用明沟排水方案。

(1)地质条件。场地为较密实的、分选好的土层，特别是带有一定胶结度或黏稠度的土层时，由于其渗透性低，渗透量较少，在地下水流出时，边坡仍稳定，即使在挖土方时，底部可能会出现短期翻浆或轻微变动，但对地基无损害，所以适宜明排；当地层土质为硬质黏土夹无水源补给的砂土透镜体或薄层时，由于在基坑开挖过程中，其所储存的少量水会很快流出而被疏干，有利于明排；在岩石土质中施工时，一般均可以进行明排。

(2)水文条件。场地含水层为上层滞水或潜水，其补给水源较远，渗透性较弱，用水量不大时，一般可以考虑采用明排降水。

(3)挖土方法。当采用拉铲挖斗机、反向铲和抓斗挖土机等机械挖土，为避免由于挖土过程中出现临时浸泡而影响施工时，对含水层的砂、卵石，用水量较大，具有一定降水深度的降水工程，也可以采用明排降水。

(4)其他条件。当基坑边坡为缓坡或采用堵截隔水后的基坑时；建筑场地宽敞，临近无建筑物时；基坑开挖面积大，有足够场地和施工时间时；建筑物为轻型地基荷载等条件下，采用明排降水的适用条件可以扩大。

明沟排水的抽水设备常用离心泵、潜水泵和污水泵等，其中以污水泵为好。采用明沟排水，具有施工方法简单、抽水设备少、管理方便和成本费用低等优点。但由于地下水沿基坑坡面或坡脚及坑底涌出，易使基坑软化，甚至泥泞，影响地基强度和施工；特别是当降水段内夹有粉、细砂层时，易产生地下水潜蚀、边坡失稳以及地面沉降等危害；还会使基坑的土方开挖受到影响。由于地下水位降至基底下的距离较小，容易发生水位回升而浸泡基坑，因此必须备有双套电力供应和备用水泵，由专人严格管理。

排水沟和集水井就设置在地下室基础边线 0.4m 以外，沟底至少比基坑底低 0.3~0.4m，集水井底比沟底低 0.5m 以上。随基坑开挖逐步加深，沟底和井底均保持这一深度差。沟、井平面的布置和是否砌筑，视工程条件而定。

基坑明沟排水尚应重视环境排水，必须调查基坑周围地表水是否可能对基坑边坡产生冲刷侵蚀作用，必要时宜在基坑外采取截水、封堵、导流等措施。

4.6.2 喷射井点降水

可根据降水井类型划分为轻型井点降水及管井井点降水等。不论是哪种降水井，井点均是埋设在基坑的四周或内部，通过抽水设备将基坑范围内的地下水抽走，以达到降水的目的。因为井点降水可以保证基坑内工作面的干燥状态，有利于机械化施工以缩短工期，且不受基坑形状的限制，因此成为深基坑降水的不二选择。

喷射井点降水法是深层降水方法之一，近年来在沿海软土地区得到了广泛的应用。随着基坑深度的不断增加，深层降水要求更为迫切。喷射井点系统以高压水泵或高压空气为动力能源，由供水(气)总管、井点管、测真空管、回水总管、溢流管、连接管及循环水箱组成，其降深一般为8~20m。

1. 井点管埋设与使用

(1)喷射井点管埋设方法与轻型井点相同，为保证埋设质量，安装前应逐根冲洗，宜用套管法冲枪(或钻机)成孔，加水及压缩空气排泥，当套管内含泥量经测定小于5%时下井管及灌砂，然后再拔套管。对于深度10m以上的喷射井点管，宜用吊车下管。下井管时，水泵应先开始运转，以便每下好一根井点管，立即与总管接通(不接回水总管)并及时进行单根试抽排泥，测定真空度，待井管出水变清后，地面测定真空度不宜小于93.3kPa。

(2)全部井点管沉设完毕，接通回水总管，进行全面试抽，然后让工作水循环进行正式工作。

(3)下井管时水泵应先开始运转，开泵压力要小些(小于0.3MPa)，以后再逐渐正常。如发现井管周围有翻砂冒水现象，应立即关闭井管进行检修。

(4)工作水应保持清洁，试抽2d后，应更换清水，以减轻对喷嘴及水泵叶轮的磨损，一般7d左右可达到稳定状态，开始挖土。

2. 施工注意事项

(1)利用喷射井点降低地下水位，扬水装置的质量十分重要。如果喷嘴的直径加工不精确，尺寸加大，则工作水流量需要增加，否则真空度将降低，影响抽水效果；如果喷嘴、混合室和扩散室的轴线不重合，真空度低，磨损较快，需经常更换，以免影响正常运行。

(2)工作水要干净，不得含泥砂等杂物，尤其在工作初期。若工作水混浊，喷嘴、混合室等部位会磨损较快；如果已磨损，则应及时更换。

(3)为防止工作水反灌，最好在滤管下端增设逆止球阀。当喷射井点正常工作时，滤管内产生真空，出现负压，钢球托起，地下水吸入真空室；当喷射井点发生故障时，真空消失，钢球被工作水推压，堵塞滤管端部小孔，使工作水在井管内部循环，以免涌出滤管产生倒涌现象。

(4)喷射井点的运转和保养：喷射井点相对比较复杂，在其运转期间常需进行监测以便了解装置性能，进而及时发现某些缺陷或措施不当，采取必要措施。在喷射井点运转期间，需注意：①及时观测地下水位变化；②测定井点抽水量，通过地下水量的变化，分析降水效果及降水过程中出现的问题；③测定井点管真空度，检查井点工作是否正常。

4.6.3 管井降水

近20年来，城市建设加速发展，基坑规模越来越大，对于这种深大基坑来说，主要采取管井降水方式。管井降水适应性强(适用于各种土层)，抽水量大、降水范围大、降深大，利于保护环境，但造价较高。

1. 现场施工工艺流程

管井降水施工的整个工艺流程包括成孔工艺和成井工艺，具体又可以划分以下过程：准备工作→钻机进场→定位安装→开孔→下护口管→钻进→终孔后冲孔换浆→下井管→稀释泥浆→填砂→止水封孔→洗井→下泵试抽→合理安排排水管路及电缆电路→试抽水→正式抽水→水位与流量记录→降水完毕拔井管→封井。

2. 成孔工艺

成孔工艺，也即管井钻进工艺，指管井井身施工所采用的技术方法、措施和施工工艺过程。管井钻进方法有三种基本方法：冲击式钻进法、回转钻进、冲击-回转钻进。应根据钻进地层的岩性和钻进设备等因素选择管井钻进方法，一般冲击式钻进法适应于黏土、砂土、砾石、卵石等土层；回转钻进适应于粒径较小的土层和基岩层；冲击-回转钻进是综合冲击。

钻进过程中为防止井壁坍塌、掉块、漏失以及钻进高压含水、气层时可能产生喷涌等井壁失稳事故，需采取井孔护壁措施。可根据下列原则，采用护壁措施：

(1)保持井内液柱压力与地层侧压力(水土压力)的平衡，是维系井壁稳定的基本方法。对于易坍塌地层，应注意经常维持和调整压力平衡关系。冲击钻进时，如果能以保持井内水位比静止水位高3~5m，可采用水压护壁。

(2)遇水不稳定地层，选用的冲洗介质应能够避免其对地层稳定性的影响。

(3)当其他护壁措施无效时，可采用套管护壁。

(4)冲洗介质是钻进时用于携带岩屑、清洗井底、冷却和润滑钻具及保护井壁的物质。常用的冲洗介质有清水、泥浆、空气、泡沫等。钻进对冲洗介质的基本要求是：①冲洗介质的性能应能在较大范围内调节，以适应不同地层的钻进；②冲洗介质应有良好的散热能力和润滑性能，以延长钻具的使用寿命，提高钻进效率；③冲洗介质应无毒，不污染环境；④配置简单，取材方便，经济合理。

3. 成井工艺

管井成井工艺是指成孔后，安装井内装置的施工工艺，包括探井、换浆、安装井管、填砾、止水、洗井、试验抽水等工序。这些工序直接关系到井损失的大小、成井质量的各项指标。若成井质量差，可能引起井内大量出砂或大大降低井的出水量，甚至不出水。因此，严格控制成井工艺中的各道工序是保证成井质量的关键。

(1)探井。探井是检查井深和井径的工序，目的是检查井深是否垂直，以保证顺利安装井管和滤料厚度均匀。探井工作采用探井器进行，探井器直径应小于井管直径，小于孔径25mm；其长度宜为20~30倍孔径。在合格的井孔内任意深度处，探井器应均能灵活转动。如发现井身不符要求，应立即进行修整。

(2)换浆。成孔结束，经探井和修整井壁后，由于井内泥浆黏度很大并含有大量岩屑，过滤管进水缝隙可能被堵塞，井管也可能沉不到预计深度，造成过滤管与含水层错位。因此，井管安装前，应进行换浆。换浆是以稀泥浆置换井内的稠泥浆的施工工序，不应加入清水，换浆的浓度应根据井壁的稳定情况和计划填入的滤料粒径大小确定，稀泥浆一般黏度为16~18Pa·s，密度为1.05~1.10g·cm^{-3}。

(3)安装井管。安装井管前需先进行配管，即根据井管结构设计，进行配管，并检查井管的质量。井管沉设方法应根据管材强度、沉设深度和起重设备能力等因素选定，并宜符合下列要求：

①提吊下管法，宜用于井管自重(或浮重)小于井管允许抗拉力和起重的安全负荷；

②托盘(或浮板)下管法，宜用于井管自重(或浮重)超过井管允许抗拉力和起重的安全负荷；

③多级下管法，宜用于结构复杂和沉设深度过大的井管。

(4)填砾。填砾前的准备工作包括：①井内泥浆稀释至密度小于1.10g·cm^{-3}(高压含水层除外)；②检查滤料的规格和数量；③备齐测量填砾深度的测锤和测绳等工具；④清理井口现场，加井口盖，挖好排水沟。

滤料的质量包括以下几方面：①滤料应按设计规格进行筛分，不符合规格的滤料不得超过15%；②滤料的磨圆度应较好，棱角状砾石含量不能过多，严禁以碎石作为滤料；③不含泥土和杂物；④宜用硅质砾石。

滤料的数量按式(4.1)计算：

$$V=0.785(D^2-d^2)L\cdot\alpha \tag{4.1}$$

式中，V为滤料数量，m^3；D为填砾段井径，m；d为过滤管外径，m；L为填砾段长度，m；α为超径系数，一般为1.2~1.5。

填砾的方法应根据井壁的稳定性、冲洗介质的类型和管井结构等因素确定。常用的方法包括静水填砾法、动水填砾法和抽水填砾法。

(5)洗井。为防止泥皮硬化，下管填砾之后，应立即进行洗井。管井洗井方法较多，一般分为水泵洗井、活塞洗井、空压机洗井、化学洗井和二氧化碳洗井以及两种或两种以上洗井方法组合的联合洗井。应根据含水层特性、管井结构及管井强度等因素选用洗井方法，简述如下。

①松散含水层中的管井在井管强度允许时，宜采用活塞洗井和空压机联合洗井。

②泥浆护壁的管井，当井壁泥皮不易排除，宜采用化学洗井与其他洗井方法联合进行。

③碳酸盐岩类地区的管井宜采用液态二氧化碳配合六偏磷酸钠或盐酸联合洗井。

④碎屑岩、岩浆岩地区的管井宜采用活塞、空气压缩机或液态二氧化碳等方法联合洗井。

(6)试抽水。管井施工阶段试抽水的主要目的不在于获取水文地质参数，而是检验管井出水量的大小。

确定管井设计出水量和设计动水位。试抽水类型为稳定流抽水试验，下降次数为1次，且抽水量不小于管井设计出水量。稳定抽水时间为6~8h。试抽水稳定标准：在抽水稳定的延续时间内井的出水量、动水位仅在一定范围内波动，没有持续上升或下降的趋势，即可认为抽水已经稳定。

抽水过程中需考虑自然水位变化和其他干扰因素影响，试抽水前需测定井水含砂量。

(7)管井竣工验收质量标准。降水管井竣工验收是指管井施工完毕，在施工现场对管井的质量进行逐井检查和验收。

管井验收结束后，均须填写管井验收单，这是必不可少的验收文件，有关责任人应签字。根据降水管井的特点和我国各地降水管井施工的实际情况，参照我国《管井技术规范》(GB 50296—2014)关于供水管井竣工验收的质量标准规定，降水管井竣工验收质量标准主要应有下述六个方面。

①管井结构应符合设计要求。

②管井实际深度应在井位处实际测量。

③单井出水量和降深应符合设计要求。

④井水的含砂量：抽水试验结束前，应对抽出井水的含砂量进行测定。供水管井含砂量的体积比应小于1/200000，降水管井含砂量的体积比应小于1/100000。

⑤井斜：小于或等于100m的井段，其顶角的偏斜不得超过1°；大于100m的井段，每百米顶角偏斜的递增速度不得超过1.5°；井段的顶角和方位角不得有突变。

⑥井底沉淀物的高度应小于井深的5‰。

4.6.4 真空井点降水

1. 真空井点设备

真空井点设备由管路系统和抽水设备组成，管路系统包括井点管、滤管、弯联管及总管。真空井点的构造应符合下列要求：

(1)井管宜采用金属管，管壁上渗水孔宜按梅花状布置，渗水孔直径宜取12~18mm，渗水孔的孔隙率应大于15%，渗水段长度应大于1m，管壁外应根据土层的粒径设置滤网；

(2)真空井管的直径应根据单井设计流量确定，井管直径宜取38~110mm，井的成孔直径应满足填充滤料的要求，且不宜大于300mm；

(3)孔壁与井管之间的滤料宜采用中粗砂，滤料上方应使用黏土封堵，封堵至地面的厚度应大于1m。

2. 真空井点系统布置

真空井点系统的布置，应根据基坑或沟槽的平面形状和尺寸、深度、土质、地下水位高低与流向、降水深度要求等因素综合确定。

1)平面布置

当基坑或沟槽宽度小于6m，且降水深度不大于5m时，可用单排线状井点，布置在地下水流的上游一侧，两端延伸长度一般以不小于基坑(沟槽)宽度为宜，如图4.18

(a)所示；当宽度大于6m，或土质不良、渗透系数较大时，则宜采用双排线状井点，如图4.18(b)所示；面积较大的基坑宜采用环状井点，如图4.18(c)所示；有时也可布置为U形，如图4.18(d)所示，以利于挖土机械和运输车辆出入基坑。

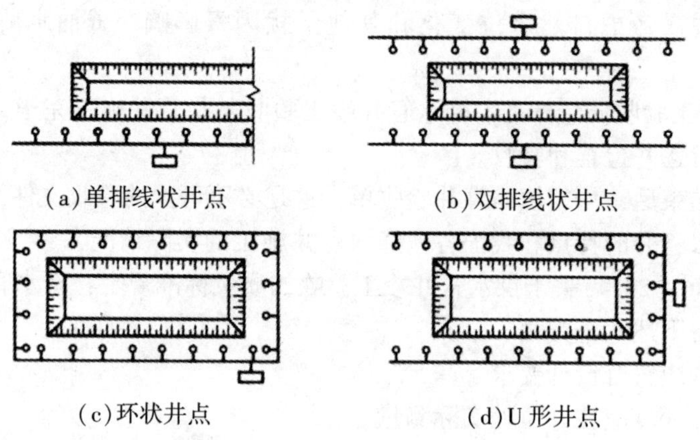

(a)单排线状井点　(b)双排线状井点

(c)环状井点　(d)U形井点

图4.18　真空井点的平面布置

2)高程布置

真空井点的降水深度在考虑设备水头损失后，不超过6m。井点管距离基坑壁一般为0.7~1.0m，以防止局部发生漏气，如图4.19所示。

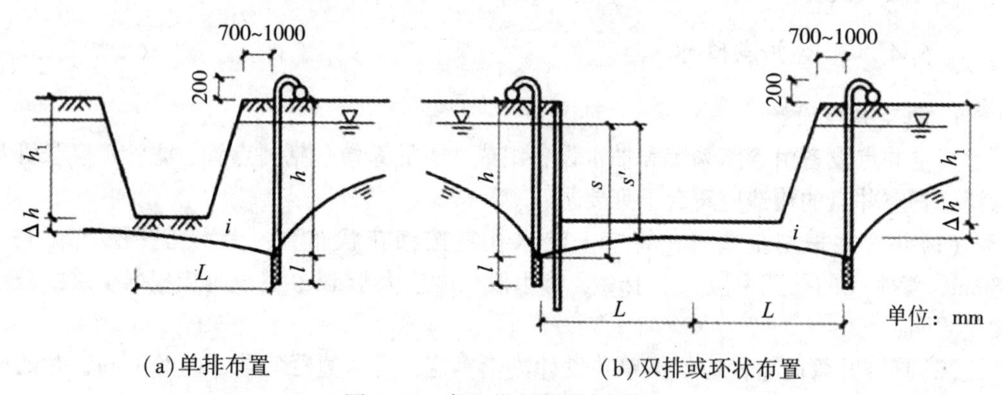

(a)单排布置　(b)双排或环状布置

图4.19　真空井点高程布置图

井点管的埋设深度h(不包括滤管长)计算公式为

$$h \geqslant h_1 + \Delta h + iL \tag{4.2}$$

式中，h为井点管的埋设深度，不包括滤管，m；h_1为井点管埋设面至基坑底面的距离，m；Δh为基坑中心处基坑底面(单排井点时，为远离井点一侧坑底边缘)至降低后地下水位的距离，一般为$\Delta h \geqslant 1.0$m；i为地下水降落坡度，环状井点为1/10，单排线状井点为1/4，双排线状井点为1/7；L为井点管至基坑中心的水平距离(m)，在单排井点中，为井点管至基坑另一侧的水平距离。

其计算结果尚应满足：

$$h \leqslant h_{p\max} \tag{4.3}$$

式中，$h_{p\max}$为抽水设备的最大抽吸深度，m。

确定井点管埋置深度还要考虑到井点管应露出地面0.2m，通常井点管均为定型的，可根据给定的井点管长度验算Δh，$\Delta h \geqslant 1.0$m即满足要求。

$$\Delta h = h - 0.2 - h_1 - iL \geqslant 1.0\text{m} \tag{4.4}$$

若计算出的h值不满足要求，则应降低井点管的埋置面(以不低于地下水位为准)，以适应降水深度的要求，但任何情况下滤管必须埋设在含水层内。

当一级井点系统达不到降水深度要求时，可根据具体情况采用其他方法降水(如上层土的土质较好时，先用集水井排水法挖去一层土再布置井点系统)或采用二级井点(即先挖去第一级井点所疏干的土，然后再在其底部装设第二级井点)，使降水深度增加。

3)真空井点计算

(1)涌水量计算。根据具体工程的地质条件、地下水分布及基坑周边环境情况，应选用相应的基坑降水涌水量计算公式，进行真空井点系统基坑总涌水量Q的计算。

(2)井点管数量与井距的确定。真空井点单井出水能力q可取36~60$\text{m}^3 \cdot \text{d}^{-1}$，井点管的最少数量为

$$n = 1.1 \times \frac{Q}{q} \tag{4.5}$$

式中，1.1为备用系数，主要考虑井点管堵塞等因素影响抽水效果。

井点管的间距为

$$D = \frac{L}{n} \tag{4.6}$$

式中，L为总管长度，m。

井点管的间距应与总管上的接头尺寸相适应，一般采用0.8m、1.2m、1.6m、2.0m的井点管间距，井点管在总管四角部分应适当加密。

4)抽水设备的选择

一般采用真空泵抽水设备，W5型真空泵的总管长度不大于100m，W6型真空泵的总管长度不大于120m。

采用多套抽水设备时，井点系统应分段，各段长度应大致相等。分段地点宜选择在基坑转弯处，以减少总管弯头数量，提高水泵的抽吸能力。水泵宜设置在各段总管中部，使泵两边水流平衡。分段处应设阀门或将总管断开，以免管内水流紊乱，影响抽水效果。

4.6.5 基坑降水对周边环境的影响因素及控制措施

在降水过程中，由于随水流会带出部分细微土粒，再加上降水后土体的含水量降低，使地基土产生固结，因而会引起周围地面的沉降，在建筑物密集地区进行降水施工，如因长时间降水引起过大的地面沉降，会带来较严重的后果。为防止或减少降水对

周围环境的影响，避免产生过大的地面沉降，可采取下列一些技术措施。

1. 采用回灌技术

降水对周围环境的影响，是由于地下水流失造成的。回灌技术即在降水井点和要保护的建(构)筑物之间打设一排井点，在降水井点抽水的同时，通过回灌井点向土层内灌入一定数量的水(即降水井点抽出的水)，形成一道补水帷幕，从而阻止或减少回灌井点外侧被保护的建(构)筑物的地下水流失，使地下水位基本保持不变，这样就不会因降水使地基自重应力增加而引起地面沉降，回灌方法宜采用管井回灌。

回灌井点可采用一般真空井点降水的设备和技术，仅增加回灌水箱、闸阀和水表等少量设备。采用回灌井点时，回灌井应布置在降水井外侧，回灌井点与降水井点的距离不宜小于 6m。回灌井点的间距应根据降水井点的间距和被保护建(构)筑物的平面位置确定。

回灌井宜进入稳定降水曲面下 1m，且位于渗透性较好的土层中。回灌井点滤管的长度应大于降水井点滤管的长度。

回灌水量可通过水位观测孔中水位变化进行控制和调节，通过回灌不宜超过原水位标高。回灌水箱的高度，可根据灌入水量决定。回灌水宜用清水，回灌水质应符合环境保护要求。实际施工时应协调控制降水井点与回灌井点。

许多工程实例证明，用回灌井点进行回灌，能产生与降水井点相反的地下水位坡降漏斗，能有效阻止被保护建(构)筑物下的地下水流失，防止产生有害的地面沉降。回灌水量要适当，过小无效，过大会从边坡或钢板桩缝隙流入基坑。

2. 采用砂沟、砂井回灌

在降水井点与被保护建(构)筑物之间设置砂井作为回灌井，沿砂井布置一道砂沟，将降水井点抽出的水适时、适量地排入砂沟，再经砂井回灌到地下，实践证明亦能收到良好效果。回灌砂井的灌砂量，应取井孔体积的 95%，填料宜采用含泥量不大于 3%、不均匀系数在 3~5 之间的纯净中粗砂。

3. 减缓降水速度

在砂质粉土中降水影响范围可达 80m 以上，降水曲线较平缓，为此可将井点管加长，或减缓降水速度，防止产生过大的沉降；亦可在井点系统降水过程中，调小离心泵阀，减缓抽水速度。还可在临近被保护建(构)筑物一侧，将井点管间距加大，需要时甚至暂停抽水。

为防止抽水过程中将细微土粒带出，可根据土的粒径选择滤网。另外，确保井点管周围砂滤层的厚度和施工质量，亦能有效防止降水引起的地面沉降。

在基坑内部降水，掌握好滤管的埋设深度，如支护结构有可靠的隔水性能，一方面能疏干土层、降低地下水位、便于挖土施工，另一方面又不使降水影响到基坑外面，使基坑周围产生沉降。

4.7　深基坑施工监测

深基坑工程监测主要是在基坑开挖、边坡施工处理等阶段运用各种仪器与监测手段，对基坑支护变形情况、周边环境进行监测，具体包括围护墙水平位移、围护墙顶沉降位移、支撑轴力、立柱隆沉、坑外水位、地表沉降、基坑周边管线及建筑物沉降等内容。

参照《建筑变形测量规范》(JGJ 8—2016)等测量规范，利用相对高程观测沉降变形，通过布置的高程控制点和水准线路，使各观测点形成一个闭合监测环，分析各观测点沉降量及变形规律。水平位移监测一般采用导线法、视准线法、前方交会法等手段，以围护墙支护结构为例，通常利用测斜仪等设备监测水平位移量。基坑开挖将打破周围土体应力的平衡状态，在支护结构内预埋测斜管，由其测斜探头通过多次叠加测量，推算各监测点位移值。深基坑施工会受土体水位、地下水等因素影响，通过钢尺水位测量地下水位与基坑施工面的相对标高，计算得到各次测量相对标高的变化情况。测量支撑轴力，通过预埋应力计监测不同施工阶段各点的受力情况及频率变化值，分析得到各次应力变化值及相关规律。

1. 监测方案确定的原则

基坑监测是一项复杂、系统的工作，基坑施工的影响因素复杂，在基坑开挖、支护施工前、施工过程中，需要根据开挖大小、挖掘深度、施工与支护结构、土体变形相关性等因素，结合相关变形规律和技术规范确定基坑监测方案。优质有效的监测可合理控制土体位移、支护结构位移等因素，有效控制施工安全，基于施工效应等理论和基坑监测的实际技术要求、施工流程等因素的考虑，编制和确定监测方案。

(1)将深基坑本身及周边一切可能受到施工影响的建筑、地下管线及其他设施均作为监测对象，基坑施工影响范围是自身开挖深度的2倍。

(2)依照相关规范和工程设计要求确定具体的监测内容和监测布置点，监测内容、方法应全面反映和满足基坑施工中对自身结构和周边环境监测的要求。

(3)监测方法、频率及使用的仪器应符合相关技术要求，保障其能满足及时、精确、全面采集和传递数据等信息化监测要求。

2. 深基坑监测内容

确定具体工程基坑的监测内容，应以判定基坑支护工程、周边环境安全性为主要目的，满足监测和预报可能的危险隐患或事故等功能，为监测单位提供公正、合法、准确的监测数据。确定具体监测项目，应充分考虑基坑施工等级、基坑水文地质、基坑与周边各建筑、管线的距离和工程费用等因素。

坑壁土体位移、支护设施水平位移、周边建筑及管线的沉降、基坑地下水位等是基坑监测必测项目。针对基坑开挖的不同阶段和不同支护方式，应根据基坑支护规范及设计单位具体要求设置监测内容：①围护墙水平位移；②围护墙顶部沉降位移；③基坑支撑轴力；④立柱隆沉；⑤基坑外围水位；⑥基坑地表沉降；⑦基坑周边建筑及地下管线沉降。

3. 监测点布置

根据《建筑基坑工程监测技术标准》(GB 50497—2019)规定，监测点的布置应能反映监测对象的实际状态以及变化趋势，监测点应布置在监测对象受力及变形关键点的特征点上，并应满足对监测对象的监控要求。监测点的布置不应妨碍监测对象的正常工作，并且便于监测、易于保护。不同监测项目的监测点宜布置在同一监测断面上，且监测标志应稳固可靠、标示清晰。

(1)围护墙或基坑边坡顶部的水平和竖向位移监测点应沿基坑周边布置，基坑各侧边中部、阳角处、邻近被保护对象的部位应布置监测点。监测点水平间距不宜大于20m，每边监测点数目不应少于 3 个。水平和竖向位移监测点宜为共用点，监测点宜设置在围护墙顶或基坑坡顶上。

(2)围护墙或土体深层水平位移监测点宜布置在基坑周边的中部、阳角处及有代表性的部位。监测点水平间距宜为 20~60m，每侧边监测点数目不应少于 1 个。用测斜仪观测深层水平位移时，测斜管埋设深度应符合下列规定：①埋设在围护墙体内的测斜管，布置深度宜与围护墙入土深度相同；②埋设在土体中的测斜管，长度不宜小于基坑的 1.5 倍，并应大于围护墙的深度，以测斜管底为固定起算点时，管底应嵌入稳定的土体或岩体中。

(3)围护墙内力监测断面的平面位置应布置在设计计算受力、变形较大且有代表性的部位。监测点数量和水平间距应视具体情况而定。竖直方向监测点间距宜为 2~4m，且在设计计算弯矩极值处应布置监测点，每一监测点沿垂直于围护墙方向对称放置的应力计不应少于 1 对。

(4)支撑轴力监测点的布置应符合下列规定：

①监测断面的平面位置宜设置在支撑设计计算内力较大、基坑阳角处或在整个支撑系统中起控制作用的杆件上；

②每层支撑的轴力监测点不应少于 3 个，各层支撑的监测点位置宜在竖向保持一致；

③钢支撑的监测断面宜选择在支撑的端头或两支点间 1/3 部位，混凝土支撑的监测断面宜选择在两支点间 1/3 部位，并避开节点位置。

每个监测点传感器的设置数量及布置应满足不同传感器的测试要求。

(5)立柱的竖向位移监测点宜布置在基坑中部、多根支撑交汇处、地质条件复杂处的立柱上；监测点不应少于立柱总根数的 5%，逆作法施工的基坑不应少于 10%，且均不应少于 3 根。立柱的内力监测点宜布置在设计计算受力较大的立柱上，位置宜设在坑底以上各层立柱下部的 1/3 部位，每个截面传感器埋设不应少于 4 个。

(6)坑底隆起监测点的布置应符合下列规定：

①监测点宜按纵向或横向断面布置，断面宜选择在基坑的中央以及其他能反映变形特征的位置，断面数量不应少于 2 个；

②同一断面上监测点横向间距宜为 10~30m，数量不应少于 3 个；

③监测标志宜埋入坑底以下 20~30cm。

(7)围护墙侧向土压力监测点的布置应符合下列规定：

①监测断面的平面位置应布置在受力、土质条件变化较大或其他有代表性的部位；

②在平面布置上，基坑每边的监测断面不应少于 2 个，竖向布置上监测点间距宜为 2~5m，下部宜加密；

③当按土层分布情况布设时，每层土布设的测点不应少于 1 个，且宜布置在各层土的中部。

(8)孔隙水压力监测断面宜布置在基坑受力、变形较大或有代表性的部位。竖向布置上，监测点宜在水压力变化影响深度范围内按土层分布情况布设，竖向间距宜为2~5m，数量不应少于3个。

4. 监测频率

监测频率的确定应能满足系统反映监测对象所测项目的重要变化过程而又不遗漏其变化时刻的要求。监测工作应贯穿基坑工程和地下工程施工全过程。监测工作应从基坑工程施工前开始，直至地下工程完成为止。对有特殊要求的基坑周边环境的监测应根据需要延续至变形趋于稳定后结束。

仪器监测频率应符合下列规定：

(1)应综合考虑基坑支护、基坑及地下工程的不同施工阶段以及周边环境、自然条件的变化和当地经验；

(2)对于应测项目，在无异常或无事故征兆的情况下，开挖后监测频率可按表确定；

(3)当基坑支护结构监测值相对稳定、开挖工况无明显变化时，可适当降低对支护结构的监测频率；

(4)当基坑支护结构、地下水位监测值相对稳定时，可适当降低对周边环境的监测频率。

当出现下列情况之一时，应提高监测频率：

(1)监测值达到预警值；

(2)监测值变化较大或者速率加快；

(3)存在勘察未发现的不良地质状况；

(4)超深、超长开挖或未及时加撑等违反设计工况施工；

(5)基坑及周边大量积水、长时间连续降雨、市政管道出现泄漏等；

(6)基坑附近地面荷载突然增大或超过设计限值；

(7)支护结构出现开裂；

(8)周边地面突发较大沉降或出现严重开裂；

(9)邻近建筑突发较大沉降、不均匀沉降或出现严重开裂；

(10)基坑底部或侧壁出现管涌、渗漏或流砂等现象；

(11)膨胀土、湿陷性黄土等水敏性特殊土基坑出现防水、排水等防护设施损坏，开挖暴露面有被水浸湿的现象；

(12)多年冻土、季节性冻土等温度敏感性土基坑经历冻、融季节；

(13)高灵敏性软土基坑受施工扰动严重、支撑施作不及时、有软土侧壁挤出、开挖暴露面未及时封闭等异常情况；

(14)出现其他影响基坑周边环境安全的异常情况。

爆破振动监测频率应根据爆破规模及被保护对象的重要性确定。首次爆破时，对所需监测的周边环境对象均应进行爆破振动监测，以后应根据第一次爆破监测结果并结合环境监测对象特点确定监测频率。对于重要的爆破或重点保护对象，每次爆破均应进行跟踪监测。

当出现可能危及工程及周边环境安全的事故征兆时，应实时跟踪监测。

4.8　工程应用——案例分析

4.8.1　上海市徐汇滨江西岸传媒港基坑群工程

1. 工程背景

上海市徐汇滨江西岸传媒港项目由 9 个呈九宫格排列的地块组成，因此又被称为西岸九宫格项目。该项目位于徐汇区规划黄石路以北，云锦路以东，龙腾大道以西，规划七路以南，如图 4.20 所示。

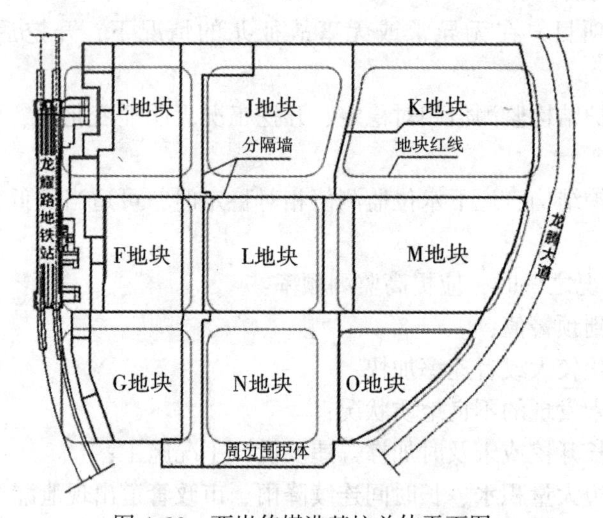

图 4.20　西岸传媒港基坑总体平面图

该项目被东西向的龙文路、规划九路，南北向的规划十一路、云谣路，北侧规划七路和南侧黄石路的一部分分割成 9 个地块，包括北部 E、J、K 地块，中部 F、L、M 地块，南部 G、N、O 地块，以九宫格外围道路为边界，内部地块及道路的地下空间进行整体开发，设置 3 层地下室。基坑总面积达到 $1.57\times10^5m^2$，外围周长达 1.7km，普遍挖深约 16.5m，总土方量接近 $3.00\times10^6m^3$。

项目东侧为新修建的市政道路龙腾大道，主要保护对象为道路及其下方的市政管线。西侧邻近已运营的 11 号线龙耀路车站及其附属结构，环境条件较为复杂，与地铁附属结构最近距离约 9.0m，与区间隧道最近距离约 9.0m。地铁为城市生命线，而本工程规模巨大，保护难度极高。

场地土层主要由饱和黏性土粉性土及砂土组成，基坑开挖深度范围内涉及的典型土层分别为：②层、③层、④层，其中第③层中夹薄层粉土，局部含粉性土，颗粒较重，易渗水，并可能产生流砂、管涌等现象。坑底土为第④层和第⑤1 层土。深部⑤层及⑦层为承压含水层，其中⑤2 层较易隔断，⑤3-2 层对本基坑开挖存在突涌可能。

2. 设计方案

1)总体方案

截至2016年7月底，F、M、L、O四个地块及K地块K1区地下结构已基本完成，而后续E、J、G、N四个地块的进度目标也进一步明确，为满足九宫格项目总体形象进度，并配合梦中心F、M、L地块项目2017年上半年竣工验收、2017年底投入运营的目标节点，西岸后续的E、J、G、N四个地块地下结构需在同期全部完成。因此，本项目将面临E、J、G、N地块同时开挖的高难度施工情况。

为满足工期要求，同时确保基坑开挖对周边环境，尤其是对地铁11号线的影响在可控范围内，从设计角度对基坑进行分区：①在E1区与J区之间、G1区与N区之间设两道临时地下连续墙形成缓冲区，其宽度不小于1倍开挖深度，以确保E、J、G、N地块大面积范围内地下室能够同步进行开挖并在短时间内形成地下结构；②缓冲区域除外，E、N地块大基坑作为第一批开挖对象，G、J区大基坑作为第二批开挖对象同步实施，但土方开挖有先后交错，以避免出现多个地块同时降压的不利情况。

调整后分区及工况流程如图4.21所示，具体施工流程如下：①第一阶段，同步实施E1区、N1区；②第二阶段，待E1区、N1区基础底板完成后分别开挖J1区、G1区基坑；③第三阶段，待E1区与J1区、N1区与G1区B1板完成后，分别开挖N2区、J2区基坑。待E1区B1板完成后，依次开挖地铁侧E2-1区、E2-2区、E2-3区、E2-4区。待G1区B1板完成后，依次开挖地铁侧G2-1区、G2-2区、G2-3区。

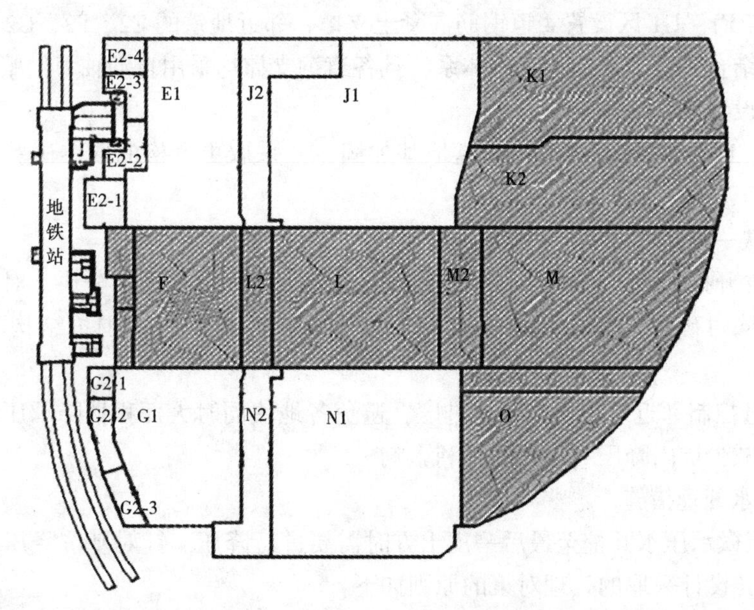

图4.21　地铁侧多地块分区及工况流程平面图(阴影侧表示地下结构已完成)

2)支护结构设计

基坑围护结构均考虑采用地下连续墙，考虑到对地铁车站、区间隧道和龙腾大道的保护，邻近地铁侧地下 2 层与地下 3 层区域、龙腾大道侧的地下连续墙厚度均采用 1000mm，非地铁侧区域的地下连续墙厚度采用 800mm。

在邻近地铁的 E、F、G 地块中，大坑 E1、F1、G1 区设置 4 道钢筋混凝土正交对撑，邻近地铁划分出来的狭长型小坑，E2、F2、G2 区则按地铁边基坑工程的常规作法，顶部设置一道混凝土支撑并结合下部多道钢支撑。对于地铁保护区域以外的 K、M、O、L、J、N 地块基坑，在其竖向设置 3 道钢筋混凝土支撑，支撑平面按对撑、角撑结合边桁架的形式布置。

3) 地铁保护控制措施

地铁 11 号线龙耀路车站、附属结构以及区间隧道与本基坑工程距离 9.0~30.0m，南北两端站隧结合部均处于基坑工程开挖施工的影响范围之内，基坑工程采取如下针对性的保护措施以控制围护结构变形，确保地铁安全和正常运营。

(1) 地铁侧 E、F、G 地块基坑分区实施，首先实施远离地铁的 E1、F1、G1 区大基坑，待其地下结构完成后再开挖邻近地铁的缓冲区 E2、F2、G2 区，同时各缓冲区严格控制单坑的基坑长度，并分别细分为 3~4 个小基坑。分区方案缩短了邻近地铁侧的基坑开挖暴露范围，减小了同时开挖的基坑面积，降低了基坑整体开挖实施过程中大范围卸土对地铁的影响。

(2) 地铁侧地下连续墙成槽前设置三轴水泥土搅拌桩槽壁加固，减少地下连续墙成槽阶段对地铁的影响。地铁侧地下连续墙采用十字钢板刚性接头，进一步减小地下连续墙在基坑开挖阶段的漏水风险。

(3) E1、F1、G1 区设置 4 道钢筋混凝土支撑，邻近地铁的 E2、F2、G2 区采用 1 道混凝土支撑结合多道钢支撑的支撑体系，且各道钢支撑均采用自动轴力伺服装置，并在基底垫层内设置型钢支撑。

(4) E2、F2、G2 区基坑采用满堂地基加固，并采取更严格的取芯试验方案，以控制加固体施工质量。

(5) 地铁一侧基坑外侧严格禁止施工荷载。

(6) 土方开挖、地下结构以及水平支撑的施工工序根据分区、分块、对称、平衡的原则制定，同时确保地铁一侧水平支撑限时形成，并控制周边围护结构无支撑暴露范围。

(7) 通过控制邻近地块土方开挖进度，避免各地块同时大面积抽降承压水的不利局面，进一步减少坑内降压对地铁的不利影响。

4) 承压水处理措施

⑤3-2 层微承压水开挖至最后一皮土方时需要进行降压。针对基坑降压对周边环境的影响控制，设计采取的处理对策的原则如下：

(1) 敏感环境区域如邻近地铁一侧及龙腾大道一侧将地下连续墙加深，并深于降压井滤管底部，形成悬挂帷幕。

(2) 施工过程中通过“分地块、逐层降水，按需降压”原则进行降水，将降压施工对周边环境的影响降至最小。

3. 现场监测与分析

1)围护结构监测与分析

以 E 地块施工为例，E1 区基坑每层土方开挖和支撑施工时间为 12~14d，底板施工周期 52d，地下各层结构施工时间约为 35d/层。图 4.22 为 E1 区基坑开挖过程中主要工况节点各边地下连续墙侧向变形。

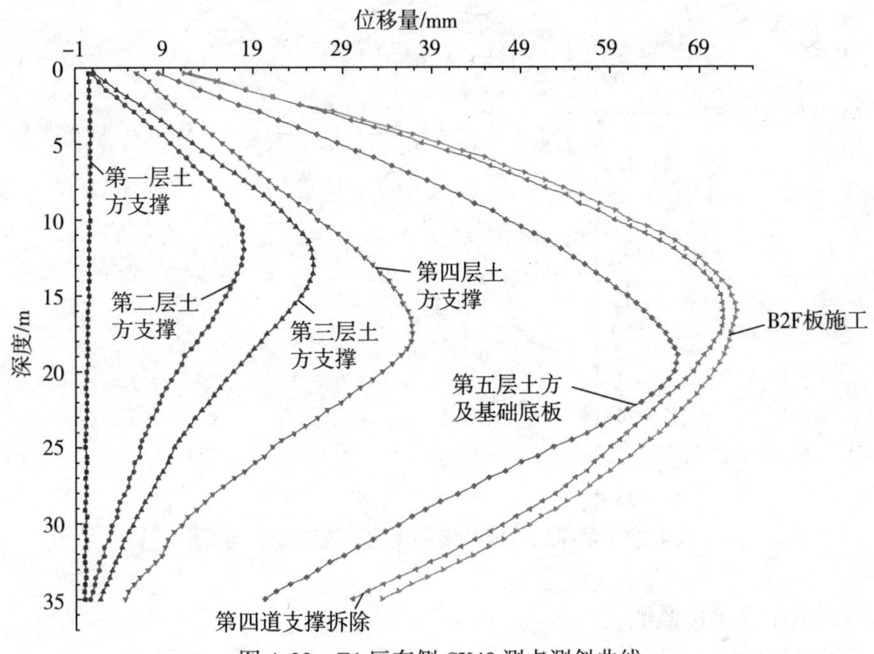

图 4.22 E1 区东侧 CX48 测点测斜曲线

由图 4.22 可知，各边地下连续墙变形最小值、最大值分别为基坑西侧 CX37 测点的 61.7mm、基坑东侧 CX48 测点的 73.2mm。施工过程中，前 3 层土方开挖引起的变形均控制在 10.0mm/层以内，在最后 1 层土方及底板施工阶段，地墙变形有显著增加，变形量增幅普遍达到 25.0mm。在支撑拆除和地下各层结构施工阶段，围护墙变形相对稳定，单层工况地下连续墙变形增量为 2.0~10.0mm。

地铁保护区域范围内的窄条小基坑，通过设计采取的分坑等控制措施，施工过程中严格执行各方要求，每层土方开挖和支撑施工时间为 2~4d，底板及地下各层结构施工时间为 12~14d/层。图 4.23 为地铁侧小坑各施工过程中主要工况节点地铁侧(西侧)地下连续墙侧向变形。

由图 4.23 可知，地下连续墙测斜变形最大值为 9.8mm。施工过程中，每层土方开挖引起的变形均得到很好的控制，在每层土方开挖工况中每层平均仅增加 1.0~2.0mm 的变形量。在支撑拆除和地下各层结构施工阶段，围护墙变形也比较稳定，单层工况地下连续墙变形增量 1.0~2.0mm。

从实测数据可以看到，在采取以上措施后，E1、G1 区周边地墙变形从每层土方开挖至地下结构施工中基本在可控范围之内。而地铁侧小坑的地墙变形更是得到严格控

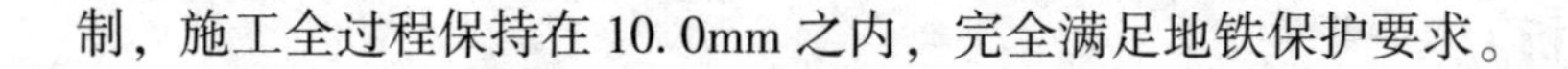

制，施工全过程保持在 10.0mm 之内，完全满足地铁保护要求。

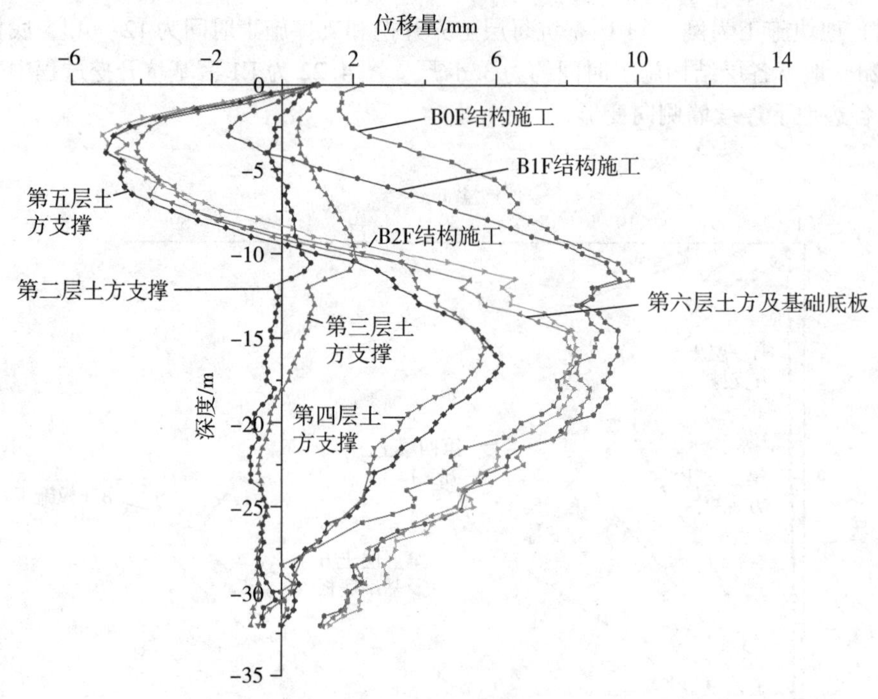

图 4. 23　紧邻地铁侧 P48 测点地下连续墙侧向变形

2) 周边承压水水位监测

本工程场地内⑤3-2 层微承压水初始水头埋深约 4. 2m，开挖至最后一皮土方时需要进行降压施工，在基坑实施阶段，在坑外对微承压水水位和潜水水位进行观测。观测结果显示，当坑内进行降压时，地下连续墙未隔断⑤3-2 层区域坑外承压水水位也同步有所下降：对于 K1、M1 区东侧，地下连续墙设置隔水加深段悬挂帷幕，坑外水位变化较小，测点 WY4、WY1 处最大水位变化范围在 1. 2~2. 4m 之间，坑内承压水位降深最大约 10. 0m，坑内外降深比约 1∶4；对于 O1 区东侧，未设置隔水加深段，坑外水位变化明显，测点 WY22、WY12 处最大水位变化范围超过 3. 0m，最大达到 4. 5m。在 E1 西侧（测点 YSW1、2、7）、G1 区西侧（测点 YSW3. 4）邻近地铁区域，由于地下连续墙加深并隔断⑤3-2 层微承压水，降压过程中坑外水位变化不超过 700mm。实施效果表明地墙加深段隔水帷幕起到隔水效果。

3) 周边地表位移监测

E1 区自开挖至 B1 板施工过程中，西侧云锦路地表产生了 8. 0~31. 0mm 的沉降，其中 DB4~DB8 沉降较为均匀，沉降均在 12. 0mm 以内。而北侧邻近 E2-4 区西侧的区域有较大变形，达到 31. 0mm。经现场调查，E2-4 区西侧设置有一个行车通道出入口，该区域额外的沉降与频繁的施工机械荷载作用有关。

G1 区自开挖至 B2 板施工过程中，西侧云锦路下方的燃气管线产生了 30. 0~45. 0mm 的沉降，沉降较为均匀，但大于 E 区云锦路沉降。该现象的出现应是与管线测点采用间接点，而在 N1、G1 区开挖前，其西侧云锦路刚改造完成有关。

4）地铁附属结构变形监测

E1 区开挖过程附属结构沉降变形随着与基坑的距离的增加而减小，距离基坑较近的 F1-3 产生了较大沉降，约为 33.7mm，距离较远的 1K-3 产生了较小沉降，约为 22.7mm。在基坑开挖至第四层土方阶段（2017-06-26），附属结构沉降变形尚处于较小值，F1-3 测点最大值仅约 9.3mm。当开挖至基底后，由于底板阶段（2017-08-22）和 B2 板阶段（2017-10-06）施工周期长，坑外附属结构变形显著增加，增幅达到 24.1mm。

龙耀路车站本体在 E1 区基坑开挖期间发生的变形较小，变化量为 2.0~3.0mm，而对应于 E1 区范围的下行线隧道，在基坑开挖至第四层土方阶段（2017-06-26）期间，沉降变形量也处于较小的范围，未超过 2.0mm。当最后一层土方开挖至基底后，其底板阶段（2017-08-22）和 B2 板阶段（2017-10-06）施工速度慢、周期过长，使站隧结合部附近变形增加，最大变形达到 8.8mm。对应于 E1 区范围的上行线隧道，由于距离基坑较远，基坑开挖对其影响较小，施工期间上行线隧道沉降变形幅度未超过 2.0mm。

总体而言，基坑开挖对地铁车站、隧道及附属结构的影响在可控范围之内。

4. 结语

西岸传媒港工程地下空间开发体量巨大，环境条件又极为复杂。通过采取分坑实施、加大围护刚度、加深地墙形成悬挂帷幕等设计措施，施工过程中采取严格控制土方开挖分区、支撑架设时间等各项措施，目前项目地下工程基本建设完成，对周边环境的影响均在可控范围之内。这表明采取的设计及施工措施均切实有效，可作为后期类似工程的案例参考。

4.8.2 珠海横琴总部大厦深厚淤泥层中大型深基坑关键施工技术

1. 工程位置

横琴总部大厦坐落于横琴新区口岸服务区，距离“一岛两制”“内外辐射”聚焦点——横琴国家级口岸不足 400m，与澳门隔濠江相望，东临澳门繁华新区，北眺十字门中央商务区。横琴总部大厦（一期）为 T1 塔楼，地下 3 层，地上 33 层，建筑高度 157.5m；二期为 T2 塔楼，地下 3 层，地上 106 层，地面以上高度 470m，建成后为港珠澳地区的新兴地标性建筑。

2. 地质、水文情况

横琴地区原始地貌单元为滨海平原地貌，第四系淤泥层较为发育，淤泥层较厚，本工程地基土均属第四系河口-滨海相、滨海-浅海相沉积层，基坑范围主要由淤泥、淤泥质粉质黏土、粉质黏土、中砂、砾砂组成。

场地地下水类型为赋存于冲填土与素填土中的上层滞水、赋存于砾砂中的潜水、赋存于花岗岩风化裂隙中的潜水，其中赋存于砾砂中的潜水和赋存于花岗岩风化裂隙中的潜水具有微承压性，场地稳定混合水位在地面下 0.5~3.0m（黄海高程 0.28~2.55m），变化幅度 1.0m 左右。

场地浅部⑥层（砾砂）属承压含水层，相对隔水层为③层、④层、⑤层。根据勘查报告，⑥层承压水水头高程在-6.025~-9.662m，承压水水头 22.3~23.3m，承压水水头高，压力大。

3. 基坑工程简介

珠海横琴总部大厦(一期)基坑周长478m，基坑面积达13839m²，支撑平面呈“品”状，采用上部3.6m放坡卸荷+下部地下连续墙+内支撑围护结构型式，地下连续墙厚1.00m，地下连续墙底标高为-25.50m、-30.5m和-36.0m，地下连续墙设计顶标高为-2.0m，自然地坪标高2.60m，地下连续墙共计约84幅，裙房区域开挖深度13.50m，塔楼区域开挖深度15.7m，局部电梯井深坑为16.8~17.0m。

基坑竖向设置二道钢筋混凝土支撑，其中圆环支撑截面($B\times H$)2500mm×1500mm，支撑立柱采用灌注桩内部插钢格构柱，栈桥区域灌注桩内插Φ630×12钢管砼柱，坑底以下采用Φ1200钻孔灌注桩，桩长30m(其中栈桥区不少于36m)，坑底以上采用钢格构柱，型号4L160×16，宽度为600mm×600mm，插入灌注桩不小于2.5m(栈桥下不小于3.5m)。

基坑顶部按1∶1自然放坡，并喷射80mm厚混凝土，面层内配置中8@200×200钢筋网。北侧、西侧采用Φ500@400水泥搅拌桩格栅式挡墙。基坑支护结构平面如图4.24所示。

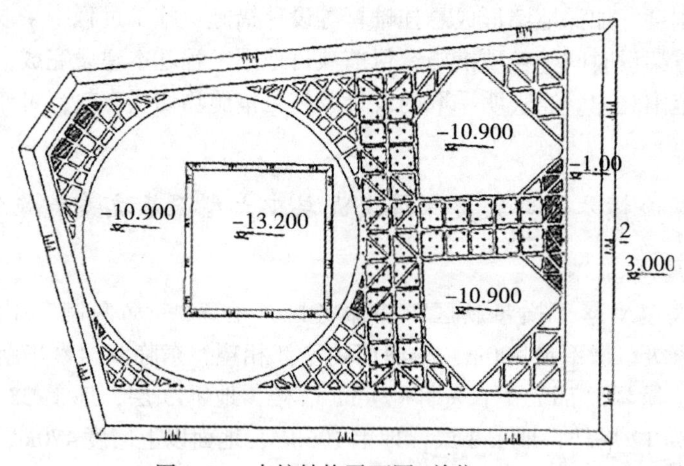

图4.24　支护结构平面图(单位：m)

4. 工程特点

(1)地质条件差。基坑坑壁主要由新近沉积的软塑—流塑状淤泥或淤泥质粉质黏土组成，淤泥厚度达11.1~14.5m，平均厚度为10.4m以上，具有典型的“三高一低”特征，即“高含水率、高孔隙比、高压缩性，低强度”(f_{ax} = 50kPa，E_s = 2.49MPa，c = 6kPa，φ=4°，ω=55.5%)的特性。在基坑土方开挖及降水作用下，易发生蠕变及固结沉降，位移量大且持续时间长，对基坑支护的稳定性和周边环境的稳定性十分不利。

(2)基坑周边环境复杂。紧邻基坑北侧正在开挖施工的珠海横琴国贸大厦以及国开投资有限公司的美丽之冠梧桐大厦两个基坑，二者围护壁距离本基坑地下连续墙最近仅33.0m，且两基坑开挖引起的现有环境变化及其桩锚支护方式都无法避免地对本基坑产生不利影响，因而基坑群施工相互干扰问题不容小觑，需重点监控。

(3)充分利用圆形钢筋混凝土具有明显的“拱效应”特性，塔楼部位支撑体系设计为大直径圆环混凝土内支撑，圆环直径达84.90m，为塔楼主体先行施工创造了条件；但是，大直径支撑圆环对挖土分层、分块、均衡、对称开挖要求高，同时对圆环支撑同心圆施工精度控制要求较高。

5. 关键施工技术

1)地下连续墙施工

软弱土层槽壁防坍塌控制措施：地下连续墙施工范围为软塑—流塑状淤泥，平均厚度10.4m以上，淤泥层下分布厚层淤泥质粉质黏土，性能较差。在动水压力的作用下易坍塌，按照设计要求，槽壁加固范围穿过淤泥层、淤泥质粉质黏土层进入粉质黏土层，加固底标高为-10.5m，-22.5m，-23.5m，-25.5m，-26.5m，-32.0m，加固最深达34.6m。根据现有设备能力以及对垂直度要求，采用Φ850@600三轴水泥搅拌桩加固，不仅加固效果好，垂直度可控制在5‰以上，且与地下连续墙成槽垂直度接近。水泥掺量控制在15%~18%，水泥掺量不宜过大，否则影响成槽切削能力，造成成槽施工困难。

加强泥浆质量控制：泥浆压力作用在开挖槽段土壁上，除平衡土压力、水压力外，在槽壁内的压差作用下部分泥浆渗入土层，从而在槽壁表面形成一层泥皮。性能良好的泥浆失水量少，泥皮薄而韧性好，具有较高的黏结力，这对于防止槽壁坍塌起到很大作用。泥浆采用Ga^+膨润土、CMC、Na_2CO_3等原料按比例配制，加强对配置好的泥浆指标控制，新鲜的泥浆密度1.05~1.08kg·L^{-1}，黏度18~20Pa·s，pH值为7~10，含砂率<1%为宜。新配制的泥浆应该在池中放置24h充分发酵后才可使用。在施工过程应加强泥浆指标的检测，应保证泥浆密度≤1.25kg·L^{-1}，黏度<30Pa·s，含砂率<4%，对不符合要求的泥浆一定要坚决废弃。在成槽施工过程中，应充分重视泥浆液面的控制。注意随时补浆，泥浆面不应低于导墙顶面300mm，同时应高出地下水位0.5m以上以稳定槽壁。

2)大直径圆环支撑同心圆精度控制

由于地下室面积大，地下室施工受混凝土支撑拆除、换撑等工序影响致使施工周期长。但是，业主要求塔楼主体预售节点不变，且工期紧。因此，为便于塔楼的先行施工，且不受混凝土支撑拆除、换撑等工序的影响，充分利用圆形钢筋混凝土支撑刚度大、各向变形小的特点，塔楼区基坑支撑设置为直径达84.90m圆环，要充分表现出其圆形结构的空间受力特点，对圆环支撑同心圆精度控制要求较高。

在圆环支撑施工放样中，建立以基坑圆心为极坐标测量系统，使用红外线全站仪，每隔1.0m设置圆弧控制点，圆环支撑的内圆半径实际偏差控制在±1.0cm以内，圆环支撑同心圆精度控制较好。

通过监测数据表明，整个圆环支撑系统在开挖过程中“拱效应”明显，圆环支撑整体刚度大，径向变形较小，受力均衡，基坑自始至终处于稳定状态。

3)基坑降水技术

(1)坑内降排水。基坑土方开挖范围内为流塑状态的厚层淤泥，且含水率高，由于淤泥层渗透系数小，降水效果差，坑内主要通过明排解决积水，即在土方开挖之前，坑内设置纵横向数条明沟并设置多个1000mm×1000mm×深1.0m的积水坑，及时将浅层地下水及雨水组织排到基坑外，坑内积水很少，便于挖土机械干式作业。

(2)承压水抗突涌验算。随着基坑开挖深度增加，坑底下隔水顶板土体的厚度变薄，土体自重应力逐渐减少，而承压水水压超过顶板土体自重应力，或挖穿顶板土体，就会产生涌水、流砂，形成地下水水患。

$$F = \frac{\gamma_s h_s}{\gamma_w h_w} \geqslant 1.20 \tag{4.7}$$

式中，F为安全系数；h_s为基坑底板至承压含水层顶板的距离，m；h_w为承压含水层顶板以上的水头高度值，m；γ_s为基坑底板至含水层顶板之间土的平均重度($17.8\text{kN}\cdot\text{m}^{-3}$)；$\gamma_w$为水的重度($10\text{kN}\cdot\text{m}^{-3}$)。

按照ZK14孔(塔楼区域)，⑥层(砾砂)承压含水层层顶标高为-29.02m，承压水水头高程在-6.025~-9.662m。即最不利水头取值-6.025m，经计算，基坑开挖到底板时的抗突涌安全系数F=1.25大于广东省标准《建筑基坑支护工程技术规程》(DBJ-TI 5-20-1997)规定的最低1.2，则基坑底部土的抗承压水头处于平衡状态，基底不会产生突涌。

由于一期基坑内有很多地勘孔，且孔深均穿过⑥层砂砾层，原有的地勘孔在前期没有采取封孔措施。地勘孔存在安全风险，承压水极有可能通过地勘孔涌入坑内，危及基坑安全。因此，在开挖过程中加强观察原有地勘孔，若发现地勘孔不密实，应按照事先预定的应急预案进行封堵。最终，整个基坑开挖工程中未发现地勘孔不密实，没有出现冒水等异常情况，基坑处于稳定状态。

4)基坑出土栈桥设计

基坑挖土具有“两大一紧”特点，即“基坑面积大、土方量大，要求挖土穿插支撑施工工期仅3个月”，且在深厚淤泥层中挖土效率和外运效率又非常低，坑内外挖运通道相当紧张。因此，挖运通道设计是本工程支护很重要的一项内容。

本工程的挖运通道专项设计中，除了利用基坑东侧、南侧卸土平台外，应充分考虑重型车辆动荷载对内支撑产生的不利影响。为此，在“T”型支撑上设置立柱桩、连系梁、栈桥板以形成支撑栈桥，栈桥板厚300mm，立柱桩为Φ1200钻孔灌注桩，桩长应不小于36.0m，桩端进入持力层砾砂层不少于15.0m，内插Φ630钢管砼桩。这种支护方式为土方开挖以及主体结构施工提供便捷和开阔的空间。

在基坑土方开挖过程中，支撑圆环内设置临时土坡道并与栈桥衔接，土方车直接下坑装土，大大加快土方挖出及外运效率。

5)基坑土方开挖

土方采用分层、分块、对称、均衡开挖，基坑从立面分4层8次开挖。采用“中心岛”式挖土，即②、④、⑥、⑧层土方开挖分别在①、③、⑤、⑦层土方开挖后连续进行，尽量利用支撑养护期开挖中心岛区域土方，以加快土方施工进度。挖土工况见图4.25。

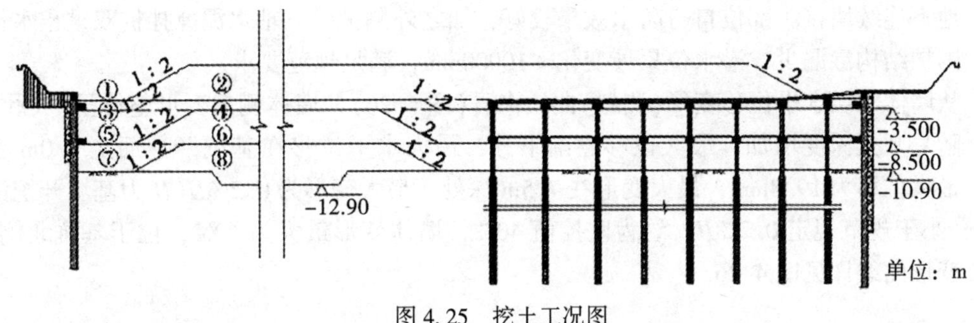

图 4.25　挖土工况图

每层开挖时先开挖圆环支撑外四周土体，以便及时形成支撑，后开挖中心岛区域土方。每次挖土坑内设置临时出土坡道与栈桥相接，以便土方车辆直接下坑装土，加快出土效率。

每层开挖时应分小层开挖。分层厚度控制在 2.0m 以内，支撑封闭后强度达到 80% 后再开挖下层土方。

基坑支撑圆环外周边土方应对称开挖、对称浇筑混凝土支撑环梁。

挖土遵循“分层、分块、对称、限时、先撑后挖”的原则，利用“时空效应”原理，尽量减少基坑无挖土支撑的暴露时间。因此，基坑围护结构各测点的变形比较协调，变化规律基本一致，基坑处于安全、管控状态。

6. 深基坑信息化监测

深基坑工程施工过程中进行信息化施工监测，有利于实时掌握围护结构及周边环境的动态变化情况，根据监测结果动态调整优化施工参数，指导施工，并根据监测信息和施工参数的变化规律预测下一步施工工况，及时提出应对措施。基坑变形累计监测结果见表 4.7。

表 4.7　**累计监测结果表**

序号	监测内容	最大点号	位移累计监测值/mm	位移规定限制/mm
1	顶圈梁位移	S5	20.1	30
2	顶圈梁沉降	S6	20.9	30
3	立柱沉降	L1	10.1	20
4	地墙深层位移	CX2	19.8	50
5	潜水位	W6	91.1	1000

根据监测结果显示，基坑顶部位移均朝迎坑面发展，最大变化为 S5 点，位于基坑东部，最大水平位移 20.1mm，约为基坑监控值的 70%，基坑顶部沉降最大变化点 S6 点，最大沉降量 20.9mm。

地下连续墙接头部位自身防水效果较好，加之外侧护壁三轴水泥搅拌桩双重止水作用。围护结构渗漏少，潜水位累计变化≤10000mm，满足规范要求。

从墙体深层水平位移变形(测斜)曲线来看(图 4.26)，墙体侧向变形整体呈“大肚”状，随着开挖深度增加，最大位移逐渐下移，最大水平位移在基坑开挖面上 3.0m 左右，最大位移为 19.8mm，最大变形在 7.5m 深处。最大变形为 0.2%H(H 为基坑开挖深度)，小于规范规定 0.7%H，约为监控值 40%，墙体变形最大为 CX2，位于基坑北侧，CX2 变形曲线详见图 4.26。

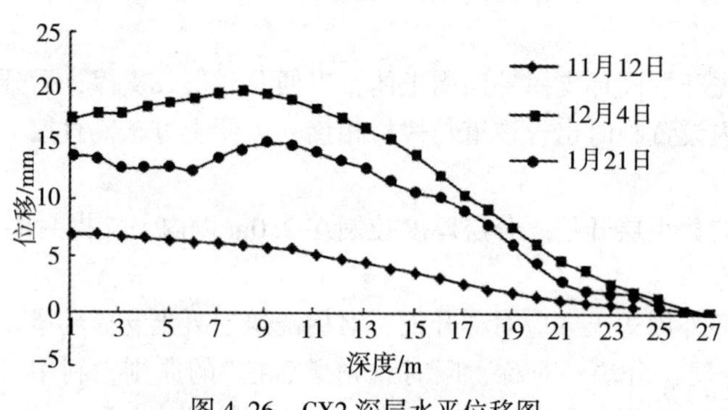

图 4.26　CX2 深层水平位移图

7. 结论

横琴总部大厦(一期)基坑作为首批在珠海横琴软土地基上建造的大型深基坑，堪称横琴岛“第一深坑”，可借鉴的资料较少，通过一系列技术措施，基坑围护结构的变形以及对周边环境的影响都在安全可控范围之内，其设计、施工经验对本地区深基坑施工都具有一定的借鉴意义。

(1)平面分块、分段、对称均匀开挖，立面分层分次、先四周后中间，并用栈桥出土的方法使圆环支撑受力比较平衡，基坑完全处于受控状态。

(2)横琴地下淤泥厚，含水率高达到 60%，承载力低，在珠三角是比较典型的地质条件。首次将三轴水泥搅拌桩用于地下连续墙槽壁加固，以及基坑支护采用地下连续墙，均取得较好经济效益和社会效益。

(3)合理支撑布置形式为土方以及主体结构施工提供便捷和开阔的空间，也有利于基坑变形控制。

4.8.3　武汉中国银行湖北省分行营业办公楼(一期)基坑工程(砂卵石地层+承压水地层中深基坑施工技术)

1. 工程简介及特点

中国银行湖北省分行营业办公楼(一期)项目位于武汉市江汉区建设大道与新华路交汇处。主体建筑由 1 栋超高办公楼(42F，高 239.9m)和 1 处商业裙楼(4F)组成，整体设 3 层地下室。地上总面积约为 97645m^2，地下总建筑面积约为 32305m^2，地下室外墙采用地下连续墙，基础采用桩筏基础，桩为钻孔灌注桩，底板基础标高为-18.150m，裙房及纯地下室区域承台基础标高－19.000～－19.600m，主楼区域基底标高为－20.750m，消防水池基底标高－22.250m，主楼高速电梯井坑基底标高－24.400～－25.400m。本工程±0.000相对于绝对标高21.600m，基坑周边场地自然地面相对标高－0.600m。基坑垂直开挖面积为7590m^2，基坑周长367.0m，普挖深度18.40～21.65m，局部电梯井加深3.5～4.8m。根据湖北省《基坑工程技术规程》(DB42/T 159—2012)，基坑工程重要性等级为一级。

基坑周边北侧临在建钰龙大厦，东侧临新华路主干道，南侧靠近多栋7层老旧住宅楼；东南侧地下管网密集(图4.27)。周边环境对变形沉降很敏感。施工场地位于长江一级阶地，基坑侧壁有深厚的淤泥以及淤泥质软土，基坑底部揭穿细砂层，地下水与长江有水力联系，承压水位高，水量丰富。

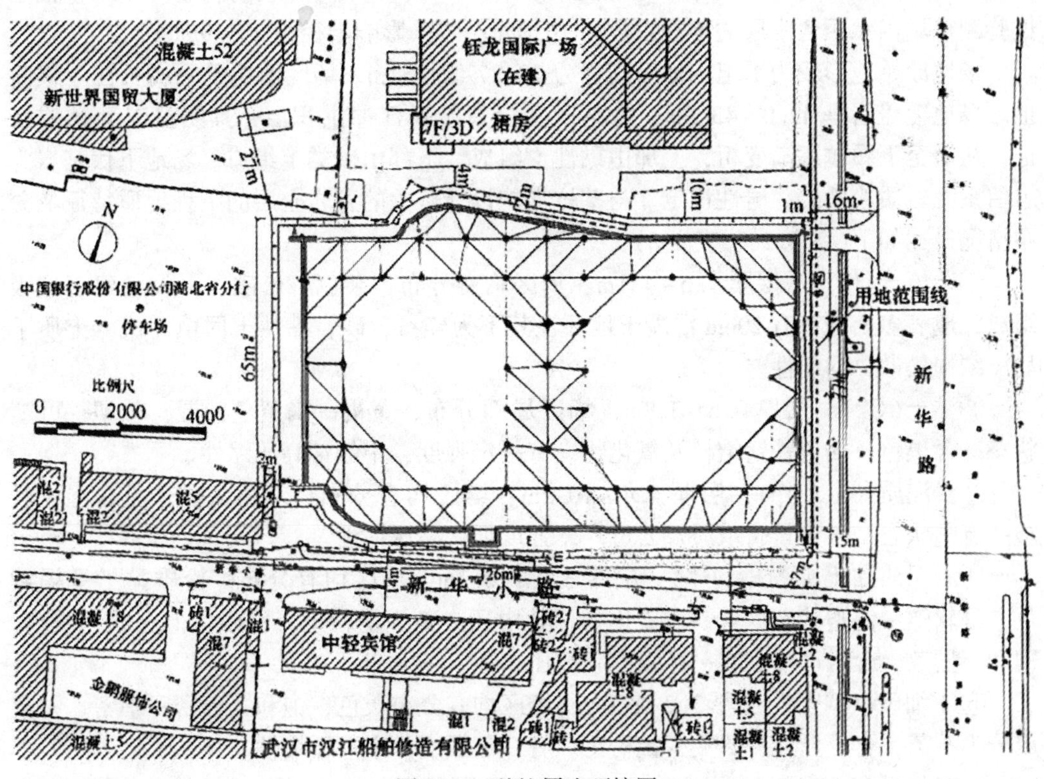

图4.27　基坑周边环境图

2. 基坑周边环境

本基坑周边环境复杂，地处繁华商业闹市区和交通敏感地带，周边道路、建筑物、管线情况如下：

东侧为新华路，地下室外墙边轴线距用地红线最近4.5m，距道路边线最近18.0m。南侧为新华小路，地下室外墙边轴线距用地红线最近4.6m，距道路边线最近5.8m。新华下路南侧有多栋7~8层住宅楼。西侧为拟建建筑二期场地，场地空旷，拟作为拟建建筑施工作业用地。西南角部有一栋5层建筑物，距地下室边线9.6m，建设单位暂定该楼为施工用房，拟建建筑完工后拆除。北侧为在建的钰龙国际广场。钰龙国际广场采用钻孔灌注桩基础，设两层地下室，建筑物地下室基底埋深约13.0m。地下室外墙边轴线距其拟建建筑地下室边线最近10.0m。基坑东南侧围墙(用地红线)脚下供水管、电缆沟、天然气等地下管网密集。

3. 工程地质及水文地质条件

本场地位于长江一级阶地，地下水类型主要为上层滞水和承压水。上层滞水赋存于①层杂填土中，主要由地表水源、大气降水和生活用水补给，无统一自由水面。承压水主要赋存于下部砂类土层中，与长江有一定的水力联系，水量丰富，年变幅3~4m。二者之间通过不透水层(黏土)及弱透水层(淤泥质黏土夹粉砂)阻隔。

勘察期间，测得场区上层滞水水位在地面以下0.9~1.7m，相当于绝对标高为19.900~18.700m；承压水水位在自然地面以下4.1m，相当于绝对标高16.970m，抽水试验测得场内承压含水层的渗透系数为16.0m·d^{-1}，影响半径为251.9m。

场地原始地形较为平坦，地面高程为20.27~21.31m。场区地貌单元属长江一级阶地。场地覆盖层厚42.0~43.8m，为第四系全新统长江冲洪积层，具明显二元结构特征，从上至下颗粒逐渐变粗，上部由黏性土组成，下部由砂类土组成。场地下伏基岩为志留系泥岩质粉砂岩，岩性稳定。与基坑支护设计有关的各岩土层的工程地质特征及分布情况描述如下(图4.28、表4.8)：

①杂填土(Q^{ml})，层厚1.6~4.1m，场区均有分布，杂色、松散，由大量建筑垃圾组成，地表多处分布有20cm混凝土地坪，其下为碎石、砂、黏性土回填而成，土质不均。结构松散，均匀性差。

②黏土(Q_4^{al})，层厚0.6~3.8m，场区局部分布，黄褐—褐黄色，湿，软塑—可塑状态。含黑色、褐色铁锰结核及氧化物。有一定强度，中等偏高压缩性。

③淤泥质黏土(Q_4^{al})，层厚4.4~10.2m，场区均有分布，灰色、褐灰色，湿，软塑—流塑状态，含少量腐殖质及云母片。强度低，高压缩性。

④淤泥质黏土夹粉砂(Q_4^{al})，层厚3.2~10.2m，场区均有分布，粉质黏土呈褐黄色，呈软塑—流塑状态。含铁质氧化物，其中还夹杂少量粉土。粉砂呈薄层状，灰色，饱和，松散，含云母片。有一定强度，高压缩性。

⑤-1细砂(Q_4^{al+pl})，层厚3.2~8.0m，场区均有分布灰色，饱和，稍密—中密。主要成分为石英，含云母片，偶夹少量粉土。有一定强度，中等压缩性。

⑤-2细砂(Q_4^{al+pl})，层厚6.0~15.7m，场区均有分布灰色，饱和，中密—密实。主要成分为石英，含云母片。砂质较纯。有一定强度，中低压缩性土。

⑤-2-1黏土(Q_4^{al+pl})，层厚0.5~3.8m，场区局部分布褐灰色，可塑状态，含氧化铁、少量腐殖质及云母片，该层以透镜体形式分布于⑤-2层中。有一定强度，中压缩性土。

⑤-3细砂(Q_4^{al+pl})，层厚3.8~11.0m，场区均有分布，灰色，饱和，密实。层内夹薄层中粗砂，成分主要为石英、长石等，含白云母片。有一定强度，低压缩性。

⑥中粗砂夹卵砾石(Q_4^{al+pl})，层厚2.1~4.7m，场区均有分布，灰色，饱和，密实。含粒径1~6cm的圆砾及卵石5%~25%。主要成分为石英、长石，含白云母片。强度

高，低压缩性。

⑥-1 泥质粉砂岩强风化(S)，层厚 0.5~1.5m，场区均有分布，灰色，坚硬状态，原岩结构较清晰，风化裂隙很发育。岩芯大部风化成泥土状，局部夹中风化岩碎块。强度高，低压缩性。

⑥-2 泥质粉砂岩中风化(S)，层厚 1.4~4.5m，场区均有分布，为灰色泥岩，软岩，岩芯破碎，取出岩芯呈短柱状、碎块状，节理裂隙较发育。节理面被铁锰氧化物渲染，取芯率 50%~60%。ROQ 值为 30%~50%，岩体的完整程度为较破碎，岩体基本质量等级为Ⅴ类。强度高，可视为不可缩层。

⑥-3 泥质粉砂岩中风化(较完整)(S)，未钻穿钻探孔中揭露为灰色泥岩，软岩，岩心较为完整，取出岩芯呈柱状，节理裂隙较发育。取芯率 70%~85%。ROQ 值为 70%~85%，岩体的完整程度为较完整，岩体基本质量等级为Ⅳ类。强度高，可视为不可缩层。

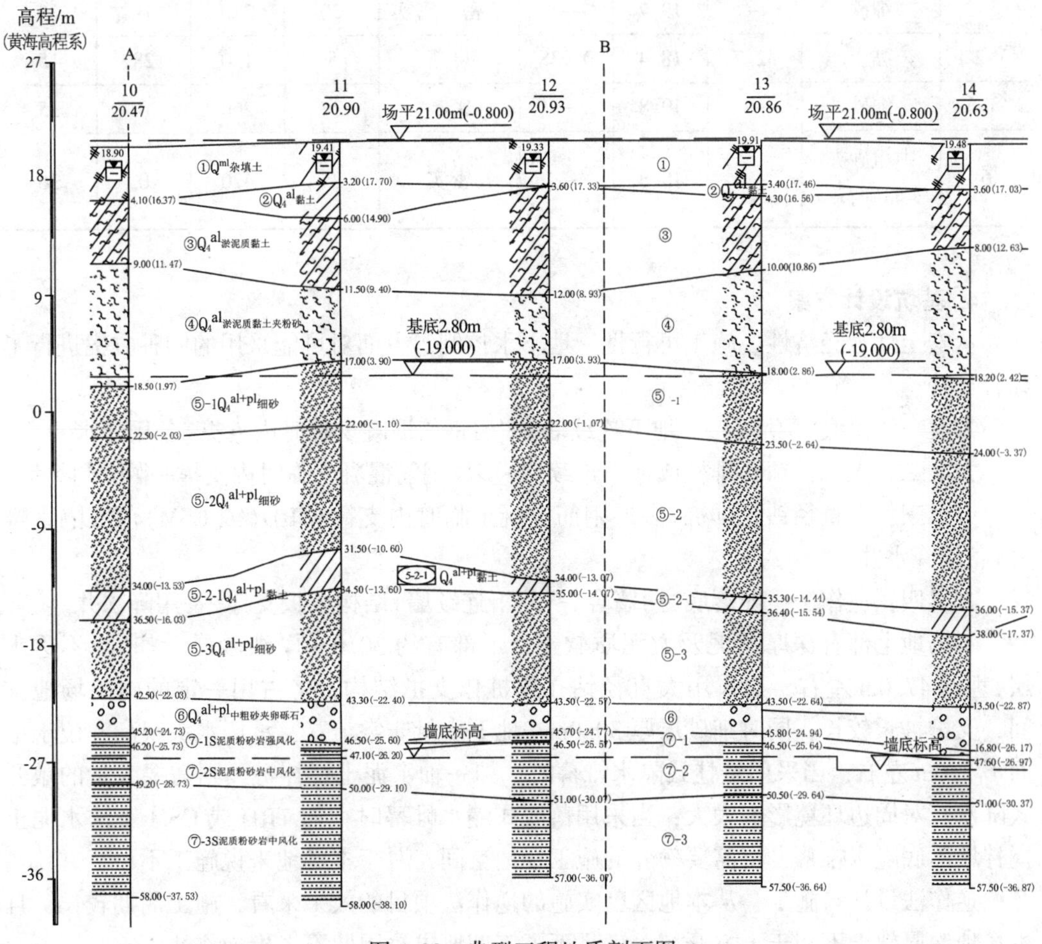

图 4.28　典型工程地质剖面图

表4.8　**场地土层主要力学参数**

层号	地层名称	含水量	重度	孔隙比	状态	压缩模量	地基承载力	抗剪强度	
		ω/%	γ/kN·m^{-3}	e		E_{s1-2}/MPa	f_{ak}/kPa	c/kPa	φ/(°)
①	杂填土	—	19.8	—	松散	—	—	6	20
②	黏土	36.6	18.2	0.992	软塑—可塑	4.5	90	17	9
③	淤泥质黏土	41.4	17.6	1.169	软塑—流塑	2.8	65	12	7
④	淤泥质黏土夹粉砂	41.0	17.6	1.149	软塑—流塑	5.5	90	18	10
⑤-1	细砂	—	19.3	—	稍密—中密	13	150	0	28
⑤-2	细砂	—	19.7	—	中密—密实	20	220	0	33
⑤-2-1	黏土	32.7	18.4	0.938	可塑	8	150	28	15
⑤-3	细砂	—	19.8	—	密实	24	260	0	35
⑥	中粗砂夹卵砾石	—	18.8	—	密实	25	420	0	36

4. 基坑设计方案

从安全性、经济性、施工可行性、地下水控制等方面对可能采用的四种方案进行了综合比较。

方案一：落底“两墙合一”地下连续墙+多层钢筋混凝土临时内支撑+备用降水井。

方案二：大直径钻孔排桩或地下连续墙+多层钢筋混凝土临时内支撑+敞开式降水。

方案三：大直径钻孔排桩+多层钢筋混凝土临时内支撑+TRD(或CSM)落底隔水帷幕+备用降水井。

方案四：逆作法，即落底“两墙合一”地下连续墙+结构楼板支撑+备用降水井。

本场地上部有深厚淤泥及淤泥质软土，下部有约30.0m厚细砂层，基岩(不透水层)埋深47.0m左右。如采用大直径钻孔排桩作支护结构，将占用一定的施工场地空间，支护桩长较长；同时细砂层厚30.0m，地下水量非常丰富，承压水头很高，位于地面下3.0m左右，当采用悬挂式隔水帷幕时，如一轴水泥土搅拌桩，则需要大量的敞开式降水，对周边环境影响太大；当采用落底式隔水帷幕时，如TRD或CSM工法水泥土搅拌墙落底隔水帷幕，将需要额外的施工场地空间，对于本场地来说施工不可行。

逆作法设计与施工，从本地区已实施的逆作法项目的效果来看，施工周期较长，且本场地深厚软土不利于土方开挖，满足不了工期要求，因此不考虑逆作法。

用地下连续墙，作为“两墙合一”即地下室外墙与支护结构使用，既能最大限度地利用场地空间，又能满足结构设计和基坑支护要求，能充分发挥其优势，综合比较，本项目采用落底“两墙合一”地下连续墙，进入墙底基岩一定深度，其经济性、安全性、适用性均优于其他支护结构。确定采用安全性与经济性均较合理、施工可行性较好的落底“两墙合一”地下连续墙+多层钢筋混凝土临时内支撑+备用降水井方案。

基坑开挖深度范围的侧壁土层主要为：①杂填土，②黏土，③淤泥黏土，④淤泥质黏土夹粉砂，⑤-1 细砂。坑底及以下土层主要为：⑤-1 细砂，⑤-1 细砂，⑤-2 细砂，⑤-2-1 黏土，⑤-3 细砂等。基坑开挖侧壁、基底的土层透水性较好，地下水与长江水有一定联系。基坑周边环境复杂，如基坑失稳，将引起周边居民疏散、道路封闭等不良社会影响，尤其是基坑南侧的多栋 7 层老旧住宅楼和东侧的新华路主干道路。

5. 基坑支撑体系

1）某坑周边支护结构

根据基坑开挖深度、地层条件、周边环境条件等，经分析计算，基坑分成 6 个典型剖面段进行支护设计，选取较不利的地质钻孔进行分析计算，基坑周边支护结构采用 1.0m 厚地下连续墙，地下连续墙墙底嵌入基岩面以下 1.0m 以隔断地下承压水，地下连续墙上部受力配筋段按支护受力配筋，下部墙体按构造配筋。因基坑软土深厚，在地下连续墙两侧分别设置 1 排 Φ 850@ 650 三轴水泥土搅拌桩（伸入基底以下 6.0m）进行加固兼隔水防渗，基坑支护平面布置图如图 4.29 所示。

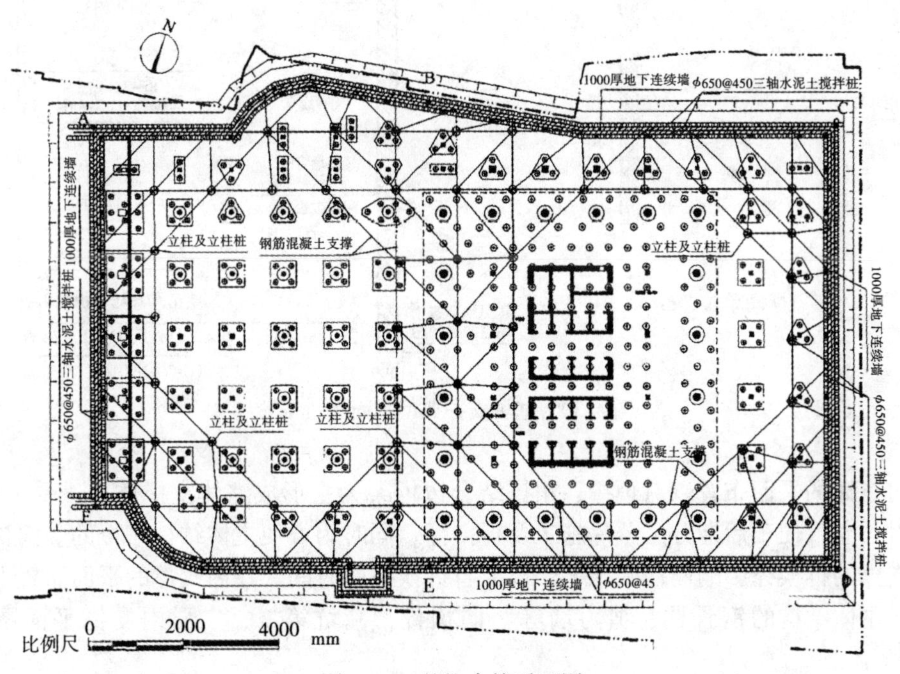

图 4.29 基坑支护平面图

2）基坑水平支撑体系

经分析比较，为满足位移控制等设计要求和现场施工要求，基坑竖向设置三层钢筋混凝土内支撑。第一层钢筋混凝土内支撑位于地下以下 1.5m，且与周边地下连续墙顶部的冠梁连成整体，形成整体受力体系，同时建造方便现场施工车辆上下出土的坡道和施工栈桥平台。第二、三层钢筋混凝土内支撑设置的部位尽量以减少支护桩身弯矩、同时与地下室结构楼板错开来方便地下结构施工为要求。内支撑竖向设置如图 4.30 所示。

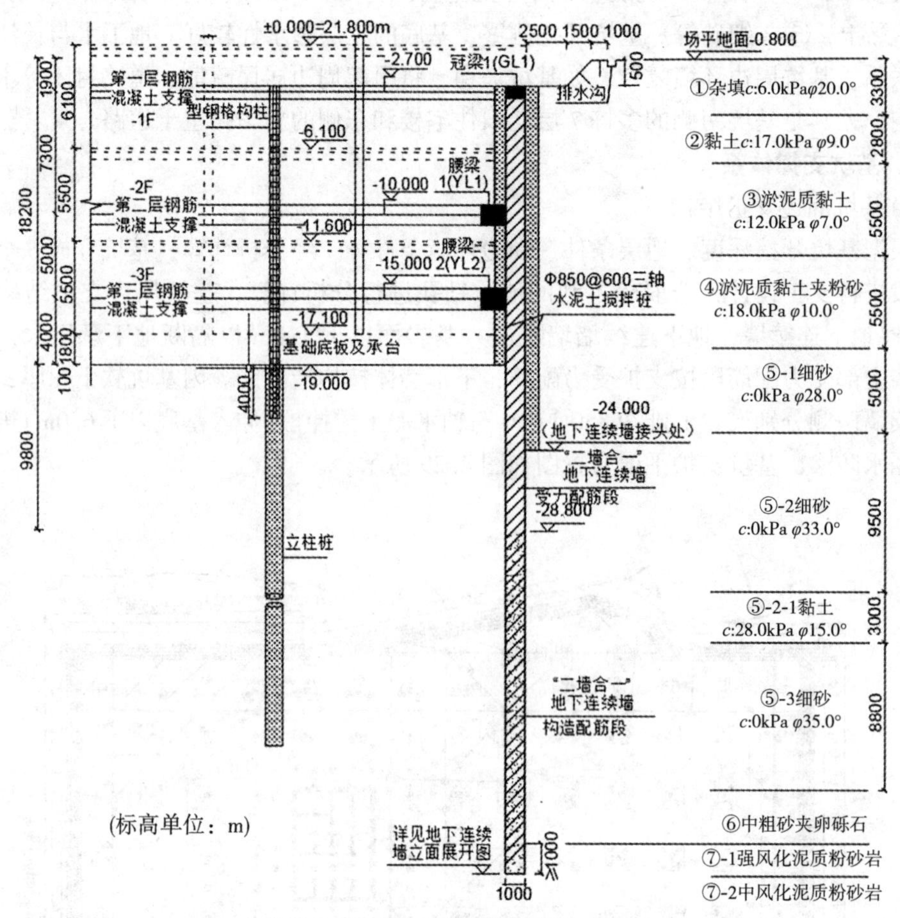

图 4.30　基坑支护典型剖面图(mm)

内支撑的平面布置以对顶撑、角撑结合边桁架为主形成整体支撑体系，受力明确，且相对独立，便于后期分区分片施工及拆换撑。同时为方便主体结构塔楼的竖向构件不受内支撑的拆换撑影响而往上施工，以节省拆换撑的时间，在内支撑的平面布置上，尽量避开主体结构的钢骨柱、剪力墙等竖向构件，基坑第二、三层内支撑平面图如图 4.31 所示。

3)基坑竖向支承体系

基坑竖向支承采用两种钢结构类型，对于设置施工栈桥区域(建设单位要求栈桥板面需考虑土方堆场工况，按堆土高度 2.0m 考虑均布荷载)，需同时考虑栈桥板面上的施工荷载和三层钢筋混凝土内支撑结构的自重荷载，竖向荷载较大，因此采用竖向承载

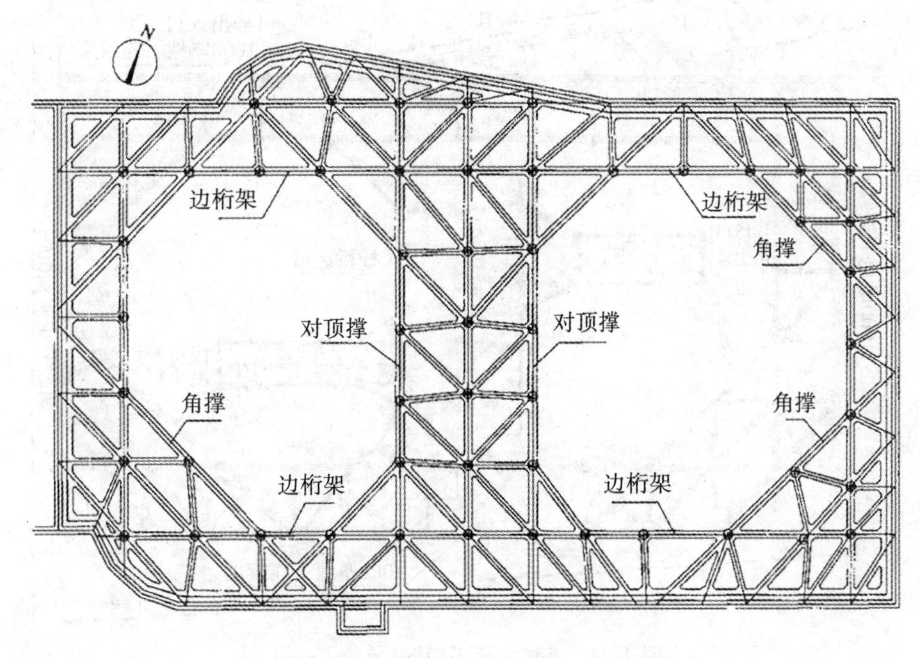

图 4.31 基坑第二、三层内支撑平面图

能力较大的且平面间距较大的钢管混凝土柱；对于纯内支撑区域，仅需考虑三层钢筋混凝土内支撑结构的自重荷载。采用角钢组合格构柱。钢材均采用 Q345B 级钢，钢立柱插入立柱桩（钻孔灌注桩）中不小于 3.5m。立柱桩直径均为 1.0m，部分利用 Φ 800 工程桩作为立柱桩。

6. 基坑施工栈桥设计

本项目地处武汉市江汉区交通繁华地带，基坑开挖深度深，土方量大，纵深小，淤泥质软土深厚，土方开挖机械下入坑内挖土作业与运输时，困难大，易发生机械沉陷而无法作业等问题；地处闹市，工期紧，土方车辆行车受场地和通行限制，必须设置辅助开挖行车通道。

主体结构地下室边线几乎占满了整个用地红线，导致深基坑开挖后，周边几乎没有场地可供施工材料堆放、加工及混凝土浇筑使用，邻近周边也无空余场地可供租用作为施工场地。但整个工程的工期要求严格，要满足工期要求，必须就地解决施工场地的问题。

由此根据以上土方开挖与外运、施工场地的迫切需要，设计了结合第一层钢筋混凝土内支撑设置，以两个斜向出土坡道为主、以中间环形回路为辅的施工栈桥（图 4.32、图 4.33）。栈桥的设计以第一层钢筋混凝土内支撑的主支撑梁为主，增设钢筋混凝土板，在满足同时竖向受力和水平受力的情况下进行截面尺寸和钢筋配置，最大限度地利用原有钢筋混凝土内支撑体系。

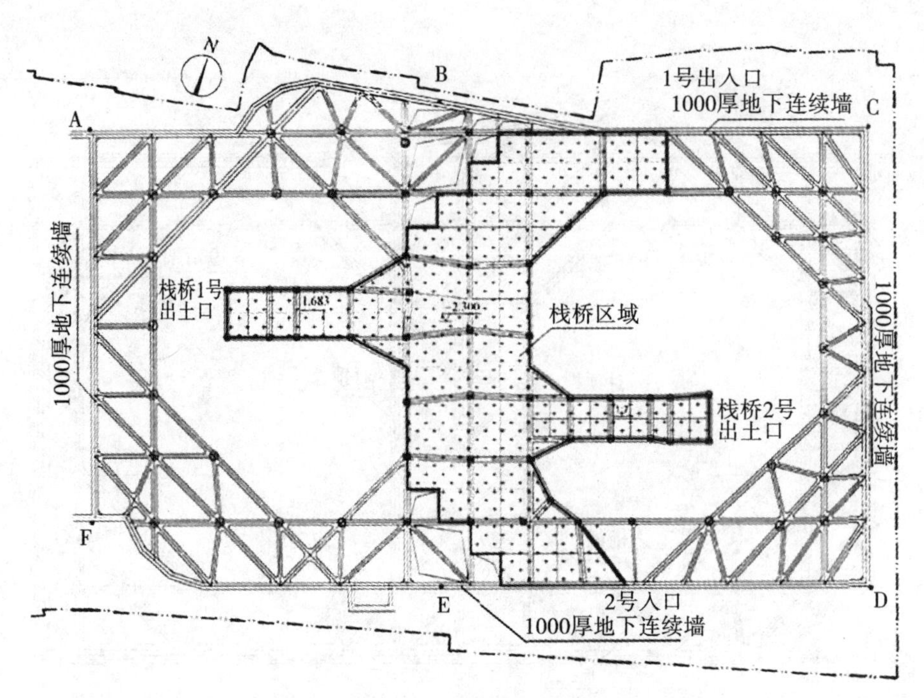

图4.32 基坑栈桥平面图(单位：mm)

图4.33 基坑栈桥现场

7. 基坑地下水控制设计

场地位于长江一级阶地，基坑侧壁有深厚淤泥及淤泥质软土，抗剪强度低，基坑开挖后易发生侧向变形和地面沉陷。基坑底部揭穿细砂层，地下水与长江有一定联系，水位高，水量丰富，基坑开挖和地下室结构施工过程中，需降低地下水位创造地下室结构施工条件；基底砂层含水量大，承压水头高，如果过量抽取地下水，将造成过大的地面沉降，使周边建筑物产生裂缝、道路发生开裂，因此必须严格控制地下水抽取，严控地面沉降。

基坑周边有多栋多层框架结构，按相关规范要求，其地基变形允许值：沉降量120mm，沉降差2‰。

为防止过量抽取地下水引起地面沉降，采用地下连续墙底嵌入基岩隔断下部承压水，大大减少地下水抽取量。虽然地下连续墙墙底深度较深，但接头处仍为防渗薄弱部位，考虑到施工过程中的各种不确定因素，采用大井法估算降水井数量，按60%比例进行降水井布置，确保在不利条件下仍可降低基坑内承压水位，满足施工要求，做到有备无患。根据地下连续墙的平面布置及土方开挖走向，优化布置降水井的位置和数量，计算分析得知降低地下水引起的周边地面沉降理论最大值为48mm，沉降差最大为1.2‰，满足规范要求(图4.34、图4.35)。

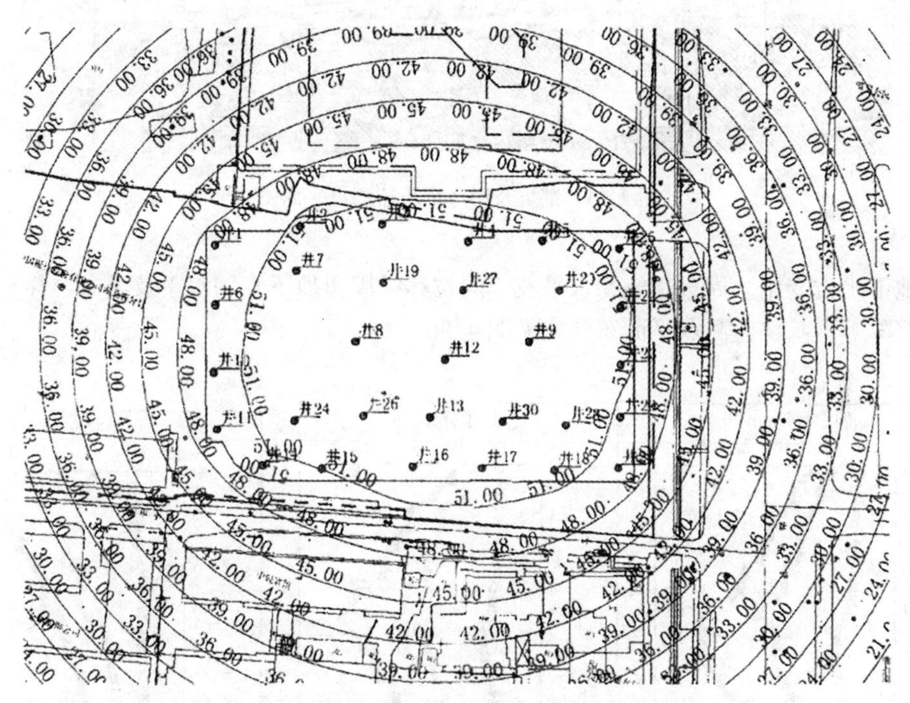

图4.34　基坑降水井平面布置图及理论沉降等值线图(mm)

8. 基坑监测情况

1)地下连续墙身侧向水平位移

本基坑除东侧为城市主干道新华路以外，南侧有天然地基房屋，北侧为正在建设中的地块，环境复杂，关系重大，必须严格控制因基坑开挖、地下水降低对周边环境产生的变形，确保周边居民的人身财产安全和主干道交通顺畅，按规范要求进行信息化施工，对基坑支护结构及周边建筑物进行位移、沉降等变形监测。主要的监测内容为：地下连续墙顶部冠梁位移、地下连续墙身侧向深层水平位移、立柱竖向位移、内支撑轴

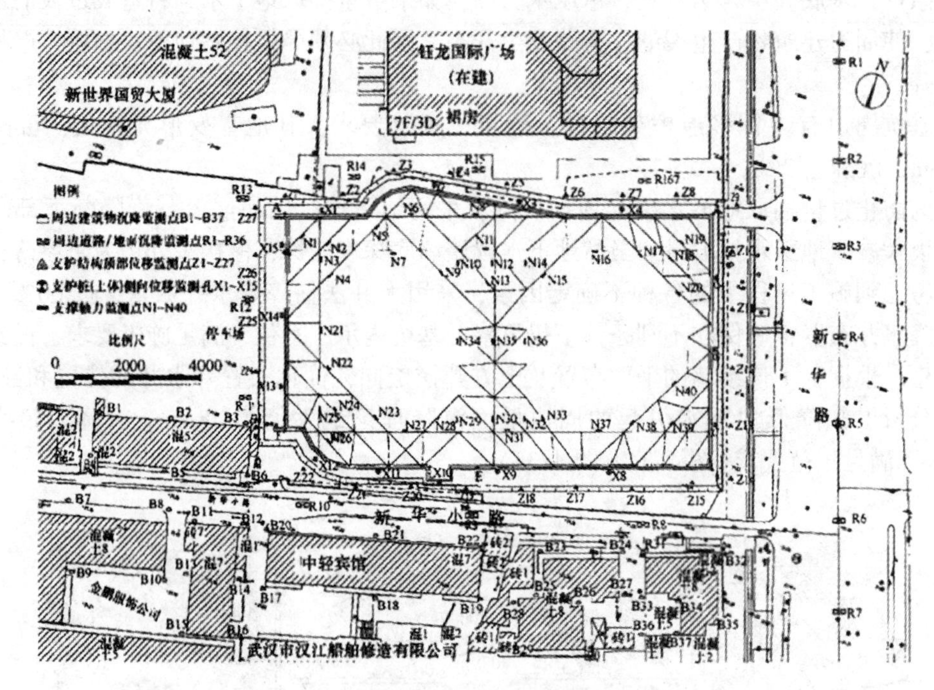

图 4.35　基坑及周边环境监测点平面图

力、地下水位变化、周边建筑物水平及竖向位移、周边地下管网水平及竖向位移、周边道路沉降等，基坑监测点平面布置详见图 4.36。

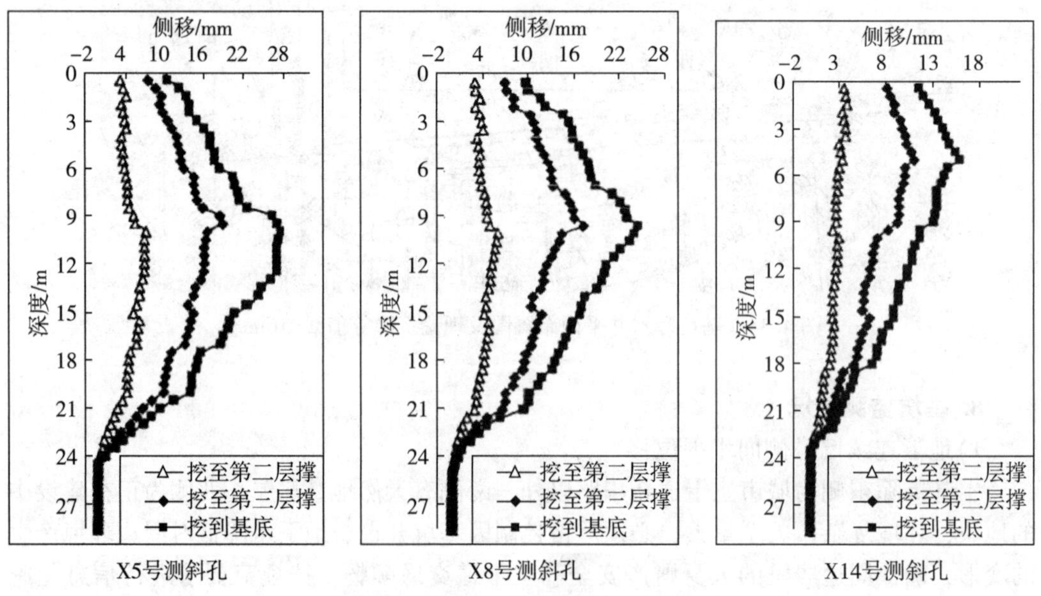

图 4.36　基坑支护桩身侧向水平位移

2)周边地面沉降及裂缝

根据现场全过程基坑监测实测资料(图4.37),周边建筑物沉降最大值为12.76mm,周边道路管线沉降最大值为12.78mm,差异沉降均小于1.0‰,周边地面巡视,未发现大的沉降裂缝和塌陷,与理论计算值较吻合,满足规范要求。

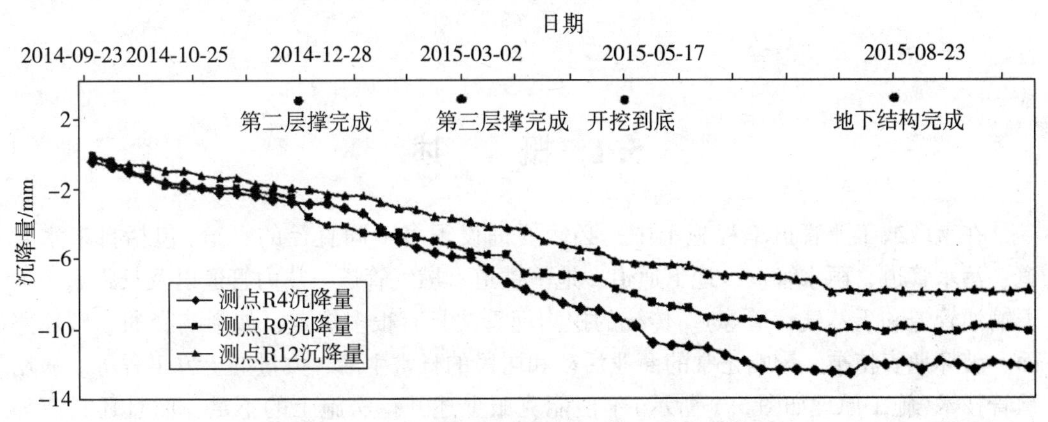

图4.37 基坑周边典型沉降监测点沉降发展曲线

9. 总结

中国银行湖北省分行营业办公楼(一期)深基坑开挖面积7580m^2,周长367m,普挖深度20.5~21.5m,电梯井坑中坑加深5.0m。基坑周边临近城市主干道、金融银行办公场所、地下管网,环境条件复杂。综合考虑场地的周边环境条件、水文地质与工程地质条件、地下结构条件,结合武汉地区工程经验,采用"嵌岩地下连续墙+三层钢筋混凝土内支撑(结合第一层支撑设置施工栈桥)+备用降水井"的总体设计方案。

全过程基坑监测结果,实测基坑变形最大仅26.99mm,实测周边建筑物沉降最大值为12.76mm,周边道路管线沉降最大值为12.78mm,差异沉降均小于1.0‰,满足规范与设计要求。

在确保安全的前提下,本深基坑工程采取了诸多优化设计措施,节省了投资和工期,在设计与施工过程中有以下设计经验可供类似工程参考。

(1)从安全性、经济性、施工可行性、地下水控制等方面对可能采用的方案进行综合比选,确定最优方案。

(2)合理利用部分工程桩作为立柱桩,节省投资。

(3)内支撑平面布置以对顶撑、角撑结合边桁架形成整体支撑体系,同时在平面上避让主体塔楼钢骨柱、剪力墙等竖向构件,主体结构不受内支撑拆换撑的影响而往上施工,节省工期。

(4)结合第一层内支撑设置出土栈桥坡道和施工栈桥平台,形成出土通道和主体结构施工场地,确保了土方开挖正常进行,确保了主体结构封顶工期。

第5章　城区顶管法施工技术

5.1　概　　述

在市政或工业管道工程施工中，必然要铺设很多不同直径的管道(包括自来水管道、污水管道、雨水管道、地下通道、地下铁道、燃气管道、热力管道以及长距离的地下输油管道和天然气管道等)。传统的挖沟埋管法具有很多缺点，如影响交通、破坏路面、破坏地表植被、影响正常的商业活动和居民的日常生活、大量的土方工程等。采用顶管技术(施工原理如图5.1所示)不但能克服上述开挖法施工的不足，而且还具有如下优越性：①施工速度，安全性好；②管道一般具有光滑的内表面，无需二次衬砌；③管道密封性能好，可以避免流体向地层中渗漏；④可以推进矩形截面的管道，如顶进路下通道等；⑤和盾构施工法相比，省去了管片在地下的运输和安装，减少了所需人力。

顶管施工作业中所用的顶管设备的主要特征是：主顶油缸不是位于顶管机内，而是在顶进工作坑的主顶工作站。盾构施工与顶管施工的最大区别在于：盾构施工的首节管(片)位于工作坑的洞口，而顶管施工的首节管是随着顶管机向前移动(顶进)，管道完成后，位于接收坑的洞口处。

对于较大直径的顶管机，为了安放所需的施工机械，也可以将紧接着顶管机的管道作为顶管机的后续部分来使用。

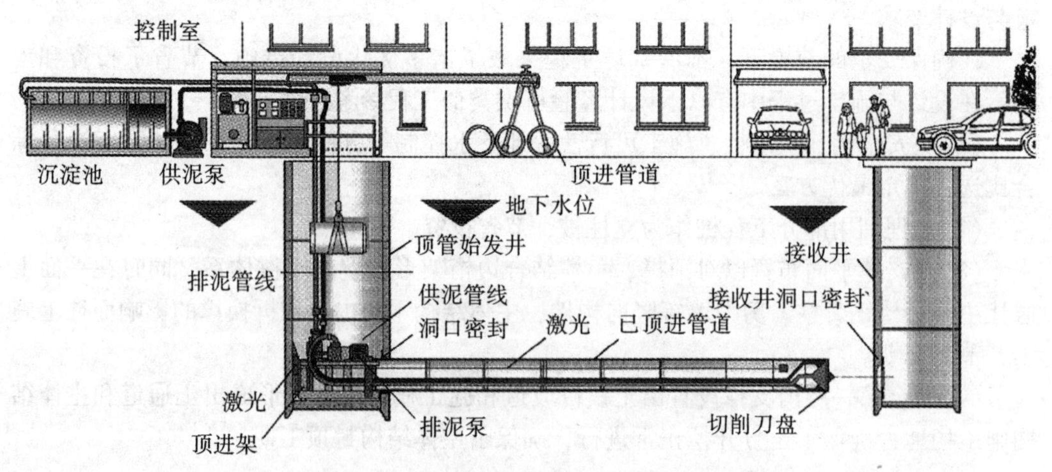

图5.1　顶管施工原理图(泥水平衡为例)

在施工中，顶管机具有以下作用：①保护工作人员；②开拓所需空间，以便在铺设管线时地层对管道产生尽可能小的摩擦力；③确保开挖空间的安全，直到顶进管道最终承受全部荷载；④保证工作面的土石不会坍塌以及防止地下水的涌入；⑤确保顶进工作在允许的偏差内沿设计好的轨迹前进。

通过顶进作业，也就是在工作面的掘进中破坏了地层中原有的压力平衡，为了使其重新达到压力平衡，必须通过压力平衡的方法控制地层的压力状况。对平衡压力的要求是：①控制地层压力，防止地层的塌陷或隆起；②平衡地下水的压力，防止地下水的涌入；③能够阻止液态或气态的平衡介质的泄漏。

5.2　分步挖掘式顶管

分步挖掘式顶管机的特征是：顶管机(盾构机)可以是开放式的，也可以是封闭式的，工作面土层的破碎是分步进行的。破碎下来的土石可以通过传送带或者螺旋钻杆输送至后面的运输设备(如传送带、手推车或轨道式的运输矿车等)排出。在特殊情况下，也可以采用水力的方法排渣。

根据挖掘方法，可以将分步挖掘式顶管机进行分类：手掘式顶管机、机械挖掘式顶管机、水力破碎式顶管机。

5.2.1　手掘式顶管及应用范围

手掘式顶管机，也即非机械的开放式(或敞口式)顶管机，在施工时，采用手工的方法来破碎工作面的土层(图5.2)，破碎辅助工具主要有镐、锹以及冲击锤等。破碎下来的泥土或岩石可以通过传送带、手推车或轨道式的运输矿车来输送。

最简单的手掘式顶管机只有顶进工具管，即只有一个钢质的圆柱形外壳加上楔型的切削刃口、液压纠偏油缸、一个传压环以及一个用来导正和密封第一节顶进管道的盾尾。根据地下工程施工安全规定，在地下进行的手掘式顶管作业，必须在工具管的保护下才能进行，同样，当排除工作面上的障碍物时，也必须采取特殊的安全措施。另外，手工掘进作业要至少两个人来完成；如果不能两人同时作业，也必须有其他人在需要时能提供帮助。

在短距离顶管施工中，由于昂贵的挖掘机械一次性投入比较大，影响施工的经济性，因此在这种情况下普遍采用手掘式顶管施工方法。在非开挖施工领域，手掘式顶管机一般应用于穿越道路(铁路和高速公路等)，施工长度通常小于50m。除了施工圆形的管道以外，也可以顶进特殊断面形状的管道(如方形或椭圆形等)。

根据工作面的进入方式以及多种多样的可选择的手掘式施工工具，在无需采用辅助措施的情况下，手掘式顶管机既可应用于不含水的松软地层，也可应用于不含水的硬地层。在含水地层中施工时，则必须采用辅助施工措施(如降水等)。在地层不能降水或不允许降水的情况下，可以采用封闭式的气压平衡顶管机来施工。

手掘式顶管施工的施工效率，主要取决于顶管机的直径和施工的长度，特别是地层的破碎难易程度(根据DIN 18300的分级)。根据经验，施工效率一般随着地层级别的升高而降低。

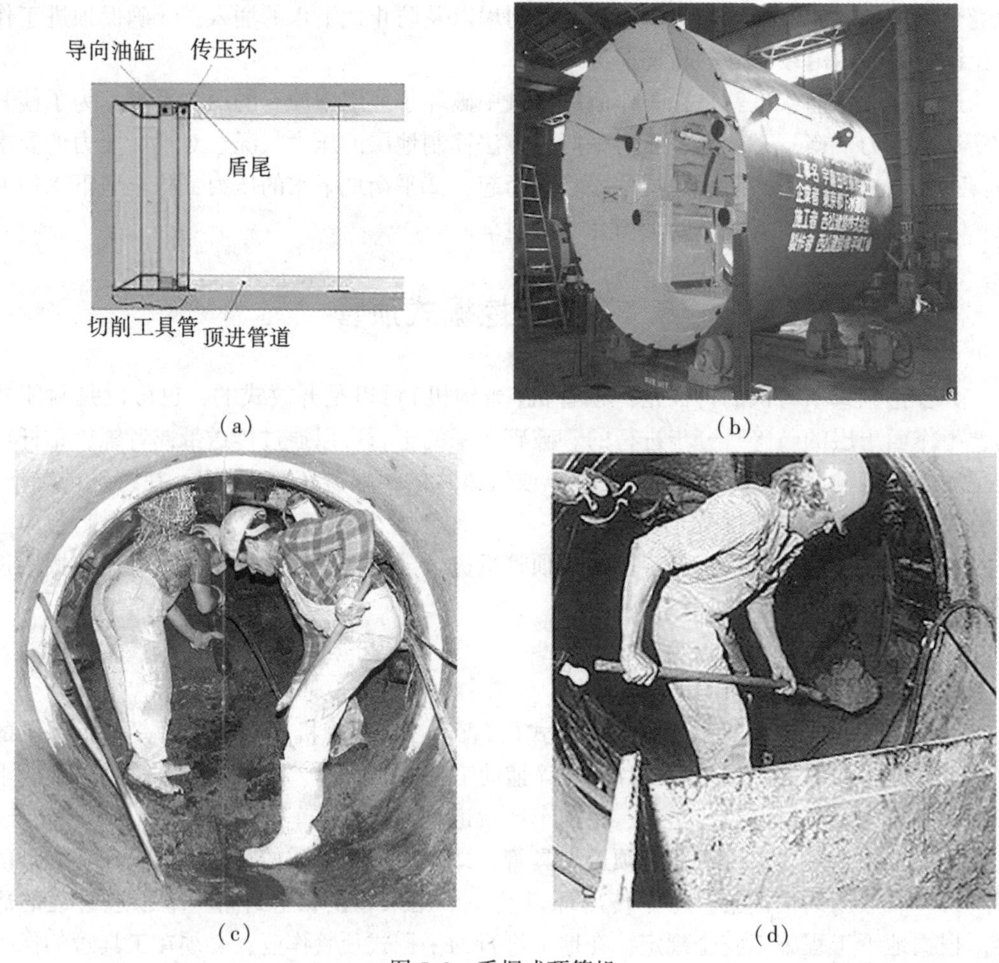

图 5.2　手掘式顶管机

5.2.2　机械挖掘式顶管及应用范围

机械挖掘式顶管机可分为敞口式和封闭式两种，其内部装备有挖掘机械，可以实现工作面的分段式挖掘。破碎下来的土石可以通过传送带或者螺旋钻杆输送至后面的运输设备(如人力车、轨道式的矿车或者传送带等)。在特殊情况下，也可以采用水力的方法排渣。顶管机的操作和导向直接在现场由操作人员来完成，该操作者可以随时观察工作面的情况。图 5.3 是两种应用非常广泛的机械挖掘式顶管机。

一些机械挖掘式顶管机的沙板可以在施工现场进行拆装，当地层性质复杂多变时，可以将沙板安装上，来平衡地层压力；在理想的地层条件，可以拆除沙板，以便挖掘工具在不受限制的情况下进行工作。当顶管机的直径较大时，配备的挖掘工具也可以是移动式的，但是，以往的顶管施工一般采用固定式挖掘工具。

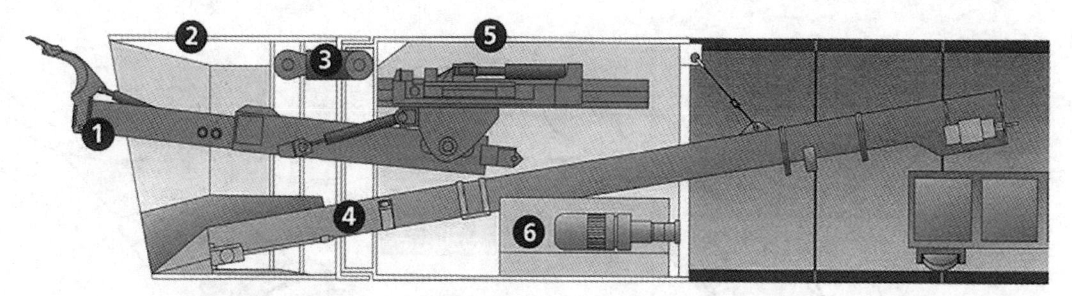

1. 挖掘装置；2. 工具管；3. 导向油缸；4. 输土装置；5. 盾尾；6. 电动机

图 5.3 机械挖掘式顶管机(工作面采用自然平衡)

采用敞口式机械挖掘顶管机施工时，由于施工成本较低，同时还可以采用多种不同的形式进行施工，因此这种方法在不含地下水的软和硬岩层中得到广泛的应用，施工长度可达 1000m。在含地下水的地层中施工，则必须采用辅助施工措施(如降水等)。在地层不能降水或不允许降水的情况下，可以采用封闭式的气压平衡顶管机或泥水式顶管机来施工。

根据地层性质的不同，机械挖掘式顶管机可以配备下述挖掘机械：①挖掘装置(反铲和液压锤)可更换的挖掘机；②带纵横切削头(或镗铣头)的掏槽机械。

这种配备反铲的挖掘机是最简单形式的挖掘机械，具有五个自由度，可以按照工作面的形状进行作业，同时还可以在沙板前面或在沙板的网格之间进行作业。挖掘机的结构形状由地层的可挖掘性决定，对于砂层和淤泥层，一般可以采用平爪，这种平爪加上浅的爪背，具有很好的成型性。对于个别情况，反铲的切削宽度根据岩石的可挖掘性来选择。

这种挖掘机可以应用于黏性和无黏性的软地层中；在破碎的裂隙发育的硬岩层，当岩石的单轴抗压强度不超过 $60N \cdot mm^{-2}$，裂隙系数>20 时，也可以使用这种挖掘机械。

当施工的管道直径大于 DN/ID 1400 时，制造商的产品又前进了一步，在同一个底盘上，既可以安装挖掘机械，又可以安装掏槽机械(见图 5.4)。这样就可以根据施工地层的不同，来合理选择挖掘工具，从而获得较好的经济效果。要在地下实现挖掘工具和铣切工具之间的互换，所花费的工作和时间相对较少(除了拆装外，加上在管道中的运输时间)，这里需要的设备是安装于顶管机顶盖上的一个提拉装置和一个特殊的在管道中运输的小车。

5.2.3 气压平衡式顶管及应用范围

气压式顶管施工就是以一定压力的压缩空气来平衡地下水压力、疏干地下水，从而保持挖掘面稳定的一种顶管施工方法。气压式顶管施工又可分为全气压顶管施工和局部气压顶管施工两种类型。所谓全气压顶管施工(图 5.5)，是指整个施工管道内都充满一定压力的压缩空气，管道内的所有工作人员都在压气条件下作业。局部气压顶管施工，则是指仅在挖掘面上充满一定压力的压缩空气，利用机械方式破碎工作面，工作人员无需在压气条件下作业。

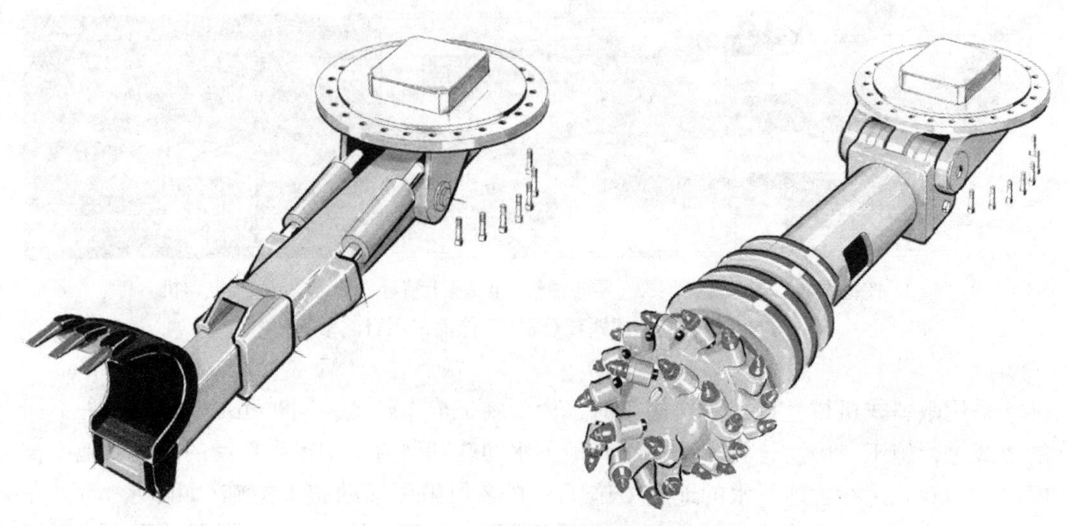

图 5.4　可更换的挖掘机械

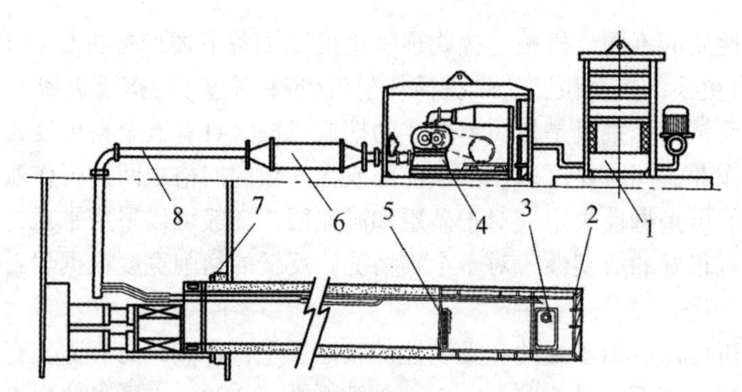

1. 冷却塔；2. 网格工具管；3. 第一道气闸门；4. 空压机；5. 第二道气闸门；
6. 空气滤清器；7. 防漏气装置；8. 送气管

图 5.5　全气压顶管施工设备及现场布置

气压平衡顶管机是一种封闭式顶管机，在工作中，作用于工作面的气体压力一般高出地下水压力 10kPa，以阻止地下水涌入工作舱，同时也使得位于工作面的土层由于脱水而提高稳定性。

气压平衡顶管机的工作原理是：通过作用于临时工作面上的气体压力(这里气体的压力一般根据隧道底部的地下水压力来确定)(图 5.6)来阻止地下水。因为在整个工作面的高度范围内，作用的气体压力是相等的，又由于地下水的压力是有梯度的，因此在隧道的顶部就形成一个超过平衡压力的气体压力区，在这一压力的作用下，地层孔隙中的水被挤出，地层也从原来的饱和水状态过渡到半饱和状态。这里有两个作用阶段，首先在挖掘时平衡工作面；另外，地层从饱和水状态过渡到半饱和状态，其强度也随之提高。

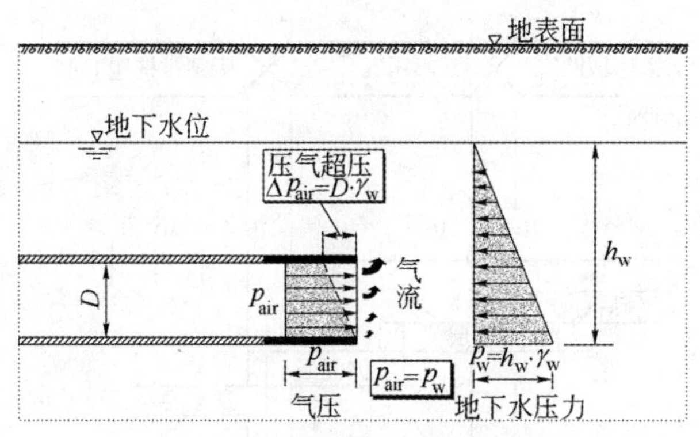

图 5.6　气压平衡原理图

如果上述作用不足以维持工作面稳定，在必要时还必须采用其他辅助措施来平衡土压力。在采用气压顶管施工时，其工作舱必须通过一个压力墙进行密封，与周围的大气隔绝。这里所说的工作舱，是指从工作面到压气舱(闸)门之间的区域，实际上可具有一个或多个带进出门的隔间，在密封的情况下，可以输入压缩空气来建立起一定的压力；这里的压力墙是一个将不同的区域分割成不同压力区间的装置。

气压平衡顶管机的应用领域如下：①从技术、环保和经济性等方面考虑，不适宜降水的地层；②在降水后可能导致严重沉降的地层；③在水下进行顶管施工时；④为确保工作面的稳定。

以下因素也限制了气压平衡顶管施工的应用：①气压平衡顶管施工的最大工作压力限制在 360kPa；②地层的透气性系数；③管道上部的最小覆土厚度(保证不发生气体泄漏)；④由于投资大，只有在施工距离较长时，这种施工方法才具有较好的经济性；⑤时间和费用的消耗，取决于人和物进出的压力舱门。

为了降低气体的工作压力或减小气体的漏失，可以采用一些其他的施工方法和气压平衡顶管施工法配合使用，首先可以考虑以下方法的组合：①采用部分降水法以降低工作压力(降压施工法)；②采用真空排水法来消除地下水的压力并维持工作面的稳定；③在部分区域采用注浆法或冻结法来密封地层，同时还可以防止气体的泄漏；④在整个施工长度范围内采用注浆加固，以保证复杂地层中顶管施工顺利进行。

在采用不同的施工方法配合使用时，还必须考虑不同方法之间可能的相互影响。例如，在采用降压法施工时，对于地层的勘察钻孔，必须按技术要求进行回填，以防止地层漏气；又如，在采用注浆法加固地层时，要求所采用的注浆材料在压气条件下对人体健康不会产生副作用。

选择气压平衡施工方法的一个重要标准是地层的透气性系数以及与此相关的工作面上的气体消耗。在这种情况下，我们可以采用地层的渗透性系数 k 作为近似值或参考值，只有当渗透性系数 $k\leqslant10^{-4}\text{m}\cdot\text{s}^{-1}$时，才允许使用该施工方法(图 5.7)。

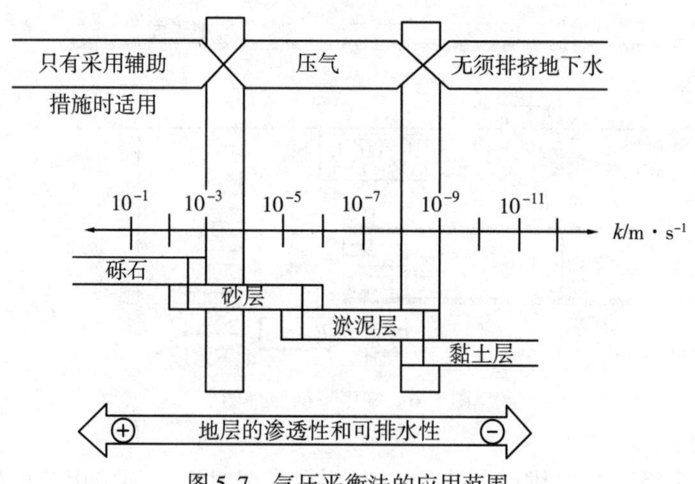

图 5.7 气压平衡法的应用范围

5.2.4 泥水平衡式顶管及应用范围

泥水平衡式顶管机是全断面切削式掘进机的一种机型。土压平衡式顶管机在砂性土施工的经济性差，而泥水平衡式恰巧与其相反，其经济土层是砂性土层而不是黏性土层。

顶管机分前后两段(图 5.8)，段与段之间安装纠偏油缸。前段的端部是刀盘，刀盘为面板式，面板在刀架处有开口，刀架上的刀可以双向切削，并可前后伸缩，前伸时切削量增加，开口度增加，进泥量加大；缩回时，切削量减少，开口度也因刀架后退而减小，进泥量减小。刀架的前伸和后缩是通过进泥口的开闭装置来实现的。刀盘的后面是隔板，将前段分成两部分，隔板的前面是泥水舱，承受泥水压力；后方是动力舱，呈常压状态。刀盘的主轴穿过隔板，轴座固定在隔板上。隔板的下方，进出泥口左右排列，进出泥管上都有控制阀门。顶进管道时，顶管机的后段与顶进管相联。

随着顶管机的推进，进泥管不断向泥水舱送入有压力的泥水，同时刀盘不断转动，切削下来的泥与泥水混合，从排泥管排出泥水舱，再排到管外，泥水经沉淀又返回泥水舱循环使用。泥水平衡顶管机是一种以全断面切削土体，以泥水压力来平衡水土压力，又以泥水作为弃土载体的机械式顶管机。

在泥水式顶管施工中，要使掘进面保持稳定，必须向泥水舱注入一定压力的泥水，以泥水护壁，防止塌方。其中泥水相对密度非常重要，土质不同，泥水的相对密度也不相同。在黏土及粉土中，一方面渗透系数极小，土体又比较稳定，仅依靠水压力就能稳定开挖面；另一方面土体本身又能造浆，因此对泥水的相对密度不必严格要求，甚至清水也能护壁。在淤泥及淤泥质土中，由于土体本身不够稳定，土体扰动后容易液化，稳定性差，虽有泥水护壁，仍会造成开挖面失稳。因此不能完全依赖泥水，还应辅以机械平衡措施。

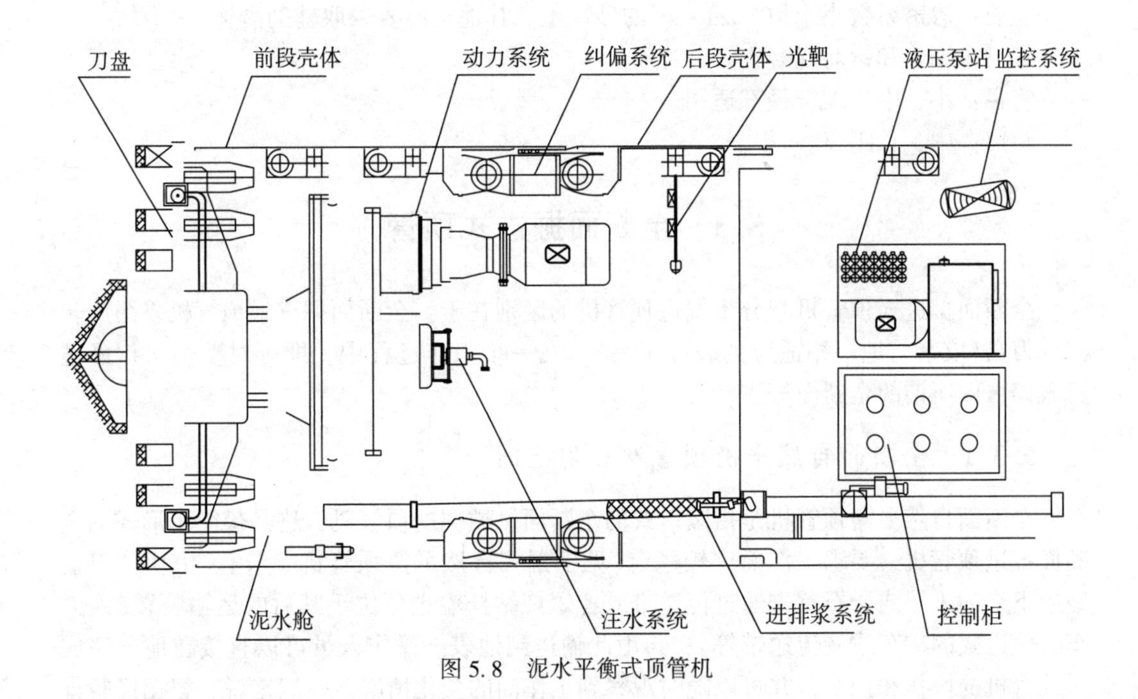

图 5.8 泥水平衡式顶管机

在渗透系数较小，即 $k \leqslant 10^{-3}\mathrm{cm} \cdot \mathrm{s}^{-1}$ 的砂性土中，在较短的时间内就能形成泥皮，泥水压力能有效地控制开挖面的稳定；在渗透系数适中，即 $10^{-3}\mathrm{cm} \cdot \mathrm{s}^{-1} < k < 10^{-1}\mathrm{cm} \cdot \mathrm{s}^{-1}$ 的砂土中，容易产生开挖面失稳，在这样的土层中施工时，必须改变泥水的性能，使其具有一定的黏性和一定的相对密度，这就需要在泥水中加入由黏土、膨润土和 CMC 等组成的稳定剂；在砂砾层中，即 $k > 10^{-1}\mathrm{cm} \cdot \mathrm{s}^{-1}$ 的砾石层中，泥水管理更为重要。由于土体本身黏粒含量较少，泥水在循环利用的过程中黏土含量不断减少，因此需要不断加入黏土等稳定剂，使泥水保持较高的浓度和较大的相对密度。

泥水平衡式顶管机的优点如下。

(1)适用的土质比较广，最适用的土质是渗透系数小于 $10^{-3}\mathrm{cm} \cdot \mathrm{s}^{-1}$ 的砂性土。

(2)地面沉降较小，挖掘面稳定，土层损失小。

(3)施工速度较快，弃土采用管道运输，可以连续出土。

泥水平衡式顶管机的缺点如下。

(1)弃土的运输和存放都比较困难。

(2)大口径泥水平衡式顶管，因泥水量大，作业场地大，不宜在人口密集、道路狭小的市区使用。

(3)大部分渗透系数大的土质要加黏土、膨润土、CMC 等稳定剂，稍有不慎，容易塌方。

(4)黏粒太多的土质，泥水分离困难，成本高。

(5)不适用于有较大石块或障碍物的土层。

泥水平衡式顶管机适用范围如下。

土质：渗透系数小于10^{-3}cm·s^{-1}的砂性土。其他土质要采取辅助措施。
管材：钢管和钢筋混凝土管。
管径：小、中、大管径都适用。
距离：中、长距离。

5.3 全断面掘进式顶管

全断面掘进式顶管机与分步掘进顶管机的区别在于：全断面掘进式顶管机采用旋转式的刀盘(安装与地层相适应的破碎工具)，在一个工作过程中，即可对整个工作面进行破碎，即所谓的全断面掘进。

5.3.1 全断面自然平衡顶管及应用范围

全断面自然平衡顶管机是指敞口式的全断面机械掘进顶管机，这是最简单形式的全断面掘进顶管机，要求工作面比较稳定(见手掘式自然平衡顶管机一节)。由切削刀盘破碎下来的土层或岩石首先通过传送带或者螺旋钻杆输送至位于其后的运输装置(人力车、轨道式的矿车或者传送带等)，再由此输送到地表。操作人员可以直接在地下完成对顶管机的操作和控制，并可以随时观察到工作面的变化情况。一般来说，根据经验排除施工中所遇到的障碍物是没有问题的。图5.9是实际施工中应用的两种典型的全断面自然平衡顶管机。

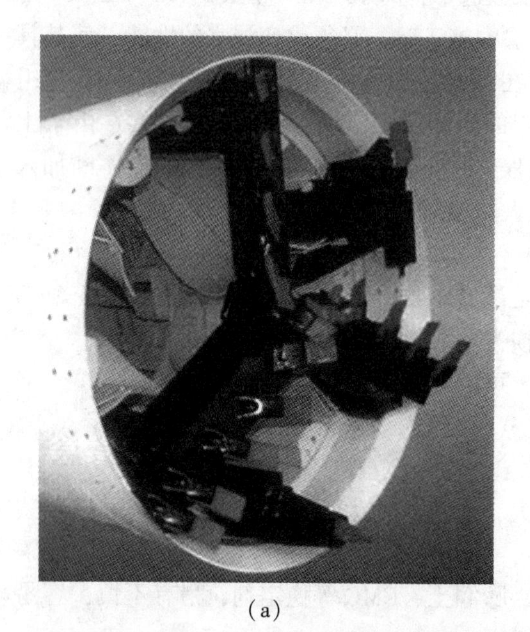
(a)

(b)

图5.9 两种典型的敞口式全断面自然平衡顶管机

这种顶管机的主要应用领域是不含地下水的稳定的黏性土层，也即是中硬—硬土层，如干燥密实的黏土层等；另外，该顶管机也适用于堆积密实的具有暂时稳定性的无黏性土层。在覆土厚度较小时，为了避免发生地表沉降，地层的单轴抗压强度不应小于 $1.0\text{N}\cdot\text{mm}^{-2}$，同时，其黏性系数 c_u 应大于 $30\text{kN}\cdot\text{m}^{-2}$。

另外，该机型还可应用于单轴抗压强度为 $5\sim300\text{N}\cdot\text{mm}^{-2}$ 的稳定、裂隙或破碎的岩石类地层(但这时即是所谓的 TBM-S，Tunneling Boring Mashine Shield)。

5.3.2　全断面机械平衡顶管及应用范围

全断面机械平衡顶管机(也称为挡板式顶管机)，是指一种全断面机械化掘进并采用机械的方法来平衡地层压力的顶管机。对工作面的压力平衡，是由几乎封闭状的上面镶有切削具的刀盘(也称为挡板)来完成。其进土口或者是固定不变的[图 5.10(a)]或者其大小是可以调节的[图 5.10(b)、(c)]，和 SM-V1 全断面自然平衡顶管机一样，由切削刀盘破碎下来的土层或岩石首先通过传送带或者螺旋钻杆输送至位于其后的运输装置(人力车、轨道式的矿车或者传送带等)，再由此输送到地表。

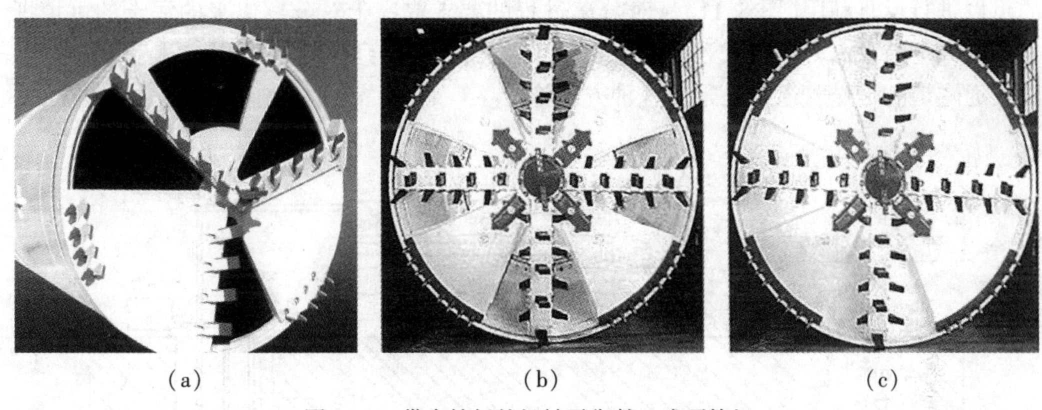

(a)　(b)　(c)

图 5.10　带有挡板的机械平衡敞口式顶管机

操作人员可以直接在地下完成对顶管机的操作和控制，和 SM-V1 全断面自然平衡顶管机的区别是，这里操作人员只能根据挡板的开闭程度，有限制地对工作面的变化情况进行观察。

由于这种顶管机的挡板与工作面始终处于全接触状态，施工过程中需要较大的回转扭矩。对于容易液化的地层，经常会发生平衡不理想问题，从而产生地表沉降。另外，当遇到障碍物时，其排除也是相对比较困难的。

这种顶管机的主要应用领域：①不含地下水的黏性不稳定地层，土的抗压强度小于 $0.1\text{N}\cdot\text{mm}^{-2}$，黏性系数为 $c_u=30\pm5\text{kN}\cdot\text{m}^{-2}$；②含有软硬夹层的不稳定地层；③0.02mm颗粒含量为10%的无黏性软地层。

如果工作面上的障碍物或石块不经过切削工具破碎，或者进出工作面比较困难，不能进行手工破碎或排除时，由顶管机可以直接排出的石块的最大直径决定于挡板上的进土口的大小。为了尽可能地减小地面的沉降，必须合理地调节进土口的大小和工作压力之间的关系。

5.3.3　全断面气压平衡式顶管及应用范围

在含地下水的地层中进行顶管施工时，若采用敞口式的顶管机，则要求工作面必须是稳定的，如果在施工地区进行降水是不可能的或者是不允许的，必须进行气压平衡或者采用封闭式的顶管机。有关“气压平衡顶管机”的介绍在这里也同样适用。

全断面气压平衡式顶管机的主要应用范围是含软硬互层的涌水地层。

5.3.4　全断面泥水平衡式顶管及应用范围

对于这种封闭式的顶管机来说，位于工作面上的地下水压力和土压力是通过具有一定压力的液状的平衡介质来平衡的，这里的平衡介质可以是水、水+聚合物或者类似的物质(通常采用膨润土浆液)，平衡介质的密度或黏度根据地层的渗透性系数来确定。切削下来的土层将与平衡介质混合，并通过管道排渣系统，由砂石泵将其从顶管机的破碎室底部泵送至地表的分离装置，将泥土或岩粉与平衡介质进行分离，分离后的平衡介质可以进行反复利用(图 5.11)。对分离过程的要求取决于对分离出来的泥土的可填埋性。这种全断面水力平衡式顶管机在欧洲和美洲大陆得到广泛的应用，几乎 90%以上的交通隧道和输送管道都是采用这种方法施工。

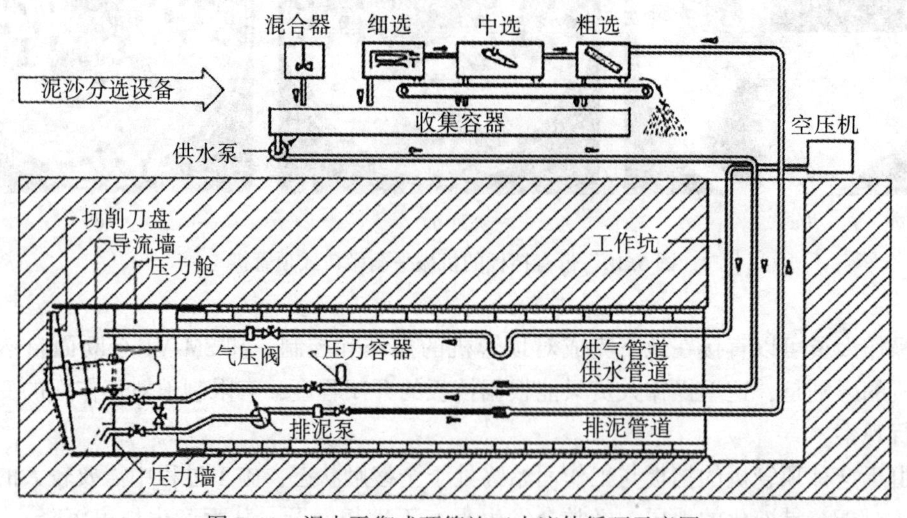

图 5.11　泥水平衡式顶管施工中流体循环示意图

对于泥水平衡式顶管机(Slurry Shield)(图 5.12)，其破碎室中平衡压力的调节主要是通过泥浆泵控制进出的平衡介质的量来实现的。因为这样的平衡压力调节系统对突然发生的平衡泥浆漏失的调节能力很差(如遇到复杂地层或非均质地层时)，经常会发生工作面坍塌和地表沉降等问题。所以，大部分的切削刀盘都设计成像挡板或岩石切削刀盘一样，几乎是封闭状的，这样当需要的时候，在泥浆平衡的基础上，可以对工作面附加一个机械平衡作用。

一般情况下，泥水平衡式顶管机在德国以及欧洲只用于管道直径≤DN/ID 1500 的顶管施工。首先是因为直径较大的顶管机在压力室中可以形成一个较大体积的压力缓冲区，有利于平衡压力的稳定；另外，在其他情况下，循环输送系统的控制也被证明是有问题的。但是在泥水平衡式顶管机的发源地日本，其应用是没有直径大小限制的，最大外径已经达到 14.14m。

关于覆土厚度，在采用泥水平衡顶管施工时，其覆土厚度不应小于顶管机的外径 D_s。如果在地层条件和平衡压力允许时，最小的覆土厚度也可以选择为 $0.8D_s$。但是在这种情况下，必须对平衡压力进行严格的控制，一方面为了有效地平衡工作面，另一方面还要防止气崩或平衡液体向地表或水体底部渗漏。

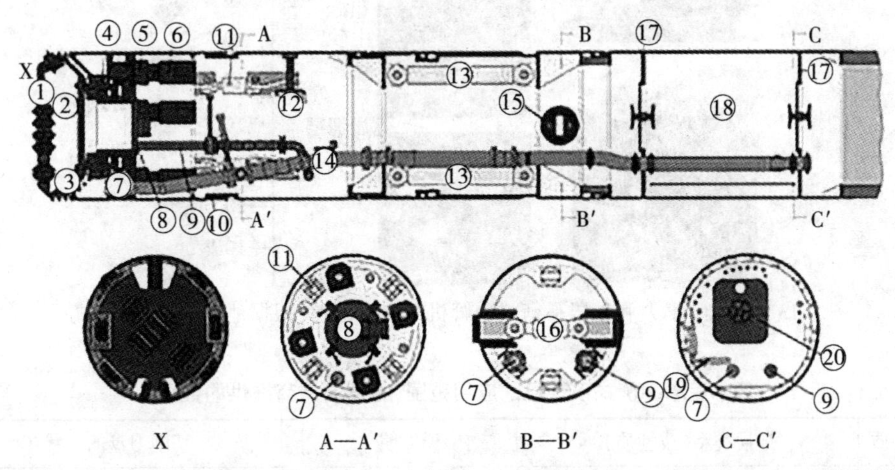

1. 切削刀盘；2. 破碎室；3. 碎石间；4. 主轴承；5. 传动装置；6. 驱动电机；7. 排泥管道；8. 压力墙门；9. 供应管道；10. 盾尾密封；11. 导向油缸；12. 目标靶；13. 伸缩油缸；14. 旁路装置；15. 支腿；16. 支腿油缸；17. 压力墙；18. 人员舱；19. 舱内座位；20. 舱门

图 5.12 AVN 1500T 型泥浆平衡式顶管机(直径为 1980mm)

特别地，当在中硬黏性地层施工时，必须尽可能地考虑到土对切削刀盘和进土口的黏附作用以及由此而引起的对顶进效率的巨大影响；除此之外，切削下来的泥土也可以被压入破碎室并继续进入压力室，这样不仅会导致施工效率的下降，而且平衡压力也无法继续通过膨润土-土屑混合物上方的压气缓冲区进行调节。严重时，甚至可以堵塞破碎室、过滤墙上的开口以及后面的运输设备，一旦发生这样的事故，则处理事故的费用是比较高的。考虑到黏性地层的这一不利影响，泥水平衡顶管机的制造商提出，这种顶管机的合理应用范围应该是含水的卵砾石层和砂层(图 5.13)，也即是渗透性比较高的地层。

除德国以外，世界上其他国家地层分类主要是以标准贯入试验(Standard Penetration Tests-SPT)的 N 值为标准进行的。日本的顶管机制造商根据切削刀盘的结构形式和 N 值以及进一步的边界条件，给出了泥水平衡式顶管机的应用范围(表 5.1)，其中列举的主要是泥水式顶管机在施工管道直径为 DN/ID 250~2400 时的应用情况。

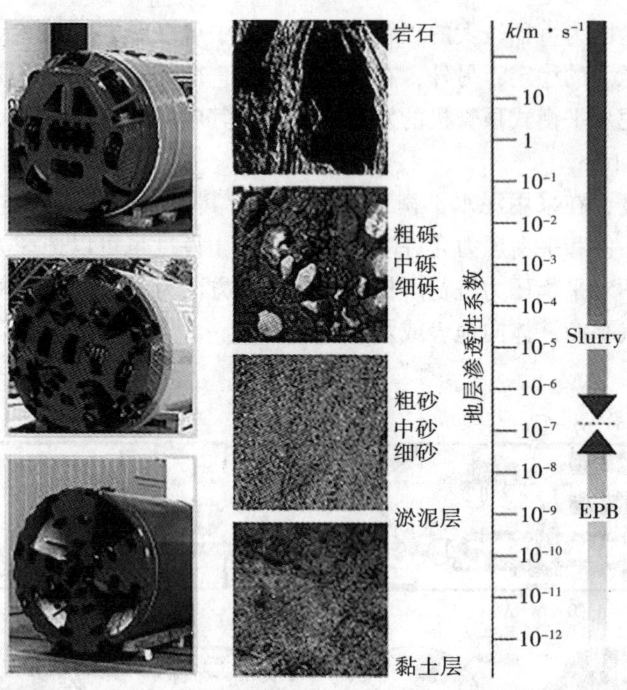

图 5.13　泥浆、水力和土压平衡式顶管机的应用范围(根据地层的渗透性系数)

表 5.1　**日本泥水平衡式顶管机的应用范围(根据制造商提供的数据)**

地层性质	地层类型(或性质)		说　明	切削刀盘的形状
一般地层	淤泥层	$N \leqslant 30$		带凿形齿和刮削齿的挡板式刀盘(标准刀盘) 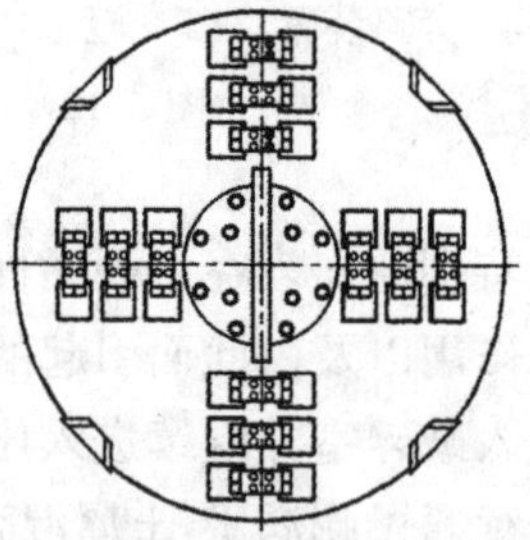
	黏土层	$N \leqslant 30$		
	砂层	$N \leqslant 50$	当 $N<3$ 时，需要采取辅助措施以保证顶进方向的可控性	
稳定的硬地层	硬化淤泥层	$N>30$	泥浆	带刮削齿的三翼辐条式刀盘(标准刀盘) 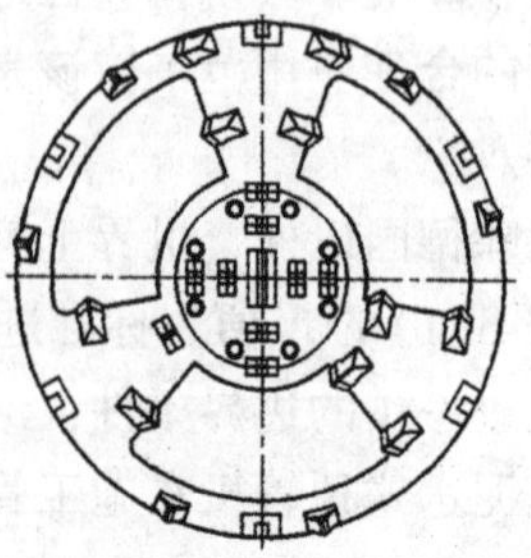
	硬化黏土层	$N>30$		
	砂层	$N>50$	风化的花岗岩	

续表

地层性质	地层类型(或性质)		说　明	切削刀盘的形状
砂层和卵砾石层	DN/ID 250~500	最大的卵砾石直径≤50mm，且粒径≥10mm颗粒的含量≤20%	当渗透性系数 $k>10^{-2}\ m\cdot s^{-1}$ 时，需要采用相应的辅助措施	带凿形齿和盘状滚刀的挡板式刀盘(标准刀盘)
	DN/ID 600~2400	最大的卵砾石直径≤75mm，且粒径≥30mm颗粒的含量≤30%		
含有孤石、漂石的砂层和卵砾石层	DN/ID 250~500	卵砾石直径≥50mm的颗粒的含量≤30%	刀盘应配制碎石器	
	DN/ID 600~2400	卵砾石直径≥10mm的颗粒的含量≤30%		
岩层以及含有大块孤石、漂石的地层	漂石地层	颗粒大小和含量超出上述范围	刀盘应配制碎石器	带盘状滚刀的岩石切削刀盘(用来破碎地层中的孤石、漂石以及中硬岩层)
	岩石层	单轴抗压强度≤150N·mm^{-2}，且石英(SiO_2)的含量≤70%	盘状滚刀的寿命决定施工长度	带刮削齿的四翼车轮式刀盘(用于软岩层)
				带盘状滚刀和牙轮滚刀的岩石切削刀盘(应用于硬岩层)

5.3.5　全断面土压平衡式顶管机

土压平衡式顶管机，也称为土压式顶管机或者EPB-顶管机(EPB，Earth Pressure Balance)，是一种封闭式的顶管机。土压平衡顶管施工是一种全新的施工概念和施工理论，一方面，顶管掘进机在顶进过程中与其所处土层的土压力和地下水压力处于平衡状态；另一方面，其排土量与掘进机切削刀盘破碎下来的土的体积处于一种平衡状态。只有同时满足这两个条件，才算是真正的土压平衡。

从理论上讲，掘进机在顶进过程中，其土仓内的压力P如果小于掘进机所处土层的主动土压力P_A时，即$P < P_A$时，地面就会产生沉降。反之，如果在掘进机顶进过程中，其土仓内的压力大于掘进机所处土层的被动土压力P_p时，即$P > P_p$时，地面就会产生隆起。并且，这一过程的沉降是逐渐演变的，尤其是在黏性土中，要达到最终的沉降所经历的时间会比较长。然而，隆起却是一个立即会反映出来的变化过程。隆起的最高点是沿土体的滑裂面上升，最终反映到距掘进机前方一定距离的地面上。裂缝自最高点呈放射状延伸。如果我们把土压力控制在$P_A < P < P_p$这样一个范围内，就能达到土压平衡。

从实际操作来看，在覆土比较深时，从P_A到P_p这一变化范围比较大，再加上理论计算与实际之间有一定误差，所以必须进一步限定控制土压力的范围。一般常把控制土压力P设置在静止土压力P_0±20kPa范围之内。施工中土压力控制流程如图5.14所示。

土压平衡式顶管施工有以下优点：

(1)适用的土质范围广。适用于N值为0~50的软黏土和砂砾土层，是全土质的顶管掘进机。

(2)能保持挖掘面的稳定，地面变形小。

(3)施工时的覆土可以很浅，最浅为0.8倍管外径。这是其他任何形式的顶管施工所无法做到的。覆土太浅，手掘式顶管施工时地面易塌陷，泥水和气压式顶管施工时易冒顶、气崩。

(4)弃土的运输、处理都比较方便、简单。

(5)作业环境好。没有气压式顶管那样的压力环境下作业，没有泥水式顶管那样的泥水处理装置等。如果采用土砂泵输土，则作业环境更好。

(6)操作方便、安全。没有气压式顶管的压缩空气系统，也不需要泥水式顶管的泥水循环系统。缺点是在砂砾层和黏粒含量少的砂层中施工时，必须采用添加剂对土质进行改良。

为了使切削下来的土对工作面产生平衡作用，有时应向其中加入一些调节剂，并利用搅拌装置将其搅拌成均匀的粥状物，现场一般称之为“泥粥”。对于传统的土压平衡式顶管机来说，“泥粥”首先通过螺旋传输装置从破碎室输出，然后转载到后续的运输设备，如运输车(图5.15)、传送带或砂石泵(图5.16)等。对于车载运输方法，由于必须更换运输车，其施工效率会因此而降低；相反，采用传送带或者砂石泵，则可以实现连续排泥作业。

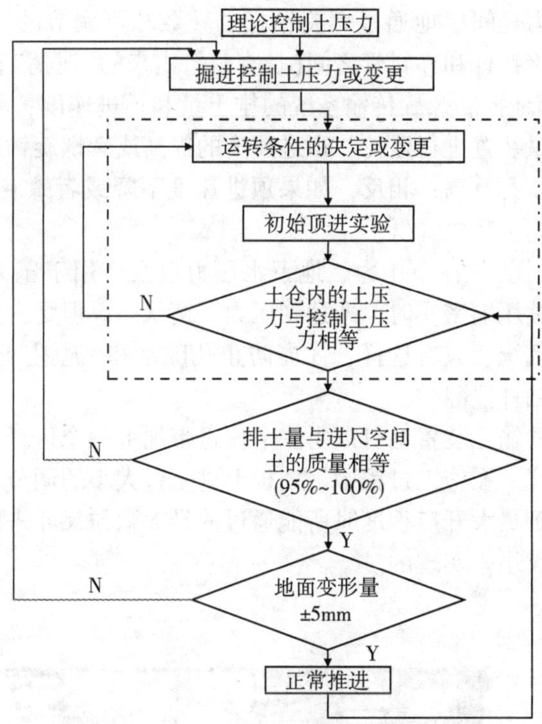

图 5.14 施工中土压力控制流程图

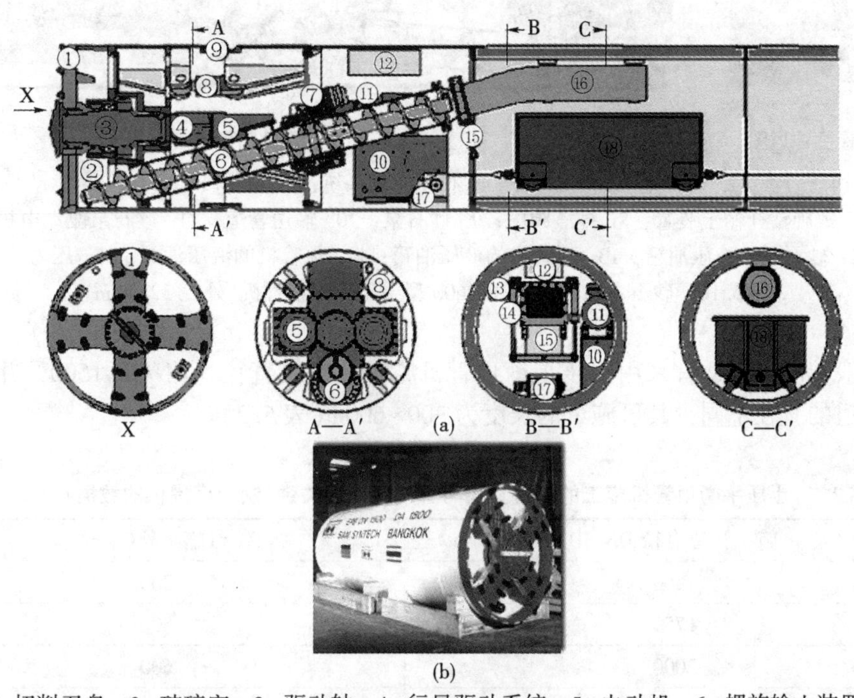

1. 切削刀盘；2. 破碎室；3. 驱动轴；4. 行星驱动系统；5. 电动机；6. 螺旋输土装置；
7. 螺旋钻杆驱动装置；8. 导向油缸；9. 盾体转向密封；10. 液压油箱；11. 电动机；
12. 主配电系统；13. 目标靶；14. 伸缩油缸；15. 排渣阀门；16. 排渣管；17. 绳索；18. 运输车

图 5.15 土车输土式 EPB-1500 型土压平衡式顶管机(外径 1830mm)

施工中平衡压力是间接地通过螺旋钻杆的转数和可调节的排泥阀门的大小来调节的，该阀门位于螺旋钻杆和弃料管之间(从弃料管出来的“泥粥”直接到达后续的运输设备)。由此可以合理地控制螺旋传输系统的排土量和顶进速度，并可以通过均匀分布于压力墙上的压力测量装置进行监控。顶进速度的提高或者螺旋钻杆回转速度的降低，将会导致破碎室中的压力升高；相反，如果顶进速度下降或者螺旋钻杆的回转速度提高，破碎室中的土压力则会随之降低。

当破碎室中的“泥粥”在土压力、地下水压力以及作用于压力墙上的顶进力的共同作用下，不能再继续压缩密实时，即达到压力平衡状态。但是，达到平衡的前提条件是该系统必须是闭路系统，只有这样，才能防止孔隙水和“泥粥”调节剂通过工作面泄漏和地下水通过螺旋钻杆泄漏。

有时，顶管机的输土装置也可以由一个输送带加上一个可开合式的挡板和一个平衡压力调节阀门来替代。在施工过程中，挡板上进土口大小的调节，主要是根据地层的情况以及调压阀门达到最大开启程度时所能通过的最大颗粒尺寸来确定。破碎室中的压力调节是通过阀门的大小来实现的。

(a) 顶管机外形图

(b) 顶管机剖面图

1. 切削刀盘；2. 破碎室；3. 驱动轴；4. 行星驱动系统；5. 盾体转向密封；6. 驱动马达；7. 螺旋钻杆输土装置；8. 排渣阀门；9. 砂石泵；10. 输送管道；11. 砂石泵驱动电机；12. 砂石泵的液压油箱；13. 顶管机的液压油箱；14. 顶管机的液压油泵；15. 压力墙门

图 5.16　砂石泵输土式 EPB-2600 型土压平衡顶管机(外径 3215mm)

一般情况下，适宜采用土压平衡顶管机施工的管道直径≥DN/ID 1500，并且根据施工管道的直径不同，其可施工的长度为 300~600m(表 5.2)。

表 5.2　土压平衡顶管机施工的管道直径与长度之间的关系(制造商提供的数据)

施工管道直径 DN/ID	可施工长度/m
1500	300
1750	500
2000	600
2400	600
2600	600

关于施工中应保证的最小覆土厚度，在泥水平衡顶管机一节中的有关描述也适用土压平衡顶管。但是，在土压平衡顶管施工条件下，由于正常施工中不存在气崩或液体泄漏的危险，通常可取最小覆土厚度的下限。

在使用土压平衡顶管机时，所要施工的地层或者作为平衡介质的“泥粥”必须具备以下性能：

(1)无论是在破碎室前面的土或破碎室里面的土，都要求尽可能不透水，以便与工作面上的地下水和土压力建立平衡；

(2)“泥粥”的内摩擦力和研磨性应尽可能小，以利于和破碎下来的土混合以及减小切削刀具的磨损和所需顶进功率；

(3)平衡介质应具有像触变性流体那样的黏塑性变形行为，以便能始终保持对工作面的平衡作用和防止“泥粥”的分解和固化；

(4)“泥粥”必须具有一定的可压缩性，以克服在平衡压力调节过程中不可避免地出现压力波动；

(5)切削下来的土应具有较小的黏附性，以保证顺利地排土和防止“泥粥”在破碎室中的粘结、架桥、硬化和密实等；

对于“泥粥”浓度的要求是：在螺旋钻杆中形成的泥塞应具有保持压力的作用，同时还应有必要的密封作用。

上述要求，在不含砾石且渗透性系数 $k \leqslant 10^{-7}\mathrm{m \cdot s^{-1}}$ 的均质、细粒、黏性的粥状或较软的松散地层(图5.17)中施工时，极易得到满足。但是在一般情况下，土压平衡顶管机涉及的地层是指主要由砂、淤泥和黏土组成的，且其中小于0.06mm的细颗粒的总含量≥30%。为了使破碎下来的土形成具有足够流动性的“泥粥”，地层中含有地下水是非常必要的。在理想条件下，螺旋传输装置对地下水的密封压力可以达到200kPa。

上述土压平衡顶管施工的理想地层主要分布在亚洲，同时亚洲也是土压平衡顶管机的主战场，实践经验表明，为了使“泥粥”具有理想的平衡作用，在这一地区只需要加入1%的水就足够了。

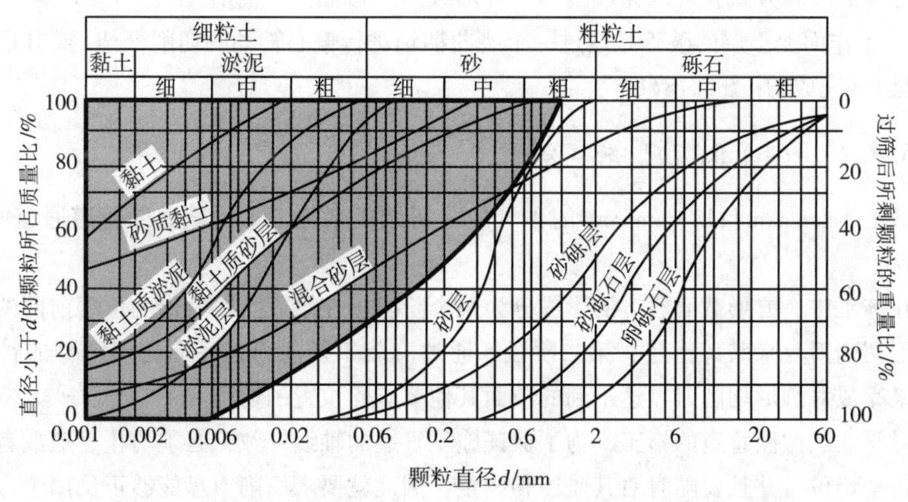

图5.17　根据地层的粒度分布确定的土压平衡顶管机的优先应用范围

5.4　非圆断面顶管

以上介绍的顶管机类型，一般只适用于圆形截面管道的施工，对于由圆形管道演变而来的非圆形管道或者构件的顶进施工，在技术上被证明具有很大的难度，圆形管道施工所能达到的管径和较大的施工长度对于非圆形管道或构件也是不太容易实现的。主要原因是结构和技术上困难，另外在设计和施工中知识和经验不足也是一个方面的原因。一些特殊的困难还在于对工作面的全断面破碎以及有时可能会发生管道的偏转错位。

非圆形截面管道的施工，根据实践经验，通常可以有以下几种类型。

(1)采用圆形截面的顶管机对工作面实行分步或者全断面破碎，所施工的管道位外部为圆形，内部为非圆形(如椭圆形等)；

(2)顶管机的外形为非圆形，对工作面采用分步破碎方式，施工管道或构件的外形与顶管机的断面形状一致；

(3)顶管机的外形为非圆形，对工作面采用全断面破碎方式，施工管道或构件的外形与顶管机的断面形状一致。

对于上述前两种施工方法，目前还没有出现全断面破碎的非圆形顶管机。但是在日本，采用管片拼装法和顶管机配合使用，实现了相关的第一个进步。下面将介绍其中的两种顶管机型，它们被称为顶管技术的典范，在这两种应用实例中，工作面全断面掘进这一技术上的难题，通过采用不同的方法得到了解决。

5.4.1　DPLEX顶管施工法

这种DPLEX顶管(Developing Parallel Link Excavating Shield Method)施工方法由于采用了特殊的破碎方式，可以完成圆形、方形或拱形截面的顶管施工[图5.18(a)、(b)、(c)]，工作面上土层的破碎是通过一个绕曲柄轴进行偏心转动的切削框架(或方形的切削刀盘)来完成的[图5.18(d)]。

5.4.2　Takenaka顶管施工法

日本Takenaka Ltd. Company的顶管机是研制用来施工方形截面的管道通道的(图5.19)。

在施工中，方形截面通道的形成分为两个阶段，在第一阶段，借助位于前面的常规的圆形切削刀盘来破碎土层；第二阶段，通过安装于切削刀盘后面的切削臂的钟摆运动，来完成对圆形切削刀盘达不到的断面其他要破碎位置的切削。

对于非圆截面管道的施工，为了保证施工管线的轴线一致，必须防止管道或者顶管机的转动错位，并且要随时对其监控和调整，因此就要求切削刀盘能够正反两个方向转动，并且还要求切削工具的布置要适当。

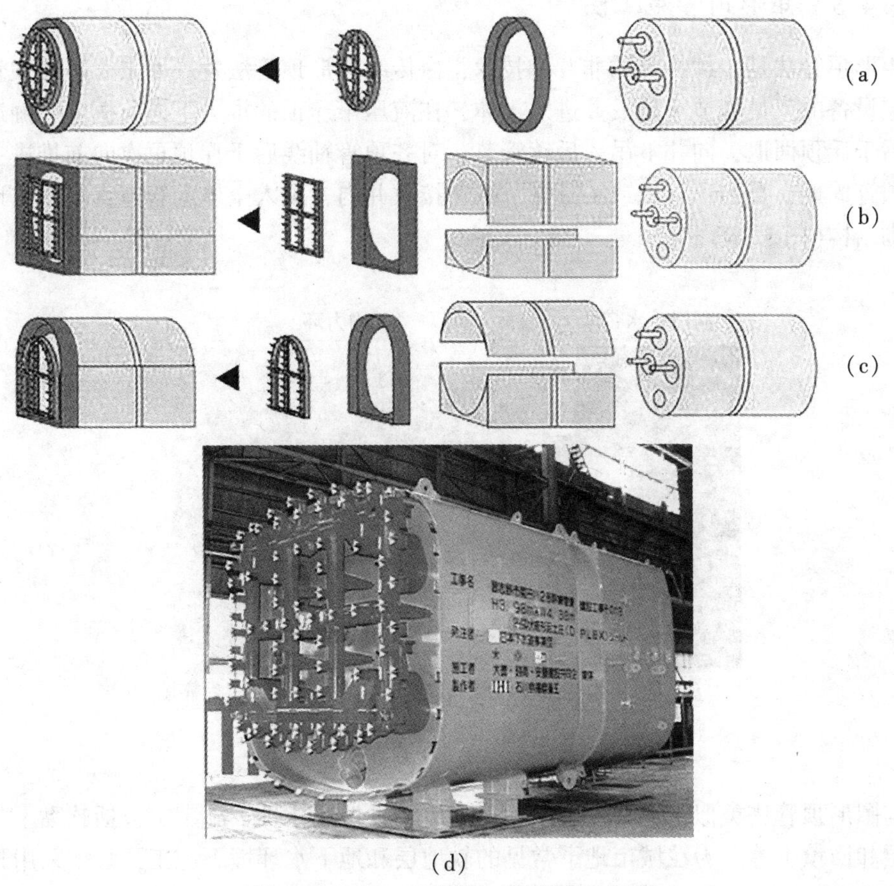

图 5.18 DPLEX-顶管施工法设备及原理

图 5.19 Takenaka 顶管机

5.4.3 矩形顶管施工法

矩形顶管法是一种特殊的非开挖技术，由传统圆形顶管法发展而来。矩形顶管机或带开挖设备的工具管节从始发井进入土体，在液压千斤顶的推力下向前掘进，掘进一定距离后千斤顶回退，向井下吊入后续管节，对齐顶管轴线后千斤顶再次向前推进，完成一个顶管周期，直到顶管机或工具管节抵达接收井内，顶入土体的管节直接形成地下隧道衬砌结构(图5.20)。

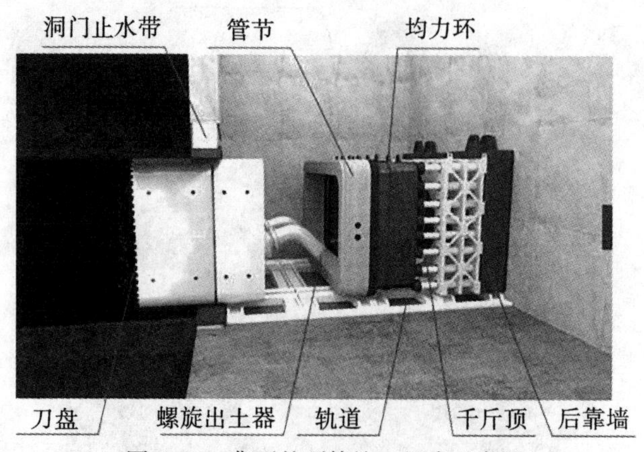

图5.20 典型的顶管施工组成示意图

与圆形顶管法类似，矩形顶管法可以适应多种地层条件下施工，包括软黏土、卵砾石地层和回填土等。为在城市地下常见的软地层和地下水环境下施工，必须采用封闭式机械顶管机，根据平衡方式，可以将目前常用的顶管机型分为土压平衡式顶管机和泥水平衡式顶管机，两者分别采用泥浆和具有一定流塑性的渣土作为支护压力的传递介质，达到平衡开挖面水土压力的目的。

5.5 顶管施工土体变形理论

顶管施工技术虽然已发展多年，但其施工原理决定了顶进过程中不可避免地会对地下土体产生一定扰动，扰动则会使周围土体出现卸载或加载等复杂的力学行为，进而导致土层的应力状态变化，造成顶管周围地层移动、地表沉降，严重时会破坏地下构建筑物、危及地下管网线，甚至引发地面坍塌事故。

顶管施工过程中土体变形的影响因素众多，但是主要影响因素有推进力、掘进机及管道侧面摩阻力和土体损失，目前以Mindlin解和随机介质理论为基础的圆形顶管土体变形规律的研究较多，但对发展较快的矩形顶管土体变形理论研究较少。矩形顶管自传统圆形顶管发展而来，考虑其结构形式、尺寸大小及施工具有一定特有性质，因此需系统探究正面附加应力、侧面摩阻力、地层损失、注浆填充等多因素对土体变形的影响。

5.5.1　受力模型及基本假定

矩形顶管在土体中顶进时，受力模型如图5.21所示。其中，p为开挖面附加应力，kPa；f_t为顶管机头顶部与土体摩擦力，kPa；f_r为顶管机右侧面与土体摩擦力，kPa；f'_t为管节顶面与土体摩擦力，kPa；f'_r为管节右侧面与土体摩擦力，kPa；q为注浆压力，kPa；L为顶管机头长度，m；L_1为后续管节长度，m；A为顶管水平方向长度，m；B为顶管垂直方向长度，m。

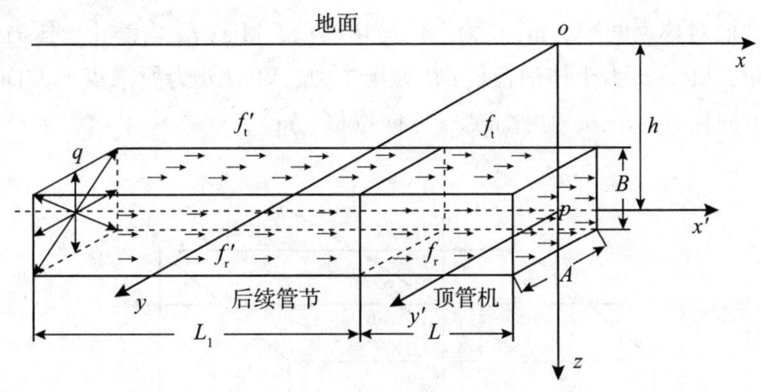

图5.21　土体受力模型

假定：①顶管顶进仅为空间位置上的变化，不考虑时间效应；②顶进过程中，顶管机始终水平，不考虑顶管机偏斜等姿态变化；③土体为各向同性线弹性半无限体；④只考虑顶管施工过程中引起的地层变形，土体固结和泥浆固结不计算在内；⑤管土接触面上摩擦力为均布荷载；⑥开挖面为荷载作用面。

5.5.2　地层应力状态引起的土体变形

1. Mindlin基本解

1936年，Mindlin给出弹性半无限空间内一集中力产生的位移解和应力解。计算模型如图5.22所示。

在$(0,\ 0,\ c)$处作用一集中力P，则半无限空间内一点$(x,\ y,\ z)$处的相关解为

$$u=\frac{P}{16\pi G(1-\mu)}\left\{\frac{3-4\mu}{R_1}+\frac{1}{R_2}+\frac{x^2}{R_1^3}+\frac{(3-4\mu)x^2}{R_2^3}+\frac{2cz}{R_2^3}\left(1-\frac{3x^2}{R_2^2}\right)+\frac{4(1-\mu)(1-2\mu)}{R_2+z+c}\left[1-\frac{x^2}{R_2(R_2+z+c)}\right]\right\} \tag{5.1}$$

$$v=\frac{Pxy}{16\pi G(1-\mu)}\left[\frac{1}{R_1^3}+\frac{3-4\mu}{R_2^3}-\frac{6cz}{R_2^5}-\frac{4(1-\mu)(1-2\mu)}{R_2\,(R_2+z+c)^2}\right] \tag{5.2}$$

$$w=\frac{Px}{16\pi G(1-\mu)}\left[\frac{z-c}{R_1^3}+\frac{(3-4\mu)(z-c)}{R_2^3}-\frac{6cz(z+c)}{R_2^5}+\frac{4(1-\mu)(1-2\mu)}{R_2(R_2+z+c)}\right] \tag{5.3}$$

$$R_1 = \sqrt{x^2 + y^2 + (z - c)^2} \tag{5.4}$$

$$R_2 = \sqrt{x^2 + y^2 + (z + c)^2} \tag{5.5}$$

$$G = \frac{(1 - 2\mu K_0) E_{s0}}{2(1 + \mu)} \tag{5.6}$$

$$K_0 = \frac{\mu}{1 - \mu} \tag{5.7}$$

式中，c 为力作用点与地面垂直间距，m；R_1 为力作用点与所求点间距，m；R_2 为力作用点与所求点地面对称点间距，m；G 为土体剪切模量，kPa；K_0 为静止土压力系数；E_{s0} 为土体压缩模量，kPa；μ 为土体泊松比；P 为集中力，kPa；u 为所求点 x 方向位移，m；v 为所求点 y 方向位移，m；w 为所求点 z 方向位移，m。

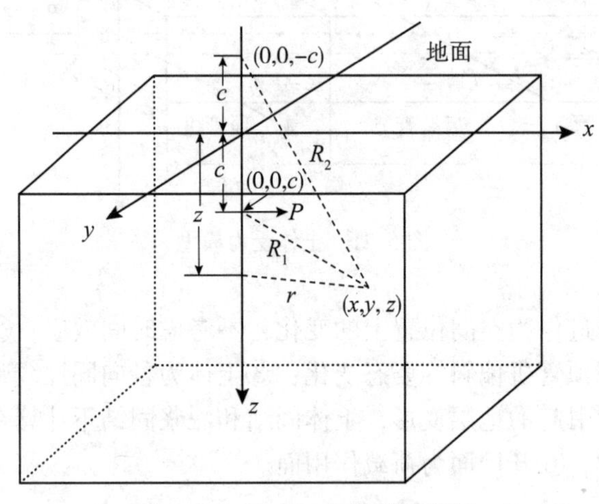

图 5.22　Mindlin 解计算示意图

2. 正面附加应力引起土体变形计算

顶管受力模型如图 5.23 所示，x 为顶管顶进方向，顶管轴线埋深为 h。为方便计算，以顶管机掌子面的中心为原点，建立新坐标系 $x'y'z'$，则有

$$\begin{cases} x = x' \\ y = y' \\ z = z' + h \end{cases} \tag{5.8}$$

对于掌子面附加应力引起土体变形的计算，作图 5.23 简化模型。

在 $yoz(y'o'z')$ 平面内，将掌子面上的附加应力看作无数个面积为 $\mathrm{d}y'\mathrm{d}z'$ 的微分单元，应力作用区间为 $\begin{cases} x' = 0 \\ -0.5A \leqslant y' \leqslant 0.5A \\ -0.5B \leqslant z' \leqslant 0.5B \end{cases}$。那么根据 Mindlin 解，附加应力 p 引起的土体位移为

$$v_p = \frac{px}{16\pi G(1-\mu)}\int_{-0.5B}^{0.5B}\int_{-0.5A}^{0.5A}(y-y')\left[\frac{1}{R_{1p}^3}+\frac{3-4\mu}{R_{2p}^3}-\frac{6c_p z}{R_{2p}^5}-\frac{4(1-\mu)(1-2\mu)}{R_{2p}\ (R_{2p}+z+c_p)^2}\right]\mathrm{d}y'\mathrm{d}z' \tag{5.9}$$

$$w_p = \frac{px}{16\pi G(1-\mu)}\int_{-0.5B}^{0.5B}\int_{-0.5A}^{0.5A}\left[\frac{z-c_p}{R_{1p}^3}+\frac{(3-4\mu)(z-c_p)}{R_{2p}^3}-\frac{6c_p z(z+c_p)}{R_{2p}^5}+\frac{4(1-\mu)(1-2\mu)}{R_{2p}(R_{2p}+z+c_p)}\right]\mathrm{d}y'\mathrm{d}z' \tag{5.10}$$

$$R_{1p} = \sqrt{x^2+(y-y')^2+(z-c_p)^2} \tag{5.11}$$

$$R_{2p} = \sqrt{x^2+(y-y')^2+(z+c_p)^2} \tag{5.12}$$

$$c_p = h + z' \tag{5.13}$$

式中，c_p 为正面附加应力 p 作用点与地面垂直间距，m；R_{1p} 为 p 作用点与所求点距离，m；R_{2p} 为 p 作用点与所求点地面对称点的距离，m；v_p 为 p 作用下所求点 y 方向位移，m；w_p 为 p 作用下所求点 z 方向位移，m。

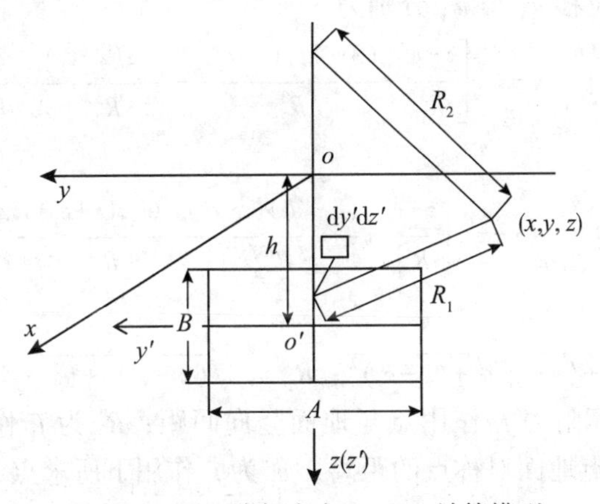

图 5.23 正面附加应力 Mindlin 计算模型

3. 管周摩阻力引起土体变形计算

管周摩阻力由两部分组成：顶管机头与四周土体产生的摩擦阻力，和管节与土体产生的摩阻力。在施工过程中，机头先顶入土中，四周尚未形成泥浆套，故机头与土体摩擦较大；后续管节顶入土层后，由于机头与管节的环空间隙以及泥浆套的作用，管节与土层之间的摩擦力较小。因此，分开计算各自产生的土体变形。顶管与土体的摩擦力等于正压力乘以摩擦系数。正压力取土压力和地下水压力的合力。摩擦系数与土体的性质有关，取值可参考表 5.3。由于矩形顶管四周摩擦阻力不同，故分段求取结果。

表5.3　　摩擦系数取值

土的种类	干燥	湿润	一般值
软土		0.2	0.2
黏土	0.4	0.2	0.3
砂黏土	0.45	0.25	0.35
粉土	0.45	0.3	0.38
砂土	0.47	0.35	0.4
沙砾土	0.5	0.4	0.45

顶进过程中管节及顶管机四个侧面都将与土体接触，叠加各个单侧面摩阻力引起的土体位移，即可得顶管及顶管机壳体总侧摩阻力引起的土体位移。以顶面侧摩阻力为例，在 $yoz(y'o'z')$ 平面内，将机头顶面上的附加应力看作无数个面积为 $\mathrm{d}x'\mathrm{d}y'$ 的微分单元，应力作用区间为 $\begin{cases}-L \leqslant x' \leqslant 0 \\ -0.5A \leqslant y' \leqslant 0.5A \\ z' = -0.5B\end{cases}$。那么根据 Mindlin 解，机头顶面与管节顶面摩阻力引起的土体位移 w_t 与 w'_t 分别为

$$w_t = \frac{f_t}{16\pi G(1-\mu)}\int_{-0.5A}^{0.5A}\int_{-L}^{0}(x-x')\left[\frac{z-c_t}{R_{1t}^3}+\frac{(3-4\mu)(z-c_t)}{R_{2t}^3}-\frac{6c_t z(z+c_t)}{R_{2t}^5}+\frac{4(1-\mu)(1-2\mu)}{R_{2t}(R_{2t}+z+c_t)}\right]\mathrm{d}x'\mathrm{d}y' \tag{5.14}$$

$$w'_t = \frac{f'_t}{16\pi G(1-\mu)}\int_{-0.5A}^{0.5A}\int_{-L_1-L}^{-L}(x-x')\left[\frac{z-c'_t}{R'^3_{1t}}+\frac{(3-4\mu)(z-c'_t)}{R'^3_{2t}}-\frac{6c'_t z(z+c'_t)}{R'^5_{2t}}+\frac{4(1-\mu)(1-2\mu)}{R'_{2t}(R'_{2t}+z+c'_t)}\right]\mathrm{d}x'\mathrm{d}y' \tag{5.15}$$

式中，$R_{1t} = \sqrt{(x-x')^2+(y-y')^2+(z-c_t)^2}$；$R_{2t} = \sqrt{(x-x')^2+(y-y')^2+(z+c_t)^2}$；$c_t = h - 0.5B$；$c_t$ 为机头顶面摩阻力 f_t 作用点与地面竖向间距；R_{1t} 为 f_t 作用点与所求点距离；R_{2t} 为 f_t 作用点与所求点地面对称点的距离；w_t 为 f_t 作用下所求点 z 方向位移。

考虑到管节与顶管机尺寸只有2~5cm，故为方便计算，以上两式中 $c'_t = c_t$，$R'_{1t} = R_{1t}$，$R'_{2t} = R_{2t}$。

修改 x' 方向积分区域 $[-L, 0]$ 至 $[-L+L_1, -L]$，左右侧面时 y' 方向积分区域 $[-0.5A, 0.5A]$ 修改为 $-0.5A$ 或 $0.5A$，底面时 z' 方向由 $-0.5B$ 修改为 $0.5B$，可依次求出矩形顶管管节与顶管机各个侧面摩阻力引起的土体竖直方向位移：

$$w_2 = w_t + w_t' + w_b + w_b' + w_l + w_l' + w_r + w_r' \tag{5.16}$$

w_t、w_b、w_l、w_r 分别为顶管机上下左右侧面摩阻力造成土体竖向位移，w'_t、w'_b、w'_l、w'_r 分别为管节上、下、左、右侧面摩阻力造成土体竖向位移。

5.5.3　地层损失引起土体变形

对于矩形顶管地层损失引起的土体垂直位移，目前主要应用的计算方法是 Peck 公

式法和随机介质法。由于矩形顶管一般埋深较浅、断面尺寸大(埋深/等效半径<5)，因此采用随机介质法更为合适。

随机介质法，即将土体视为一种随机介质，顶管开挖引起的地面沉降则可视为若干个单元体引起地面变形的总和。如图5.24所示，距离地表深度为l处有一开挖单元体(m_0, n_0, l)，体积为$\mathrm{d}m\mathrm{d}n\mathrm{d}l$。在不排水条件下，当此单元体完全塌落时，其上部土体沿y、z坐标轴方向的变形分别为v_0、w_0。

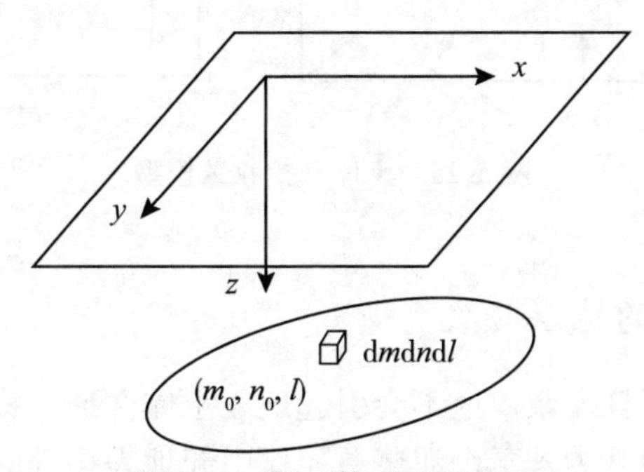

图5.24 单元体开挖示意图

$$w_0 = \iiint \frac{1}{r^2(l)}\exp\left\{-\frac{\pi}{r^2(l)}[(x-m_0)^2+(y-n_0)^2]\right\}\mathrm{d}m\mathrm{d}n\mathrm{d}l \tag{5.17}$$

$$r(l) = \frac{l}{\tan\beta} \tag{5.18}$$

$$\tan\beta = \frac{20}{50-\varphi} \tag{5.19}$$

式中，$r(l)$为主要影响半径，m；β为上部地层主要影响角(°)；φ为土体内摩擦角(°)。

如果矩形顶管初始开挖断面为Ω，开挖完成后断面收缩为Ψ，则根据叠加原理，地表总沉降量为两者分别引起的地表沉降量之差：

$$w_1 = \iiint_{\Omega-\Psi} \frac{1}{r^2(l)}\exp\left\{-\frac{\pi}{r^2(l)}[(x-m_0)^2+(y-n_0)^2]\right\}\mathrm{d}m\mathrm{d}n\mathrm{d}l \tag{5.20}$$

在顶管顶进的过程中，管道周围土体受扰动，管土之间会形成环空间隙，从而导致四周土体向管节移动。如图5.25所示，传统的收敛模型认为地层损失引起的土体移动为均匀收敛，之后Longanathan等(1998)提出不均匀收敛模型更接近实际。

根据模型及前述随机介质公式，可得由于土体损失导致地表任意一点变形的计算公式：

$$\begin{aligned} w_s = & \int_{h-0.5B-2\Delta B}^{h+0.5B}\int_{-0.5A-\Delta A}^{0.5A+\Delta A}\int_{-L_1-L}^{-L} \frac{1}{r^2(z-z')}\exp\left\{-\frac{\pi}{r^2(z-z')}[(x-x')^2+(y-y')^2]\right\}\mathrm{d}x'\mathrm{d}y'\mathrm{d}z' \\ & -\int_{h-0.5B}^{h+0.5B}\int_{-0.5A}^{0.5A}\int_{-L_1-L}^{-L} \frac{1}{r^2(z-z')}\exp\left\{-\frac{\pi}{r^2(z-z')}[(x-x')^2+(y-y')^2]\right\}\mathrm{d}x'\mathrm{d}y'\mathrm{d}z' \end{aligned} \tag{5.21}$$

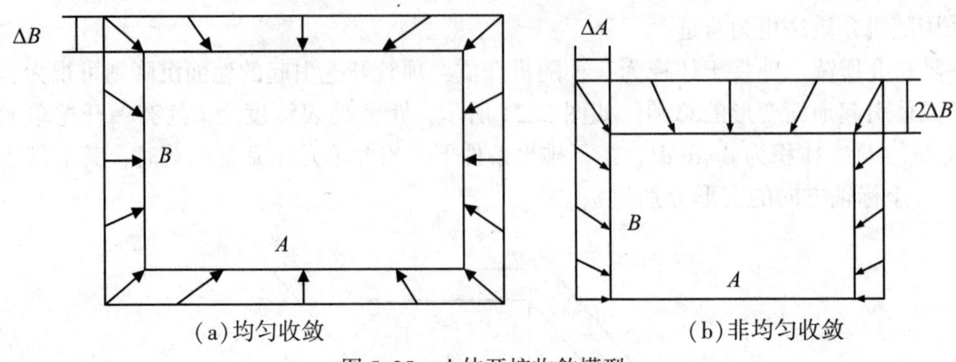

图 5.25　土体开挖收敛模型

5.5.4　注浆引起的地层损失

假设施工中注浆及时且泥浆渗透不会引起地表土体变形，将土体视为随机介质，则地层因注浆引起的地表抬升为若干个泥浆单元体引起地表抬升的总和。泥浆套在地层中受土压力与注浆压力影响，其变形模式如图 5.26 所示：①泥浆套受注浆压力后产生均匀膨胀变形；②由于地层竖向方向土压力大于侧向土压力，泥浆套竖向方向收缩、水平方向往外扩张，整个体积保持不变。

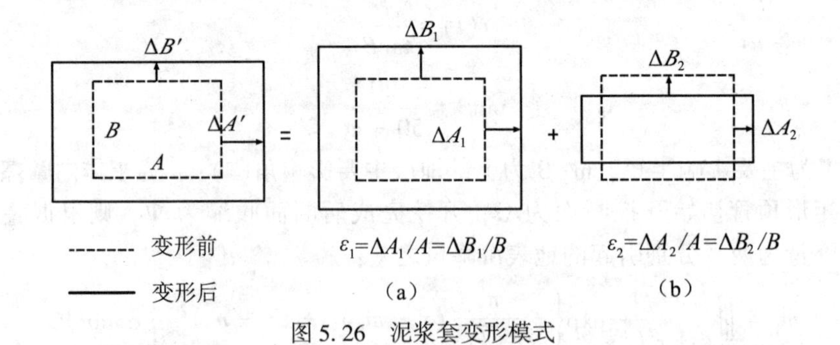

图 5.26　泥浆套变形模式

设单位长度土体膨胀体积为 ΔV，V_i 为顶进单位长度注浆量，λ 为泥浆填充率，其值受泥浆性质、地层性质、施工情况等影响，一般取 80%~95%。则 $\Delta V=(1-\lambda)V_i$。根据其值反算出 $\Delta A'$ 和 $\Delta B'$。根据随机介质理论，地表变形为

$$
\begin{aligned}
w_q = & \int_{h-0.5B}^{h+0.5B}\int_{-0.5A}^{0.5A}\int_{-L_1-L}^{-L}\frac{1}{r^2(z-z')}\exp\left\{-\frac{\pi}{r^2(z-z')}\left[(x-x')^2+(y-y')^2\right]\right\}\mathrm{d}x'\mathrm{d}y'\mathrm{d}z' \\
& -\int_{h-0.5B-\Delta B'}^{h+0.5B+\Delta B'}\int_{-0.5A-\Delta A'}^{0.5A+\Delta A'}\int_{-L_1-L}^{-L}\frac{1}{r^2(z-z')}\exp\left\{-\frac{\pi}{r^2(z-z')}\left[(x-x')^2+(y-y')^2\right]\right\}\mathrm{d}x'\mathrm{d}y'\mathrm{d}z'
\end{aligned}
\tag{5.22}
$$

5.6 工程应用——苏州市城北路综合管廊矩形顶管工程实例

5.6.1 工程概况

苏州市城北路综合管廊工程五标元和塘段顶管工程，位于苏州市城北东路与齐门北大街相交处附近，设计里程 GCB2+180—GCB2+420 段管廊采用顶管施工。该段地面沿线分布有元和塘河道，建(构)筑物有中国石化加油站、苏州军分区、交警二中队、民房房屋及齐门立交等，地下管线有天然气、供水、雨水、污水等管道(图 5.27)。

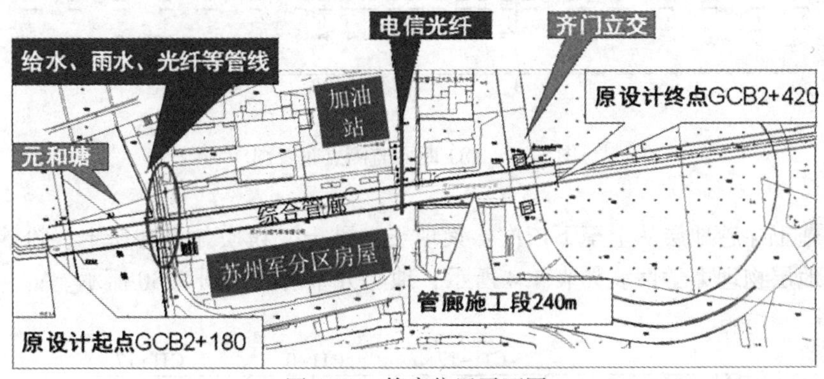

图 5.27　管廊位置平面图

矩形顶管拟采用组合式刀盘土压平衡式矩形顶管机进行掘进施工，断面尺寸为 5.5m×9.1m，壁厚 650mm，内径为 4.2m×7.8m(图 5.28)。管节长度为 1.5m/节，单节重约 66.8t；管节混凝土强度为 C50，抗渗等级为 P8。顶管结构全部采用预制矩形钢筋混凝土管节，管节接口采用 F 型承插式。顶进长度 233.6m，顶管施工段平均覆土厚度为 9m，施工穿越地层从上至下依次为素填土、黏土、粉质黏土夹粉土、粉砂夹粉土、粉砂、粉质黏土、黏土。

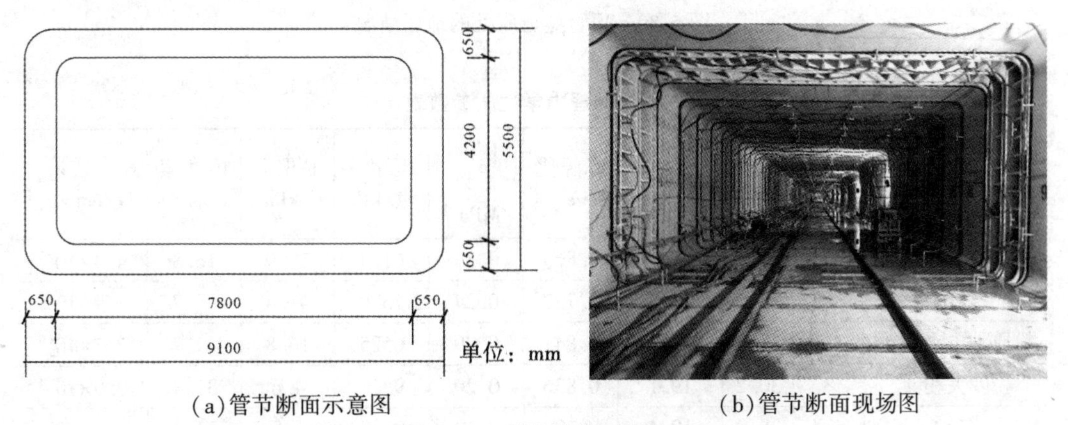

(a)管节断面示意图　　(b)管节断面现场图

图 5.28　顶管管节断面图

地表沉降监测点采用钻孔技术埋设在路基层中，并通过水准仪进行监测。全线总共设置3个监测断面：CJ1断面、CJ2断面和CJ3断面。其中，CJ1断面距始发井洞门69.37m，断面上设置23个监测点(图5.29)，测点范围是CJ1-17—CJ1+17，其中CJ1表示第一个断面，+17表示测点在顶管轴线北侧17m，-17则表示测点在轴线南侧17m，如为-0则表示轴线上的点，本书主要对CJ1断面监测数据进行分析。

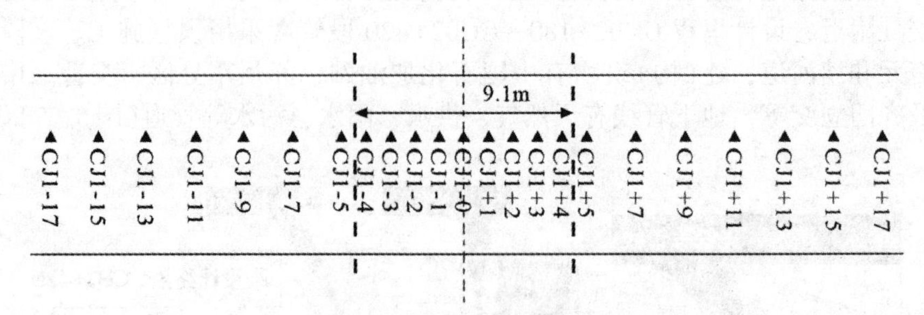

图5.29 CJ1断面监测点布置图

顶管施工穿越地层从上至下依次：素填土、黏土、粉质黏土夹粉土、粉砂夹粉土、粉砂。各地层物理力学性质如表5.4所示，地层分布情况如图5.30所示。

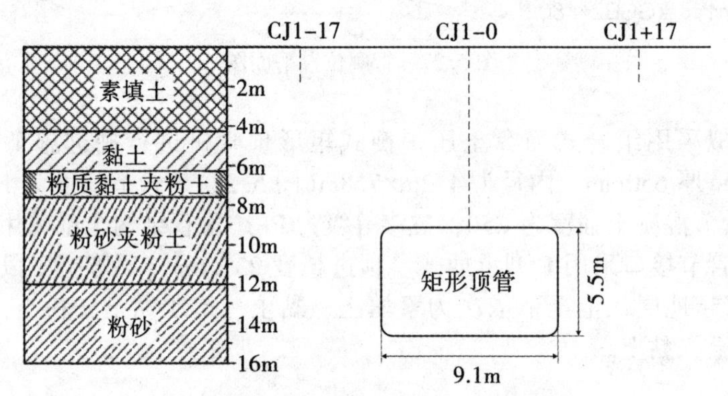

图5.30 顶管隧道所处的地层情况

表5.4 **地层物理力学性质参数表**

地层名称	层厚/m	含水率/%	天然密度/kN·m^{-3}	孔隙比e	压缩系数/MPa^{-1}	压缩模量/kPa	黏聚力/kPa	内摩擦角/(°)	渗透系数/cm·s^{-1}
素填土	2.3	30.4	19.2	0.865	0.33	6124	27.9	16.8	4.4×10^{-6}
黏土	3.3	26.2	19.9	0.737	0.24	7370	41.4	15.7	1.9×10^{-7}
粉质黏土夹粉土	1.4	30.0	19.2	0.841	0.29	6525	16.8	22.7	7.2×10^{-6}
粉砂夹粉土	3	30.2	19.1	0.836	0.20	9379	4.6	31.4	2.9×10^{-3}
粉砂	5.4	28.9	19.4	0.789	0.19	9703	3.8	33.4	3.8×10^{-3}

5.6.2 计算过程

据前所述，矩形顶管施工过程中导致土体变形的主要影响因素为正面附加推力、顶管机与土体间摩擦力、管节与土体摩擦力、地层损失以及注浆。假定这些因素之间独立作用，则土体的变形可看作它们的叠加。

地表土体任意一点竖向变形：

$$w_{\text{sum}} = w_p + w_2 + w_s + w_q \tag{5.23}$$

地层参数选取时参考表5.4，土体物理力学参数取加权平均值。管节参数根据实际工程来取值，计算时为便于考虑，管节断面按矩形考虑。施工参数方面，正面附加应力p按式(5.24)~式(5.26)计算；摩阻力由管节上的正压力(土压力计示数，取均值)与摩擦系数相乘，管节与土体摩擦系数取0.25，机头与土体摩擦系数取0.6；地层收敛模型中，$\Delta A=\Delta B$，根据断面收缩体积与地层损失相等可求其结果；注浆模型中，注浆压力通过现场实测取平均值，相关几何参数通过ΔV反算。

$$P = F_1 - AB \cdot p_j \tag{5.24}$$

$$p = \frac{P}{AB} \tag{5.25}$$

$$F_1 = AB[\gamma(h_0 + 2/3B)\tan^2(45° + \varphi/2) + 2c\tan(45° + \varphi/2)] \tag{5.26}$$

式中，P为迎面阻力，kN；p_j为静止土压力，kPa。

所有参数最终取值见表5.5~表5.8。

表5.5　**地层参数计算表**

平均重度γ	侧向土压力系数k	泊松比μ	内摩擦角φ	内聚力c	压缩模量E_{s0}
$19.2\text{kN}\cdot\text{m}^{-3}$	0.45	0.3	27.2°	19.9kPa	7399kPa

表5.6　**设计参数计算表**

机头外尺寸 $A_1 \times B_1 \times L$	管节外尺寸 $A \times B \times L_0$	管节壁厚t	管节轴线埋深h	后续管节总长度L_1
9.12m×5.52m×6.14m	9.1m×5.5m×1.5m	0.65m	11.75m	0~225m

表5.7　**施工参数计算表(一)**

地层损失模型参数ΔA	地层损失模型参数ΔB	注浆模型参数$\Delta A'$	注浆模型参数$\Delta B'$
0.05m	0.05m	0.003m	0.00025m

表 5.8　　　　　　　　　　　　施工参数计算表(二)

正面附加应力 p	顶面正应力 p_t	底面正应力 p_b	侧面平均应力 p_c	机土摩擦系数 f_0	管土摩擦力 f_1
52kPa	108.6kPa	91.6kPa	93.8kPa	0.6	0.25

对于上述多重积分函数，可利用 Matlab 进行数值计算，积分方法采用 Guass-Legendre 求和公式。

5.6.3　地表土体竖向变形

1. 理论计算值与实测值比较

选取顶进里程分别为 60.34m、70.23m、80.42m 和 90.11m 时的相关顶进参数，计算出 CJ1 监测断面的理论沉降曲线，并与实际进行对比。如图 5.31 所示，顶管顶进 60.34m 时，地表沉降计算值与实测值整体趋势一致，轴线右侧的地表沉降计算值与实测值拟合度较高，轴线左侧的地表沉降计算值与实测值偏差较大，最大偏差约为 4mm；如图 5.32 所示，顶管顶进 70.23m 时，地表沉降计算值整体大于实测值，但两者趋势相同，最大偏差为 3.9mm；同样，根据图 5.33，顶管顶进 80.42m 时，地表沉降计算值与实测值变化趋势相同，最大偏差 5mm，计算值整体大于实测值；由图 5.34 所示，顶进 90.11m 时地表沉降槽的计算值与实测值变化趋势大体一致，最大偏差 4.7mm，计算值整体大于实测值。总体来说，地表沉降的理论计算略大于实际值，但沉降槽的整体形式一致、数值相近，最大沉降点的计算值与实测值较为接近。

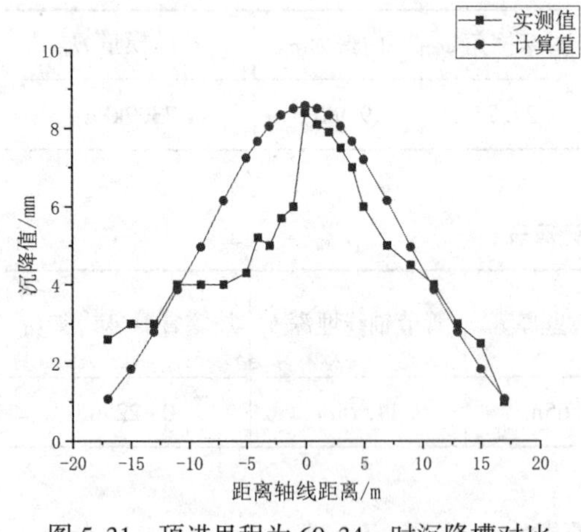

图 5.31　顶进里程为 60.34m 时沉降槽对比

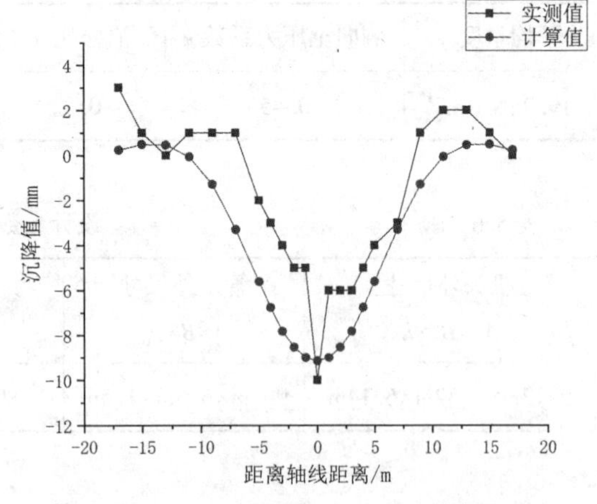

图 5.32　顶进里程为 70.23m 时沉降槽对比

根据前述结论，轴线正上方的监测点预测结果较为准确，为进一步分析顶管顶进过程中引起的正上方地表变形曲线，作出图 5.35。对比发现，理论计算值变化趋势与实测值大体一致。顶管开挖面距离监测面 20m 内，理论值与实测值相差较大，可能是实际施工时土体超挖所致；在监测面前后 10m 范围内，轴线测点计算值与实测值非常接近。在顶管始过监测面 15m 后，实测值波动较大，主要是人为注浆量增加以有效控制地表沉降；而理论计算时假定注浆量不变，故产生较大误差。

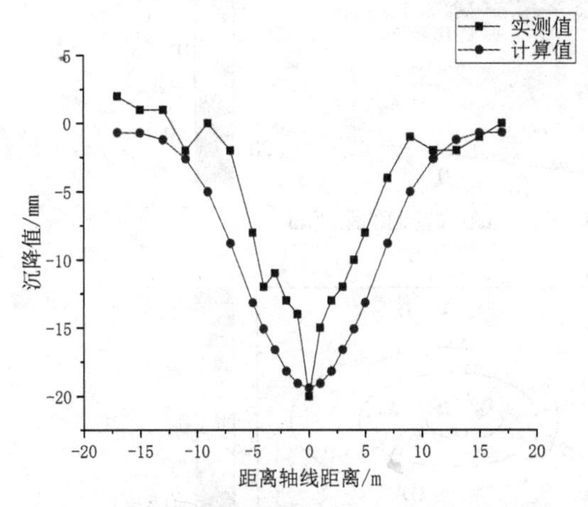

图 5.33　顶进里程为 80.42m 时沉降槽对比

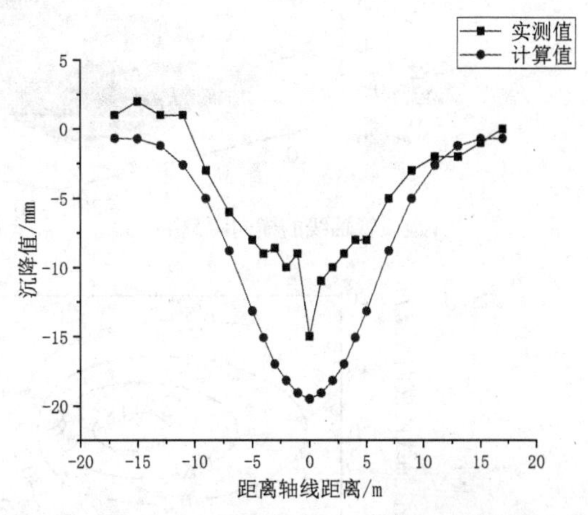

图 5.34　顶进里程为 90.11m 时沉降槽对比

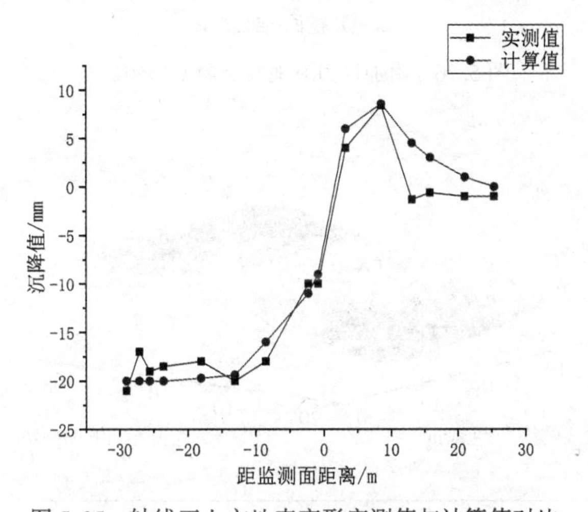

图 5.35　轴线正上方地表变形实测值与计算值对比

对比图 5.36～图 5.37，发现由于 CJ1 断面距始发井洞门 69.37m，则顶管顶进 60.34m 时还未顶进至 CJ1 断面，可知大断面矩形顶管正常顶进时，工作面前方土体会有隆起，后方土体沉降；整个顶进过程中，理论与实测竖向位移最大位置为顶管轴线下方左右，且离轴线越远，其变形越小，且沉降槽随着顶管顶进逐渐变大；理论与实测 CJ1 断面最终沉降量均为 20mm 左右。

顶管施工中地表土体竖向变形的理论计算虽然存在一定偏差，但整体变化趋势与实测相似。而且，顶管轴线正上方测点预测值与实际值比较相近。所以，本书理论公式较为可靠，可用在类似地层中的地表沉降预测。

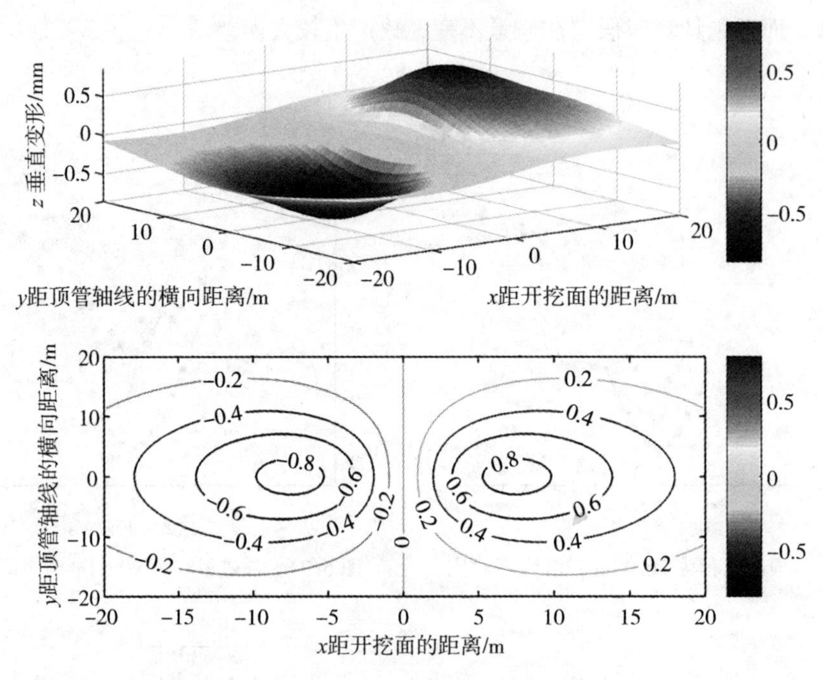

图 5.36　附加推力对地表竖向变形的影响

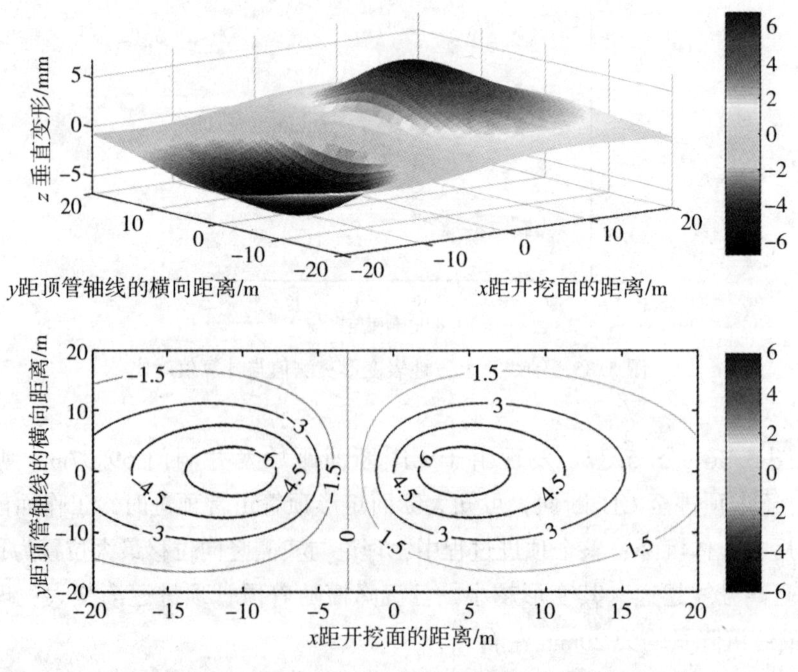

图 5.37　机头摩阻力对地表竖向变形的影响

2. 探究不同因素对地表竖向变形的影响

利用 Matlab 中的 ezsurf 函数和 contour 函数作出三维曲线图和等值线图，计算顶管顶进 20m 时，各个因素对地表变形产生的影响。

如图 5.36 所示，附加推力引起地表变形的绝对值关于开挖面对称分布，前方土体表现为隆起，后方沉降。最大隆起为 0.8mm，发生在距离开挖面前方约 8.5m 处；最大沉降为 0.8mm，发生在开挖面后方约 8.5m 处。

根据图 5.37 顶管机头摩阻力引起地表变形的绝对值关于 $x=-3$ 对称，前方土体表现为隆起，后方土体沉降。最大隆起为 6.5mm，发生在距离开挖面前方约 5m 处；最大沉降为 6.5mm，发生在开挖面后方约 11m 处。

由图 5.38 知管节摩阻力对开挖面后约 13m 处地表土体不产生影响，该处前方($x>-13$m)土体表现为隆起，最大隆起约为 5mm，发生在开挖面后 3m 处；该处后方($x<-13$m)土体表现为沉降，最大沉降约为 5mm，发生在开挖面后 20m 处。

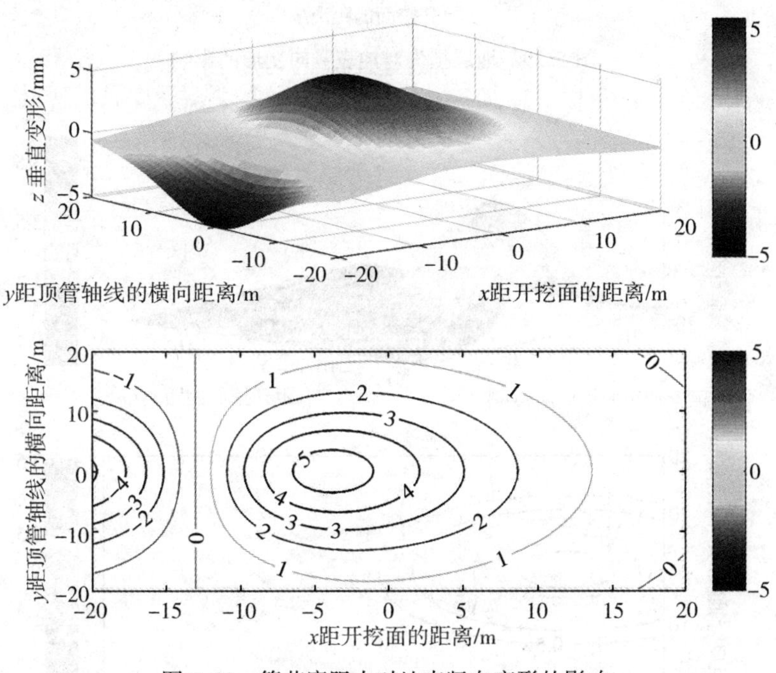

图 5.38 管节摩阻力对地表竖向变形的影响

由图 5.39 知地层损失对开挖面之前的土体扰动很小，对开挖面之后的土体产生的沉降较大，最大约为 13m，发生在开挖面后 14m 处。

如图 5.40 所示，注浆对土体扰动的影响与地层损失对土体的扰动类似。开挖面前方的土体受影响较小，后方土体表现为隆起，最大隆起约为 4mm，发生在开挖面后 12m 处。

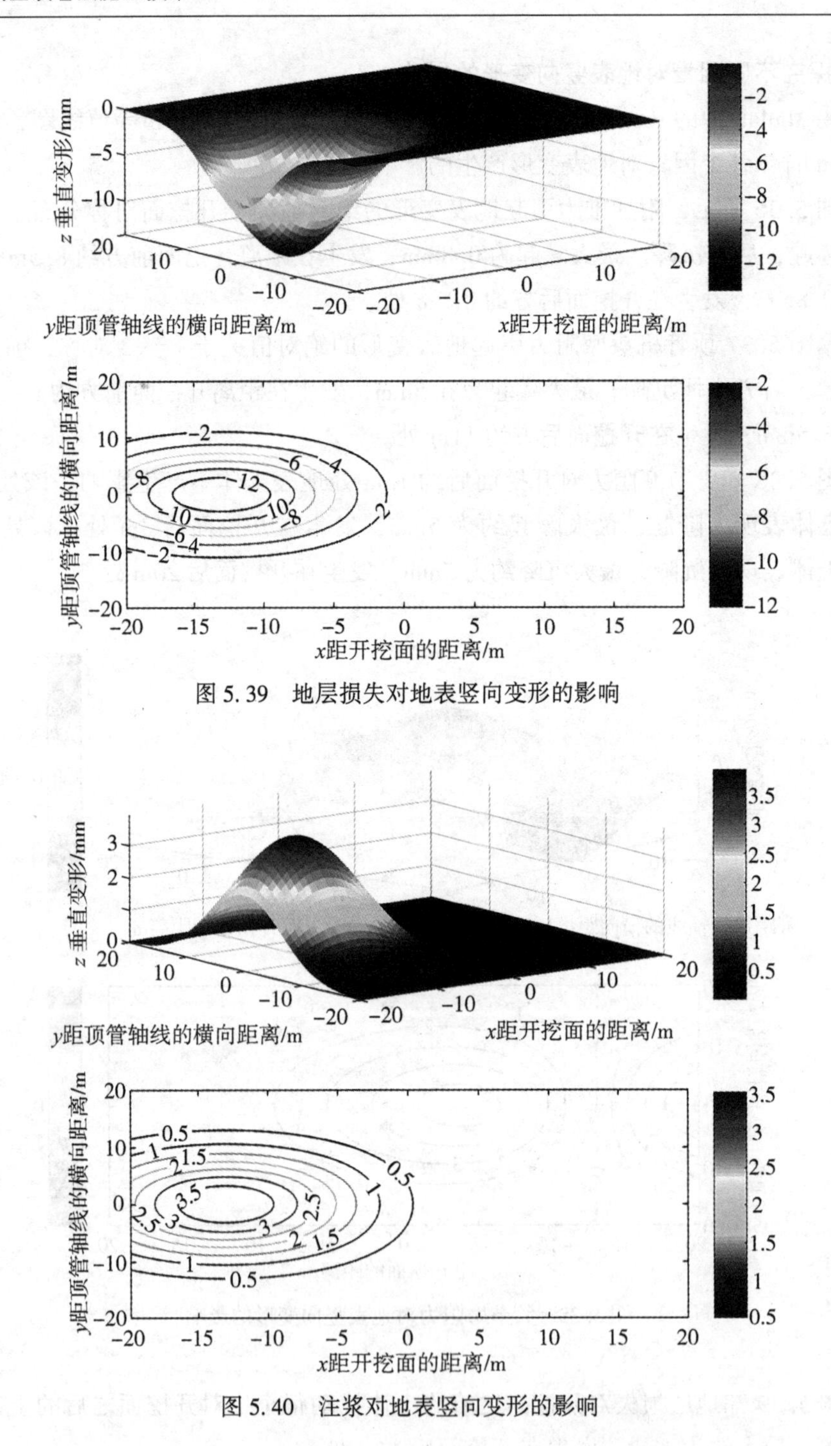

图 5.39　地层损失对地表竖向变形的影响

图 5.40　注浆对地表竖向变形的影响

综上所述，多因素引起的地层竖向变形影响区域大概为开挖面前后 30m，矩形顶管正面附加推力对地表竖向变形影响较小；地层损失及注浆对地表竖向变形影响较大，且地层损失引起的土体沉降与注浆引起的土体隆起主要为开挖面之后；机头与管节对土体竖向变形影响规律相似。

第6章　城市管道铺设水平定向钻进施工技术

6.1　概　　述

6.1.1　发展历史与背景

水平定向钻进(Horizontal Directional Drilling，HDD)是采用安装于地表的钻孔设备，以相对于地面的较小的入射角钻入地层形成导向孔，然后将导向孔扩径至所需大小并铺设管道(线)的一项技术。水平定向钻进技术起源于石油钻井工业，结合水井工业和公用设施建设方面的技术，经演变之后广泛用于市政、油气等管道建设行业。随着城市经济高速发展，市政管网老旧，水环境污染问题也日益突出，加之现代文明意识和环保意识的逐渐加强，开挖埋管施工导致的社会、交通和环境污染等问题已受到越来越多的关注，所以水平定向钻穿越在城市地下空间各行业得到广泛应用，尤其在环保和市政管网扩建项目及大型管道穿越江河工程项目上更显出独特的优势。与其他非开挖铺管技术相比，水平定向钻进技术具有施工速度快、施工成本低、环境扰动小等优点。水平定向钻进技术正式进入工程施工市场至今，以其特有的技术特点和环境友好、地面扰动小、施工效率高、综合成本低等优势，日益受到政府部门和的重视，取得了良好的社会效益和经济效益。

水平定向钻技术与设备经历50年的发展，穿越的长度和回拖管道的管径相比于最初都有着惊人的变化。近年来，多项水平定向钻穿越工程于各地开展与竣工。我国西气东输工程一线共使用定向钻穿越河流36条，其中最长的穿越是在吴淞江的穿越，一次穿越长度为1150m，穿越直径为1016mm，2007年，采用对穿技术，在钱塘江穿越长度为2456m，2008年，在珠海磨刀门穿越长度达2630m；在西气东输二线几乎所有河流都已经采用穿越方式进行铺管，穿越大小河流上百条，目前为止，水平定向钻进工艺已经成为油气市政管道铺设的首选方案；兰郑长成品油管道水平定向钻穿越长度2075.43m，工程于2010年9月24日光缆套管穿越开钻，2010年11月20日光缆套管回拖一次成功，2010年12月24日成品油主管道开钻，2011年12月16日主管道一次回拖成功；江都—如东天然气管道项目为国内首次突破3000m穿越项目，于2013年投产并平稳运行至今；2020年6月，天山胜利隧道进口端超长距离水平定向钻在成功穿越博阿断裂带后，进入完整硬质花岗岩超100m，基本完成预定目标，成功于2271m处终孔；福州市塘坂引水工程琅岐支线(马尾段)工程水平定向钻穿越全长约2000m，回拖管径DN1200，此工程于2021年2月成功完成第一阶段导向孔的成功对接。

6.1.2 国内外发展现状

水平定向钻进技术作为一种非开挖管道铺设技术，起源于石油、天然气钻井领域，其以对地表环境(如公路、地表其他建筑物、江河湖泊等)影响和破坏小等优势，现如今已经迅速发展成为地下管网(如成品油管道、天然气管道、供水管道、排水管道、电力管道和通信管道等)建设的主要技术。根据调查，2014年间全球HDD市场份额为51.2亿美元，到2022年，全球HDD市场份额将达149.5亿美元，2022年平均市场预计份额将超过14%。

1. 国外水平定向钻技术发展现状

1971年，太平洋天然气电力公司在位于美国加州北部的沃森维尔市利用水平定向钻技术第一次成功穿越Pajaro河，但受限于当时水平定向钻导向系统，在1971—1979年间，全球有36例水平定向钻穿越施工案例。1980年，机械装备、水力、电力系统的迅速发展成为了水平定向钻发展的契机，钻机规模变小的同时，穿越距离不断增长，而新的导向系统和导向工具的不断涌现使水平定向钻技术成为了城市内障碍物穿越管道铺设的一个新选择。目前，从50mm管径管线到900mm管径排水管线的铺设均可利用水平定向钻施工。1985年，采用经改良的液射流技术，精确控向系统问世，天然气研究所(Gas Research Institute，GRI)将此系统和传统空气驱动和冲击钻具相结合，研发了精确控向高压气动钻头，并尝试适用弯螺杆控制钻具方向。20世纪80年代后期，采用泥浆输送岩屑稳定钻孔，并在钻头上附加机械切削刀片，使水平定向钻技术得到进一步的发展。90年代，全世界水平定向钻机数量达5000台。

目前国外有30多家HDD装备制造商，典型生产厂家有DITCH WITCH公司、VERMEER公司、CASE公司等。国外HDD产品大多具有以下技术特点：主轴驱动齿轮箱采用高强度刚体结构，传动转矩大，性能可靠；全自动钻杆装卸存取装置；大流量的泥浆供应系统和流量自动控制装置；先进的液压负载反馈，多种电气逻辑控制系统，高质量的PLC电子电路系统确保长时间的可靠工作；高强度整体式钻杆以及钻进和回拖钻具；快速锚固定位装置；先进的电子导向发射和接收系统。

2. 国内水平定向钻技术发展现状

不同于其他国家，中国的水平定向钻施工更注重“设计优先”理念，即在施工阶段之前先进行所有设备参数的数值模拟优化计算以及设计图形的绘制，对不同工况、地层、气候条件的施工工程进行不同设备参数的优化与设计。另外，由于中国人口众多，施工人员分工系统更为复杂，通常情况下会派遣更多的技术人员以及施工队人员参与施工。

20世纪80年代，我国第一次引进美国RB5水平定向钻机，顺利完成了石油管道穿越黄河工程，之后水平定向钻在国内的发展经历了技术引进、研发、发展进口三个阶段。

1980年到1995年，中国的水平定向钻施工项目多为石油管道和电信行业施工，此时，我国的HDD技术有了初步的应用基础和市场引入。

1995年后，我国一些水平定向钻相关单位自主研发了一些小型HDD设备，如中国地质科学院勘探技术研究所生产的GBS-5、GBS-8、GBS-10拖挂轮式非开挖定向钻机以及GBS-12、GBS-20履带自行走非开挖定向钻机。此时的自主研发钻机在价格、维修服务上占有一定优势，但在产品的性能、效率、自动化程度上仍不及国外产品。

近年来，国内一些企业在水平定向钻机的研发上也颇有成果。2013年，徐州徐工基础工程有限公司已完成了XTR260、XTR4/180、XTR4/230、XTR6/260、XTR7/260等针对水利、地铁、公路、铁路隧道施工的各类专业水平定向钻技术研发及生产工作，投入使用施工效率很高。截至目前，河南天通有限公司现有设备：FPD—1500t、FPD—1000t、FPD—1000t、FPD—600t、FPD—450t、FPD—280t、FPD—230t等一系列非开挖水平定向钻机，可承接管道直径最大2000mm，长度最长3000m的拖管工程。江苏地龙重型机械有限公司，目前的水平定向钻机产品包括国内目前体积最小的4t微型钻机到400t的大型钻机，并已授权12项技术专利与发明成果。以DDW系列非开挖水平定向铺管钻机为主，德威土行孙工程机械(北京)有限公司水平定向钻产品涵盖10~600t之间共十六款机型，年生产能力300台以上。

通过“十五”期间中国水平定向钻产品经历了大跨度发展，各地自主研发企业在参照国外多种产品的基础上，进行了一系列自动控制的自主优化与综合开发，采用了机电液集成的PLC控制、电液比例控制、防触电报警等世界一流技术。2001—2003年，国内非开挖定向铺设管装备需求量大增，一方面进口了大量的国外HDD技术产品，另一方面也促进了国内自主研发产品的设计与发展，到2003年，我国进口水平定向钻设备约为128台，国内自主研发HDD设备约450台。2003年后，国内中小型铺管钻机逐渐取代进口设备。近年来，随着市政管道、电信通信等基础设施的新建、扩建及改造，西气东输，川气东输等大型管道的穿越工程量的增加，国产高科技HDD配套设备发展迅速，在满足本国管道工程施工需求的同时，还出口到欧洲、澳大利亚、东南亚等许多亚洲国家。从1985年引进美国定向钻设备以来，中国水平定向钻技术经历近40年的发展与更新换代，其逐渐从技术领域的落后成长为如今的先进大国，技术水平越来越成熟，穿越距离也越来越长。表6.1为中国近年来成功完成的著名水平定向钻穿越工程。

表6.1 **国内著名HDD穿越工程**

序号	工程名称	完成时间	钢管直径×壁厚/mm	穿越长度/m
1	钱塘江定向钻穿越工程	2020年2月	273.1×6.4	2308
2	外钓岛—册子岛海底管道定向钻穿越工程	2005年7月	610×15.9	2350
3	洛阳—驻马店成品油管道工程	2006年4月	355.6×10.3	2465.88

续表

序号	工程名称	完成时间	钢管直径×壁厚/mm	穿越长度/m
4	杭州钱塘江天然气管道穿越工程	2007 年 5 月	813×15.9	2454.15
5	沙特阿拉伯波斯湾海岸穿越工程	2008 年 11 月	610×760	3050
6	江都—如东天然气管道泰兴—芙蓉段长江定向钻穿越工程	2013 年 5 月	711	3302
7	浙江甬台温天然气管道瓯江南支定向钻穿越工程	2015 年 9 月	813	3192
8	香港国际机场第三跑道航油管道改线工程	2018 年 5 月	508	5200
9	湛江至北海管道工程	2019 年 5 月	508	4071

6.2　水平定向钻进施工基本原理

水平定向钻进技术的基本原理是采用水平定向钻机按设计的线路和穿越曲线钻进一个口径较小的导向孔，然后将钻头更换为扩孔器进行一次或多次回拉扩孔，当钻孔孔径扩至设计尺寸后，回拖铺设成品管道。对于穿越距离较长的工程，多采用双钻机对接技术进行导向孔施工。该技术是集成多学科、多技术、多种设备于一体的系统工程，在设计、施工过程中任何一个环节出问题，都可能导致影响整个工程进度或增加工程成本，严重情况还可能造成工程的失败。水平定向钻进技术可以细分为前期设计和准备工作、导向孔施工、回拖扩孔、管道回拖、现场清理和恢复五个步骤。

6.2.1　前期设计和准备工作

水平定向钻进的前期设计工作包括线路初勘、详勘、线路和轨迹设计和钻机选型；前期的准备和检查工作包括场地测量、钻机定位、施工现场布局、工程场地出入口通道、布设交通锥标、悬挂和粘贴施工标志。由于 HDD 线路和轨迹的设计内容涉及较多的理论知识，准备和检查工作属于工程组织管理内容，本书将不详细地讨论，读者可以查阅水平定向钻进的施工指导或管理类书籍来了解相关内容。

6.2.2　导向孔施工

图 6.1 为导向孔施工原理。导向钻孔施工是采用水平定向钻机和导向仪按照设计的线路、轨迹、出入土点等参数钻进导向孔的过程。其主要步骤包括：锚固钻机，安装和标定导向探头，连接钻杆和导向钻头，测试探头发射，检查钻头喷嘴是否堵塞钻孔泥浆流动，导向钻进，钻进成孔，检测并调整钻进斜度、深度使钻进轨迹符合设计要求。整个钻进轨迹首先进入造斜段，然后从造斜段进入水平段钻进，直到钻头进入出土坑造

斜段。

导向孔施工中的导向是贯穿导向孔施工的重要工作，钻头通过安装其容纳腔中的信号发射器发射电磁信号，地表信号接收器接收信号监测钻头位置以实现导向，导向仪可以确定钻头位置并计算得到钻头深度、钻头俯仰角、钻具面向角和钻孔的方位角。整个导向孔钻进过程中都需要采用导向仪对钻头进行定位和导向。导向孔相关技术理论将在本章6.3节中进行详细介绍。

图6.1 导向孔施工原理

6.2.3 回拖扩孔

回拖扩孔是采用扩孔器在水平定向钻机回拉作用下将导向孔扩径至设计直径的过程，如图6.2所示，其主要步骤一般包括连接扩孔头与钻杆，回拉扩孔和清孔。对于孔径较大的工程，需要根据终孔直径、地质条件和钻进性能参数来确定扩孔级数，因此扩孔过程的扩孔扭矩、扩孔极差设计以及孔壁的稳定都是整个回拖扩孔中需要考虑的重要因素。

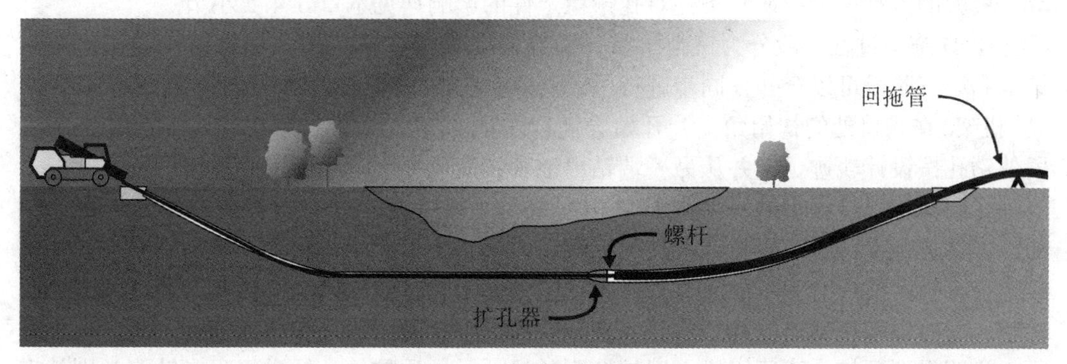

图6.2 钻孔回扩过程

6.2.4　管道回拖

管道回拖是在完成扩孔后将管道回拉拖入孔洞中的过程，管道回拖原则上要求最后一级扩孔与铺管同步进行，减少因钻孔暴露时间过长而引起孔壁垮塌的危险。管道回拖时首先在成品管道前端安装一个回拉头。回拉头与扩孔器之间安装分动器避免回拉头带动成品管道回转。成品管道进入钻孔前需要进行合适的固定和支撑。对未拖入的成品管道进行管道支架，从而支护避免管道回拖过程中管道外壁磨损、擦伤。定向钻进铺管工艺中，一般采用顶推或回拉的方法将待铺的管线就位。通常是在铺设大直径管线时采用顶推法，在铺设小直径管线时采用回拉法。在导向孔平直度差、铺管阻力大的情况下，采用顶推与回拉相结合的方法可取得好的效果。铺管阻力的力学参数计算和铺管工艺方法的选择是铺管设计的两个重要问题。只有计算出当前工艺条件下的铺管阻力，再根据实际情况，选择正确的铺管方法才是成功的关键。

6.2.5　现场清理和恢复

管道回拖安装完成后，需要将出土坑和入土坑的废弃泥浆和渣土进行清理，并按要求对其采用原土壤或选定的回土进行回填压实，最后必须对地表废弃物、破损工具和设备进行清理。平整未开发区域地表，播种、绿化恢复；对开发区域，地表修复包括更换、人行道基础压实、压实材料和人行道铺砌内容。

6.3　水平定向钻施工技术

HDD 施工前应先考虑地质条件对施工技术、工程成本和适应性的影响。不同的地质条件与 HDD 有不同的适应性关系，其中中硬—硬质黏土和淤泥、硬黏土和强风化页岩、风化岩层和强胶结地层等与 HDD 具有良好的适应性；在松散砂层、弱风化—未风化岩层等地质条件进行 HDD 施工是可行的，但具有一定难度；对于松散—密实砂砾石层，松散—密实的卵砾石层，含有大量孤石、漂石或障碍物的地层，进行 HDD 施工则具有极大的困难。关于地质条件对孔壁稳定性的影响详见本章 6.4.2 小节。

HDD 施工过程一般分为三个阶段，即导向孔钻进、回拉扩孔和管道铺设，但有时第二和第三阶段可以合并，同步进行(图 6.3)。设备按照轨迹设计要求安放并调整好钻具(机架)在入口处的初始角度，开始导向(定向)钻进，钻进过程中通过监测和控制手段使钻孔按设计轨迹延伸并从另一端钻出地表，完成导向孔的施工。

导向孔施工过程中的一系列信息相当重要，对后续的施工有重要的指导作用。例如，当钻遇地下孤石、岩石或者其他障碍物时，可能引起钻头振动并传递到钻杆、钻机或地表，扩孔回拖时就可能需要采用分散型的回扩头，如凹槽型回扩头；通过顶进和回转阻力，可以掌握钻遇的地层信息，如软硬程度，有助于改进扩孔或铺管工艺。土质坚硬，说明需要预扩，或逐级增大回扩钻头的尺寸；土质较软，钻进规程和钻头类别就需要及时调整；在钻遇砂层时，就必须采用优质泥浆或高分子聚合物泥浆，以增强泥浆的胶结强度或泥浆流动的能力；在出口坑没有泥浆流出，可能意味着由于缺乏钻进经验或者使用了不适当的泥浆而导致钻孔中环形空间的堵塞或泥浆漏失；若钻头没有朝前钻进，旋转压力却不断增大，可能是土层吸水膨胀，粘附钻杆或泥浆不通，应重新考虑泥浆黏度、添加剂或泥浆量。

(a) 导孔钻进

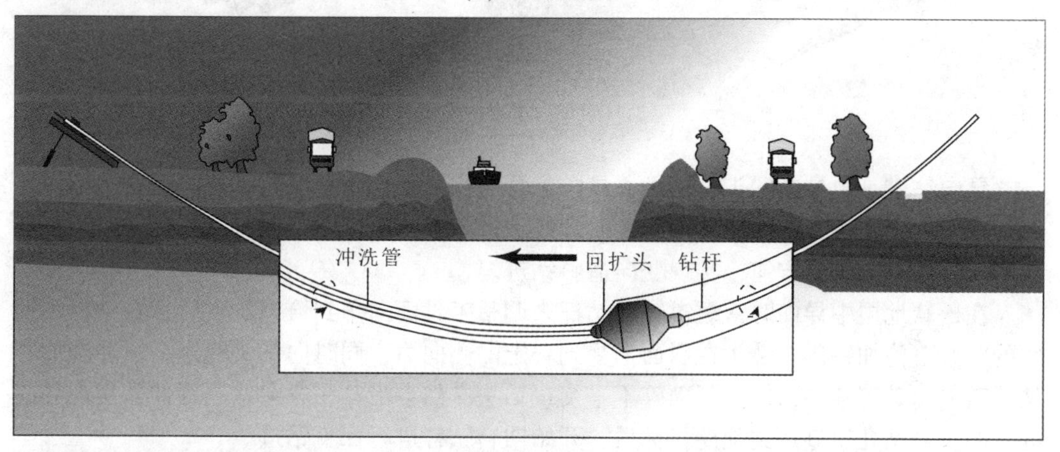

(b) 拉回扩孔

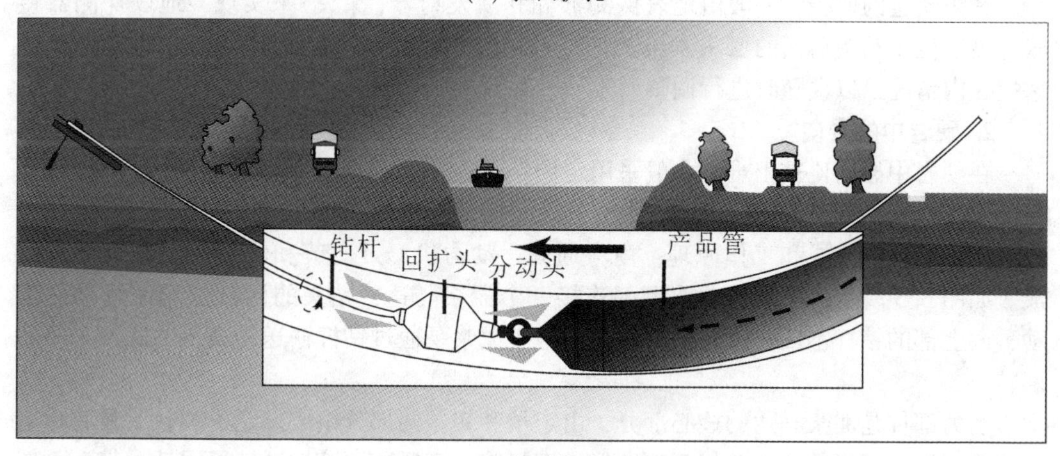

(c) 管道铺设

图 6.3　HDD 施工技术示意图

6.3.1　实现导向的方法

1. 软土中的导向

在软土层中，应用造斜钻头来实现导向。导向钻头为斜面钻头(图6.4)。该钻头由探头盒和斜面钻头体组成，高压液流经过喷嘴形成高压射流辅助切削和导向。探头盒用来放置探头，其上开有通磁槽，并用非金属材料密封，以防止屏蔽电磁波并阻止泥沙的进入。造斜钻头上的斜板在钻头回转时起辅助切削作用，在给进时则起造斜作用。

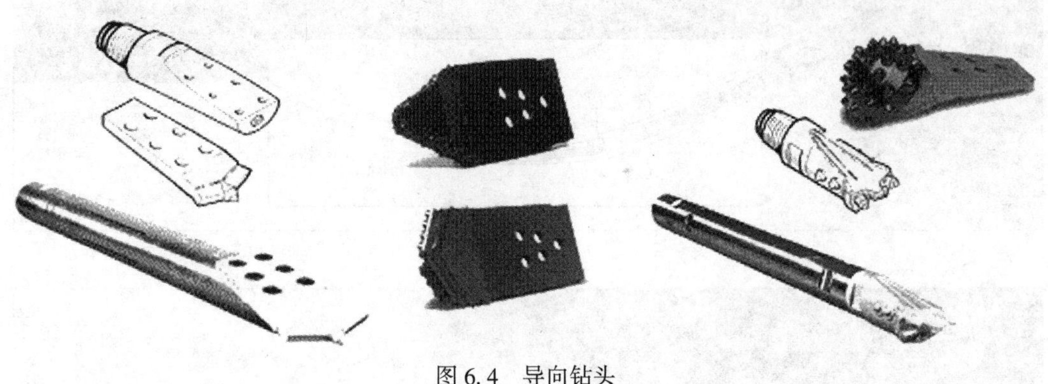

图6.4　导向钻头

导向钻进是由导向钻头、钻机、导向仪器的相互配合来完成的。若同时给进和回转钻杆柱，斜面失去方向性，实现同方向直线钻进；若只给进而不回转钻杆柱，作用于斜面的反力使钻头改变方向，实现变向造斜钻进。

在松软地层中导向时，缓慢转动钻杆来调整工具面向角到恰当位置后，在钻杆不回转的状态下施加钻压，钻头在斜面上受到一定的侧向力；同时向钻头输送高压冲洗液并从喷嘴射出破碎地层，使地层破碎不平衡，钻头必然会沿某一方向钻进延伸，实现导向的目的。当钻孔轨迹达到预期目标后，开始回转钻杆进行保直钻进。

钻头轨迹的监视，一般由地表探测器和孔底发射器(探头)来实现，地表探测器接收并显示位于钻头后面的探头发出的信号(深度、顶角、工具面向角等)，供操作人员掌握孔内情况，以便随时进行调整。

2. 硬岩中的导向

在硬岩中导向比较困难，一般采用定向钻井技术，需要随钻测量系统(MWD)和孔底泥浆马达配合弯接头进行导向。泥浆马达分为螺杆马达和涡轮马达两大类。

泥浆马达的组成和工作原理：由旁通阀、动力机、万向节和输出传动轴等部分组成。如图6.5所示，在紧靠钻头上部连接一个泥浆马达，钻头的回转依靠泥浆马达带动，而上部的钻杆不回转。泥浆马达是由地表泥浆泵通过钻杆输送的高压冲洗液来驱动回转。

动力部件是泥浆马达的核心部分，由定子和转子两部分组成。定子和转子具有特定的螺旋型齿面和齿数比，并相互啮合形成密封腔，高压冲洗液推动转子回转，带动下部万向节、传动轴和钻头回转而实现钻进碎岩。

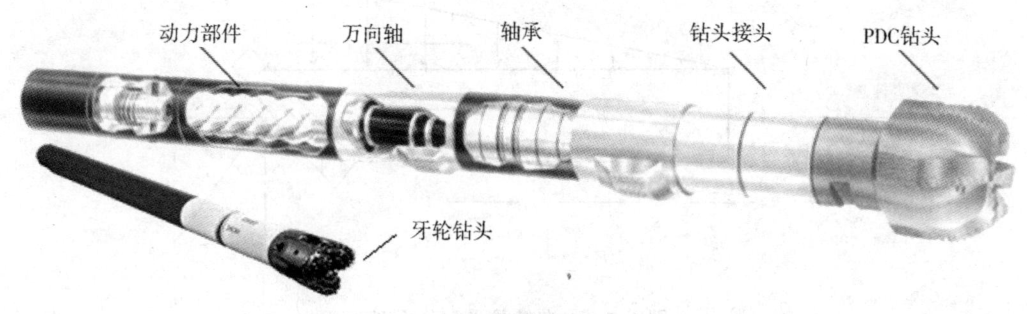

图 6.5 泥浆马达组成结构示意图

导向钻进依靠弯接头、弯钻杆或弯螺杆来实现(图 6.6)。当需要进行造斜钻进时，通过缓慢转动钻杆，MWD 系统随时测量工具面向角并在司钻仪上显示出，使弯接头的弯曲方向(工具面向角)达到指定方向，开泵输送冲洗液推动泥浆马达带动钻头回转实现导向造斜钻进。MWD 的信号可以采用有线传输方式，优点是信号衰减小，传输速度快，而且地下探头的电源可以通过电缆供给；缺点是电缆的连接和密封比较复杂和困难。

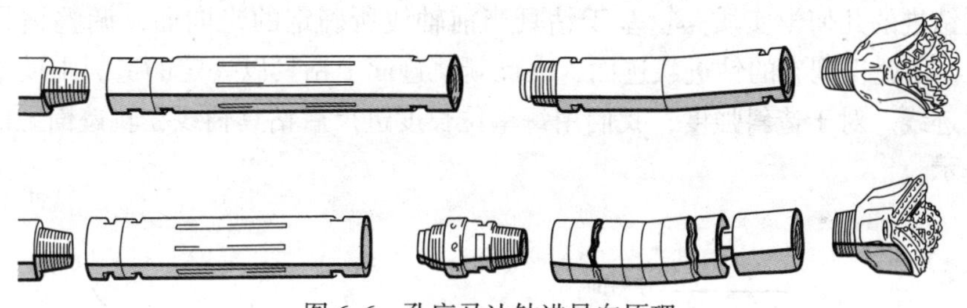
图 6.6 孔底马达钻进导向原理

6.3.2 导向钻头工作原理

导向钻头通常带有一个斜面的钻头和放置信号发射器的腔体，钻头腔内带放有一个探头或发射器。当钻头向前推进时，发射器发射出来的信号被地表接收器所接收和追踪，因此可以监视方向、深度和其他参数。

导向钻头匀速回转钻进时，在钻进推力的作用下，土层作用在造斜面上的反力的方向也沿圆周做均匀变化。如果钻头周围的土层硬度大致相同，在不考虑钻头本身质量的情况下，导向钻头进行保直钻进，如图 6.7 所示。

钻杆只给进不回转时，即只有推力的作用时，则反力作用方向始终朝着某一方向，与此同时，水射流也只冲蚀该方向上的土层。因此，钻头将朝该方向前进，从而实现造斜。由于钻头是靠土层对造斜面的反作用力而使钻孔变向，故土层较硬时，造斜效果较好；反之，造斜效果差，当钻头前方为空洞时将不能造斜。

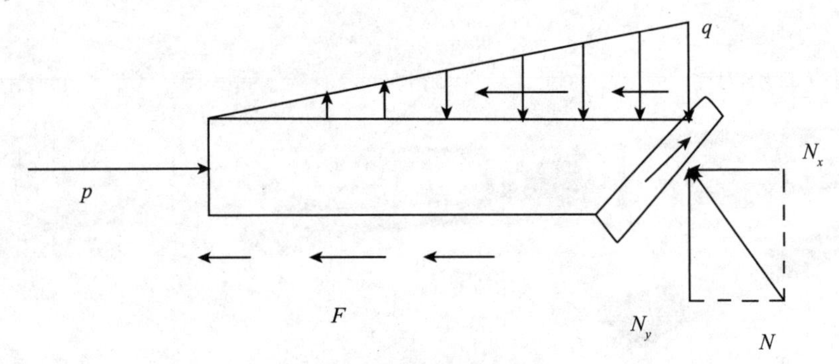

图6.7　导向钻具受力分析图

钻进造斜强度的影响因素包括地层的岩土性质、钻具的抗弯刚度以及斜面钻头的结构形状等；另外，给进速度对造斜效果也有一定的影响。

在导向钻进过程中，钻头以两种方式运动：回转前进和顶进。钻头回转前进时，其当前方向不发生变化，轨迹为直线；而在顶进时，其方向会按一定的规律变化，轨迹为地下空间中的曲线。这样整个钻孔轨迹由若干段直线和弧线组成。因此，导向钻进轨迹三维模拟的基础是空间解析几何，必须按照有关线面、角的数学定义对表征钻孔轨迹控制的几个基本参数建立数学表达式。

导向钻进的几何学实质是：基于钻具当前轴线所确定的走向面，调整钻具面向角（图6.8)，由此得到新的钻进轨迹面，在此新轨迹面上钻具以一定的造斜强度给进出新的弧形轨迹线。对于造斜强度，我们用每单位长度进尺后钻具轴线在轨迹面上的角度变化值来表示。

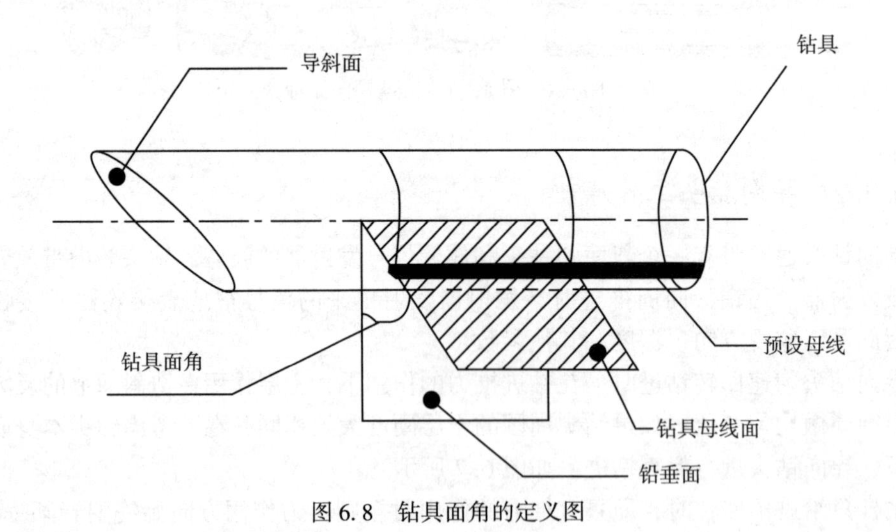

图6.8　钻具面角的定义图

6.3.3　HDD钻进轨迹设计

HDD导向施工时，孔入口段和出口段一般都有弯曲造斜段。根据设计轨迹要求，

弯曲半径 r 可能不变，也可能是变化的，如分别由不同曲率半径的多段圆弧组成。因此钻孔剖面可能有复杂的形状，包括人工弯曲的孔段、自然弯曲孔段和直线孔段，整个剖面由直线孔段和弯曲半径不变或弯曲半径变化的曲线组成。

弯曲程度与施工空间、管道要求的埋深、钻具本身曲率半径、地层的弹性模量与阻力、导向板面积大小和安装角度、钻机能力(包括顶/拉力和后坐力)以及铺设管线的允许的曲率半径等因素有关。如果钻孔弯曲过大，会使钻进和回拖阻力增加，严重时会造成卡钻、断钻等事故。因此，如何选择最佳的开孔位置、入土角度、出土角度显得尤为重要。

入土角 α 、出土角 β 的确定：施工中如果入土角 α 值过小，则覆盖土深度较浅，土质松软，钻杆很难以设计的 α 值钻进，钻杆往往翘出地面；如果 α 值越大，钻进距离越长，则越不利于导向钻进，不可能很快地减小钻杆埋深，从而加大管线埋深。因此，该工程采取垫高锚板以及降低钻机地坪的办法来确保入土角。另外，出土角 β 值过大亦对施工不利，如增加铺管难度。

导向孔轨迹如图 6.9 所示，它由第一造斜段、直线段和第二造斜段组成。直线段是管道穿越障碍物的实际长度，第一造斜段是钻杆进入铺管深度的过渡段，第二造斜段是钻杆出露地表的过渡段。因此，典型的导向钻进铺管施工导向孔的位置形态由 5 项基本参数决定：穿越起点 B；穿越终点 C；铺管深度 h；第一造斜段曲率半径 R_1，由钻杆最小曲率半径 R_d 和铺管深度 h 决定，一般取 $R_1 \geqslant R_d$，$R_d = 1200d$，d 为钻杆直径(钻杆曲率半径根据各制造商不同、型号不同，范围为 25~250m)；第二造斜段曲率半径 R_2，要充分考虑被铺设管道所能承受的最小弯曲率。

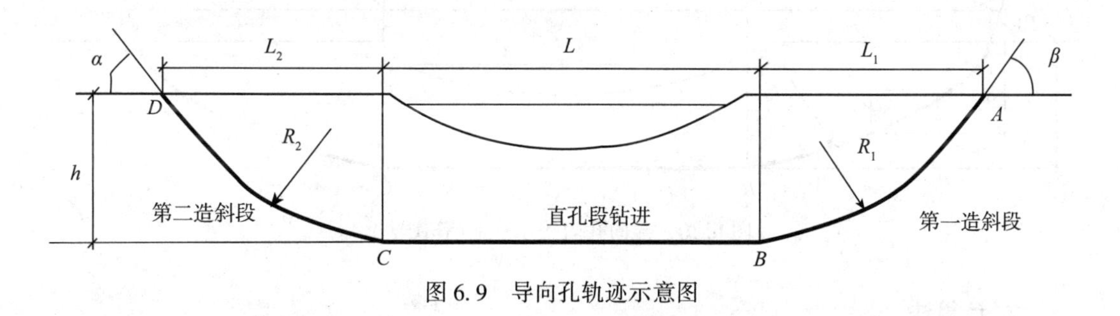

图 6.9 导向孔轨迹示意图

造斜段主要就是确定曲率半径(R_d)，在满足钻杆和铺设管道的变形极限条件下，减少钻杆损伤和铺管阻力。

造斜段曲率半径由欲铺设管的弯曲特性确定，并随管直径增大而增大。所铺管的允许最小弯曲半径可以用下列公式计算。然而，为了易于铺管，最小弯曲半径应尽可能大。一般材料的曲率半径的计算方法如式(6.1)所示。

$$R_{\min} = \frac{ED}{2\sigma} \tag{6.1}$$

式中，$R_{\min}$ 为最小曲率半径，m；E 为材料的弹性模量，钢材取 2.06×10^5MPa；σ 为管子的屈服极限，$N \cdot mm^{-2}$；D 为管材外径，m。

对于管径小于 Φ400mm 的钢质管材，可用式(6.2)计算：

$$R_{\min} = \frac{206D \cdot k}{\sigma}(\mathrm{m}) \tag{6.2}$$

式中，k 为安全系数，取值范围为1~2。

对于管径 $400\mathrm{mm}<D<700\mathrm{mm}$，计算方法：$R_{\min} = 1250 \times D^3$；对于管径 $700\mathrm{mm}<D<1200\mathrm{mm}$，计算方法：$R_{\min} = 1400 \times D^3$。

如管道在空间弯曲，则综合曲率半径为

$$R_{\mathrm{com}} = \frac{\sqrt{R_h^2 \cdot R_v^2}}{\sqrt{R_h^2 + R_v^2}} \tag{6.3}$$

式中，R_h、R_v 分别为水平和垂直方向的曲率半径。

确定和管径匹配的曲率半径后，需对导向轨迹进行设计。对回拖管道材料、导向钻杆材料、施工要求、钻机性能参数、勘察报告中地层基本性质等包括施工经验进行综合考量后设计导向轨迹。以下两种为常用导向设计方法。

1. 作图法

如图6.10所示，确定 B'、C' 点后按铺管深度 h 即可确定直线段轨迹 BC，长度为 L；作半径为 R_1 的圆与直线 BC 相切于 B 点，与 $B'C'$ 的延长线相交于 A 点，则该圆在 A 点的切线与 AB' 的夹角为入射角 α_1，AB' 的长度即为造斜距离 L_1。用类似的方法可以画出 CD，求出 α_2、L_2。

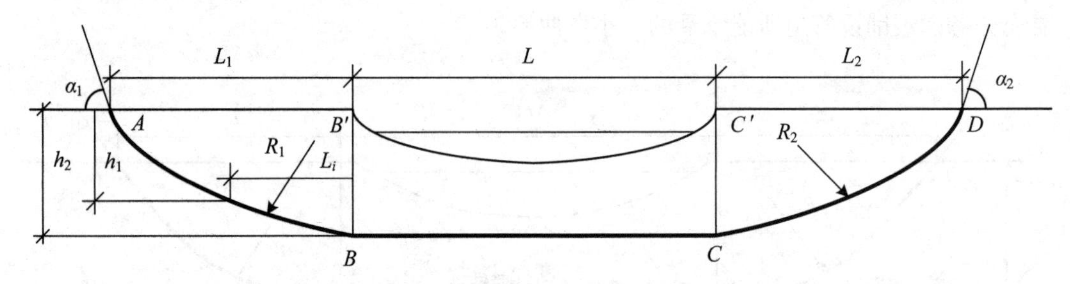

图6.10 导向孔轨迹示意图(作图法)

2. 计算法

根据有关公式推导后有如下关系：

$$L_1 = \sqrt{h(2R_1 - h)} \tag{6.4}$$

$$\alpha_1 = 2\arctan\sqrt{\frac{h}{2R_1 - h}} \tag{6.5}$$

$$L_2 = \sqrt{h(2R_2 - h)} \tag{6.6}$$

$$\alpha_2 = 2\arctan\sqrt{\frac{h}{2R_2 - h}} \tag{6.7}$$

式中，R_1、R_2 为钻杆管道曲率半径；α_1、α_2 为入土角、出土角。8°~20°的入土角、出土角适用于大多数的穿越工程。

对地面始钻式，入土角和出土角应分别在6°至20°之间(取决于欲铺设的管的直径等)。对坑内始钻式，入土角和出土角一般应采用0°或近似水平。设i点为第一造斜段AB上的一点，其对应地面AD上的i'点，则有

$$h_i = h - R_1 + \sqrt{R_1^2 - L_i^2} \tag{6.8}$$

$$\alpha_i = \arctan\sqrt{\frac{h - h_i}{2R_2 - h - h_i}} \tag{6.9}$$

式中，h_i为i点轨迹深度；L_i为i'点和B'点间距离；α_i为i点轨迹倾角。

同样，如设I点为第二造斜段CD上的一点，可用式(6.8)、式(6.9)两式算出I点的深度h，和倾角a。由计算法得出各参数后，还应考虑其他因素对入射角和出口倾角的限制。钻机倾角的可调范围是限制入土倾角的主要因素，一般钻机的倾角可在10°~30°调节。对小口径的钢管，考虑到管道的焊接问题，出口倾角一般应控制在0°~15°。对于PE管和PVC管，一般应控制在0°~30°。在市区施工时，对大口径钢管，因弯曲半径R_2太大，L_2增大，一方面导向孔距离增大，另一方面也浪费管材，因此一般视工作场地的情况可用工作坑来代替第二造斜段，如图6.11所示。

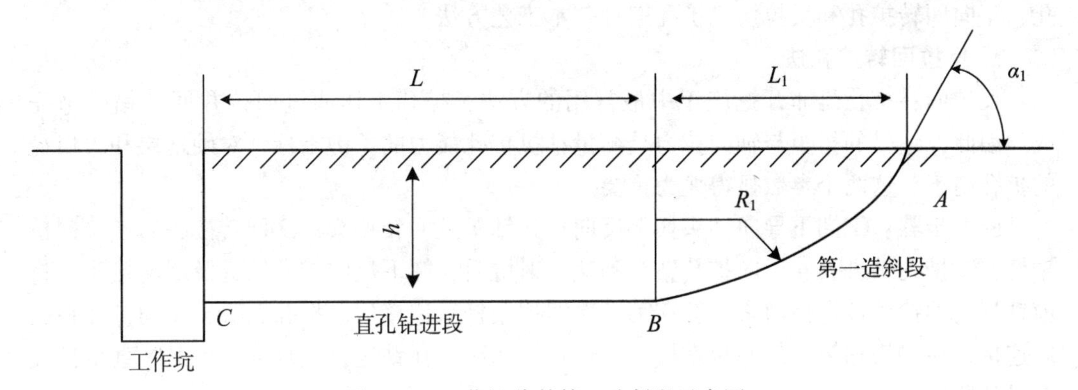

图6.11　工作坑代替第二造斜段示意图

总之，设计导向孔轨迹时，要综合工程要求、地层情况、钻杆允许曲率、拟铺设工作管线允许曲率、施工场地条件、铺管深度等多方面因素，最后优化设计出最佳轨迹曲线。

6.3.4　扩孔的基本原理和工艺方法

扩孔施工是定向钻进非开挖施工技术中的关键技术环节之一。它直接关系到铺管的成败。首先利用小口径的导向钻头快速制导完成导向孔的施工，到达目标地点后，换上扩孔钻头对导向孔进行扩大施工，根据钻孔长度、直径和设备能力选择适合地层的扩孔钻头进行扩孔，待扩、清孔工序完成后再实施铺管，完成整个铺管过程。

扩孔的目的主要是减小铺管时的阻力。对于直径较小的管道可不进行专门的扩孔钻进，可在扩孔的同时将管道拉入。对于直径较大的管道，若孔壁较稳定，可进行多级扩孔钻进，钻孔直径逐级增大。多级扩孔的目的在于：①在设备能力许可的基础上，通过

多级扩孔，达到所需求的口径要求；②可达到把弯孔修直的目的，以减少铺管阻力。

扩孔时的钻具组合包括钻杆、扩孔头、旋转接头和回拉钻杆等(图6.12)。反向扩孔钻头是钻具组合的最重要部件，直接关系到扩孔效率和孔壁的稳定。旋转接头(分动器)安装在反扩钻头之后和回拉钻杆或待铺设的管线之前，它的作用是在反向扩孔时，实现扩孔钻头旋转，而连接在其后的钻杆或待铺设的管线不回转，其主要技术参数为外径、额定转速和额定拉力。其他部件均需按钻头的负荷来设计。

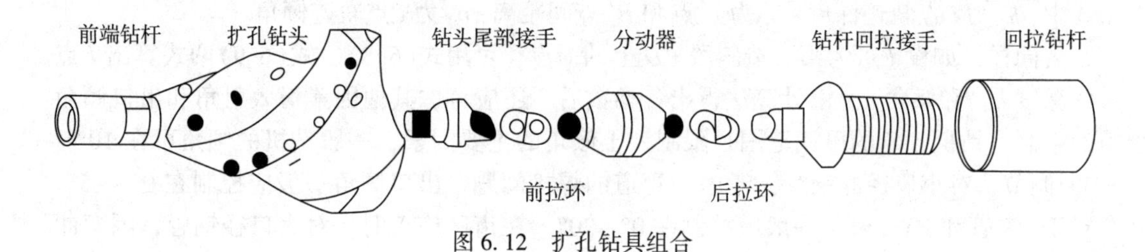

图6.12　扩孔钻具组合

根据地层情况、设备种类、能力以及周边施工环境，可将扩孔分成：反拉回转扩孔、正向回转扩孔和反拉切割扩孔三种基本工艺方法。

1. 反拉回转扩孔法

反拉回转扩孔是非开挖施工中最常用的方法，扩孔工作通过回拉并回转钻杆来完成。因此，钻机的扭矩与轴向拉力是衡量钻机扩孔能力的关键指标，对硬地层和大口径的扩孔施工，这两个参数显得尤为重要。

施工步骤：①卸下导向钻头换上反向扩孔钻头及回转接头；②回转接头后连接回拉钻杆；③扩孔钻进；④反向扩孔钻头到达入射坑后，卸下反向扩孔钻头及回转接头，将前钻杆与回拉钻杆连接起来；⑤在第一次回拉钻杆后连接反向扩孔钻头，反向扩孔钻头后连接回转接头和第二次回拉钻杆；⑥进行第二次扩孔钻进；循环④~⑥工序直至扩孔至设计要求孔径。

必须强调，反拉扩孔钻进时需同步拉入钻杆，使全孔内始终有钻杆存在。

2. 正向回转扩孔法

正向回转扩孔是指通过钻杆施加给扩孔钻头轴向推力和转矩，完成扩孔的工艺方法。如图6.13所示，它与传统的地质钻探扩孔施工类似。该方法一般仅用于出口井空间很小，无法连接回拉钻杆的场合。另外，当出现了孔内钻具脱落、折断等事故时，利用该方法可以反推出事故钻具，达到处理孔内事故的目的。但是当土层很软时，不建议采用。

3. 反拉切割扩孔

反拉切割扩孔是指通过钻杆或钢丝绳直接回拉环刀型扩孔钻头，而不旋转的扩孔方法。该方法最早应用于顶杆法后续工作的扩孔施工，扩孔设备一般采用大功率的卷扬机，通过卷扬机直接拖动环刀钻头，不用拧卸钻杆，扩孔速度快。该工艺最大的优点就是通过环刀的切削，使一定程度的曲孔多次得到修正，减少了铺管阻力。另外，切割完成后驻留孔内的残渣可以方便地拖拉出孔。缺点是导向孔方向不受控制，不便于泥浆护壁，不宜应用于硬土层或曲度大的钻孔的扩孔施工。反拉切割扩孔时同步拉入钻杆或钢丝绳，使全孔始终有它们存在，如图 6.14 所示。

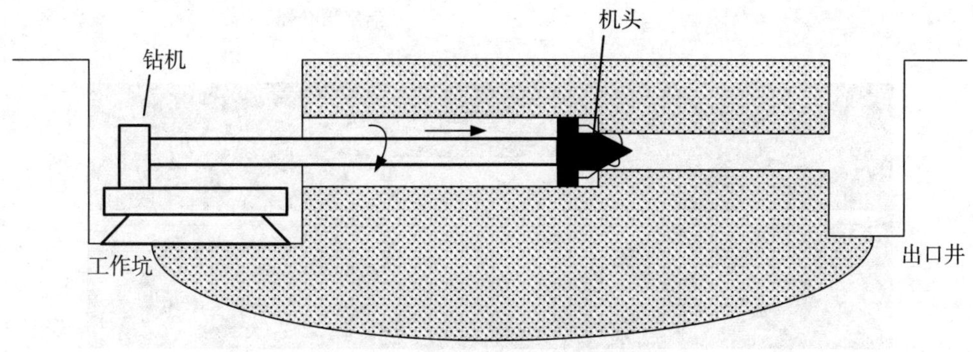

图 6.13　正向回转扩孔原理示意图

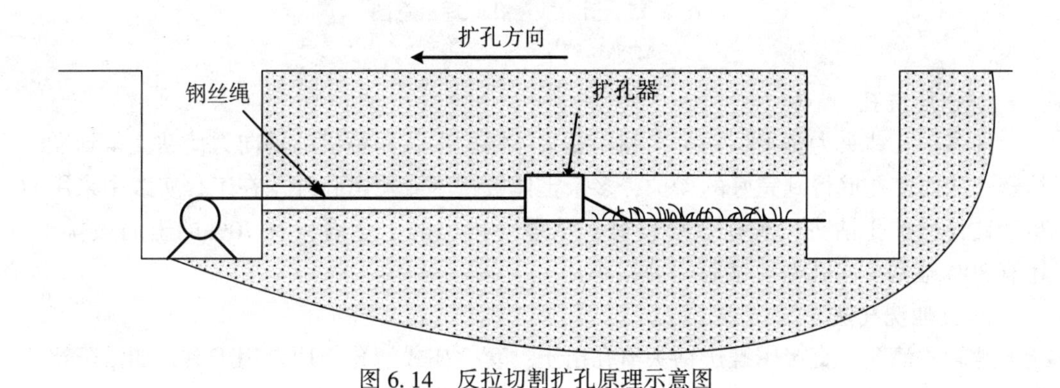

图 6.14　反拉切割扩孔原理示意图

6.3.5　钻孔清洁

采用定向钻进施工的钻孔基本上为水平或近水平孔，大多数离地表浅，所钻地层一般为较软土层，通常不能靠大泵量循环来悬浮出钻渣，因为大的冲刷会造成地表垮塌或沉陷等事故。从某种程度来说，循环液大部分功能是达到冷却钻头、软化土质、冲刷钻头以利于切割等目的。因此，扩孔后形成残土的清除也是定向钻进铺管施工工艺中的又一关键工序。

清孔方法有很多，可以根据现场实际情况灵活采用，在施工中有可能采取多级扩孔、多次清孔的方法，这里介绍几种主要的清孔方法。

1. 活塞式清孔

扩孔后，将软质材料包裹在该钻头上或采用专用清孔活塞，进行“活塞式”拉土清孔，可反复多次清孔以保证孔内无障碍。如图 6.15 为一种清孔工具，该工具还起着铺管试通作用。

2. 冲洗洗孔

在扩孔工序中，为了增加扩孔效率，钻头一般设计有数个水孔，向孔壁喷射高压水以利于碎土。同样，适量的钻井液冲刷流动有利于排出破碎下来的土屑。此种方法对地层的破坏性较强，特别是在松软地层中不推荐使用。

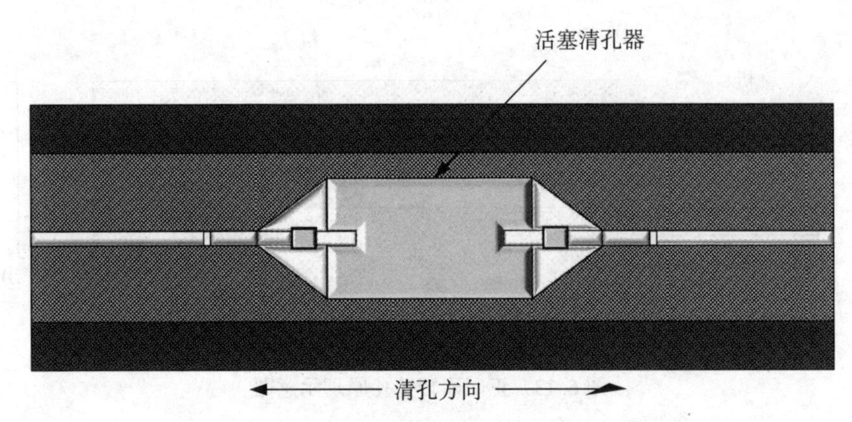

图 6. 15　活塞式清孔原理示意图

3. 挤压洗孔

许多扩孔钻头为挤土型钻头，利用钻头体结构形状和钻机的轴向力使钻孔得到径向挤密，从而使孔壁得到完好的保护，多余土体被挤压或拉出孔外。在工程实践中采用的粗径钻具形扩孔钻头，清孔效果良好，从最终排出的土量看，有 70%的土屑被排出，还有 30%被刮挤向孔壁，铺管阻力很小。

4. 其他洗孔法

螺旋法清孔，直接用螺旋钻头清孔出土；套、掏式清孔，用专用工具，如洛阳铲清孔；还有人工进入式清孔等。

6. 3. 6　回拖力计算

水平定向钻穿越铺管时，通过钻机将管道回拖拉入钻孔，随着管道的拖入，进入钻孔中管道的长度不断增加，钻孔外部待拖入管道的长度逐渐降低。在这一过程中钻孔外端管道与地面的摩擦力逐渐降低，孔内管道受到的多种阻力不断增加，如管道与孔壁的摩擦力、弯曲效应产生的阻力等，总体表现为回拖力随着铺管长度的增加而增加。

回拖力的影响因素包括管道与孔壁和地表的摩擦力、管道受到的钻孔内部泥浆的拖曳力和管端的阻力。管道与孔壁和地表的摩擦力是回拖力的主要组成部分，回拖力主要由两部分组成：①由管道和其配重物在其自重下与土体的摩擦力；②由绞盘效应和弯曲效应产生在管道上附加应力所引起的管土摩擦力。泥浆对管道的拖曳力和管端阻力也是要考虑的。当孔壁不稳定时，还要考虑塌落的土体作用在管道上的作用力。

回拖力计算的第一步根据工程设计和地勘来确定计算所需要的参数。这些参数包括管道直径、管道厚度、钢材等级、泥浆性能和钻孔轨迹参数等。图 6. 16 定义了一个典型的钻孔轨迹剖面图。对于具体的水平定向钻穿越工程，需要根据设计深度、障碍深度和其他一些设计要求赋给这些变量一定的值。

1. 钢管回拖力计算

1)直线段回拖力计算

管道的直线段回拖力的计算是假定管道从左到右回拖(图 6.17)。一般情况下，回拖力的计算都是从管道端到钻机端分段进行的。通常假设在点 1 处回拖阻力为零。当采用这个假设，第一个计算的荷载在第一个直线段的末端，即点 2 处。

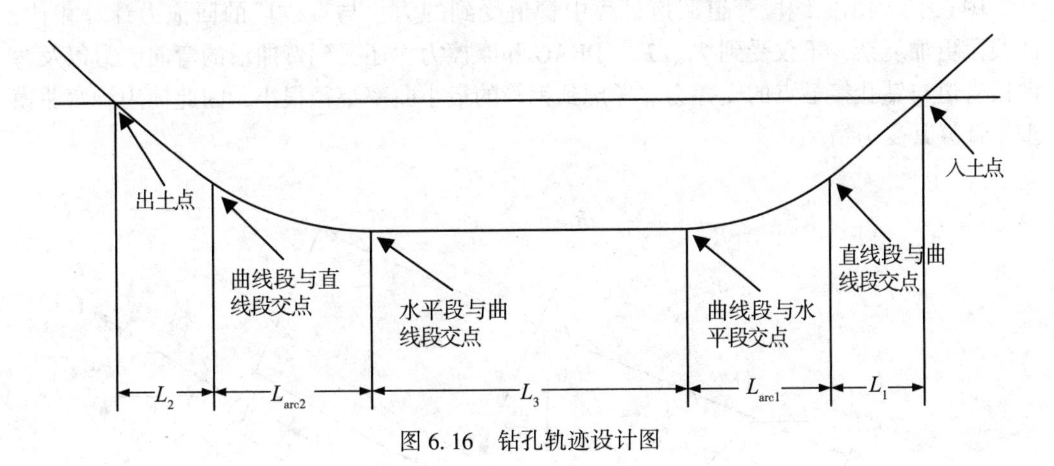

图 6.16 钻孔轨迹设计图

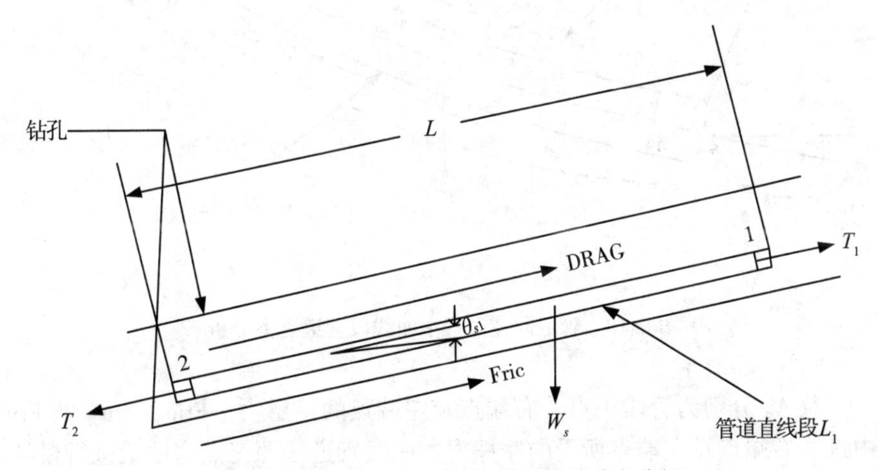

图 6.17 管道回拖过程中直线段管道受力分析

对于任何直线段，在 T_2 的拉伸力是通过静力平衡计算得到的：

$$T_2 = T_1 + |\mathrm{Fric}| + \mathrm{DRAG} \pm W_s \cdot L \cdot \sin\theta_{s1} \tag{6.10}$$

其中：

$$|\mathrm{Fric}| = W_s \cdot L_1 \cdot \cos\theta_{s1} \cdot \mu_{\mathrm{soil}} \tag{6.11}$$

$$\mathrm{DRAG} = \pi \cdot D \cdot L_1 \cdot \mu_{\mathrm{mud}} \tag{6.12}$$

式中，T_2，直线段出土端的回拖拉力(或回拖荷载)，kN；T_1，直线段入土段的拉伸力(或回拖荷载)，kN；$|\mathrm{Fric}|$，管道与土体之间的摩擦力，kN，若 T_2 为沿孔向下则取

负号，沿孔向上则取正号，水平时取0；DRAG，管道与泥浆之间的流动阻力，kN；W_s，管道浸没在泥浆中的有效重量，如果施工中采用了注水减阻应该考虑注入的水的重量，$kN \cdot m^{-1}$；L_1，直线段的长度，m；θ_{s1}，水平面与直线段的夹角，rad；μ_{soil}，管、土之间的平均摩擦系数，(无量纲)，推荐值为0.21~0.30；μ_{mud}，钢管从泥浆中回拖的流体阻力，$kN \cdot m^{-2}$，推荐值为0.17~0.34$kN \cdot m^{-2}$；D，管道外径，m。

2)曲线段回拖力计算

图6.18列出曲线段管道回拖过程中管道受到的力，与直线段的回拖力计算相比，曲线段更加复杂，不仅受到T_1、T_2、DRAG和摩擦力，还受到弯曲段的弯曲应力以及弯曲段管道与钻孔接触点的支撑力。考虑到钢管的最小曲率半径很小，因此使用梁弯曲模型来计算其受力情况。

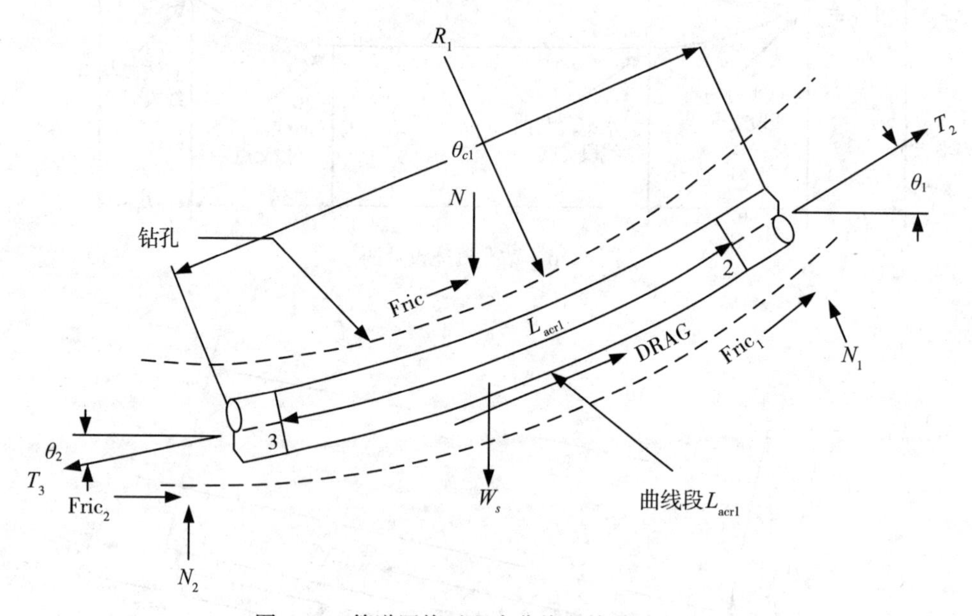

图6.18　管道回拖过程中曲线段管道受力分析

N，N_1及N_2分别为管段中点、右端点及左端点的接触力。Fric，Fric$_1$及Fric$_2$分别为管段中点、右端点及左端点所受的摩擦力。曲线管道按照三点弯曲梁进行模拟。为了使弯曲的管道适应钻孔的形状，管道必须足够弯曲使得其中点的位移(h)：

$$h = R \cdot \left[1 - \cos\left(\frac{\theta_{c1}}{2}\right)\right] \tag{6.13}$$

该模型不完全精确，既然目的是确定法向接触力从而计算摩擦力，该模型就是一个可以接受的估计。N可由均布重量的垂直分量及管段的曲线长度得到。从Roark的弹性梁弯曲方程可知：

$$N = \frac{T \cdot h - W_s \cdot \cos\left(\frac{\theta_{c1}}{2}\right) \cdot Y}{X} \tag{6.14}$$

其中：

$$X = 3 \times \frac{L_{\text{arc}}}{2} - \left(\frac{j}{2}\right) \cdot \tan\left(\frac{U}{2}\right)$$

$$Y = 18 \times \left(\frac{L_{\text{arc}}}{12}\right)^2 - j^2 \cdot \left[1 - \frac{1}{\cos\left(\frac{U}{2}\right)}\right]$$

$$j = \left(E \cdot \frac{I}{T}\right)^{\frac{1}{2}}$$

$$I = \pi \cdot (D - t)^3 \cdot \frac{t}{8}$$

$$U = \frac{L_{\text{arc}}}{j}$$

式中，R，点2与点3之间的曲线段曲率，m或in；W_s，管道浸没在泥浆中的有效重量，如果施工中采用了注水减阻，应该考虑注入的水的重量，$kN \cdot m^{-1}$；j，计算中间值，m；X，计算中间值，m；Y，计算中间值，m；I，管道界面惯性矩，m^4；θ_{c1}，曲线段的角度，rad；θ_1，曲线段右端T_2，与水平线的夹角，rad；θ_2，曲线段左端T_3，与水平线的夹角，rad；θ，θ_1和θ_2的平均值，rad；L_{arc}，曲线段的长度，m；T，点2和点3拉力平均值，N；E，钢的杨氏模量，kPa，一般为1.9996×10^8kPa；t，管道壁厚，m。

从上述的计算公式不难发现，式(6.14)中的X和Y值的计算都需要T的值，而T为T_2和T_3的平均值。这需要对T_3进行迭代计算。最简单的计算方法是根据已知的T值来假设变量T值为平均值，代入计算直至获得所需的精度。假设的平均值T应在T_2和T_3实际平均值的10%误差范围内。其中：$T_{\text{avg}} = (T_2 + T_3)/2$并且$(T_{\text{avg}} - T_{\text{avgassumed}})/T_{\text{avgassumed}} \times 100$应在10%范围内。如果超出10%，则需要重新假设新的值作为T_{avg}并重新计算。采用电脑程序可以简化这项工作。曲线段的Fric为

$$\text{Fric} = |N \cdot \mu_{\text{soil}}| \tag{6.15}$$

曲线管段端点的反作用力设为$N/2$，端点的摩擦力设为Fric/2。这里我们假设N方向向下为正，向上为负，N为正值时弯曲阻力和/或管道浮力足够大并产生法向力作用在孔的上部，使得向下移动h的距离。当N为负，管道的浮重足以使管道位于曲线钻孔段的底部，在接触点将产生一个向上的法向力。不管N的取值是正还是负，都会产生一个与T_3相反的摩擦力，并且都是正值。沿曲线段作用在管道上的拉力荷载与直线段同样的方式增加。由此T_3为

$$\Delta T_3 = 2 \times |\text{Fric}| + \text{DRAG} \pm W_s \cdot R \cdot \sin\left(\frac{\theta_{c1}}{2}\right) \tag{6.16}$$

式中的符号意义与式(6.14)一致，点3处的载荷变成$\Delta T_3 + T_2$。

3)最大回拖力计算

管道在回拖过程中所受的荷载通常要大于管道在运行周期内受到的运行荷载。因此，回拖过程中管道可能受到的最大拉应力将决定管道所需的极限承载力。在整个管道回拖过程中，管道受到的最大应力一般出现在拉伸、弯曲和环向应力同时存在的情况下，如曲线段中弯曲半径小的区域、出土段或埋深最低点。本节介绍的计算管道回拖应

力的方法主要依据API推荐标准2A-WSD。该计算方法首先在钻孔轨迹剖面上选择一个点作为临界应力点，然后单独计算各拉伸、弯曲和环向应力，并将这些计算的应力值与允许的应力值进行比较。如果所有的这些应力都在允许的范围内，下一步就对组合应力进行验算，将组合应力用两个交互作用的方程进行比较：如果交互方程中组合应力少于1.0，则认为管道安全；如果大于1.0，就认为管道可能发生(塑性、弹性及过渡状况)弯曲或环状失效。

2. 塑料管道回拖力计算

1)回拖力计算

大型水平定向钻机的拉力可以达到600t以上。但是在钻机作用的回拖过程中很难准确地分析回拖力在整个钻杆和管段上的具体分布情况。对于管道而言，作用在管道上的摩擦阻力、绞盘效应以及流体动阻力三者之和应该等于施加在塑料管道与钻杆连接的第一个接头处。管道DR(数字射线)的选择应保证管道由于回拖而产生的拉伸应力不会超过管道的允许拉伸应力。虽然DR较大的厚管道可以增加管道承受拉伸荷载的能力，但同时也会正比增加管道的重量。因此，选择管道的DR值一定要综合考虑管道的极限承载力和重量。

典型的钻孔轨迹(图6.19)一般包括深度、出入土角、曲线段的曲率半径以及所穿越的障碍物下的直线管段。对于塑料管道，通常认为管道前端受到的拉应力载最大。此外，管道受到的拉应力还随回拖操作过程变化，随管道拖入钻孔距离的增加而增大。在计算分析管道受到拉应力时，一般只考虑几个最主要的因素：管道外壁与钻孔之间的摩擦阻力，管道的重力或在钻孔内受到的浮力，管道在弯曲段受拉时的附加拉应力，以及管道刚度产生的阻力。在实际工程中如果铺设的管道直径较大，还会采用管道配重的方法来减少管道受到的摩阻力，在这种情况下计算管道受到的拉应力，还需要考虑管道所施加的配重参数。

管道的回拖阻力主要取决于管道与孔壁之间的摩擦力或者地表段管道与地面之间的摩擦力，管道与泥浆之间的摩擦阻力，管道弯曲部位的绞盘效应，以及管道的重量等因素。公式(6.17)给出了管道在水平钻孔内或者水平地面上回拖时的摩擦阻力，或者说是所需的回拖力：

$$F_P = \mu W_B L \tag{6.17}$$

式中，F_P为回拖力，kN；μ为管道与泥浆之间的摩擦系数，无量纲，通常平均值取0.3，管道与地面之间的摩擦系数通常取0.5，采用滚轮时取0.1；W_B，作用于管道上的净向下(或向上)的力，$kN \cdot m^{-1}$；L，钻孔长度，m。

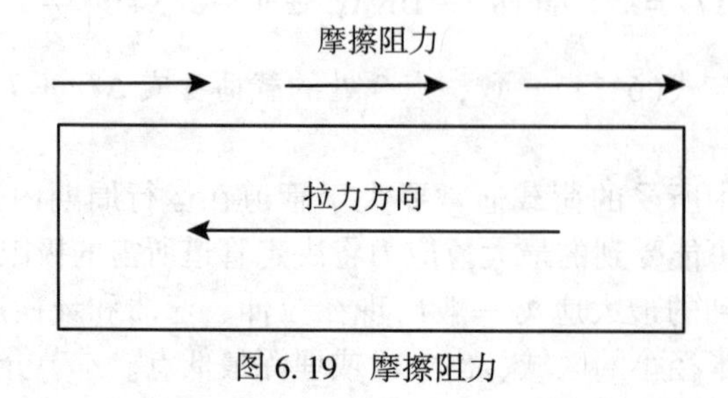

图6.19　摩擦阻力

当存在泥浆时，式(6.17)中参数 W_B 是管道及管内物体向上的浮力。在管道内注入流体能够显著降低浮力，从而降低回拖力。如果管道铺设采用一个封闭的拖管头，管道内部为空，则管道将浮于钻孔的顶部，使孔壁受力、摩擦阻力由净浮力和上部土体的摩擦系数决定。如果管道铺设时管内充满水，则净浮力会显著下降。在回拖过程中，流动的泥浆会润滑接触区域。若管道或者泥浆流动停止，管道会推挤出润滑的泥浆。

在钻孔的曲线段，回拖力可以分解成水平和垂直方向的两个分量。对于钢管铺设的，为了使钢管道保持弯曲，孔壁会给管道施加一个压力，由此而产生了一个额外的摩擦力。而塑料管属于柔性管道，在弯曲段的这个压力以及其产生的附加摩擦力却可以忽略。但是，在对于特殊的急弯情况，仍然需要考虑上述这个力。塑料管与钢管在弯曲段的阻力计算除了上述的不同("上述不同"是指钢管和柔性管在管道回拖时受力不同，柔性管道回拖可以忽略管壁压力，从而没有附加摩擦力)以外，塑料管的回拖过程还需要考虑一个绞盘力，及塑料管回拖过程中受到的拉力是摩擦阻力与绞盘效应相结合。

水平定向钻穿越铺设塑料管的回拖力计算可以根据本章所介绍的方法进行计算，大多数水平定向钻穿越包含了直线段和弯曲段的组合，并且式(6.17)必须应用到钻孔的各个直线段和弯曲段。相应的荷载可能采用式(6.18)~式(6.21)能够估计。如图6.20所示，在四点处计算作用在管道上估计的峰值。

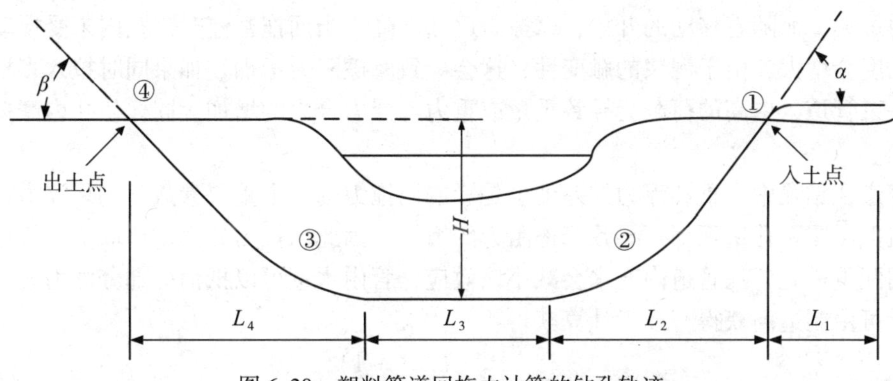

图6.20　塑料管道回拖力计算的钻孔轨迹

$$T_1 = \exp(\nu_a \cdot \alpha) \cdot (\nu_a \cdot \omega_a (L_1 + L_2 + L_3 + L_4)) \tag{6.18}$$

$$T_2 = \exp(\nu_b \cdot \alpha) \cdot [T_1 + \nu_b \cdot |\omega_b| \cdot L_2 + \omega_b \cdot H - \nu_a \cdot \omega_a \cdot L_2 \cdot \exp(\nu_a \cdot \alpha)] \tag{6.19}$$

$$T_3 = T_2 + \nu_b \cdot |\omega_b| \cdot L_3 - \exp(\nu_b \cdot \alpha) \cdot [\nu_a \cdot \omega_a \cdot L_3 \cdot \exp(\nu_a \cdot \alpha)] \tag{6.20}$$

$$T_4 = \exp(\nu_b \cdot \beta) \cdot \{T_3 + \nu_b \cdot |\omega_b| \cdot L_4 - \omega_b \cdot H - \exp(\nu_a \cdot \alpha)[\nu_a \cdot \omega_a \cdot L_4 \cdot \exp(\nu_a \cdot \alpha)]\} \tag{6.21}$$

式中，T_1，点1处的回拖力，kN；T_2，点2处的回拖力，kN；T_3，点3处的回拖力，kN；T_4，点4处的回拖力，kN；L_1，钻孔外额外需要的管道长度，m；L_2，管道入孔点距离管道预定深度的水平距离，m；L_3，水平段的长度，m；L_4，水平段终点至管道出土点的水平距离，m；H，钻孔埋深，m；ν_a，管道进入钻孔之前与地面之间的摩擦系数，无量纲；ν_b，管道与钻孔之间的摩擦系数，无量纲；ω_a，空管道的重量，$kN \cdot m^{-1}$；ω_b，管道在钻孔内受到的净上浮力，$kN \cdot m^{-1}$；α，管道入土角，rad；β，管道出土角，rad。

塑料管道回拖力的计算式(6.18)~式(6.21)并没有完全包含管道在曲线段中管道受拉而产生的阻力，而这个阻力的大小与管道的刚度和曲线段的曲率半径相关。因此增加钻孔轨迹曲线段的曲率半径可以有效地减小上述阻力。管道的绞盘力，是指管道在弯曲段受到拉力时在紧贴孔壁内表面上产生的支撑力而导致管道拉动过程中受到的额外阻力，上述式(6.18)~式(6.21)中采用一个指数因子的迭代来计算绞盘力。而绞盘力并没有考虑管道的环刚度在弯曲段引起的附加回拖阻力。因此，实际工程中应该增加弯曲段的曲率半径并且通过清孔的方法来减小塑料管道在曲线段受到的阻力。

式(6.18)涉及的摩擦系数ν_a取决于管道在地表与地面的接触形式、采用润滑减阻方式、管道与地面之间的相对运动。这里还需要强调一点的是管道开始滑动之前摩擦大于管道滑动时的摩擦，但是水平定向钻穿越在管道回拖过程中卸钻杆会不可避免地使回拖出现短暂的中断。这样就导致了整个回拖过程总是走走停停，通常建议在对孔外的管道采取支撑以尽可能地降低ν_a。管道和孔壁的摩擦系数ν_b表示孔内充满泥浆的情况下管道与周围泥浆的摩擦力。通常管道在孔内的摩擦系数ν_b为0.3，而管道与地面之间的摩擦系数ν_a为0.5。如果地表的管道采用滚轮支撑，则ν_a取0.1。当管道开始移动时，摩擦力最大，而随着移动的开始，摩擦力逐渐下降。当回拖暂停时，孔内未受搅动的泥浆的黏度会增大，由于泥浆的触变性，这会导致摩擦阻力增加。如果同时拉入多根管道或者一束管道，更高的荷载会导致重量或重力与浮力合力的增加，同样使孔内摩擦系数的增加。

管道在钻孔中自重和浮力的差值也是影响回拖力的一个重要参数，如果浮力过大会使管道上浮紧贴孔壁顶部，导致摩擦阻力的增加。因此回拉力的大小还取决于管道内是否采用配重措施，往管道内充水会减小该效应，管内水重可以抵消一部分浮力。管道的空重量可由制造商获得，或者计算获得：

$$\mathrm{pipe}_{\mathrm{weight}} = \pi \cdot D^2 \cdot \frac{(DR - 1)}{DR^2} \cdot \rho_{\mathrm{w}} \cdot \gamma_a \tag{6.22}$$

通常假设管道平均重量为管道重量的1.06倍，因此管道的平均重力为

$$\mathrm{pipe}_{\mathrm{avg}} = 1.06 \cdot \mathrm{pipe}_{\mathrm{weight}} \tag{6.23}$$

式中，$\mathrm{pipe}_{\mathrm{weight}}$，空管道的重量，$kN \cdot m^{-1}$；$\gamma_a$，管道材料的比重，例如，PE管道为0.955；$\rho_{\mathrm{w}}$，水的重量密度，$kN \cdot m^{-3}$；$D$，管道外径，m；$DR$，管壁尺寸比，无量纲。

作用在充满泥浆的钻孔内管道上的净上浮力可以采用如下公式计算：

$$w_b = \frac{\pi \cdot D^2}{4} \cdot \rho_{\mathrm{w}} \cdot \gamma_b - \mathrm{pipe}_{\mathrm{avg}} \tag{6.24}$$

或每英尺管道及其内部充填物的净浮重：

$$\mathrm{Displaced}_{\mathrm{mudweight}} = \pi \cdot \left(\frac{D}{2}\right)^2 \cdot \gamma_b \tag{6.25}$$

$$\text{pipe}_{\text{volume}} = \pi \cdot \left(\frac{D}{2} - t\right)^2 \tag{6.26}$$

$$\text{water}_{\text{weight}} = 62.4\text{kN} \cdot \text{m}^{-3}$$

这里水的重量等于 $\text{pipe}^*_{\text{volume}} \cdot \text{water}_{\text{weight}}$。

$$w_s = \text{pipe}_{\text{avg}} + \text{water}_{\text{weight}} - \text{Displaced}_{\text{mudweight}} \tag{6.27}$$

式中，D，管道外径，mm；γ_b，泥浆的容重，$\text{kN} \cdot \text{m}^{-3}$；$t$，管道壁厚，mm。

2)流体动阻力计算

水平定向钻铺设塑料管道在回拖过程中，管道受到来自泥浆的阻力，称之为流体动压力，该压力很难估计。阻力可以通过考虑由于流体动压力而作用在环空流体上的力与作用在管道与孔壁上的侧向剪切力之间的平衡来估计。流体动压力值通常取5~68.95kPa。通常采用如下公式估计流体动力值：

$$T_{\text{hydro}} = \text{hydro}_{\text{pressure}} \cdot \frac{\pi}{8} \cdot (D^2_{\text{hole}} - D^2) \tag{6.28}$$

式中，T_{hydro}，流体动阻力，kN；$\text{hydro}_{\text{pressure}}$，流体动压力，$\text{kN} \cdot \text{m}^{-2}$；$D_{\text{hole}}$，钻孔直径，m；$D$，管道外径，m。

如果要考虑管道回拖过程中的流体动阻力，则上述的回拖力计算公式应修改为

$$T_1 = \exp(\nu_a \cdot \alpha) \cdot [\nu_a \cdot \omega_a (L_1 + L_2 + L_3 + L_4)] \tag{6.29}$$

$$T_2 = \exp(\nu_b \cdot \alpha) \cdot [T_1 + T_{\text{hydro}} + \nu_b \cdot |\omega_b| \cdot L_2 + \omega_b \cdot H - \nu_a \cdot \omega_a \cdot L_2 \cdot \exp(\nu_a \cdot \alpha)] \tag{6.30}$$

$$T_3 = T_2 + T_{\text{hydro}} + \nu_b \cdot |\omega_b| \cdot L_3 - \exp(\nu_b \cdot \alpha) \cdot [\nu_a \cdot \omega_a \cdot L_3 \cdot \exp(\nu_a \cdot \alpha)] \tag{6.31}$$

$$T_4 = \exp(\nu_b \cdot \beta) \cdot \{T_3 + T_{\text{hydro}} + \nu_b \cdot |\omega_b| \cdot L_4 - \omega_b \cdot H - \exp(\nu_a \cdot \alpha)[\nu_a \cdot \omega_a \cdot L_4 \cdot \exp(\nu_a \cdot \alpha)]\} \tag{6.32}$$

式中各符号代表的意义见式(6.18)~式(6.21)及式(6.28)。

6.4 钻孔失稳原因、预防及处理

6.4.1 钻孔稳定性问题

孔壁稳定性一直都是钻井领域备受关注的重要课题之一。稳定性问题不仅存在于钻井领域，也是所有工程领域需要考虑的关键因素。广义上讲，失稳对应于一种突然的改变，严格来说，失稳是指丧失了原有的稳定状态，突然跃变为另一稳定状态。在数学上失稳问题对应于一个分岔问题，表明在一条曲线上的某点处，分岔出另一条解曲线，而且通常分岔出的解曲线比原有的解更稳定。水平定向钻进的孔壁稳定性包括孔壁坍塌和压裂冒浆两种情况。这两种问题的根源都是钻进过程中钻头、扩孔器和泥浆打破了地层原有的应力状态，因此钻孔周围的土层变为另一种稳定状态。中小型水平定向钻进涉及的地层多为土层，虽然大型长距离水平定向钻进施工可能穿越基岩层，但是从施工经验和穿越记录来看，岩层中钻进进尺缓慢，但成孔孔壁稳定性好，孔壁失稳引发的孔内事

故比砂土层和卵砾石层要少。所以本节将主要讨论土层中的水平定向钻钻孔的孔壁稳定性问题。土力学中涉及的稳定性问题属于破坏问题或强度问题。例如边坡稳定性问题，它在许多情况下研究的是边坡可能沿哪一个曲面发生滑移破坏。本章所讨论的水平定向钻孔壁稳定性问题其实也是一个土体破坏问题，即孔壁周围的土体受到周围的土压力和钻孔内部的泥浆压力，当受力平衡被打破时，土体从局部破坏开始，破坏范围逐步扩展，直至达到一个新的平衡，而达到新的平衡往往以钻孔变形、坍塌或压裂，甚至出现地面沉降、塌陷或冒浆作为代价。本节主要从理论上对孔壁稳定性问题进行分析，介绍分析孔壁稳定性的方法。

随着水平定向钻穿越工艺应用范围不断扩展，从最初的小型市政管道到近年来大型油气主干线管道铺设，管道直径越来越大，穿越距离越来越长。因此，与孔壁稳定性理论密切相关的孔壁坍塌和压裂冒浆成为大型水平定向钻穿越工程的常见技术问题。

水平定向钻穿越施工中孔壁坍塌和钻孔压裂常发生在第四纪松散或破碎地层中，其一般表现为泥浆压力剧增或剧减、扭矩、回拖力异常、孔口返出的岩屑量增加，砂样混杂、返回的泥浆参数异常等。孔壁坍塌可能引起卡钻、抱钻、钻杆断裂、回拖力过大等孔内事故，延长钻孔施工周期，降低钻进效率，增加钻进成本。严重的孔内事故将被迫报废钻孔或成品管道，造成人力、物力和时间的极大损失。压裂冒浆是孔内过高泥浆压力压裂地层，连通地层中的天然孔隙和裂缝，在上覆地层形成的泥浆通道，造成泥浆从地表涌出。泥浆压裂地层的过程，即泥浆对地层的渗透破坏的过程。因此，渗流力学是研究地面冒浆原理的基础。

孔壁稳定性研究归结为三种方法：第一种方法是将钻孔周围的岩土体作为线-弹性体，来分析孔壁稳定性。在所有这些本构关系中假定地层是均质的、各向同性的线-弹性体，据此井壁应力可以由一些简单的方程确定。第二种方法在计算模型中考虑钻井液的流动对孔壁稳定性的影响，模型可以准确地描述孔内的动态情况，但这种方法的缺点是获取模型所需的参数较困难。第三种方法采用弹-塑性方法分析孔壁稳定，这种方法存的不足是难以确定失稳前塑性变形的程度，而且分析弹-塑性模型需要较多参数，而从实验中获得这些参数较难，弹-塑性分析结果不能直接用于解释岩土体的变形或破裂。因此孔壁稳定性力学分析模型及研究方法不仅受土力学和岩石力学学科发展的制约及岩土体本身复杂性的影响，而且受岩土体特性测试手段及相关技术发展的制约。

在研究孔壁周围应力分布的同时，学者对孔壁失稳的判定标准——破坏准则进行了大量研究。很多学者对孔壁周围岩土体的破坏进行了一系列的模拟，由此引入了不同的破坏准则。然而由于岩土体的复杂性，很难通过用一种简单的准则来描述。目前评价孔壁稳定的常用强度准则主要有 Mohr-Coulomb 准则、Druck-Prager 准则和非线性的 Hoek-Brown 准则。在这些准则中，虽然 Mohr-Coulomb 准则的合理性存在一定的质疑，但是由于该准则所需要的参数都是实际工程中可以通过测试取得的，因此该准则在实际应用中最常用。

6.4.2 孔壁稳定性的影响因素

1. 地质条件

地质条件是影响所有钻井工程孔壁稳定性的重要因素。地壳不同位置的岩土体都处于受压状态，岩土体在长期的地质作用下处于原始相对平衡和相对稳定状态，然而钻孔的形成破坏了孔壁周围土体的原始应力状态，失去了原始平衡的稳定条件并且部分土体发生应力集中。大多数材料在低应力状态表现为弹性变形，当应力增加时，则会产生塑性流动或屈服现象，如脆性材料会在某种不明显的屈服状态下自某一点达到极限应力值并发生破坏。在上部土压力作用下孔壁岩土体具有向孔内移动的趋势，如果土体内部应力状态发生变化超过其岩土强度的极限应力值，该趋势将转变为缩径或孔壁坍塌。相反，如果孔内的泥浆压力过大，并且使得土体内部应力状态变化超过土体强度的极限应力值，该趋势会转变为土体发生剪切破坏而被压裂。岩土层的地质成因、构造类型和受力特征不同，对钻孔稳定性产生的复杂情况和程度也不一样。

岩土层中的大孔隙、裂隙和溶隙，特别是裂隙和溶隙给钻进工作带来较多困难，情况也更为复杂，如节理、破碎地层、各种溶洞或互相串通的裂隙等都会产生不同程度的漏失，这些地层有时会使孔内钻井液漏空，并导致上部土体失稳而坍塌，造成严重的后果。

岩土体的受力特征对孔壁稳定性也有一定的影响。岩土体一般受到地层压力和孔内的泥浆压力，地层压力是指由于地层在重力作用下的压实作用，地层中孔隙水所承受的压力，又称之孔隙水压力或孔隙压力，指地层孔隙内充填的流体介质的压力。而泥浆压力是指孔内泥浆作用在孔壁的压力。正常压实情况下孔隙水压力与静水压力一致，其大小取决于流体的密度和液柱的垂直高度，凡是偏离静水压力的流体压力，即称之为异常地层压力，简称异常压力。孔隙水压力低于静水压力时，称为异常低压或欠压，这种现象主要发现于某些致密气层砂岩或遭受较强烈剥蚀的盆地；孔隙流体压力高于静水压力时，称为异常高压或超压，其上限为地层破裂压力(相当于最小水平应力)，可接近甚至达到上覆地层压力。正常条件下，水平定向钻穿越工程的钻孔内的水柱或泥浆柱压力可以完全平衡地层压力，不会出现涌水或漏失现象，但是对于一些存在异常压力的地层中，经常会出现钻孔内钻井液的压力大于或小于地层压力，而引发缩径、坍塌和漏失等现象。此外在管道设计埋深较浅的工程中，地层压力较孔内液柱压力要低，因此也容易出现因渗漏或地面冒浆。

地质条件除了直接影响孔壁稳定性外，还会通过钻井液间接影响孔壁稳定性。松散的岩土层易被钻井液冲毁，造成渗漏或坍塌埋钻。如果地层的渗透性较好，泥浆在钻孔内失水后还会形成过厚的泥皮而导致缩径。黏土层或某些黏土质页岩、泥岩等会吸水膨胀，造成缩径或坍塌；盐岩层易溶而造成超径，这些都是由于岩土体本身的性质造成的。由此可见，岩土体自身黏结力或胶结程度对岩石的稳定性影响很大。一些胶结强度低、并且黏结力较小的岩土层，如流砂、泥岩、黏土等，在压力作用下容易出现孔壁失稳情况。相反，一些胶结强度高并且黏结力大的岩土层，即使在干孔或空气钻进条件下，也不会出现孔壁失稳，即岩土体自身强度就可以满足孔壁稳定的要求。

水平定向钻穿越的地层适应性与孔壁稳定性有很大的关系。不同性质的岩土体对工程活动的影响程度不同，对于水平定向钻来说，地层适应性是指所钻进的地层与现有水平定向钻进技术的机具设备、工艺技术的相互适应，并借鉴地质钻探领域的研究成果，建议采用岩土层的硬度(或强度)、完整程度和研磨性三方面的因素对地层适应性进行评价。水平定向钻穿越的适应性对孔壁稳定性的影响是指不同岩土层中的成孔、固孔和泥浆漏失方面的难易程度。在表 6.2 中，将上述的三个关键因素的难易程度分为容易、中、困难三个级别，表中所给出的水平定向钻和地层条件的适应性关系是根据大量的施工案例而总结分析得出的，对于水平定向钻工程施工具有现实的借鉴作用和指导意义。

表 6.2　　**不同地层条件的成孔和固孔难度**

地 层 类 型	成孔	固孔	泥浆漏失
中硬—硬质黏土和淤泥	容易	容易	较少
硬黏土和强风化页岩	容易	中	
松散沙层(砾石含量<30%重量比)	困难	困难	常见
中—致密沙层(砾石含量<30%重量比)	中	中	
松散—密实沙砾石层(30%<砾石含量<50%重量比)	困难	困难	
松散—密实沙砾石层(50%<砾石含量<85%重量比)	中	困难	
松散—密实的卵砾石地层	困难	困难	
含有大量孤石、漂石或障碍物地层	困难	困难	
风化岩层或强胶结地层	困难	容易	很少
弱风化—未风化岩层	困难	容易	很少

黏结性强的土层和硬度较小的完整软岩的成孔和固孔都比较容易，因此其孔壁稳定性较好，钻进速度比较快，工程施工难度低；而对于无黏性或黏性较小的砂类土，成孔较困难，在扩孔过程中孔壁容易失稳，因此成为制约大型水平定向钻穿越工程的技术难题。松散砂层和卵砾石层的松散程度越高，成孔难度更大，甚至会出现无法成孔的情况，这种现象也会出现在强风化的破碎岩层中。对于含坚硬石块或其他障碍物的地层，地层研磨性强，成孔困难，易发生钻头损坏，甚至卡钻的严重事故，但是成孔后孔壁稳定，一般不会出现孔壁坍塌的情况。

水平定向钻穿越的地层适应性在很大程度上都是由地层条件决定的，现有的设备条件下能否成孔是最直接的判断地层适应性的依据。如果能够成孔，尽管存在技术上的难度，在现有的技术装备条件下，依然具有可行性。如果不能成孔或成孔极其困难，则必须采用开挖铺设或其他非开挖工法或通过一定的处理技术，否则就不适合选用水平定向钻穿越工艺。能否成孔，即能否形成稳定的钻孔，这样就把这一重要问题归结为孔壁稳定性研究。随着水平定向钻进技术的广泛应用与大力推广，施工中遇到的地层越来越多、越来越复杂，不同地层的稳定性是不同的。近年来，水平定向钻的设备研发能力和工艺方法都同步地得到提高，地层的适应性也在逐渐地扩宽。在选用水平定向钻技术时，因为不同地层的自然性质、力学性质，不同地层条件的施工难易程度差异非常大。

2. 钻井液影响因素

钻井液是钻探过程中孔内使用的循环冲洗介质，也是护孔和固孔的重要措施之一，它对所遇到的地层的水化膨胀和分散具有较强的抑制作用，能清洁井底、携带岩屑、冷却和润滑钻头及钻柱；能有利于在孔壁上形成薄而韧、摩擦系数低的泥皮，阻止液体渗入地层，有效地平衡孔壁壁岩土体的侧压力，用以巩固孔壁，防止孔壁坍塌或压裂。在水平定向钻工程中，钻井液和地下水共同形成液柱压力，其大小与钻井液的容重及埋深相关，钻井液形成的孔壁内压阻止了开挖岩土体向孔内移动，保证孔壁稳定。然而钻井液的流动也会不同程度地破坏孔壁的稳定性，这取决于钻井液在循环时的流速和流态，当流速过高，容易形成紊流(其特点是流速高而不规则，且具有多向性)，这样对孔壁的冲刷作用大，不利于孔壁稳定。

在实际工程中钻井液使用不当，也往往不能起到预期作用。例如，在水敏性地层中钻进，使用失水量大的泥浆，会使钻孔壁塌陷、缩径。一旦出现缩径，在升降钻具、转动钻具时，孔壁极易遭到破坏。同时由于泥浆失水量过大，在孔壁上形成很厚的泥皮，当泥皮达到一定的厚度时，泥皮因重力作用从孔壁上脱落，失去对孔壁的保护。钻井液对孔壁的维护是依赖于本身静液柱压力，钻井液比重越高，对岩土层的反压力越大。压力过大，则会压裂孔壁导致漏失。此外，如果钻进过程中使用的泵量过大，会造成钻头或扩孔头附近钻井液压力大于周围土体的极限而压裂地层，造成地面冒浆问题。因此钻井液的性能对孔壁稳定性的影响非常大。

3. 钻孔工艺技术影响

从钻进工艺方面来看，不当的钻进参数或操作可能会导致孔内的压力波动而影响孔壁稳定性，这些因素包括钻进速度、钻井液泵量、环空间隙大小和起拔钻具、开泵停泵等操作。钻进过程中，由某些外力而引起的孔内压力波动，叫作压力激动。压力激动是钻进过程中不可避免的现象，是破坏平衡的一个经常性因素，它可以导致漏失、坍塌或压裂等孔壁失稳。钻进速度过大，会使孔内压力瞬间剧增而导致钻孔被压裂，出现严重的压力激动现象。根据实验资料认为：起拔钻具速度越快，钻具与孔壁间隙愈小，泥浆黏度与切力越大，则压力激动也越大，且下降钻具较提拔钻具的压力激动值大4倍左右，切力较黏度的影响大3倍。钻进时经常要回转钻具、起拔钻具、开泵停泵等，这些操作都会造成孔内压力激动，影响孔内压力平衡。因为在钻进时，钻井液由静止到流动或由流动到静止的变化，水泵往复运动的不均匀性，起拔钻具时所引起的真空抽吸、高压及不均匀流动等，都是造成洞内压力变化的因素。起拔钻具时，孔内泥浆量减少，也是一种压力激动，也会造成水浸或孔壁坍塌。

由此可见，压力激动是破坏孔壁平衡的经常因素。为了减少压力激动，必须对泥浆的性能进行调整，还要注意钻具的尺寸配合以及水泵、起拔钻具的操作技术。此外，机械设备不良使得机器钻进振动过大；钻进参数选择不当导致钻具受压过重，钻杆扰动大，敲打破坏孔壁；操作人员技术水平不够也会导致钻孔弯曲。这些因素都是在孔壁失稳事故中不能不考虑的。总之，影响孔壁稳定的因素较多，情况也比较复杂。所以必须尽量多地收集与工程相关的资料，进行研究调查、掌握影响孔壁稳定性的几大相关因素，对孔壁稳定性有初步的了解，通过现有的基础理论来计算孔壁周围的受力状况，分析可能的孔壁失稳状态，减少施工中可能发生的孔内事故。

6.4.3　孔壁坍塌理论分析

水平定向钻穿越工程的先导孔成孔前，岩土体初始应力处于平衡状态，导向钻进和扩孔过程中，一部分岩土体被钻头或扩孔头从地层中切削下来，一部分被挤压到周围的地层中。因此，钻头或扩孔头周围岩土体的应力状态发生了改变，为方便研究，我们将靠近钻孔的临空面延伸至一定范围的岩土体称为孔壁。孔壁稳定性研究就是深入分析钻孔形成过程中重新分布的应力状态，因此不仅要掌握其初始应力状态，还需要分析岩土体本身的力学性质，主要是变形与强度特性。

在对水平定向钻的孔壁力学问题进行力学分析时，需要先作出以下假定：

(1)不考虑地质构造等作用引起的地层各向异性，岩土体为均质的、各向同性的；

(2)计算孔壁周围的应力应变时，假设计算单元为一无自重的单元体；

(3)不计由于钻孔的形成而导致分析区域的重力变化，并将岩土体的自重应力作为作用在无穷远处的初始应力；

(4)岩土体的初始应力状态仅考虑岩土体的自重应力引起的部分，不考虑其他的外力作用。

实际工程中的水平定向钻穿越轨迹是位于三维立体坐标系中的，但考虑到施工长度远大于钻孔的截面尺寸，因此可以将水平定向钻穿越的钻孔简化为平面应变问题，构建孔壁的应力状态分析的平面应变模型。由于地层中的初始地应力的平衡状态在成孔过程中被破坏，因此这里将地层中的原始初应力定义为一次应力状态，而成孔后经过应力重新分布形成的应力状态称为二次应力状态。水平定向钻穿越的成孔过程是在处于初始应力场的地层中进行的，孔口应力集中问题可以定义为成孔后的钻孔周围土体的二次应力场，由钻孔周围初始应力场与成孔过程中的扰动应力场叠加得到，在轴对称下，孔口集中问题的一般解，即扰动应力场的一般表达式，已在 6.3 节中求出。钻孔成孔后，孔边应为零应力状态，但是，由于初始地应力的存在，孔边的零应力状态即意味着我们必须沿洞口周边施加一个与初始地应力相反的荷载。

虽然在水平定向穿越中土体的位移不作为判断孔壁失稳的主要因素，但是考虑到孔壁变形，这里将根据土力学中假设的土体弹性本构关系来推导、求解水平定向钻进成孔过程中孔壁周围土体应力、应变、位移的方程。在实际的钻进过程中，浅部孔壁容易出现坍塌。砂土颗粒本身之间的胶结强度很小应该是主要原因。如果土的强度足够，则认为不仅是单一的钻孔形成引起的二次分布应力造成的，而且钻孔液与地层的相互作用是主导因素。目前，孔(井)壁稳定性弹塑性分析通常采用的方法是，在原地应力场和孔壁压力共同作用下得出钻孔应力分量表达式，利用孔壁处出现屈服破坏来确定孔壁压力的大小，以确定泥浆压力，设计泥浆密度。

从理论上讲，水平定向钻的钻孔截面形状为圆形。但是对于一些胶结能力较差或以松散介质为主的地层孔壁常常发生坍塌或掉块。特别在管道直径较大的大型油气管道穿越工程中，施工中经常会出现孔壁变形或坍塌等孔壁失稳情况。然而，由于孔内压力和地层中本身具有一定的承载力，孔壁失稳又具有一定的局限性，即使出现孔壁坍塌，其坍塌范围也很少直接影响地表。借助地下工程中的松散体理论，可对孔壁坍塌的范围、规模进行分析。大型的水平定向钻穿越工程的管道直径一般都超过 1m，甚至一些主管道的直径达到 1422mm(如西气东输三线工程)，对于这样一些情况，水平定向钻穿越的终孔直接需要达到 1800mm。因此研究上述钻孔孔壁稳定性就可以借鉴地下工程中的洞室稳定性的理论。

6.4.4 钻孔压裂冒浆分析

水平定向钻管道穿越工程施工中，通过泥浆循环系统将钻头切削下来的岩屑从切削断面运送至地表排除。为了保证岩屑的顺利排出，通常要保持孔内环形空间的泥浆流速较高，这就使得泥浆在孔内的压力较大；如果泥浆流速不大，会造成岩屑无法全部排出，在孔内堆积形成过流断面，造成该处泥浆压力上升。当孔内泥浆压力超过地层的极限压力时，会压裂地层，连通地层中的天然孔隙和裂缝，在上覆地层形成新的泥浆通道，造成泥浆从地表涌出，这种现象就是冒浆。

水平定向钻工程的冒浆问题，即为泥浆通过地层渗流到地表的过程，该过程通常分为两种情况。第一种情况是钻孔在地下水位线以上，此时的泥浆在地层中的渗流属于非饱和渗流。第二种情况是钻孔在地下水位线以下，此时泥浆的渗流分为两个阶段，第一阶段是泥浆顶驱地层中的原有地下水，而后逐渐渗入地层中，第二阶段是当泥浆渗入地下水位线时，由于钻孔中泥浆的压力远远大于地下水位到钻孔的液柱压力，泥浆会继续向地下水位线以上的地层浸入。根据达西定律，如果非开挖水平定向钻的深度一定，则水头损失为一个大于零的常数，当泥浆压力大于水头损失时，即使渗流速率很小，渗流的路径非常大，也可能发生冒浆。也就是说，当渗流的路径是畅通时，泥浆随着时间的推移，渗流的路径不断增大。当渗流路径大于水平定向钻孔的水平深度时，泥浆就会从钻孔渗透至地表，形成冒浆，严重的冒浆事故会对周围环境造成重大损害。

1. 冒浆的理论分析

水平定向钻工程的冒浆问题，我们最关心发生渗流的极限泥浆压力，所以可以从渗流时间和渗流路径两个方面进行分析。如果钻进过程中泥浆从钻孔渗流到孔壁周围土层之中，泥浆会在压力差的作用下继续向各个方向渗流。对于冒浆问题，从钻孔孔壁到地表的距离是一定的，即钻孔水平段的垂直深度，而周围土体的渗透系数和水力坡降也一定，就可以计算出渗流速度，泥浆从钻孔渗透至地表的时间可以通过这段渗流的距离和渗流流速的关系获得。

1)渗流时间的影响

假设 1：渗流时间模型首先假设泥浆泵泵入的流量是一个恒定值，即流量为一常数。实际的水平定向钻工程一般选用往复式泥浆泵，这种泥浆泵会产生周期性的压力脉冲，泥浆泵的输出口有一个储压罐，但对这种泥浆的周期性压力脉冲有一定程度的削弱，钻孔内的泥浆压力仍然是随时间周期变化的，但可以将其简化为一个平均的流量来分析泥浆在孔内的压力。

假设2：所涉及的地层为性质相同的单一地层，地层的土性物理参数不变化。泥浆渗流浸入的地层在实际情况中往往是很复杂的，钻遇的地层多变，可以是黏土、粉土、细砂等类型的土层。即使是同一种类型的土层，其物理性质往往差异很大。因此在实际应用中可以通过分层计算的方法来得到更加精确的结论。

假设3：泥浆在土层中渗流规律与水在土层中的渗流规律不同，水在渗流过程中不会对渗流的物理指标产生影响。而泥浆渗入地层时，由于泥浆中包含有黏土的固体颗粒，这些固相的颗粒会引起泥浆流动规律的变化，带来不可预知的影响。例如，局部泥浆流速的变化致使泥浆中的固相颗粒分离堵塞渗流的通道。

通过理论分析可知，渗流所需要的时间主要与泥浆压力和地层的渗透率相关，当泥浆压力一定，渗流的临界时间随地层的渗透率的增加而减少。因此，我们可以减小地层渗透率的方法使临界时间变大。但实际上通过对非饱和渗流理论的分析可知，地层的渗透率是与土层的饱和度、体积含水率以及基质吸力相关的，对于不同深度的土层，饱和度和体积含水率是不一样的，也就是说土层的渗透率是渗流距离的函数。对于水位线以上的钻孔来说，渗流的距离比较长，土层的渗透率变化不算太大的情况下，还是有一定的指导意义。当地层的渗透率一定时，渗流的临界时间和泥浆压力是近似的反比关系。我们可以通过适当降低泥浆的压力值来延长渗流的临界时间。

2）渗流路径的影响

土是固体颗粒的集合体，是一种碎散的多孔介质，其孔隙在空间互相连通，这种互相连通的孔隙就为泥浆在地层中渗流提供了通道。由于土体本身的物理性质比较复杂，土体中孔隙的形态也是多变的，这就造成了渗流通道在不同的位置有很大的差别。泥浆主要是固相的土粉颗粒以及添加聚合物和液相的水组成的混合体，泥浆在渗流通道中流动过程中，当渗流通道的局部径向尺寸小于泥浆中固相颗粒的最大径向尺寸时，泥浆中的固相颗粒就会在渗流通道的局部堆积，而泥浆中的液相水会继续在渗流通道中渗流，这就造成泥浆中的固相和液相分离，分离出来的固相颗粒最终形成泥皮，这是泥浆四个主要作用中的造壁功能。随着时间的推移，泥皮厚度逐渐增加，向渗流通道中渗流的水越来越少，最终泥浆的渗流通道被完全封闭。当渗流的通道封闭以后，泥浆就会形成超静水压力，这种超静水压力对于土层产生一个附加应力，当土层中土体应力发生变化时，就有可能造成土体的剪切破坏，而土体发生破坏以后泥浆的渗流通道会再次形成。而我们需要研究的是泥浆压力在不使土体发生破坏时的极限最大压力与土层的黏度值。

我们假设：泥浆在钻孔孔内的压力是稳定的；泥浆在渗流通道中的造壁时间很短，孔壁已经处于稳定的状况，造壁的泥皮强度足够，也即在土体发生剪切破坏以前，泥皮对于渗流通道是完全封堵的；泥浆造成的泥皮封堵面为水平状，这就不会因为封堵的深度不同而引起封堵面土层的应力所受液柱附加应力不同。

对于路径因子来说，主要需要解决的是如何切断渗流的通道，土体是形成渗流通道的介质载体，作为一种松散并且力学性质较差的材料，这种渗流通道的载体是不稳定的，在外力的作用下可能会形成新的渗流通道。当施加的外力不会使土体结构发生变化时，渗流的通道就形成一种稳定的形态，也为封堵渗流通道提供了可能，我们采用土体破坏的理论求解出泥浆的临界压力。当使用的泥浆压力在临界压力以内时，渗流路径就可以封堵上，此时泥浆不会发生渗流，从而解决了冒浆问题。泥浆的临界压力是与土层的黏度值以及内摩擦角必是相关的，因此在选择封堵面时选择黏度值以及内摩擦角较大的土层，同时选择深度较深的土层作为封堵面，以此来减小土体所受的最大剪应力。

2. 泥浆极限压力计算模型

在地层不被压裂发生冒浆的前提下，泥浆运送通道一定，泥浆压力越大，流速越快，岩屑的排出效率越高。因此通常要控制泥浆的泵送压力在一定的范围内，最大泥浆泵送压力应为孔底最大泥浆压力(即极限地层压力)与泥浆在钻杆内损失的压力之和。

1)极限地层压力计算模型

地层极限压力并不是土层的某种压力特性，而是针对冒浆问题提出的一个概念。通过运用土力学、岩石力学和弹塑性力学的原理分析计算，结合摩尔-库仑破坏准则建立压裂冒浆计算模型，建立了多层地层组合的极限压力计算模型。多层地层组合的临界压力计算公式：

$$P_{\max} = \sum_{i=1}^{n} \gamma_i H_i + \frac{2}{r} \sum_{i=1}^{n} \left[c_i H_i + \left(H_i \sum_{j=1}^{i-1} \gamma_j H_j + \gamma_i \frac{H_i^2}{2} \right) K_i \tan\varphi_i \right] \tag{6.33}$$

当穿越河床时，相应的临界压力计算公式：

$$P_{\max} = \gamma_w H_W + \sum_{i=1}^{n} \gamma_i H_i + \frac{2}{r} \sum_{i=1}^{n} \left[c_i H_i + \left(H_i \sum_{j=1}^{i-1} \gamma_j H_j + \gamma_i \frac{H_i^2}{2} \right) K_i \tan\varphi_i \right] \tag{6.34}$$

当在钻遇地层中，最下一层是渗流地层，以上是密闭地层，考虑形成浆液柱压力，得到临界压力计算公式：

$$P_{\max} = \gamma_w H_W + \sum_{i=1}^{n} \gamma_i H_i + \frac{2}{r} \sum_{i=1}^{n} \left[c_i H_i + \left(H_i \sum_{j=1}^{i-1} \gamma_j H_j + \gamma_i \frac{H_i^2}{2} \right) K_i \tan\varphi_i \right] + \gamma_{\text{mud}} H_0 \tag{6.35}$$

式中，n，地层层数；γ，重度，其中在地下水以下的取土体的有效重度，$\text{N} \cdot \text{m}^{-3}$；$r$，圆柱体地面半径，m；$P_{\max}$，钻孔中泥浆的临界压强，kPa；$H_0$，渗流地层高度，m。

2)Delft 公式计算孔底最大泥浆压力

上述极限地层压力计算公式稍显复杂，不便计算。现在多数领域仍然使用 Delft 公式来计算水平定向钻施工过程中最大允许泥浆压力：

$$P_{\max} = (p'_f + c\cot\varphi) \left\{ \left(\frac{R_0}{R_{p,\max}} \right)^2 + Q \right\}^{\frac{-\sin\varphi}{1+\sin\varphi}} - c\cot\varphi \tag{6.36}$$

其中：

$$p'_f = \sigma'_0 (1 + \sin\varphi) + c\cot\varphi$$

$$Q = \frac{(\sigma'_0 \sin\varphi + c\cos\varphi)}{G}$$

式中，c 为内聚力，kPa；φ 为内摩擦角，rad；σ'_0 为初始有效应力，kPa；R_0 为初始孔径，m；$R_{p,\max}$ 为最大允许塑性区半径，m；G 为剪切模量，kPa。

最大塑性区半径一般可以取孔轴线距离地表高度 H 的 2/3，即 $R_{p,\max} = \frac{2}{3} H$。

3. 冒浆的防治措施

通过理论研究并结合前人的研究成果，可知泥浆在土层中渗流时，很容易封堵渗流通道，冒浆的形式是以破坏土体形成新的渗流通道为主要诱因。根据路径影响因子模型理论，可以提高泥浆的封堵能力，并减小钻孔内的泥浆压力，达到防治冒浆的目的。

1)穿越路径和设计参数

设计人员应根据不同的地质情况，正确选择合适的穿越位置，只有选择合适的穿越位置和穿越地层，才能确保穿越成功。定向钻穿越应尽量避开不良的地质场地，如松散的砂土、粉土和软土等对定向钻不利的场地。

选择合适的设计参数，确定适宜的入出土角、曲率半径和埋深。设计人员应当根据地质情况和钻机设备的能力以及场地要求，选择尽量大的入出土角和曲率半径，使穿越曲线尽快地到达稳定地层。因为冒浆是泥浆的压力大于其上的水的自重和土壤的自重(地下水位以下的土应取浮重度)之和，而水的自重和土壤的自重与深度成正比，所以定向钻曲线布置的深度必须满足水的自重和土壤的自重之和大于泥浆压力的要求，使上覆地层具备足够的压力。为了防止穿越堤坝时冒浆，在场地允许的条件下，设计人员应该将穿越曲线的水平段适当延长，将曲线的变坡点设计到上方需穿越的建(构)筑物以外，保证上方建(构)筑物下管道的埋深，同时也增加了土体对泥浆的自重压力。当然。这样会造成穿越段的增长，整个工程费用增加。

2)扩孔器和钻进速度

造成冒浆的主要原因是钻孔中压力过高，超过地层极限压力。而孔内泥浆压力过高是憋压和人为增压所致。

孔洞中出现憋压的原因是扩孔器选择不当。常见的扩孔器和适用条件如下：刀式扩孔器，适用于黏土、粉质黏土和一些塑性较好的土层；桶式扩孔器，适用于淤泥质黏土和塑性差的土层；岩石扩孔器，适用于岩石硬度达到30MPa以上的硬质岩层。憋压情况的出现是因为在粉质黏土层中使用了桶式扩孔器扩孔。桶式扩孔器为圆筒锥状，扩孔时与孔壁完全接触，且自身又是完全封闭的桶状，没有泥浆循环的通道，所以如果孔壁周围的土质是塑性较好且密实的黏土，会造成泥浆循环不畅通，局部升压，在一些土体不密实的地方就会形成冒浆。

人为增压：泥浆压力与钻具的扭矩成反比，与钻进速度成正比，泥浆压力愈大，钻具的扭矩越小，相应的钻进速度越快。如果为了加快进度而在扩孔时不断增大泥浆的压力，就会造成冒浆。所以建议施工承包商不能盲目地为了加快施工进度而忽视了冒浆带来的经济损失和环境破坏，要将泥浆压力、钻具扭矩、速度调整到一个最佳状态。

3)防冒浆钻井液

泥浆是定向钻穿越必备的润滑剂，合理选择泥浆配方，配置防冒浆钻井液，可以保证孔壁不塌方，保持泥浆的饱和度，减小摩擦。在满足定向钻施工要求的前提下，泥浆越稠，泥浆的颗粒与颗粒之间就不会有足够多的自由水，此时的泥浆实际上是一种可塑和流动状态的混合体，冒浆时，该混合体从定向钻孔上面的土体的颗粒间隙中通过，如果泥浆比较稠，它通过上面土体的颗粒间隙时就会受到阻碍和约束，从而可以起到阻止冒浆的作用。

通常根据地质情况，考虑护壁要求，确定泥浆中膨润土和各种添加剂的用量，但同时还应根据不同地质条件与孔中操作压力，综合确定泥浆配方，避免施工过程中发生冒浆事故。一般应做到保证足够的泥浆排量，使泥浆返回通道畅通，但也不能盲目提高压力，以免增加冒浆的危险性；同时提高泥浆黏度，保证足够的支撑力，避免造成塌孔。

4)软弱地层的穿越

冒浆现象基本上都是发生在出入土端管道埋深较浅和一些地层局部软弱的位置。如果把比较薄弱的部位通过地基处理的方式进行加强，冒浆现象也能得到有效控制。对于易造成冒浆或有潜在冒浆危险的地层，可以采用在入出土点下套管的方式，解决两边入出土段冒浆问题。薄弱部位加强的方式还有许多，例如：注浆、换填、预压、强夯、强夯置换，这些都是整体加固的办法。另外，也可以采取局部加强的办法，例如：采用一些挤密桩挤密地基土，减小土壤的孔隙比，提高土壤的密实度。也可以想办法降低地下水位，减少水浮力，提高定向钻穿越管位处土壤的自重等。地面上的主要措施是在薄弱部位堆载，可以堆土或者混凝土块等重物，但是堆载必须均匀，覆盖所有薄弱部位和冒浆面。其目的是增加土壤的附加应力，提高其抗冒浆能力。

6.5　工程应用——福州塘坂引水管道穿越闽江工程

6.5.1　工程概况

以福州市塘坂引水工程琅岐支线(马尾段)穿越闽江工程为例，介绍水平定向钻进在实际工程中的应用。该工程属于福建省福州市塘坂引水工程的一部分，其建设目的在于缓解琅岐岛供水不足问题。工程起点位于连江县琯头镇阳岐村的连江远洋渔业公司基地附近处，输水线路往东南方向穿越闽江长门水道，到达琅岐岛规划滨江西路，之后沿规划滨江西路、规划院前路、环岛路至董安村。

本工程铺设管道属市政引水工程供水管道，设计穿越总长度为1934m，设计曲率半径为1830m，设计轨迹水平段埋深25m，设计管径为1220mm(其中壁厚20mm)，回拖钢管型号Q345B，属大型穿越工程，主要穿越地层为岩石与淤泥质黏土软硬交替地层。穿越轨迹与地质剖面图见图6.21。

6.5.2　穿越场地对定向钻适宜性分析

1. 地层适宜性

工程勘察结果表明：工程场地在揭露深度内，其岩土层从上往下可分为4层：①杂填土；第四系海积层，②淤泥质土(含砂)、③黏土、④(含泥)粉砂。以下分别对这些地层进行详细描述。

①杂填土：灰色，灰黄色，松散，稍湿—饱和，成分复杂，疏密不均，成分主要以黏性土及建筑垃圾块石为主，回填时间小于5年，硬质物含量小于30%，层厚

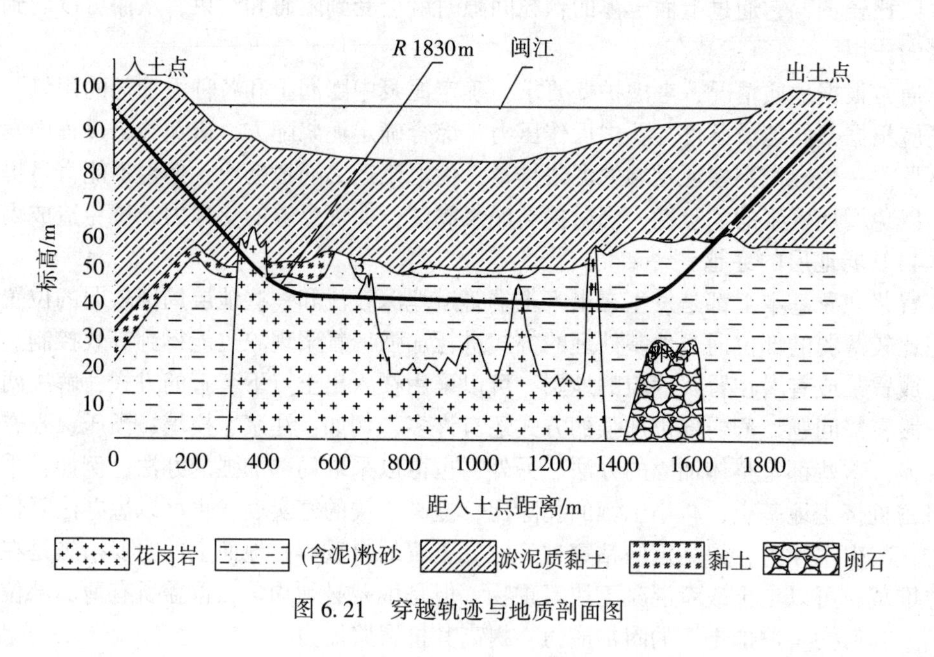

图 6.21　穿越轨迹与地质剖面图

2.2~2.7m。

②淤泥质土(含砂)：深黑色，饱和，流塑为主，蜂窝状结构，含少量腐殖质，味臭，刀切面光滑，稍有光泽，干强度及韧性中等，无摇振反应，夹有粉细砂，局部区域砂含量较大，表层为海积烂泥。本层在场地中广泛分布，厚度不均，层厚25.4~36.2m。

③黏土：灰黄色，稍湿—饱和，可塑—硬塑，黏性土为主，含少量砂粒。切面略光滑，无摇振反应，干强度一般，韧性中等。厚度中等，埋深较大。层厚2.5~5.4m。

④(含泥)粉砂：浅灰色，饱和，松散—中密，磨圆度较好，级配不良，较均匀，该层本次勘探未揭穿。对该层共进行标贯测试9次，击数一般在18~22击/30cm(未经杆长修正)，平均值 $\varphi_m = 19.6\text{cm}$，标准差 $\sigma_f = 1.424\text{cm}$，变异系数 $\delta = 0.073$，标准值 $\varphi_k = 18.7\text{cm}$。

本次水平定向钻输水管道将穿越(含泥)粉砂地质中通过，该地层呈可塑—硬塑状态，承载力较好，稳定性好，对施工有利，且将来管线运行风险小。

2. 施工条件评价

本穿越工程位于福州市连江县琯头镇阳岐村，施工场地紧邻G104国道。施工用水、电、道路及通信设施方便。施工进场道路等较方便，社会依托性较好。

3. 场地适应性评价

本次工程场地未进行剪切波速测试，参照本管道工程相邻线路段的《塘坂引水工程琅岐支线(马尾段)(滨江西路—董安村段输水管道)波速测试报告》成果，本场地土类别为软弱土，建筑场地类别为Ⅲ类。

场地内由于广泛存在软弱土层(含砂)淤泥质土，场地稳定性差；场地地基土空间分布不均匀，场地均匀性差。根据《城乡规划工程地质勘察规范》(CJJ 57—2012)第8章规定划分本场地为工程建设适宜性差场地。在对场地内软弱土层进行处理后方适宜本工程建设。

6.5.3 施工过程

1. 钻机选择

本工程入土端主钻机采用国内首台自主研发的2000t级电驱水平定向钻机(最大推拉力2000t，最大扭矩210kN·m)，辅钻机采用威猛$D300\times500$(最大推拉力136t，最大扭矩67kN·m)。

根据《油气输送管道穿越工程施工规范》(GB 50424—2015)中水平定向钻管道穿越回拖力计算公式，对水平定向钻机吨位进行核验。选取计算公式如下。

$$F_{拉}=\pi Lfg\left[\frac{D^2}{4}\gamma_{泥}-7.85\delta(D-\delta)\right]+\pi DLk_{黏}g \tag{6.37}$$

式中，$F_{拉}$为管道回拖力，kN；L为穿越长度，m；f为摩擦系数，取0.1~0.3；g为重力加速度，取9.81m·s^{-2}；D为管道外径，m；$\gamma_{泥}$为泥浆密度，t·s^{-2}；δ为管道壁厚，m；$k_{黏}$为黏滞系数，取0.01~0.03。

通过计算，同时在最大程度地保证工程安全、考虑安全系数的基础上，本次施工所需回拖力1074t，而所采用的电驱水平定向钻机最大回拖力为2000t，完全能够满足该工程需要。

2. 场地布置

根据现场情况钻机施工场地位于连江县琯头镇阳岐村进村路与G104国道东南角。包括钻杆、泥浆罐等设备放置以及地锚占地，入土点钻机场地约为50m×60m，出土端钻机场地约为40m×60m。入、出土点泥浆池用地15m×20m×3.5m。

入土端施工场地紧邻G104国道及进村水泥路，对部分场地进行硬化后即可满足进场需求，要求承重力≥110t，且道路的拐弯半径≥25m，进场道路宽度≥8m。可借助施工运管进场路及现有农田路修筑后，作为出土端施工进场路，要求承重力≥30t，拐弯半径≥25m，进场道路宽度≥6m。

由于管线预制场地直线长度不够，需按弧线布置，宽度为12m，且由于弧线场地长度不够(长度约1380m)，回拖管道焊接需要二接一。管线回拖时需开挖发送沟，由于受场地限制，按发送沟弧线的曲率半径950~1000m开挖。所有占地均为施工临时占地。

3. 导向孔施工

本工程于2020年9月上旬开钻，2021年2月下旬完成导向孔作业，期间进行一次改孔、重新钻进。采用国内外先进的导向孔对穿技术进行导向孔作业。导向孔对穿施工原理示意图见图6.22。

对穿技术是将两台钻机分别就位于入土点和出土点，同时进行导向孔钻进，在到达对接区域时进行导向孔对接，对接成功后，出土点一侧钻机从导向孔中拔出钻杆，同时，入土点一侧钻机在出土点一侧钻机的牵引下，沿对接后的导向孔继续推进，直至到达出土点一侧，从而完成整个导向孔施工作业。对穿技术主要适用于长距离穿越、卵

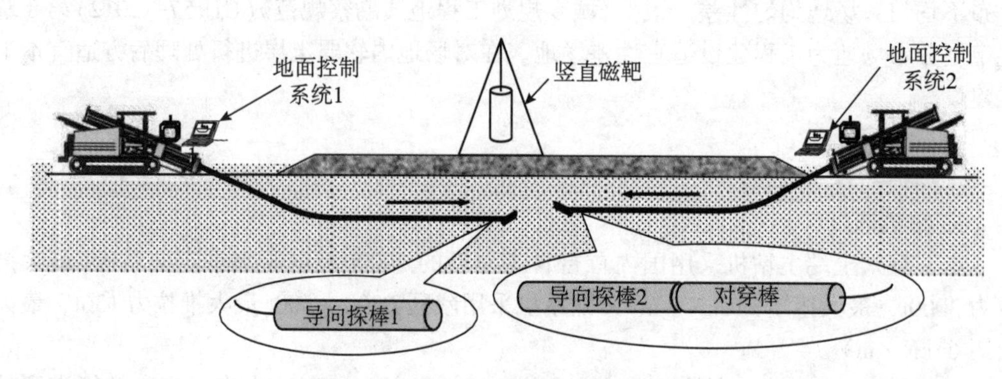

图 6.22　导向孔对穿施工原理示意图

(砾)石地段穿越地段或复杂地层的穿越。主钻机与辅助钻机钻具组合均为三牙轮钻头+螺杆马达+无磁钻铤+钻杆。

水平定向钻双钻机对接工艺具有以下优势：有效缩短单向导向孔的钻进长度，提高控向能力与精度，保证穿越过程中的定向控制和钻孔曲线的平滑；有效避免单向钻进导致的出土点位置产生误差问题。本穿越工程在出入土点均采用了套管隔离工艺，对接技术的优势尤为明显；有效避免单向穿越过程中因钻杆长距离受力发生弯曲变形从而易断裂的现象，提高了施工安全系数。

导向孔钻进时使用新型国产 KY-100 水平定向钻磁定位导向系统。根据闽江穿越两端地质特点，安装外径 273mm、壁厚 6.9mm 的无缝钢管至水平距离 200m。两台钻机分别沿设计曲线相向钻进导向孔，通过导向定位系统钻进至对接区域，用主钻机探头尝试探测辅钻机发出的信号来确定钻头是否在有效对接区域。通过辅钻机与主钻机之间的对接探棒信号进行标定，可以测量出两个导向孔的相对空间位置，经过多次纠偏调整，使两导向孔越来越近，最终使二者合二为一。辅助钻机抽出一根钻杆，主钻机钻进一根钻杆，直到主钻机钻头进入辅助钻机侧套管内，继续钻进到钻头出土，完成导向孔对接。导向孔完成后，抽出套管，辅助钻机退场，为扩孔做好准备。

4. 扩孔和洗孔

导向孔贯通、钻头准确出土后，拆卸钻具并连接扩孔器。扩孔器入洞前喷射泥浆，以检查水嘴是否畅通，一切无误后开始扩孔作业。

本次穿越采用 4 级扩孔+2 级洗孔，按规范要求(扩孔孔径比管径大 300~400mm)进行扩孔施工(即 1520~1620mm)。为确保管道回拖安全，本次施工最大扩孔直径为 1800mm，大于规范要求，选用 XT69 型加重钻杆，每次预扩孔都进行钻杆和钻具的倒运及钻具连接。扩孔级数钻具组合见表 6.3。

表 6.3　**扩孔级数与钻具组合**

序号	施工阶段	钻 具 组 合
1	一级扩孔	168-XT69 钻杆+F900 桶式扩孔器

续表

序号	施工阶段	钻具组合
2	二级扩孔	168-XT69 钻杆+F1200 桶式扩孔器
3	三级扩孔	168-XT69 钻杆+F1500 桶式扩孔器
4	四级扩孔	168-XT69 钻杆+F1800 桶式扩孔器
5	清孔	168-XT69 钻杆+F1800 桶式扩孔器

在本次施工中，根据具体情况在每级扩孔施工时按需进行洗孔。根据地质情况及上一级扩孔情况，确定下一级的扩孔尺寸和扩孔器水嘴的数量和直径，保证泥浆的压力和流速，从而提高携屑能力。由于本施工穿越地层较为复杂，根据实际穿越地层情况及时调整扩孔级数及清孔次数。为了在扩孔和清孔过程中保持足够的排量，保证泥浆流速达到携带碎屑的能力，配备 2 台大功率泥浆泵，单泵排量 $2.5m^3 \cdot min^{-1}$以上。

5. 管道回拖

管道回拖时，计划使用与最后一次扩孔相同的钻具结构，以利于沿原轨迹前进。因为管道有比较大的刚性，回拖时为了避免钻具与管道硬连接，旋转接头和工作管之间加 U 型环，其抗拉强度应与钻机的额定拉力相匹配。钻具组合为：Φ168mm 钻杆+Φ1800 扩孔器+1500t 分动器+U 型环+DN1200 管道。

回拖过程中，为使管道在孔内处于一种理想的状态，减少不平衡浮力产生的管道和扩孔器与孔壁的接触和摩擦，根据实际情况对管道进行了一定程度的降浮处理。

管线回拖时，为最大限度地保护管线防腐层不被破坏，同时减小回拖拉力，现场具备条件的地方采取挖发送沟、注水漂浮的方法，发送沟沟底宽 2m，深 1.5m，沟顶宽 5m，放坡率为 1∶1，沟内注水，注水深度 1m 左右。对现场不具备开挖发送沟条件的地方采取垫土堆，并对土堆与管壁接触面采取降摩擦措施，在有土堆的地方进行垫滚轮架，以减少摩擦，施工完毕发送沟排水并恢复原貌。

6.5.4 施工过程中的其他先进技术

在此次穿越过程中有用的先进技术包括：对穿技术(见导向孔施工)、套管隔离技术、新型磁靶导向定位技术、长距离泥浆回流技术、补浆短节工艺技术、套洗解卡技术、新型电驱大吨位水平定向钻机等。

1. 套管隔离技术

水平定向钻穿越工程中，由于入、出土点处浅表地层土质物理力学性质较差，难以通过自身结构强度来抵抗孔内泥浆压力，易发生冒浆，对于该区段采用套管隔离手段，有效增大返浆通道，促使返浆通畅，同时避免了钻屑在孔口淤积，造成孔口堵塞。本次使用隔离套管为单根套管，长度为 12m、外径 273mm、壁厚 6.9mm，组成总计 200m 的无缝钢管。同时，套管隔离浅表层，可防止钻进过程中产生过多的侧向分力而导致钻杆失稳，从而使钻机的推力更容易向钻头传递；也可减小钻进过程中钻具在地层内所受的阻力。

2. 新型磁靶导定位技术

在水平定向钻导向孔的施工过程中，为保证钻进精度，通常需要沿设计轨迹在地面敷设磁场线圈，以实现对地下导向探棒的信号监测。闽江水平定向钻穿越由于横跨闽江主航道，难以在河面布置人工磁场线圈，而所采用的 KY-100 水平定向钻磁靶导向定位系统通过地面磁靶系统定位克服了这一问题。

闽江水平定向钻穿越使用新型 KY-100 水平定向钻磁靶导向定位系统(以下简称 KY-100 导向系统)，为我国自主开发的应用于水平定向钻进的新型有线磁靶导向定位仪器，主要用于水平定向钻进施工，是一套集施工曲线设计、磁场数据采集处理、钻头姿态实时显示、钻头位置计算、测量数据管理功能于一体的软件系统。

KY-100 导向系统由地面部分和地下部分组成。地面部分包括控向软件、地面导向控制箱、地面磁靶系统，地下部分是安装在无磁钻铤内的导向工具组合。地面和地下系统相互配合，不仅能给出导向工具的姿态角度，同时能输出导向探棒相对磁靶的三维位置。KY-100 导向系统组成见图 6. 23。

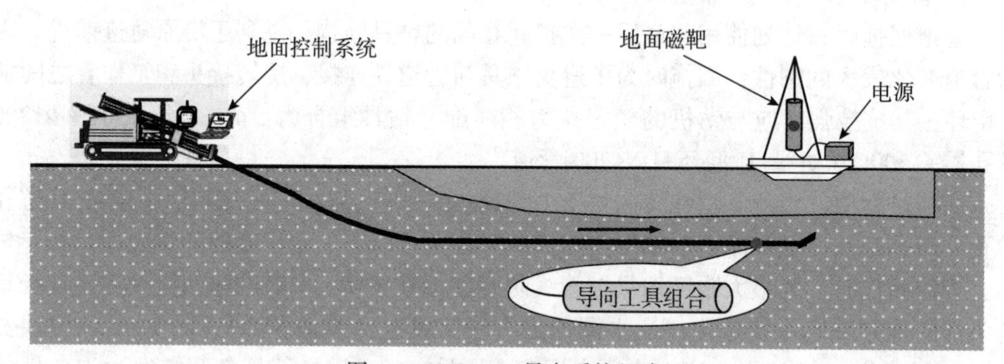

图 6. 23　KY-100 导向系统组成

地面磁靶系统，包括一根磁靶和一台磁靶电源。磁靶是带磁芯的多层螺线管线圈，在电源的辅助下通以直流或交流电流后，能够产生特定的外部磁场，用于地下探棒的准确定位。地面磁靶采用单靶形式，且具有方向性，可沿任意钻进轴向(即前后、左右、上下)布放，通过相应的软件设置，均可进行定位。通过吊放工具(如铝梯)来实现竖直布放，可省去水平调平和坐标轴对准，更加方便灵活，对高山、江河流域具有极强的适用性。施工现场竖直布放磁靶见图 6. 24。

3. 长距离泥浆回流技术

长距离穿越时，导向孔施工期间保证泥浆从入土点返浆非常重要。采用大排量泥浆，每根钻杆多次洗孔，使钻屑尽可能多地携带到地面上来，保证孔道畅通。当孔内发生抱钻、憋压等情况时，及时采取应对措施，保证泥浆长距离回流效果。

4. 补浆短节工艺技术

根据孔口返浆情况，在一定距离之间，于钻杆接口处增加补浆短节，补浆短节间的距离根据返浆情况与钻机扭矩调整。补浆短节上设有水眼，高压泥浆通过水眼向导向孔内注入，使孔内每隔一定距离便存在一个泥浆喷射口，以起到清孔作用，便于岩屑及时

图 6.24 施工现场竖直布放磁靶

排除，同时避免由于钻进距离增加而带来的孔内钻杆扭矩增大。补浆短节水眼直径一般为 3.5~5.5mm。若水眼直径太大，会导致孔内螺杆马达处的泥浆量减少，孔底动力降低，影响钻头进尺效率；直径太小，补浆短节则会因水眼被泥浆杂质、细小岩屑等固相颗粒堵塞而失去作用。在闽江水平定向钻穿越中，选取补浆短节水眼直径为 4mm，补浆短节间隔为 200m。

5. 套洗解卡技术

本工程中套洗解卡工艺应用于打捞孔内断裂短杆。所谓套洗，是水平定向钻穿越过程中一种专门解决卡钻问题的技术措施，解卡器由套洗头与套洗筒组成。具体解卡工艺为：在被卡钻杆上安装解卡器(套洗头+套洗筒)，使解卡器的套洗筒套入被卡钻杆，套洗头连接钻机主轴与新的套洗钻具，钻机在泵送泥浆的前提下低速旋转沿被卡钻杆方向推进，使套洗钻具沿着被卡钻杆钻进至卡点，使卡点附近地层松动，并排出钻屑，完成解卡。套洗钻具解卡器见图 6.25。

6. 新型电驱大吨位水平定向钻机

由于本工程穿越距离长，采用对接技术进行导向以及回拖施工，其中主钻机为国内自主研发电驱动水平定向钻机，最大回拖力为 2000t，是目前国内外最大吨位回拖力的水平定向钻机，如图 6.26。该水平定向钻机一改传统水平定向钻机通过燃油提供动力的驱动方式，而采用电力驱动，具有高创新、低噪音、低能耗以及环境友好等一系列优点。可以预见，电驱动、大吨位将会是未来非开挖水平定向钻机发展的一大新趋势。

图6.25　解卡器

图6.26　最大回拖力2000t电驱动水平定向钻机

参考文献

[1]姚华彦，刘建军．城市地下空间规划与设计[M]．北京：中国水利水电出版社，2018.

[2]赵景伟，张晓玮．现代城市地下空间开发：需求、控制同、规划与设计[M]．北京：清华大学出版社，2016.

[3]闫鸿浩，王小红．城市浅埋隧道爆破原理及设计[M]．北京：中国建筑工业出版社，2013.

[4]周传波，陈建平，罗学东，等．地下建筑工程施工技术[M]．北京：人民交通出版社，2008.

[5]陈馈，洪开荣，吴学松．盾构施工技术[M]．北京：人民交通出版社，2009.

[6]American Society for Testing and Materials. ASTM F1962-11. Standard Guide for Use of Maxi-Horizontal Directional Drilling for Placement of Polyethylene Pipe or Conduit Under Obstacles，Including River Crossings [S]. Philadelphia：ASTM，2011.

[7]马保松．非开挖工程学[M]．北京：人民交通出版社，2008.

[8]闫雪峰．大直径非开挖水平定向钻岩屑运移规律研究[D]．武汉：中国地质大学(武汉)，2018.

[9]徐伟平．浅析大口径管道水平定向钻穿越的施工技术[J]．科技与创新，2015(16)：132-133.

[10]杨善，曾聪，闫雪峰，等．大直径水平定向钻低流速层流下岩屑运移规律[J]．油气储运，2018，37(9)：1041-1047，1076.

[11]张宝强，江勇，曹永利，等．水平定向钻管道穿越技术的最新发展[J]．油气储运，2017，36(5)：558-562.

[12]董顺．水平定向钻反循环扩孔技术与试验研究[D]．武汉：中国地质大学(武汉)，2020.

[13]王瑞，王伯雄，康健，等．水平定向对接穿越及导向技术研究[J]．探矿工程(岩土钻掘工程)，2009，36(9)：69-71.

[14]贾伟波，王勇光，刘敏强．大管径水平定向钻穿越的浮力控制[J]．建筑机械化，2008(10)：65-67.

[15]左雷彬，冯亮，马晓成，等．水平定向钻穿越冰水沉积层技术探索与实践[J]．地质科技情报，2016，35(2)：121-125.

[16]杨先亢，逄仲森，马保松，等．水平定向钻管道穿越回拖力计算公式的比较分析[J]．石油工程建设，2011，37(1)：1-6.

[17]张自力，冯成功，甄文选，等．提高长输管道水平定向钻控向精度技术[J]．石油工程建设，2020，46(1)：82-85.
[18]霍刚．浅谈无线磁靶系统与磁场线圈在穿越大型河流工程中的应用[J]．化工管理，2018(19)：165.
[19]刘永刚．非开挖定向穿越钻杆失效机理及改进技术研究[D]．成都：西南石油大学，2017.
[20]刘荣哲．水平定向钻穿越河流解卡技术的探讨[J]．石油工程建设，2005(2)：51-66.
[21]Loganathan N，Poulos H G. Analytical prediction for tunneling-induced ground movements in clays[J]. Journal of Geotechnical & Geoenvironmental Engineering，1998，124(9)：846.